优秀专利调查研究报告集 IX

国家知识产权局办公室政研处 编

知识产权出版社
全国百佳图书出版单位

图书在版编目（CIP）数据

优秀专利调查研究报告集. Ⅸ/国家知识产权局办公室政研处编. —北京：知识产权出版社，2017.6

ISBN 978-7-5130-5002-9

Ⅰ.①优… Ⅱ.①国… Ⅲ.①专利—调查报告—中国 Ⅳ.①G306.72

中国版本图书馆 CIP 数据核字（2017）第 161320 号

内容提要

本书是第九届全国知识产权（专利）优秀调研报告暨优秀软科学研究成果评选活动的部分获奖作品集，共 35 篇文章。全书分为“上篇 宏观政策类调查研究报告”“下篇 专利分析与预警类调查研究报告”，理论密切联系实际，对我国知识产权发展取得的成果、面临的问题以及将来需要发展的方向等进行了较深入的研究。

责任编辑： 崔 玲　　**责任校对：** 王 岩

封面设计： 刘 伟　　**责任出版：** 刘译文

优秀专利调查研究报告集（Ⅸ）

国家知识产权局办公室政研处 编

出版发行：知识产权出版社有限责任公司　网 址：http://www.ipph.cn

社 址：北京市海淀区气象路 50 号院　邮 编：100081

责编电话：010-82000860 转 8121　责编邮箱：cuiling@cnipr.com

发行电话：010-82000860 转 8101/8102　发行传真：010-82000893/82005070/82000270

印 刷：北京科信印刷有限公司　经 销：各大网上书店、新华书店及相关专业书店

开 本：880mm×1230mm 1/32　印 张：16

版 次：2017 年 6 月第 1 版　印 次：2017 年 6 月第 1 次印刷

字 数：500 千字　定 价：48.00 元

ISBN 978-7-5130-5002-9

第九届全国知识产权（专利）优秀调研报告暨优秀软科学研究成果评选委员会名单

主　任：廖　涛

副主任：贺　化

委　员　（按姓氏笔画为序排列）

王怀宇　王岚涛　毕　囡　刘　云

刘月娥　刘海波　李永红　李志军

李明德　李胜军　吴　凯　宋建华

张志成　陈　伟　周　砚　郑慧芬

赵志彬　胡文辉　郭　雯　黄　庆

龚亚麟　韩秀成　雷筱云　薛　丹

序

从某种意义上来说，研究—实践—发展—前进，始终是我们开展工作的一般规律和基本经验，特别是对于一些具有开创意义的工作更是如此，中国的知识产权事业便是典型例证。

对中国而言，知识产权是一个“舶来品”，直到改革开放以后，我国才建立起现代知识产权制度，但我们的发展却很快，短短30多年时间，便从近乎一张白纸一跃成为一个世界知识产权大国。可以说，我们用短短30多年时间，走过了发达国家几百年的发展道路。取得如此辉煌的成就，靠的是什么？我认为，靠的是党中央、国务院的正确领导，靠的是知识产权系统干部职工的真抓实干和社会各界的关心支持，还有一点很重要，就是我们与时俱进的研究工作。这种研究既包括对国外知识产权发展经验的总结借鉴，也包括对我们自身知识产权法律制度、战略规划、政策体系的深入研究，还包括一些知识产权领域的具体实证分析，例如专利分析预警等。所有这些，都有力地推动了知识产权事业的发展。

发展实践永无止境，研究探索也永无止境。特别是党的十八大以来，党中央、国务院着眼实现“两个一百年”奋斗目标和中华民族伟大复兴的中国梦，作出了加快建设知识产权强国的战略部署，为知识产权事业发展确立了新的宏伟目标。为了把中央的决策部署落到实处，近年来，各方面围绕知识产权强国建设、知识产权战略实施、知识产权领域改革、知识产权保护运用、专利分析预警等，开展了一系列的研究工作，形成了一批高质量的研究报告，这些研究报告在服务决策、指导实践、推动发展等方面发挥了重要作用。

为了最大限度地用好这些研究成果，使之产生更好的社会和经济效益，国家知识产权局办公室和知识产权发展研究中心在组织专家评审的基础上，精心筛选了一批质量比较高的研究报告，集结成册，供大家参阅，这也是连续第九辑这样的研究报告集出版，从一个侧面展示了知识产权研究工作的最新进展。当然，也希望这件有意义的事情能够继续坚持下去，把知识产权研究工作不断推向更高水平。

思深方益远，谋定而后动。在今后的工作中，国家知识产权局还将继续组织和支持开展相关研究，使之为知识产权事业发展提供源源不断的智力源泉，也真诚地希望知识产权领域的专家学者和实务工作者，直面知识产权事业发展过程中的重点问题、难点问题、热点问题，深入开展理论研究和实践探索，努力形成更多高质量的研究报告，为知识产权强国建设提供更加有力的支撑！

申长雨

2017 年 6 月

前　言

由国家知识产权局主办的第九届全国知识产权（专利）优秀调研报告暨优秀软科学研究成果征集活动于2016年年底结束。本届征集活动共收到全国28个省（区、市）报送的作品200多篇。经过评选委员会认真评审，共评出获奖作品40篇，其中一等奖5篇，二等奖10篇，三等奖25篇。

本次征集到的调研报告和软科学研究成果的质量较以往又有新的提高。报送作品来自党政机关、事业单位、高等学校、科研院所、服务机构等，研究内容涉及国家知识产权战略实施、知识产权强国建设、知识产权法律法规完善、知识产权创造和运用、知识产权保护、知识产权宏观管理和公共服务、专利分析预警等各个方面。这些研究成果为相关法规政策的制定、区域的创新发展和企业的生产经营等提供了重要参考。为更好地宣传、推广知识产权优秀调研报告和软科学研究成果，我们将部分获奖作品汇编成册，供社会各界参考。受篇幅所限，书中作品在原作的基础上进行了删节凝练。

希望本书能够帮助各地方、各有关部门进一步加强知识产权调查研究工作，围绕知识产权强国建设、中国特色知识产权制度建设、知识产权战略实施等重大问题以及知识产权事业发展中的其他问题，引导和支持各界开展相关研究，提出对策建议，为我国知识产权事业发展和科学民主决策提供更加有力的支撑。

参加本书编写工作的有胡文辉、赵志彬、衡付广、沙开清、马宁、魏健、尹鹏、陈慧挺等。由于时间仓促，加之水平有限，书中难免有疏漏之处，敬请广大读者批评指正。本书编选过程中得到了各位原作者及其所在单位的大力支持，在此一并表示感谢！

编　者

2017年6月

目　　录

上篇　宏观政策类调查研究报告

下篇　专利分析与预警类调查研究报告

上　篇

宏观政策类调查研究报告

《国家知识产权战略纲要》实施五年评估报告*

吕　薇　张志成　刘　洋　梁心新　邢怀滨　沈恒超
白雪峰　谷云飞　李　牧　张小秋　董培

一、引　　言

2008 年 6 月 5 日，国务院颁布实施《国家知识产权战略纲要》（以下简称《纲要》），标志着中国知识产权战略正式启动实施，它是中国运用知识产权制度促进经济社会全面发展的重要国家战略。《纲要》从促进国家总体发展的战略高度，确定了“激励创造、有效运用、依法保护、科学管理”的指导方针，明确提出了近五年的阶段性目标和到 2020 年的战略目标。如期完成这些目标和任务对于建设创新型国家和全面建成小康社会，具有十分重要的战略意义。

为深入了解《纲要》五年目标完成情况，客观评价五年来取得的成就，综合分析存在的问题及原因，及时总结经验做法，并采取有力措施进一步推进《纲要》的深入实施，国家知识产权战略实施工作部际联席会议办公室于 2012 年 10 月至 2013 年 8 月组织开展了《纲要》五年评估工作。按照全方位、系统性、多角度的工作要求，联席会议办公室组织 28 个成员单位对本部门实施《纲要》的情况开展了自评估，组织上海、广东等六个省市开展了本区域战略实施评估，委托国务院发展研究中心、国家科技评估中心等机构开展了第三方评估，并深入基层进行调查研究，面向大众、专家、研究机构和企事业单位进行问卷调查，广泛征求各方意见，在此基础上形成《纲要》实施五年评估报告。

---

* 本文获第九届全国知识产权（专利）优秀调查研究报告暨优秀软科学研究成果评选一等奖。

《纲要》五年评估框架如图 1 所示：

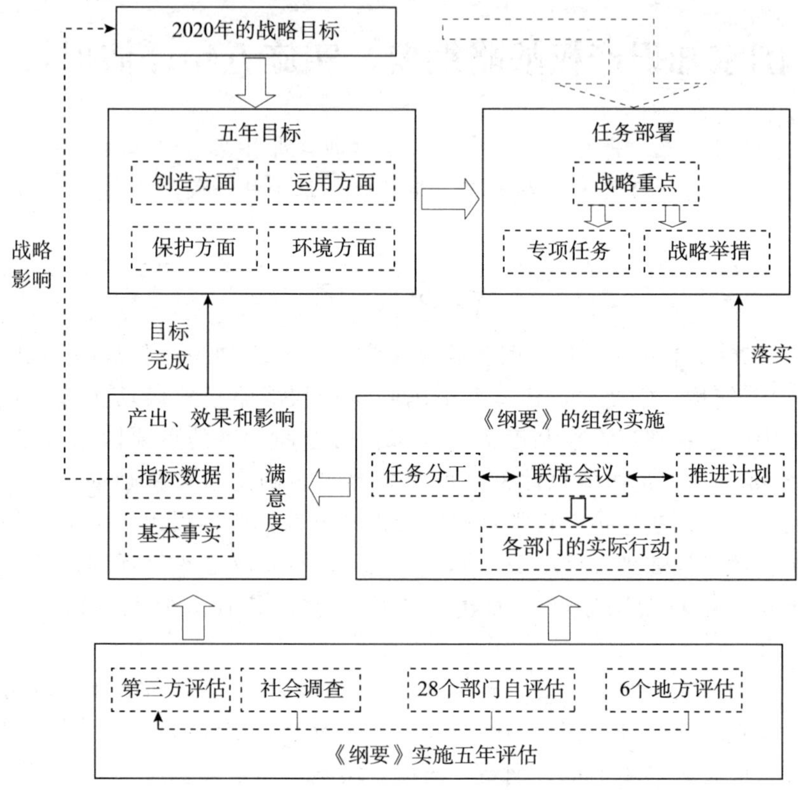

图 1　《纲要》五年评估框架

评估认为，《纲要》确定的五年目标总体基本实现，但是各方面推进情况不均衡。知识产权拥有量大幅增长，部分创造目标超前实现；知识产权转移转化能力明显提升，运用目标基本实现；知识产权意识显著增强，基础环境目标基本实现；知识产权保护力度明显加大，保护环境有所改善，但保护目标尚未完全实现。《纲要》部署的措施绝大多数得到阶段性落实，国家知识产权战略实施工作部际联席会议充分发挥统筹协调作用，各部门根据《实施〈国家知识产权战略纲要〉任务分工》（以下简称《任务分工》），加强战略实施组织领导，完善促进《纲要》实施的法律法规及政策，改善知识产权行政管理和公共服务，积极开展宣传教育和国际交流合作，任务总体推进情况良好。

评估显示，《纲要》实施中面临的主要问题在于知识产权保护效果与社会期待存在一定差距，知识产权质量和效益总体不高，社会知识产权整体素质不足，知识产权国际化战略部署不明确，管理体制和统筹协调机制还不够顺畅，制约着知识产权战略实施进程。同时，我国已步入创新驱动发展阶段，市场主体对知识产权的诉求日益扩大，国际知识产权活动空前活跃，保护压力持续增大，对《纲要》实施又提出了新的挑战。

为进一步推进《纲要》实施，需要及时调整战略实施重点：以提高侵权惩处力度为关键，进一步改善知识产权保护环境；以提高知识产权质量和效益为中心，优化知识产权政策导向；以积极参与国际规则制定和服务企业“走出去”为重点，提高知识产权国际应对能力；以知识产权高端人才队伍建设和专业人才培养为突破口，带动社会知识产权整体素质提高；以职能转变为核心，深化知识产权管理体制改革；以加强统筹和资源投入为手段，加大知识产权战略组织实施力度。同时，对战略实施中出现的新问题要加强研究，提出对策，为实现《纲要》2020 年目标奠定坚实基础。

二、五年目标完成情况

《纲要》从知识产权创造、运用、保护、环境等四个方面提出五年目标，以下分别从四个方面对目标完成情况进行评估。

（一）知识产权创造方面

1. 知识产权拥有量持续快速增加

战略实施为社会创新活动注入新的活力。2012 年，我国三种专利申请量和授权量分别达到 205.1 万件和 125.5 万件，分别为 2007 年的 2.95 倍和 3.57 倍。其中，发明申请量达到 65.3 万件，位居世界首位，国内发明专利年度授权量已达到外国在华专利年度授权量的两倍。每万人口发明专利拥有量已达到 3.3 件，提前实现“十二五”目标。从 2002 年至今，我国商标注册申请量连续十年位居世界第一，2012 年，我国商标注册申请量达 164.8 万件，是 2007 年的 2.33 倍。作品登记量从 2007 年的 13.79 万件增加到 2012 年的 68.77 万件，计算机软件著作权年登记量从 2007 年的 2.57 万件增加到 2012 年的 13.93 万件，软件产业收入从 5 800 亿元增加到 18 400 亿元；植物新品种权申请量达到 1 361 件，相比 2007 年提高近 54%。

2. 知识产权水平明显提升

2012 年，我国提交的 PCT 国际专利申请数量近两万件，升至世界第 4 位，是 2007 年的四倍。其中，近五年来累计申请量达 61 345件，占近 20 年申请量总和的 75.8%。中兴、华为 PCT 国际专利申请量已连续多年位居世界前列。拥有三方专利量从 2007 年的世界第 12 位提高到 2012 年的世界第八位。近年来，我国在载人航天、载人深潜、高速铁路、高效能计算、戊肝疫苗研制推广、超级杂交稻试验等重大高科技工程中，创造了一批高水平的核心专利。驰名商标数量已由 2007 年的 197 个增加到 2012 年的 968 个，产生了一批国际知名品牌，入选《世界品牌 500 强》的中国品牌，已从 2007 年的 12 个增加到 2012 年的 23 个。我国的育种技术不断拓展，在杂种优势利用、常规育种和部分作物转基因育种等领域达到世界领先或先进水平。

3. 知识产权创造效率逐年提高

2007～2012 年，国内发明专利授权量的年均增长率达到 25.84%，超过全社会研发经费投入增长七个百分点，创造效率逐年提高。世界知识产权组织发布的《2013 年全球创新指数报告》显示，以单位创新投入获得的专利产出为主要指标进行测算，我国创新效率在上中等收入国家中继续保持第一。

评估同时发现，尽管我国的知识产权创造已取得显著的成绩，但知识产权质量提升明显落后于数量增长，我国仍缺乏具有国际竞争力的核心专利、知名品牌和版权精品。在遗传资源、传统知识和民间文艺方面，尽管我国资源总量丰富，但挖掘、整理和保护远远不够。

（二）知识产权运用方面

1. 运用知识产权的效益明显增强

知识产权交易日趋活跃，全国技术市场统计数据显示，2012年，全国专利实施许可合同金额达到百亿元，为2007年的两倍以上。优秀专利实施效益显著，以2008年以来获得中国专利金奖的九件专利为例，其转化应用取得显著的经济效益，对提高相关产业竞争力起到关键支撑作用。

商标使用许可合同备案数、商标转让数分别为3.5万件和10万件，比2007年分别增长1.92倍和2.33倍。版权出口额从2008年的4 000万美元增加至2012年的7 000万美元。通过地理标志保护，农产品的特色优势和市场竞争力大幅增强，经济效益普遍提高20%以上。

2. 知识产权运用新模式不断涌现

知识产权质押成为企业特别是中小型创新企业获得资金的新途径。五年来，专利权质押登记量持续高速增长，全国实现质押金额合计393.8亿元，2012年涉及专利3 399件，融资金额达141亿元；商标权质押融资登记1 869件，帮助企业融资664.6亿元，2012年达214.6亿元。2012年，我国版权质权登记146件，涉及软件和作品数量773件，金额总计27.51亿元，其中单笔最高额为1亿元。一些企业开始将知识产权作为战略资源，在实践中还涌现出专利池、专利托管、专利保险、专利拍卖、版权银行、商标联盟等多种知识产权运用新模式，知识产权运用新兴业态日趋活跃。

3. 企业知识产权管理制度进一步健全

我国颁布《企业知识产权管理规范》国家标准，推进试点示范，引导企业建立规范的知识产权管理制度。根据针对创新型企业的问卷调查结果表明，91%的企业设立了专门的知识产权管理机构或管理人员，55.3%的调查企业已制定知识产权战略规划，6.2%的调查企业已制定知识产权的国际化发展战略。

但评估同时发现，我国企业的知识产权运用能力与国际一流企业相比，差距仍然很大，能够熟练运用知识产权制度的优势企业还是凤毛麟角；知识产权密集型产品贡献率仍然偏低，据估算，我国医药制造业，专用设备制造业，电气机械及器材制造业，通信设备、计算机及其他电子设备制造业，仪器仪表以及文化、办公用机械制造业等五个专利密集型产业对工业总产值的贡献率为22.55%，与美国（35.48%）等发达国家差距较大。

（三）知识产权保护方面

1. 执法案件处理力度明显加大

五年来，知识产权行政执法案件数量较大幅度增长，2012年办理专利案件9 022件，比2007年增长逾10倍；办理商标案件5.6万件，比2007年增长12%；办理盗版案件1.2万件，比2007年增长22%；海关处理知识产权案件1.57万件，比2007年增长110%。司法执法案件数量同样大幅增长。2012年，法院系统新收（不含移送）知识产权案件8.7万件，其中，专利、商标、版权民事一审案件数量分别比2007年增长1.4倍、5.2倍和6.5倍，审结专利、商标、版权案件数量分别比2008年增长1.2倍、2.1倍和4.1倍。2012年全国法院共审结涉及知识产权侵权的刑事案件12 794件，其中有罪判决15 518人，分别比2008年增长2.85倍和1.88倍。全国地方法院共新收一审知识产权行政案件2 928件，审结2 899件，分别比2008年增长1.73倍和1.81倍。2012年，全国检察机关受理提请批捕侵犯知识产权犯罪案件5 256件，比2007年增加超过两倍。五年来全国公安机关共破案8.7万起，是前五年的4.04倍，具体见图2。

2. 知识产权保护专项行动重拳出击

2008年以来，知识产权相关执法部门密集开展“雷雨”“天网”“打击傍名牌”“剑网”“亮剑”等专项行动，严厉打击知识产权侵权等违法行为。2010年10月，国务院部署开展“全国打击侵犯知识产权和制售假冒伪劣商品专项行动”，掀起了保护知识产权的新高潮。在奥运会、世博会、亚运会、大运会等重大活动中，有关部门协作开展保护知识产权行动，保障了活动顺利举行，没有出现群体性、重复性和重大恶性侵权案件。我国的知识产权保护专项

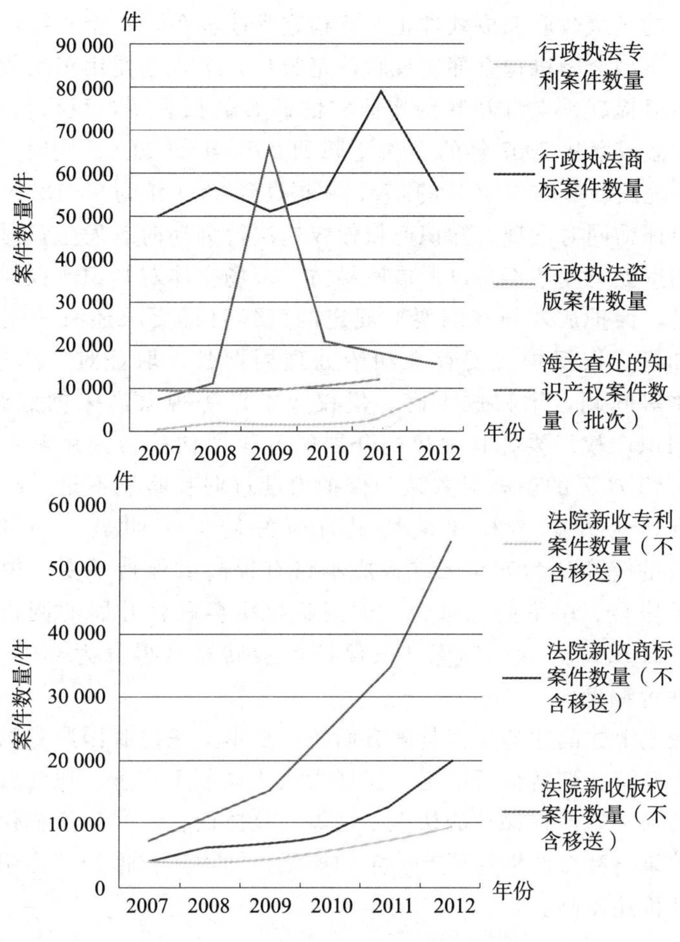

图 2　主要知识产权执法案件数量

行动得到国际社会的充分肯定，中国海关被全球反假冒组织授予2011年度全球唯一的“全球反假冒最佳政府机构奖”。2012年，鉴于公安机关“亮剑”行动的突出成效，全球反假冒组织授予公安部经侦局“全球反假冒执法部门最高贡献奖”。

3. 软件正版化进展明显

五年来，我国以政府机关、企事业单位为突破口，大力推进软件正版化工作。中央和省级政府机关、超过2/3的地市级、超过1/2的县级政府完成软件正版化检查整改任务，央企三级以上企业、大中型金融机构全部实现软件正版化，全社会使用正版软件的比例明显提高。来自互联网实验室的调查数据表明，以市值计算，五年来盗版率从2007年的20%下降到2012年的10%。同时，正版操作系统预装率从2007年的87.75%提高到2011年的98.12%。

但评估同时发现，知识产权侵权违法行为还时有发生，对侵权行为的惩处力度还不足以形成威慑力，市场主体对知识产权保护信心不足，保护成效与《纲要》规定的五年目标要求还有一定的差距。知识产权保护主要存在纠纷处理周期长、取证难、赔偿低、执行难等问题，维权成本高、侵权成本低等现象尚未彻底改变。国家知识产权局委托相关机构开展的五年评估社会公众调查问卷显示，约70%的调查对象认为保护力度过弱和略显不足，64.9%的公众认为知识产权违法情况有所好转但不明显，40.4%和28.1%的公众认为五年来维权成本略有提高或保持不变。中国专利保护协会、中华商标协会、中国版权协会联合开展的调查结果显示，2012年，我国知识产权保护社会满意度得分为63.69分，总体评价偏低。

造成上述问题的原因是多方面的，根本上是由我国所处的发展阶段和经济转型特征所决定，体现为执法体制不完善、执法资源有限、公众知识产权保护的认识不足等。总体而言，知识产权保护的实际效果与社会的期待还有一定的差距，知识产权保护社会满意度总体评价还不高。

（四）基础和环境方面

1. 全社会知识产权认知度普遍提高

委托第三方开展的问卷调查显示，近六成公众表示了解知识产权相关知识，对各类型知识产权内容认知率均有不同程度的提升，特别是对发明专利、商标、版权之外类型的知识产权认知率大幅提升。对《纲要》的了解程度也大幅提升。86.7%的公众认识到保护知识产权的必要性，71.0%的公众认为“购买非正版产品/冒牌商品是一种不道德的行为”，59.2%的公众表示更加重视知识产权（见图3）。

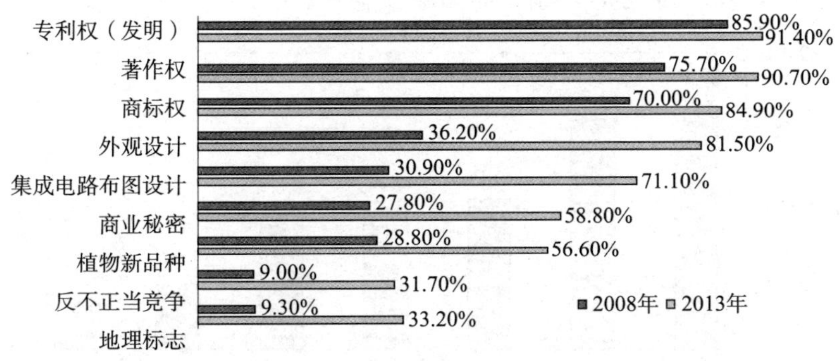

图3　2008年和2013年公众对知识产权内容认知情况对比

2. 企业的知识产权意识明显提升

国内发明专利申请中，来自企业的申请占比从2007年的48.3%上升到2012年的59.1%，提升超过十个百分点，企业作为市场主体的地位进一步突出。每百户市场主体有效注册商标量从2007年的4.70件上升到2012年的8.11件。

3. 知识产权服务不断拓展

截至2012年，全国执业专利代理人8 368人，专利代理机构941家，较2008年明显增长。商标代理机构由2007年的3 352家发展到2012年的8 719家。律师代理知识产权案件数量由2007年的56 975件增长到2012年的90 976件。2013年《律师事务所从事商标代理业务管理办法》正式实施，第一批7 846家律所经备案获准从事商标代理业务。目前我国知识产权服务的市场经营范围涵盖咨询、代理、法律、信息、培训、商用化等业务，服务内容不断拓展。针对知识产权服务机构调查表明，超过六成的服务机构开展咨询和代理服务，约四成的服务机构开展法律和信息服务（见图4）。报告调查显示，86.5%的企业、高校和科研机构认为五年来我国知识产权服务机构的整体服务质量有所提高。

评估同时发现，公众对知识产权的了解程度普遍提高，企业知识产权意识显著增强，但对知识产权的认识还不够深入，尊重和保护知识产权的自觉性不高；知识产权服务业处于起步阶段，规模发

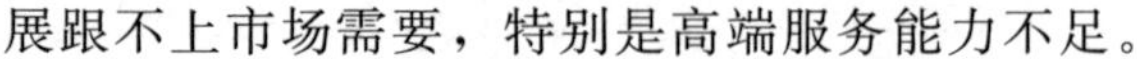

展跟不上市场需要，特别是高端服务能力不足。

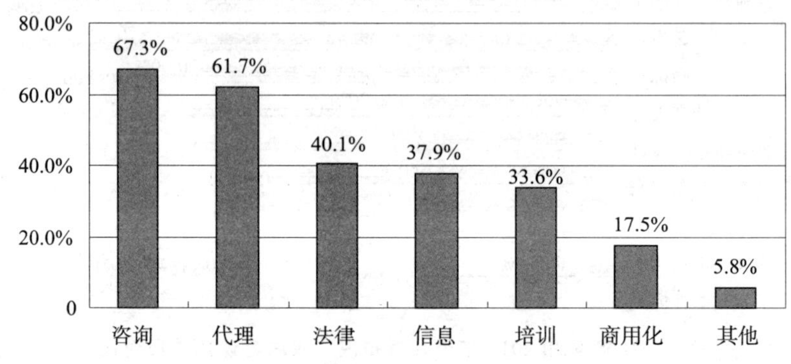

图 4 知识产权服务机构开展业务情况

三、主要任务落实情况

五年来，各地方、各部门围绕《纲要》的任务部署，分工负责，加强组织领导、强化制度建设、提高行政管理效率、改善公共服务、不断扩大宣传教育、拓展国际交流合作，任务落实情况总体良好。

（一）加强实施战略的组织领导

1. 加强战略实施工作体系建设

《纲要》颁布后，国务院批复成立由28个成员部门组成的国家知识产权战略实施工作部际联席会议。国务院领导出席历次联席会议，直接对战略实施工作予以指导。国务院办公厅印发《任务分工》，明确各成员单位在战略实施中的职责任务。各部门普遍建立专门工作机制，十个主要部门专门成立战略实施领导小组，全国28个省（区、市）和新疆生产建设兵团设立知识产权战略制定或实施领导机构。军委批准成立国防知识产权局。最高人民法院、国务院多部门新设知识产权专门机构。建立专利审查协作机构。省市县三级知识产权管理机构进一步健全。深圳、苏州、长沙等地率先探索知识产权集中管理。法院系统专设知识产权审判庭420个。五年来，由国务院统一领导，联席会议统筹部署，各地各部门分工负责、协作推进的国家知识产权战略实施工作体系已基本构建完成。

2. 全面加强各领域各区域知识产权战略部署

在《纲要》指导下，专利、商标、版权和知识产权“十二五”发展规划，以及农业、林业、国防、中央企业、科技、广播影视等领域知识产权战略规划相继出台。17个联席会议成员单位、28个省（区、市）和新疆生产建设兵团以及159个市（区）出台贯彻落实《纲要》的纲领性文件。

3. 制订战略实施年度推进计划

围绕《纲要》确定的战略重点和主要任务，并结合当年形势，联席会议办公室连续五年组织制定实施《国家知识产权战略实施推进计划》，对各年的目标任务、重点措施进行细化和部署，对重大措施的落实情况开展调研和检查。2008～2013年，联席会议共部署计划措施812项，各项任务均明确了牵头部门和配合部门，有力地推动了知识产权战略实施。2011年开始，年度推进计划向社会公布。

（二）完善知识产权法律法规及政策

1. 加快知识产权法律法规建设进程

五年来，完成《专利法》及其实施细则全面修订，在专利权授权标准、专利权保护、专利诉讼程序、遗传资源保护等方面进行重要修改和完善。完成《著作权法》《知识产权海关保护条例》《著作权法实施条例》《计算机软件保护条例》《信息网络传播权保护条例》和《植物新品种保护条例》部分条款修订，制定《广播电台电视台播放录音制品支付报酬暂行办法》。《商标法》修正案、草案已经全国人大常委会审议通过。《著作权法》和《专利法》的新一轮修订工作正在进行。同时，积极开展专利代理、职务发明、非物质文化遗产、民间文学艺术、中医药、植物新品种、遗传资源等知识产权制度建设，完善反不正当竞争、反垄断、国防等方面法律法规中有关知识产权的规定。此外，最高人民法院加大司法解释工作力度，出台涉及权利冲突、专利侵权判定、驰名商标保护、信息网络传播权等内容的七项司法解释，会同最高人民检察院等部门出台涉及办理侵犯知识产权刑事案件的司法解释两件。

2. 全面构建知识产权政策体系

“十二五”规划把“每万人口发明专利拥有量”列入发展目标。国务院出台加强战略性新兴产业知识产权工作指导意见。工业转型升级、服务业发展、科技创新、文化产业、人才等重大规划明确知识产权部署。长三角、西部大开发等区域政策注重发挥知识产权支撑作用。国家自主创新示范区规划把知识产权政策作为重要举措。明确提出“加强保护、分门别类、宽严适度”的司法保护政策，发布16件司法政策性指导文件。知识产权政策在促进产业、科技、文化、人才及区域发展等方面的作用更加显著。

（三）提高知识产权公共服务能力

1. 提高审查服务能力和效率

进一步壮大专利审查队伍，建设审查协作中心。建立专利审查质量评价体系，强化提高审查质量。建立国家重点产业、重大科技项目和战略性新兴产业构建的优先审查机制。大力推广专利电子申请，2012年电子申请率已达81.9%。发明、实用新型、外观设计审查周期分别缩短至22.6个月、4.4个月和2.9个月。社会公众对专利审查的满意度从2008年的77.3上升至2012年的81.6。向商标代理组织全面开通商标注册网上申请，网上申请已占同期申请的57.02%。有效解决商标积压问题，商标申请审查周期从36个月缩短至十个月，异议和争议案件审理周期控制在18个月以内，达到国际水平。完善植物新品种测试机构，制定植物新品种测试指南，建立地理标志产品保护标准体系。

2. 搭建各类知识产权公共服务平台

在信息平台方面，建设中外专利基础信息库、专利检索与服务系统、国家专利数据中心、商标国际注册和维权数据库、全国作品著作权登记数据库及公告查询网站、植物新品种基础数据库等平台，开展地理标志、遗传资源、传统知识的普查工作，建立数据库。在交易平台方面，建设专利技术展示交易中心、全国版权交易共同市场、地方版权交易常态平台、广播影视作品营销平台等各类知识产权交易平台。在维权平台方面，建设知识产权海外维权援助中心、中国中山（灯饰）知识产权快速维权中心、中国南通（家纺）知识产权快速维权中心等综合维权平台以及行业维权平台。

3. 加强重点领域专利预警和知识产权分析评议

建立重点行业和领域知识产权信息跟踪和预警工作机制，制定专利分析预警工作管理办法和操作指南。五年来已针对大飞机、半导体照明、太阳能光伏、3D 电视、新一代宽带无线移动通信网、数控机床、云计算、智能手机、新材料等多个技术领域开展预警分析，并选取高速列车、薄膜太阳能电池等重点领域开展专利分析普及推广项目研究。围绕国家重大投资、重点科技研发、技术引进或产业化、人才引进、企业上市审查、技术标准制定、展览展示活动以及企业并购等环节，启动知识产权评议试点工作，逐渐将知识产权评议引入重大经济科技活动的决策和管理过程。

（四）积极开展宣传教育和国际合作

1. 扩大公众宣传

各地方、各部门充分利用新闻媒体、专题培训、出版物等多种形式，在知识产权日、《纲要》实施周年、知识产权宣传周等重大活动，在中国专利、商标、版权金奖评选活动、信息技术领域重大技术发明评选活动、知识产权态势发布活动、司法、海关十佳案例等评选活动中，采用群众喜闻乐见的形式，推广和普及知识产权知识。调查问卷显示，64.2％的公众表示，五年来知识产权普及力度增强，其中 18.9％的公众表示知识产权普及力度有明显增强。

2. 加强教育培训

在中小学教育教学和有关主体教育中加强知识产权教育。全国 42 所普通本科高校开设知识产权本科专业，31 个学位授予单位自主设置知识产权相关二级学科，开展知识产权硕士、博士研究生培养工作。加强各领域（行业）知识产权专业技术人才的在职培训，强化公务员的知识产权管理意识。2007～2012 年，全国知识产权系统和工业和信息化系统共举办各类培训一万多期，培训人数 200 余万。目前，全国已经形成六万人左右的知识产权专业人才队伍，知识产权相关从业人员达几十万人。

3. 拓展国际合作

各部门通过双边、多边谈判，积极主动参与国际规则制定，成功召开外交会议，签署《视听表演北京条约》。积极参加世界知识产权组织、世界贸易组织、生物多样性公约等国际组织谈判，推动建立遗传资源、传统知识和民间文艺保护国际规则，制定国际规则的话语权进一步提高。积极开展知识产权双边交流，已与六个国家和地区建立工作组机制，促进对话，增信释疑，提升我国知识产权保护的国际形象。与多国签署知识产权合作项目框架协议，积极开展中美欧日韩五局合作、中欧知识产权合作、专利审查高速路和信息资源国际利用等项目，进一步深化与各国各地区的合作。我国专利文献纳入专利合作条约最低文献量，知识产权信息资源与基础设施的国际利用与交流取得新进展。

但评估结果发现，《纲要》仍有部分战略重点、专项任务与战略措施未得到有效落实或者进展缓慢，主要体现在重大法律法规政策、核心领域知识产权战略布局、公共服务平台、管理体制机制等九个方面，亟须加以改进。

四、问题与挑战

评估显示，《纲要》近期目标基本实现，各项任务措施顺利推进，战略实施工作取得明显成效。但这些成果仍是阶段性的，新形势下知识产权战略实施还面临一系列问题和挑战。

1. 知识产权保护效果与社会期待存在一定差距，创新驱动发展缺乏必要保障

战略实施以来，保护知识产权的行政执法力度明显加大，司法审判效率不断提高，但知识产权保护状况仍有待进一步改善。侵权现象整体上还多有发生，少数地区、部分行业存在大规模、群体性侵权行为。随着现代物流的发展，侵权行为呈现链条化、网络化、复杂化的新特点。据有关抽样统计数据显示，97%以上的专利、商标侵权和79%以上的著作权侵权案件由于难以证明造成损失和违法所得而采用法定赔偿，平均判赔额度分别为约八万元、七万元和

1.5万元，诉求判赔比例不到35%，低于企业支付专利案件诉讼期间一个专职人员的年薪、培育商标知名度的广告费和同类作品平均稿酬和版税，无法真正弥补权利人损失，更不足以制裁和威慑侵权行为。知识产权维权存在举证难、周期长、成本高、赔偿低等问题，救济还不够有力。侵权行为多发和侵权救济不足损害了创新主体的创新热情。调研显示，30%的专利权人曾遭遇侵权，其中仅有10%的权利人采取维权措施。2012年全国知识产权保护社会满意度调查显示，社会各界对“侵权现象严重程度”一项最为不满，总体满意度仅为42.93分（满分为100分）。评估中，“侵权易、维权难”是企业反映最普遍、最集中、最尖锐的问题。从总体来看，知识产权保护的实际效果与社会期待还有一定的差距，知识产权保护社会满意度总体评价还不高。

2. 知识产权质量和效益不高，对创新发展的支撑作用发挥不足

在战略实施带动下，我国知识产权总量迅速增大，效益提升明显，但仍处在较低的水平。从数量与质量的对比来看，尽管我国目前已是专利申请量和商标拥有量的第一大国，但是技术含量和市场价值高的专利少，具有世界影响力和知名度的品牌少。2012年以专利为主要指标的全球创新企业百强排名，中国企业无一上榜；以知名商标为主要指标的世界品牌100强中，我国仅有四个。从知识产权运用来看，企业利用知识产权提升市场竞争力的能力相对不足；高校、科研机构知识产权管理和转化水平不高；地方特色经济发展中知识产权助力不明显；知识产权资产管理、运营、投融资等业务发育有限。宏观来看，我国知识产权密集型产业对国民经济的贡献度与发达国家仍有明显差距，知识产权贸易逆差巨大且呈逐年扩大之势，知识产权在创新驱动发展中应有的支撑作用有待充分发挥。知识产权质量和运用效益不高，直接表现为知识产权的市场价值总体较低，知识产权尚未成为创新发展的核心要素。这既与我国所处的发展阶段有关，又有法治环境和政策体系不够完善的原因，企业还缺乏运用知识产权获取市场利益的内生动力。部分市场主体的出发点并非向知识产权“要效益”“要市场”，而是受传统计划经济思维影响和有待改革的政府管理方式驱使，一味“要资助”“要指标”，造成制度的异化和空转。知识产权工作一定程度上呈现出“政府热、市场冷；中央热、地方冷；面上热、心里冷”的现象，降低了知识产权制度激励创新，将创新成果转化为市场竞争力的实际效能。

3. 社会整体知识产权素质有待提升，创新发展的基础环境尚需改善

战略实施开展了大量培训、宣传、教育、服务等工作，在基础建设方面取得了积极成效。但目前全社会在普遍具备知识产权基本意识的同时，知识产权整体素质有待提升。知识产权专业人才尚存较大缺口，各领域具备跨专业知识和能力的知识产权实务人才相对匮乏，高端人才严重不足，人才结构和布局不合理。知识产权基础信息提供不充分，知识产权服务业发展总体水平偏低，与快速增长的服务需求不相适应。调查表明公众对部分知识产权问题的正确认知度不高，部分公众尊重和保护知识产权的意识淡漠，调查表明，仍有46％的被调查者并不反对购买盗版产品。社会知识产权素质不仅是知识产权战略实施的保障因素，也是实现创新驱动发展重要的基础环境。只有在健全的知识产权人才队伍、高水平的知识产权服务和良好的知识产权社会氛围的支撑下，创新活动才能有效转化为社会经济发展的强大动力。

4. 知识产权国际战略尚不明确，不利于把握国际竞争主动权

在全球化背景下，知识产权已成为国际竞争的重要工具。特别是国际金融危机爆发以来，发达国家将知识产权作为核心利益，利用知识产权维护其优势地位的意图日益强烈，发达国家力图主导新一轮知识产权国际规则的变革，跨国公司以知识产权为武器争夺国际市场的博弈愈演愈烈。一些与我国同属新兴经济体的发展中国家也更加着眼于国际，例如，印度不遗余力地建立和推广其防御性公开数据库等，努力捍卫其在传统文化知识方面的知识产权利益。相比而言，我国在埋头发展的同时，国际战略意识还不强，一方面在创新密集领域缺乏知识产权国际战略和布局，另一方面在保护和挖掘中医药传统知识、民族民间文艺、生物遗传资源等我国传统优势领域知识产权方面进展滞后。近期以来，美英欧日韩等发达国家在知识产权相关政策制定中表现出更加突出的外向型特征，旗帜鲜明地为本国企业征战国际市场服务，而我国企业在“走出去”过程中往往由于知识产权国际战略的缺位处于“被动挨打”地位。以美国针对企业知识产权侵权发起的“337调查”为例，截至2012年，我国已经连续11年成为遭受该调查最多的国家，我国涉案企业已超过150家，涉及下游企业高达上万家，我国企业败诉率超过60%，远高于平均的26%。总之，我国目前尚未形成体系化的知识产权国际战略，缺乏统一高效的知识产权外交政策体系和工作机制，在国际知识产权领域缺乏足够影响力和话语权，应对常显被动。

5. 知识产权管理多头分散，深化实施战略难以形成合力

目前，我国尚未形成有利于加强知识产权宏观调控、充分履行服务和监管职能的知识产权管理体制。现行体制下的知识产权管理和执法部门分散，多头管理，分兵把守，分头对外，不利于提高行政效率。在管理体制不健全的情况下，加强统筹协调机制建设的必要性和重要性更加突出。《纲要》实施五年来，部际联席会议这一协调机制发挥了重要作用，但因主客观条件限制，统筹协调力度不足，落实任务缺乏有力的督导手段和考核机制，承担战略任务的牵头部门和责任部门协作配合有待加强，不同统筹协调机制间缺乏衔接，与战略实施攻坚阶段的要求不相适应。反观世界各国，绝大多数国家都实行大知识产权的统一管理模式，主要的发达国家和新兴发展中国家均实行知识产权集中管理，并建立了统一强有力的战略统筹协调机制。建立健全统一高效的知识产权行政管理体制和战略实施统筹协调机制，符合中央政府转变职能的总体要求，符合知识产权管理的国际发展趋势，是知识产权管理体制改革的未来方向。

五、下一步工作建议

五年来，战略实施已完成动员部署、构建体系、搭建平台工作，工作全面铺开，全国知识产权战略实施布局已经形成，战略实施由基础期进入提升期。

新阶段实施知识产权战略应围绕关键问题和挑战重点突破，攻坚克难。特别是，深入贯彻落实党的十八大精神，以支撑创新驱动发展作为主线，以加强知识产权运用和保护为重点，以提升知识产权质量和效益为中心，以知识产权国际化战略发展为目标，以培育知识产权基础人才为支撑，以完善知识产权管理体制和统筹协调机制为保障，全面加强制度和能力建设，推进国家知识产权战略深入实施，为建设创新型国家和全面建成小康社会提供有力支撑。

从工作方向来看，在优化知识产权行政管理的基础上，应更加注重保护环境的构建；从政策导向来看，在提高知识产权数量的基础上，应更加注重质量和效益的提升。从社会环境来看，在知识产权意识提高的基础上，应更加注重素质提升。从全局角度来看，在做好国内协同的基础上，应更加注重国际应对。总体思路和政策取向如下。

1. 以提高侵权惩处力度为重点，进一步改善知识产权保护环境

着力营造良好的知识产权保护环境。突出提高侵权惩处力度导向，加快《专利法》《商标法》《著作权法》等法律法规的修订进程，引入惩罚性赔偿制度。扩大行政执法主体范围，增加执法手段，明确执法决定效力，针对侵犯知识产权产品生产源头、产品集散较为集中的重点地区，建立定期督查和信息通报机制，不断加大刑事打击力度，保持对知识产权犯罪的高压震慑态势。依法提高司法判赔额度，加大对于反复侵权、群体性侵权的惩罚力度，明确定罪量刑标准。增强“两法衔接”可操作性，对重大知识产权犯罪案件及时曝光，提高侵权代价，增强震慑力。减轻权利人举证责任，合理降低侵权损害赔偿的证明标准。拓展多元化的纠纷解决机制，进一步探索仲裁、调解等非诉讼方式解决知识产权纠纷。增加行政执法和司法执法人员数量，加大用于组织专项行动、督办案件、奖励举报人、宣传教育等事项的经费投入。

2. 以提高知识产权质量和效益为中心，优化知识产权政策导向

以提升知识产权质量为导向，优化相关考核评价指标体系，完善知识产权资助政策。严格知识产权审查，加强对非正常知识产权申请的监控和处理。支持企业积极向国外申请知识产权，鼓励企业通过购买、联合重组等方式获得并运用知识产权。提高知识产权对产品品牌塑造的影响力，突出知识产权对产品功能、品质、文化等价值的引领和支撑，培育一批国内外知名品牌。整合现有政策资源，利用财税、金融、科技、贸易等政策杠杆，推动实施《企业知识产权管理规范》国家标准，促进知识产权运用和产业发展。积极探索建立知识产权价值评估体系，培育知识产权交易市场，搭建知识产权交易平台。着力推进知识产权与产业深入融合。将知识产权评议机制全面纳入产业和科技发展规划制定、重大经济贸易活动决策、培育和发展战略性新兴产业、国家重大科技研究开发活动等关键环节，充分发挥知识产权对于科技创新和产业发展的支撑导航作用。

3. 以主动参与国际规则制定和服务企业“走出去”为重点，提高知识产权国际应对能力

应从战略高度统筹国际国内知识产权事务，着力提高知识产权国际规则主导能力和国际纠纷应对能力，变被动为主动。建议研究制定知识产权国际战略，科学研判我国在知识产权国际竞争中的优势与劣势，强化知识产权国际化战略布局，全面提升我国运用知识产权实现国际化发展的能力，使我国早日迈入知识产权强国之列。积极实施知识产权公共外交，统一对外知识产权应对策略，加强与国际知识产权组织和主要国家的战略合作，提高处理知识产权国际事务的主动性和能力，积极推动国际知识产权制度平衡有效发展。完善知识产权对外信息沟通交流机制，监测国外知识产权环境，将知识产权事务纳入主要贸易国使领馆的日常工作范畴，建立我国企业涉外知识产权纠纷援助机制，有效支持我国企业国际化发展。

4. 以知识产权高端人才队伍建设和专业人才培养为突破口，带动社会知识产权整体素质提高

着力建设知识产权人才、教育、服务等基础支撑体系。建立知识产权人才评价体系，设定知识产权专业职称序列，适时开展知识产权专业职称评定工作，稳定和扩大知识产权专业人才队伍。提高“百千万知识产权人才工程”的实施力度，为各领域知识产权人才的培养提供统一的政策支持和经费保障。在国家千人计划等人才引进机制中将知识产权作为重要的参考条件。在政府、企业、高校、科研机构、服务行业等各类人才培训和岗位锻炼中纳入知识产权内容，带动全社会知识产权素质普遍提升。加强知识产权信息平台建设和整合力度，加快发展知识产权服务业，壮大知识产权服务人才队伍，培育多元化市场需求，提升知识产权综合服务能力。

5. 以职能转变为核心，深化知识产权管理体制改革

按照当前中央转变政府职能的总体要求，切实落实《纲要》任务，深化知识产权管理体制改革，为支撑创新驱动发展提供制度保障。推动知识产权专业主管部门体制改革，改善和加强知识产权宏观管理，防止政出多门、相互冲突，形成职责明确、权责一致、统一高效的知识产权管理工作新格局。推进地方知识产权管理工作体系建设，支持有条件的地区和产业园区，根据区域发展情况和工作需要开展知识产权统一管理先行先试，优化机构设置和职能配置，提高行政运行效能，为社会提供优质公共服务。优化基层知识产权行政管理机构设置，加强知识产权执法监管，创造良好的市场环境。

6. 以加强统筹和资源投入为手段，加大知识产权战略组织实施力度

完善国家知识产权战略实施统筹协调机制。在部际联席会议基础上成立由国务院领导牵头的战略实施工作领导小组，统筹协调国家知识产权战略实施工作，决策战略实施重大事项。健全地方战略实施机制，加强国家对地方知识产权战略实施的指导与衔接。

建立战略实施监督考核体系。将《纲要》提出的2020年目标任务合理分解为可量化的评价体系，并将其纳入各部门工作重点和各地区绩效考核范围，定期开展监督检查，切实落实各地各部门的战略实施责任。

加大战略实施公共资源投入。设立国家知识产权战略实施专项资金，增加知识产权战略实施和推进的财政投入。制定财政、税收、金融、政府采购等政策，鼓励、引导社会资金投入，建立多元化的知识产权资金投入体系，引导市场主体创造、运用和保护知识产权。

知识产权强国基本特征与实现路径研究*

韩秀成　谢小勇　王　淇　刘淑华　武　伟
陈泽欣　刘辉锋　刘　泽　梁心新　张　鹏　刘　斌

一、知识产权强国的基本特征

知识产权强国所具有的强大知识产权实力体现为“知识产权能力强”“知识产权绩效高”“知识产权环境优”三个主要特征。

知识产权创造能力成为彰显知识产权实力的首要因素，是对知识产权规模、市场竞争力、影响力等的评价。知识产权运用是知识产权实力的核心。知识产权强国通常具有较高的专利实施率，知识产权转让、许可等交易活跃，知识产权市场中介服务业发达，知识产权运用与金融服务结合程度高。知识产权保护能力往往反映在知识产权保护的强度或力度上，包括知识产权立法完善程度、执法保护水平、保护协调机制等方面。知识产权管理能力主要体现为智力成果产权化过程的权利界定和管理能力，知识产权管理能力强通常是指知识产权强国具有高效的知识产权管理体系、健全的管理制度、适度的知识产权执法效能，以及优质的知识产权公共服务。

知识产权绩效对内表现为知识产权促进国内经济科技发展的绩效，即知识产权对创新的贡献度；对外表现为知识产权国际影响力。

知识产权环境是将知识产权能力转化为绩效的基本因素，既包括崇尚创新、尊重和保护知识产权等文化环境，也包括法律和政策保障的法治环境，还包括以市场需求为导向的、政产学研一体化发展的市场环境。

---

* 本文获第九届全国知识产权（专利）优秀调查研究报告暨优秀软科学研究成果评选一等奖。

二、知识产权强国评价指标及排名

我们从国际、国内较有影响的指标体系中，遴选了 WEF 国际竞争力评价指标体系，IMD 国际竞争力评价指标体系，国家、区域（城市）和企业三个层面的软实力评价指标，欧盟对知识资源的评价体系及全球创新指数，国家创新指数指标体系，2012 年知识产权强国评价体系六大指标体系，作为研究和借鉴的样本，从中选取符合本次评价目的的指标，并构建了本文的知识产权强国评价指标体系（见表 1）。

表 1　知识产权强国评价指标体系一览表

一级指标	二级指标	序号	三级指标
知识产权能力	创造	1	发明专利申请量
		2	每万人发明专利拥有量
		3	PCT 申请量
		4	三方专利拥有量
		5	专利集中度
		6	工业外观设计申请量
		7	海牙工业外观设计注册量
		8	商标注册量
		9	每万人商标申请量
		10	马德里商标注册量
		11	万名研究人员的科技论文数
		12	学术部门百万研发经费的科学论文引证数
	管理	13	专利审查员数量
		14	专利审查能力
		15	专利规费吸引度
		16	知识产权政策影响度
	保护	17	知识产权保护力度
		18	专利发明授权量
		19	知识产权诉讼案件数量
		20	知识产权案件平均赔偿额

续表

一级指标	二级指标	序号	三级指标
知识产权能力	运用	21	知识产权许可费收入占服务贸易出口比重
		22	知识产权许可贸易差额
		23	版权密集型产品贸易差额
		24	知识产权质押融资金额
		25	发明专利平均维持年限
		26	知识产权转让费收入
		27	企业与大学研究与发展协作程度
知识产权绩效	创新贡献度	28	知识产权密集型产业增加值占 GDP 比重
		29	知识产权密集型产业知识产权许可费收入占全行业比重
		30	知识产权许可费收入占世界比重
		31	亿美元经济产出的发明专利申请量
		32	发明专利拥有量占世界比重
		33	万名研究人员的发明专利授权量
		34	万名企业研究人员拥有 PCT 专利量
	国际影响力	35	三方专利总量占世界比重（核心专利）
		36	PCT 国际申请进入国家阶段数量占全球比重
		37	全球 PCT 国际申请前 500 强占比
		38	最佳全球品牌 100 强企业占比（知名品牌）
		39	版权密集型产品出口占世界比重（精品版权）
		40	知识产权纳入国际标准的数量
知识产权环境	法治环境	41	立法透明度
		42	执法有效性
		43	反垄断政策效果
		44	专利案件判赔额与诉求额比值
	市场环境	45	商业环境
		46	信息化发展水平
		47	研究与发展经费投入强度
		48	研发人力投入强度
		49	知识产权服务的便利性/可获得性
		50	知识产权服务业收入
		51	知识产权服务从业人数
		52	知识产权服务业企业数量

续表

一级指标	二级指标	序号	三级指标
知识产权环境	文化环境	53	研究与培训专业服务状况
		54	每百万人专利申请量
		55	公共研究机构数量
		56	知识产权专业人才数量
		57	高引科学家数量

根据目前强国指标的测算结果，我国知识产权能力得分高、排名高，知识产权绩效得分较低、排名高，知识产权环境得分低、排名低，总体呈现能力较强、绩效较优、环境较差的特点。

我国政府在之前的一段时期已经通过运用政策扶持、行政干预等手段，使知识产权本身实力已经有了较大幅度提升，并通过运用知识产权形成一定影响力，这是知识产权建设过程中中国特色的重要体现。但是，目前我国知识产权事业发展仍有较高的政策依赖度，真正应作为知识产权发展源动力的知识产权环境则存在欠缺。客观上要求我国应在已有成果基础上，将知识产权强国的工作重点转移到知识产权环境的建设与改善上来，实现知识产权发展的核心驱动力由行政手段推动向市场自发推进的重要转变，使得知识产权更好地融入经济发展的过程，真正形成以市场为主体的知识产权可持续发展模式。

在通过得分和排名筛选三级指标的基础上，对现有指标进行相关性分析，确定了 9 个三级指标作为今后工作中的主要着力方向，它们分别是：有效发明专利数量、三方专利总量占世界比重、全球 PCT 国际申请前 500 强占比、知识密集型产业增加值占 GDP 比重、全球最佳品牌 100 强企业占比、知识产权许可费收入占全球比重、知识产权保护力度、研究与发展经费投入强度、知识产权意识。目前得分与排名状况如表 2 所示。

表 2　知识产权强国建设目标着力点

编号	三级指标	排名		得分	
1	有效发明专利数量	5	高	32.31	低
2	三方专利总量占世界比重	7	高	7.58	低
3	全球 PCT 国际申请前 500 强占比	6	高	13.73	低
4	知识密集型产业增加值占 GDP 比重	24	低	25.38	低
5	全球最佳品牌 100 强企业占比	2	高	30.2	低
6	知识产权许可费收入占全球比重	19	高	0.84	低
7	知识产权保护力度	27	低	62.90	高
8	研究与发展经费投入强度	18	高	45.54	低
9	知识产权意识	5	高	13.34	低

三、我国知识产权强国实现路径

（一）我国知识产权强国建设的基本原则

一要服从大局、明确定位。坚持为国家总体战略服务，自觉服从党，自觉服务于国家工作大局，进一步发挥好知识产权在促进经济社会发展，维护国家利益、国家形象和经济安全等方面的重要作用。

二是体现中国特色，反映世界水平。我们要建设的知识产权强国，一定是一个具有中国特色和世界水平的知识产权强国。

三是坚持政府引导，市场主导。进一步明晰政府与市场的边界和关系，充分发挥政府对于知识产权活动的引导作用和市场对于知识产权资源配置的决定作用。

四是立足当前、着眼长远。以科学发展的眼光来充分考虑我国知识产权事业的发展现状与趋势，合理设定各阶段发展目标，选择切实可行的建设路径和实施方案。

五是统筹协调、因地制宜。充分发挥中央和地方两方面的积极性，促进中央与地方合理分工，形成协调联动的格局，有重点、分层次推动知识产权强国建设。

（二）建设知识产权强国的目标

1. 总体目标：知识产权综合实力位居世界前三

到 2030 年，伴随着我国的新发展，全面建成能力强、绩效高、环境优的现代化知识产权体系，实现从知识产权大国到知识产权强国的历史性转变，知识产权为实现中华民族的伟大复兴和强国建设提供强有力的支撑，我国成为引领世界知识产权发展的国家。

2. 阶段目标：2020 年成为世界知识产权六强之一，2030 年建成世界最高水准（世界前三名）的知识产权强国

围绕总体目标，战略步骤分两步走：第一步，从现在起到 2020 年，为全面强化基础阶段。第二步，从 2020 年到 2030 年，为全面提升飞跃阶段。到 2030 年，全面建成世界公认的知识产权强国。具体实现指标见表 3、表 4。

表 3　2020 年与 2030 年知识产权强国特征指数的得分与排名

指标 \ 年份与排名	2012 年		2020 年		2030 年	
	得分	排名	得分	排名	得分	排名
创造	48.93	7	85	6	95	4
管理	61.68	4	67	4	85	4
保护	56.09	3	75	3	96	3
运用	59.53	11	65	7	75	7
创新贡献度	44.03	4	72	4	92	4
国际影响力	35.73	3	75	3	85	3
法治环境	47.69	30	65	27	78	12
市场环境	35.16	29	60	28	75	16
文化环境	25.45	28	52	23	66	10

表 4　建设知识产权第五强国及第三强国的发展目标

构成	2012 年	2020 年（第五强）	2030 年（第三强）
强国综合指数	52.59%	62%	75%
能力指数	62.53%	70%	78%
绩效指数	46.26%	58%	68%

续表

构成	2012 年	2020 年（第五强）	2030 年（第三强）
环境指数	42.15%	55%	70%
有效发明专利拥有量	世界第五	世界第三	世界第一
三方专利数量占全球比重	2.22%	12%	25%
全球 PCT 国际申请前 500 强占比	4.2%	15%	30%
知识密集型产业增加值占 GDP 的比重	15.75%	32%	65%
全球最佳品牌 100 强企业占比	13%	26%	40%
知识产权许可费收入占全球比重	0.36%	8%	20%
知识产权保护力度	得分 39（世界最高分芬兰 62 分）	得分 45	得分 60
研发经费投入与 GDP 的比值	1.98%	2.5%	3%
知识产权意识	世界第五	世界第三	世界第一

（三）我国知识产权强国建设路线图

1. 知识产权创造：协同布局

知识产权创造要从数量为主转向数量、质量同步发展转变，从随机布局转向重点领域战略布局，从独立创造转向协同创新。

加强知识产权国内外布局，突破国外知识产权壁垒，掌握核心技术和关键技术。引导企业加强产业前沿技术的研发和储备，增强企业核心竞争力，选择若干重点技术领域，形成一批核心的知识产权和技术标准。充分发挥高校和科研院所在知识产权创造中的重要作用。鼓励群众进行发明创造和文化创新，促进优秀文化产品的创作。

2. 知识产权运用：市场导向

构筑产学研合作平台，引导支持创新要素向企业集聚，推动企业成为知识产权运用的主体。促进自主创新成果的知识产权化、商品化、产业化，活跃市场交易，推动知识产权密集型产业发展。引导企业采取知识产权转让、许可、质押等方式实现知识产权的市场价值。

促进高等学校、科研院所的创新成果向企业转移。引导企业将知识产权与企业管理、技术创新、市场开拓、资本运作、经营战略紧密结合。构建知识产权价值评估体系，推进知识产权评估行业的规范发展，促进专利技术的转让。加强知识产权交易平台建设。大力发展知识产权金融。

3. 知识产权保护：注重实效

加强重点领域知识产权执法，大力打击各种侵权行为，降低维权成本，提高侵权代价，有效遏制侵权行为。对国外企业和个人的知识产权一视同仁、同等保护，提高权利人自我维权的意识和能力。合理界定知识产权的界限，防止知识产权滥用，维护公平竞争的市场秩序和公众合法权益。

适应技术和市场的变化要求，完善知识产权保护制度，严厉打击知识产权侵权行为，加大知识产权行政执法的力度，强化知识产权的司法保护。强化海外知识产权保护与维权。严格遵守知识产权国际规则，加强对外贸易领域尤其是出口领域的知识产权保护与执法；积极应对知识产权国际纠纷，研究利用贸易政策工具，对不合理不合则的知识产权争端进行适度反制。

4. 知识产权管理：简政高效

建立适应经济社会发展需要的知识产权行政管理体系和高效顺畅的协调机制。规范和完善知识产权管理制度，加强知识产权市场监管，提升社会组织和服务机构的服务能力，维护知识产权交易、服务市场秩序。防范知识产权涉外风险。知识产权公共服务能力基本满足社会需求。

深化知识产权行政管理体制改革，加强专利、商标和版权等行政管理队伍建设。进一步简政放权，改革知识产权行政审批制度，提高知识产权公共服务水平。建立高效运行的知识产权工作统筹协调机制。建立国家科技重大专项和科技计划知识产权目标评估制度，促进创新成果转移转化。

引导知识产权服务机构向专业化、品牌化、国际化方向发展。鼓励知识产权服务业协会或联盟加强执业监督与管理，强化行业自律。加强境外投资项目知识产权风险防范指导，有效支持我国企业国际化发展。加大财税金融支持。运用财政资金引导和促进科技成果产权化、知识产权产业化。支持金融机构创新知识产权融资服务。鼓励地方政府建立小微企业信贷风险补偿基金，对知识产权质押贷款提供重点支持。

5. 知识产权创新贡献：充分激发

强化知识产权在经济、文化和社会政策中的导向作用。加强产业政策、区域政策、科技政策、贸易政策与知识产权政策的衔接。充分发挥知识产权的内在作用机制促进经济增长和社会进步，加大知识产权对国民经济与社会发展贡献的显示度。

健全知识产权统计指标体系，将知识产权指标纳入经济社会发展情况统计调查范围，定期评价和发布知识产权发展状况。以公共服务水平和服务效果为核心，建立健全知识产权行政工作考核评价指标体系。

6. 知识产权国际竞争力：普惠包容

积极应对知识产权国际规则变革，加强与国际机构及两国间、多国间的合作，积极推动五局合作。在国内层面搭建产业磋商机制、发展知识产权政策咨询体系、完善涉外知识产权工作体制、加强专门人才培养，增强我国知识产权的整体实力与国际竞争力。运用知识产权规则的国际化推动国际贸易的发展。加强知识产权领域的对外交流合作。建立和完善知识产权对外信息沟通交流机制。

7. 知识产权法治环境：全面推进

加强知识产权法治环境建设，规范市场秩序、优化经济发展环境、维护国家经济安全，加强知识产权制度的立法、执法、司法保护。完善立法体制，深入推进科学立法、民主立法，开展立法协商，健全立法机关主导、社会各方有序参与的立法沟通机制。加强知识产权行政执法，维护公平竞争的市场秩序。完善调解、仲裁、行政裁决、行政复议、诉讼等有机衔接、相互协调的多元化纠纷解决机制。推动全社会树立法治意识，构建知识产权大保护工作格局。

8. 知识产权市场环境：加速优化

营造公平竞争的市场环境，积极发展知识产权服务业。鼓励金融机构继续创新开发专利许可证券化、专利保险试点等新型金融产品和服务，对开展知识产权质押贷款业务的金融机构提供金融支持，通过国家科技成果转化引导基金对科技成果转化贷款给予风险补偿，促进知识产权成果产业化。加强知识产权服务市场监管。加强对产业和企业的知识产权信息服务，建立专业的知识产权信息服务平台，提供知识产权信息和使用指导。建立知识产权服务信息平台，及时公开服务机构和从业人员信用评价、失信惩戒和表彰奖励等信息，引导服务机构向专业化、品牌化、国际化方向发展。鼓励知识产权服务业协会或联盟加强执业监督与管理，强化行业自律。

9. 知识产权文化环境：潜移默化

加强知识产权宣传，提高全社会知识产权意识。在全社会弘扬以创新为荣、剽窃为耻，以诚实守信为荣、假冒欺骗为耻的道德观念，形成尊重知识、崇尚创新、诚信守法的知识产权文化。建立政府主导、新闻媒体支撑、社会公众广泛参与的知识产权宣传工作体系。加强知识产权领域信用建设，建立健全知识产权诚信管理制度。广泛开展知识产权普及型教育，加强知识产权人才队伍建设。在精神文明创建活动和国家普法教育中增加有关知识产权的内容。制定和实施包括高校学生在内的中长期知识产权人才综合培养计划，形成分层次分梯队的知识产权人才队伍。

知识产权助推企业国际化发展研究报告*

孟海燕　宋蓓蓓　朱晓东　汪　勇

一、背景与形势

（一）中国的“走出去”时代

国家“走出去”战略进入加快实施的关键时期。2001 年，“走出去”战略被写入我国《国民经济和社会发展第十个五年计划纲要》。在中国加入世界贸易组织（WTO）之际制定和实施“走出去”战略，使改革开放进入到一个“有来有往”“进出结合”的新阶段，使中国的开放型经济发展具有更丰富的内涵，具有里程碑式意义。

随后十年，“走出去”战略始终贯穿我国国民经济和社会发展纲要及党的十六大、十七大报告，是国家发展的重要方针举措。2012 年，党的十八大报告指出：加快走出去步伐，增强企业国际化经营能力，培育一批世界水平的跨国公司。在全球资金、技术、资源和市场更加开放、更加相互依存的今天，在中国成为“世界工厂”、对外贸易依存度超过 70%的情况下，国家加快实施“走出去”战略具有十分重要的意义。

对外直接投资逆势增长，越来越多的中国资本走出去。自从实施“走出去”战略以来，中国企业的对外直接投资取得了突飞猛进的发展。越来越多的资本“走出去”，中国逐步演变成为一个资本输出大国，并在世界经济大格局中占据不可或缺的重要位置。

境外企业迅速发展，越来越多的企业走出去。伴随着对外直接

---

* 本文获第九届全国知识产权（专利）优秀调查研究报告暨优秀软科学研究成果评选一等奖。

投资的增长，中国境外企业也经历了由少到多、由弱到强的发展。

对外贸易日益活跃，越来越多的中国产品走出去。随着“走出去”战略的实施，我国对外贸易日益活跃，越来越多的中国“产品”走出去。

我国政府对企业国际化发展高度重视，大力支持。2001年加入WTO后，为了支持具备条件的企业实施“走出去”战略，商务部、原外经贸部、国家发展改革委员会、信息产业部、财政部、税务总局、人民银行、工商联、国资委、安监总局、外交部、保监会等中央和地方政府相关部门制定了一系列鼓励和扶持政策，涵盖财政、税收、金融、投资保险、外汇使用等多个方面，既有规划宏观发展的“意见”类文件，也有非常实用的“指引”类文件，还有发挥规范引导作用的“管理办法”类文件（见表1）。这些政策的制定和施行加快了中国企业“走出去”和对外直接投资的步伐。而知识产权方面的专门文件鲜有出台。

表1　我国出台的与“走出去”相关的政策文件（部分，示例性）

序号	文件名称	发布单位	发布时间
1	关于进一步深化境外投资外汇管理改革有关问题的通知	国家外汇管理局	2003
2	关于印发《在拉美地区开展纺织加工贸易类投资国别导向目录》的通知	商务部	2004
3	关于建立境外投资重点项目风险保障机制有关问题的通知	国家发展改革委员会	2005
4	关于推进我国信息产业“走出去”的若干意见	商务部、信息产业部	2005
5	关于发布《对外投资国别产业导向目录》的系列通知	商务部、外交部	2004～2007
6	关于做好我国企业境外投资税收服务与管理工作的意见	国家税务总局	2007
7	境外投资管理办法	商务部	2009
8	关于印发《对外投资合作境外安全风险预警和信息通报制度》的通知	商务部	2010

续表

序号	文件名称	发布单位	发布时间
9	国务院办公厅转发发展改革委等部门关于加快培育国际合作和竞争新优势指导意见的通知	国务院办公厅	2012
10	关于培育外贸竞争新优势的若干意见	商务部等	制定中

（二）世界的知识产权竞争时代

金融危机爆发以来，各国纷纷制定应对危机、支撑未来发展的新经济战略，用以应对新一轮的国际产业结构调整。发达国家着力推动和发展的产业领域高度重叠，也紧密依赖于全球趋于一致的知识产权制度。发达国家利用知识产权等多种手段努力维护其优势地位，大型跨国公司更加重视运用知识产权来遏制竞争对手。世界进入了知识产权竞争时代，也给我国企业参与国际竞争带来极大的挑战。

二、我国企业国际化发展中的知识产权问题

当前，我国企业在国际化发展中遇到越来越多的知识产权问题。根据对外向型企业的调查问卷结果[1]显示，高达84%的企业在国际化发展过程中遇到了知识产权问题或纠纷。

1. 发达国家设置知识产权壁垒，我国企业国际化发展中遇到的知识产权阻碍越发凸显，亟待解决

我国企业在海外遇到的知识产权阻碍呈现如下发展趋势：

一是我国企业在海外遇到知识产权纠纷的频率越来越高，企业败诉率高。

二是海外知识产权维权成本越来越高，我国企业难以负担。

三是海外知识产权纠纷所涉及的产业越来越多，范围越来

---

[1] 2013年11月，国家知识产权局保护协调司针对深圳、北京、青岛等地的外向型企业发放《企业国际化发展中的知识产权问题与需求调查问卷》，共发放200余份，回收有效问卷104份。

越广。

四是海外知识产权纠纷手段越来越隐蔽。

五是海外知识产权纠纷已经由单纯的企业间竞争转变为更深层次的战争。

2. 知识产权附加值低，企业“走出去”获利少

我国企业在“走出去”的过程中，未能在产品或技术中将知识产权附加值加以体现，导致企业获利一低再低，甚至“获利”变为“赔钱”。

3. 我国企业国际化发展中对自身知识产权保护不到位，知识产权流失现象明显

当前，我国也有不少企业在“走出去”的过程中遇到产品被他人仿冒或侵权，造成损失的情况。问卷调查结果显示，有27%的企业在海外被他人仿冒和侵权的，其中在当地提起知识产权侵权诉讼进行主动维权的仅占29%。

三、我国企业国际化发展问题解析

深度分析我国企业在国际化发展中遇到的知识产权问题，可以将原因归结在这样几个方面：意识和能力不足、对海外知识产权信息不了解、知识产权筹码不够以及海外知识产权风险防控不到位。

1. 企业的知识产权意识和能力不足

我国企业在海外获取知识产权和运用知识产权的意识不足，对知识产权的价值、用途和风险缺少足够的重视，运用知识产权国际规则、应对国际知识产权纠纷的能力也还不强。主要表现在这样几个方面：

一是企业海外知识产权数量少。企业走出国门，知识产权却没有跟上，未能对“走出国门”的资本和产品形成有效保护。据世界知识产权组织统计，2011 年我国国内申请数量为 415 829 件，海外专利申请数量仅为 20 315 件，二者的比例高达 20.5∶1，而美国、日本和韩国的比例分别为 1.3∶1、1.5∶1 和 2.8∶1。美国、日本和韩国海外申请的数量分别为我国申请数量的 9.5、9.2 和 2.4 倍。

二是我国企业海外知识产权获权数量和比例低。我国企业在海外申请了知识产权，却未能将其转化为有效的权利，成为有力的武器。据世界知识产权组织统计，2011 年我国海外获得专利权相比于当年申请量的比例仅为28.6%，而美国、日本和韩国获权量相对于申请量的比例分别高达 48.6%、57.2%和 51.3%。

三是我国企业甚少运用知识产权解决市场竞争中遇到的问题。我国企业通过运用知识产权作为竞争武器争取相关利益的情形相比欧美国家少很多。企业对于知识产权许可、知识产权转让受让、知识产权诉讼应对等了解不够、能力不强。遇到问题，习惯于求助主管机关或媒体公关，而不是掌握与熟练运用知识产权规则。这些都导致我国企业一旦遭遇境外严酷的知识产权竞争压力，就明显感到“水土不服”，经验不足。

2. 信息不畅通，企业对海外知识产权制度了解不够

知识产权环境相对复杂，加之语言不通等因素，我国企业对其他国家和地区的知识产权制度和程序熟悉和了解程度不够。在问卷调查中，有 57.3%的企业表示对海外知识产权申请制度不了解，72%的受访者表示对海外知识产权诉讼程序不了解（见图 1）。

知识产权具有地域性，国内行得通的知识产权行为并不意味着可以顺利延伸到目标市场所在国家和地区。例如，专利权利要求的撰写、解释方式，等同侵权原则的适用方式，商标申请时对于实际使用或意图使用的要求等，世界各国都存在很大的差异。在中国可以通过审查的专利权利要求，在美国可能被驳回申请。又如，在美国国际贸易委员会（ITC）的诉讼程序中，ITC 在受理起诉 30 日之内开始调查，一年之内作出结论，被告必须在短时间内收集证据来否认侵权的指控，答辩书必须在 20 天内完成。再如，在专利申请、商标注册的申请程序上，在民事诉讼和刑事诉讼的程序上以及在诉讼证据的要求方面，欧美各国与中国都存在显著的不同。由于远在异国他乡，语言不通，程序不熟悉，缺少当地专业服务机构的有力支持，我国企业往往处在十分不利的地位。

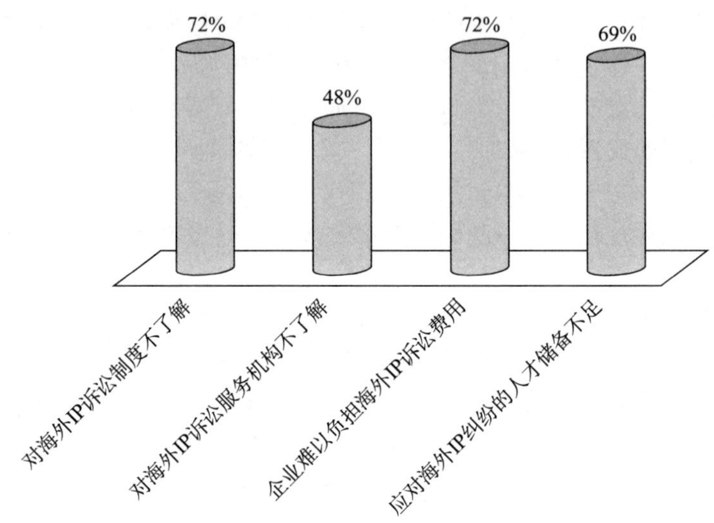

图 1　我国企业海外知识产权诉讼中遇到的主要问题

3. 知识产权积累和筹码不够，难以应对海外竞争

我国企业作为全球成熟市场的新兴力量，普遍缺乏必要的知识产权积累。知识产权的竞争归根结底仍然是商业竞争的一部分，欧美大型企业之间不断爆发的知识产权战争绝大多数是以和解结束。因此，企业自身持有知识产权的数量和质量，决定了其遭遇竞争对手诉讼时寻求最终和解的议价能力。然而，在这一问题上，我国企业大多数是远远落后的。

此外，针对跨国公司在海外市场提出的知识产权诉讼，我国企业可以在国内开展针对性的行动，通过“围魏救赵”的方法取得和解谈判的优势地位。然而当前我国有效可用的知识产权反垄断、知识产权贸易调查等制度缺失，也使得我国企业可用的反制筹码大打折扣。

4. 海外知识产权风险防控不到位

我国企业在进军海外时，在知识产权方面的风险防控不到位。对风险重视程度不够，缺少风险防控长效机制，或未能提前对风险进行评估，或抱着侥幸心理未对风险提前做好应对方案，未能做到“有备而出”。

加之对企业的海外知识产权状况缺乏跟踪，遇到问题后的解决手段不足，综合导致我国企业近年来在海外被诉大量知识产权赔偿甚至退出海外市场。

四、我国企业国际化发展对知识产权的诉求

2013年10～11月，通过对我国外向型企业进行走访、召开座谈会，以及发放《企业国际化发展问题与需求调查问卷》等方式，对我国企业国际化发展中知识产权方面的诉求进行深入了解后发现，企业希望政府提供支持的诉求主要集中在以下几个方面（见图2）。

1. 提供海外知识产权信息支持

走访座谈中，许多企业提出对海外知识产权信息方面的诉求。其中，中小企业提出人员和信息资源均不足，对海外基础知识产权信息提出了诉求；而大型企业则更多地反映对非热门国家和小语种国家的知识产权信息有诉求。

2. 提供海外知识产权预警协调方面的支持

走访座谈中，许多企业提出仅凭“一己之力”在海外应对知识产权问题和纠纷势单力薄，希望政府在预警协调方面能够提供支持，及时发现问题，赶早处理问题，尽力解决问题。

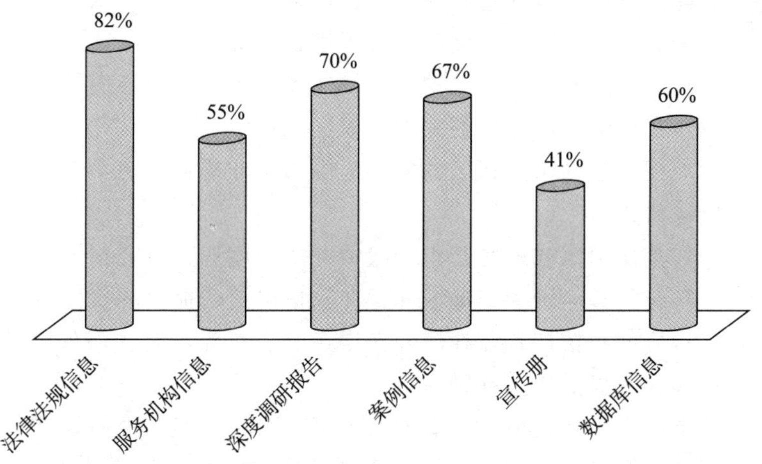

图2　我国企业对政府提供海外知识产权信息的诉求

3. 对外交渠道解决问题和海外知识产权专员的诉求

此外，还有一些企业提出希望政府通过外交渠道帮助解决问题以及在海外重点国家或地区设立知识产权专员的需求。

五、其他国家政府支持本国企业国际化发展的知识产权措施

（一）日本

日本政府为推动企业国际化发展在知识产权方面提供的各类帮扶措施如下：

一是制定并实施国际知识产权战略。近年来，考虑到其“向下只有石头，只能向上迈步”的国家形势，日本制定了国际知识产权战略。同时，基于其知识产权实力较强，日本的国际知识产权战略聚焦于国际专利制度的统一与协调。通过制度层面的协调，帮助日本企业在其他国家快速高效地获得权利。日本主导的专利审查高速公路项目（PPH）近年来发展十分迅速，大量日本企业从中受益，快速在海外获得权利。

二是建立海外知识产权信息平台。通过日本特许厅（JPO）和日本贸易振兴机构（JETRO）建立两个信息平台，为本国企业海外发展提供全面、多样化的知识产权信息。

日本贸易振兴机构的信息平台提供如下信息：

（1）其他国家或地区的知识产权法律法规、审查指南等。

（2）其他国家或地区的知识产权案例集。

（3）在其他国家或地区的能够为本国企业提供服务的知识产权服务机构信息。

（4）其他国家或地区知识产权情况的深度调查研究报告。

（5）有关其他国家或地区知识产权情况简明扼要的宣传册。

三是帮助和扶持企业在海外获得专利。首先，对在海外申请专利的中小企业提供资金补助支持。

日本特许厅还设立“知识产权生产者”，共有6位知识产权生产者，他们拥有丰富的企业知识产权经验和驻外知识产权经验，提供免费服务，帮助企业更有效地在海外申请和获得有用的专利，促

使这些专利产生效益、发挥作用，以及降低知识产权风险。

四是召开海外知识产权制度说明会和咨询活动。通过召开制度说明会普及海外知识产权制度。

五是建立海外知识产权保护组织与问题研究组。该小组是由进军海外的日系企业联合起来，以解决一家企业难以单独应对的知识产权问题。

（二）韩国

韩国政府为推动企业国际化发展在知识产权方面提供的各类帮扶措施如下：

一是构建海外知识产权平台（IP DESK）。致力于加强对韩国企业在海外市场的知识产权保护和获权，韩国知识产权局在多个国家建成知识产权平台。

二是开展海外侵权调查。致力于强化韩国企业海外知识产权在当地的保护，韩国对侵权较为严重的企业和地区开展全面的知识产权调查和背景核查。

三是拓展合作渠道，举办联合研讨会等。韩国知识产权局还致力于与外国知识产权相关组织建立合作渠道从而保护在海外的韩国企业。此外，韩国还设立了简报和研讨会分享如何防止侵权的信息；联合其他国家举办知识产权研讨会，讨论防止侵犯知识产权的联合措施。

（三）美国

美国政府对企业国际化发展中知识产权方面的支持主要体现在两个方面：一是通过外交渠道帮助企业解决实质性问题，政府作为企业的需求代言人，在政府会谈中提出相关问题，并以其他优势商贸事项为牵制筹码，向其他国家政府施压。二是通过影响其他国家的知识产权制度保护本国企业利益。三是制度霸权。通过制度霸权维护其技术霸权。

六、知识产权助推企业国际化发展方案

从以上分析可以看出，制定知识产权助推企业“走出去”方

案、采取多种措施支持知识产权服务企业国际化发展已十分必要。

（一）基本原则

1. 分工协作，各司其职

解决企业国际化发展中的知识产权问题需要企业和政府各司其职，共同努力。一方面，企业应聚焦于提高自身的意识和能力，建立企业内部的风险防控机制等，重在“强身健体”，政府应重点发挥支持、引导和护航的关键作用。

另一方面，政府部门之间亦应当各司其职，形成合力。企业国际化发展中的知识产权问题需要知识产权局、商务部、工商总局等多部门共同应对，部门间应尽量避免多头管理、重复投入。当前，商务部已经开展了部分实体性工作，相关工作建议延续性开展。但考虑到当前开展的多为被动应对工作，且商务部从商贸角度推动相关工作，因此在本方案制订的过程中，对此加以区分，着重考虑以知识产权局的专业优势应当和能够牵头完成的相关工作，重在运用知识产权规则制定措施，解决问题，同时对措施加以体系化设计。

2. 满足需求，解决问题

方案的措施制定应基于问题为导向，结合企业国际化发展的切实需求，同时参考其他国家政府支持本国企业海外知识产权获权和维权的先进做法。

3. 维度多元，考虑全面

方案的制定应考虑多个维度的多种需求，既考虑企业海外获权的需求，也考虑海外维权需求；既考虑在发达国家的需求，也考虑在发展中国家的需求；既考虑大型企业的需求，也考虑中小企业的需求；同时，针对海外经营、产品出口等不同海外业务群体的差异化需求也有所考虑。

（二）主要措施

本方案中提出四项重点工作：实施海外知识产权能力提升工程、海外知识产权信息推广工程、鼓励引导企业海外获取知识产权以及建立海外风险防控和问题解决体系。共设有19项措施，见图3。

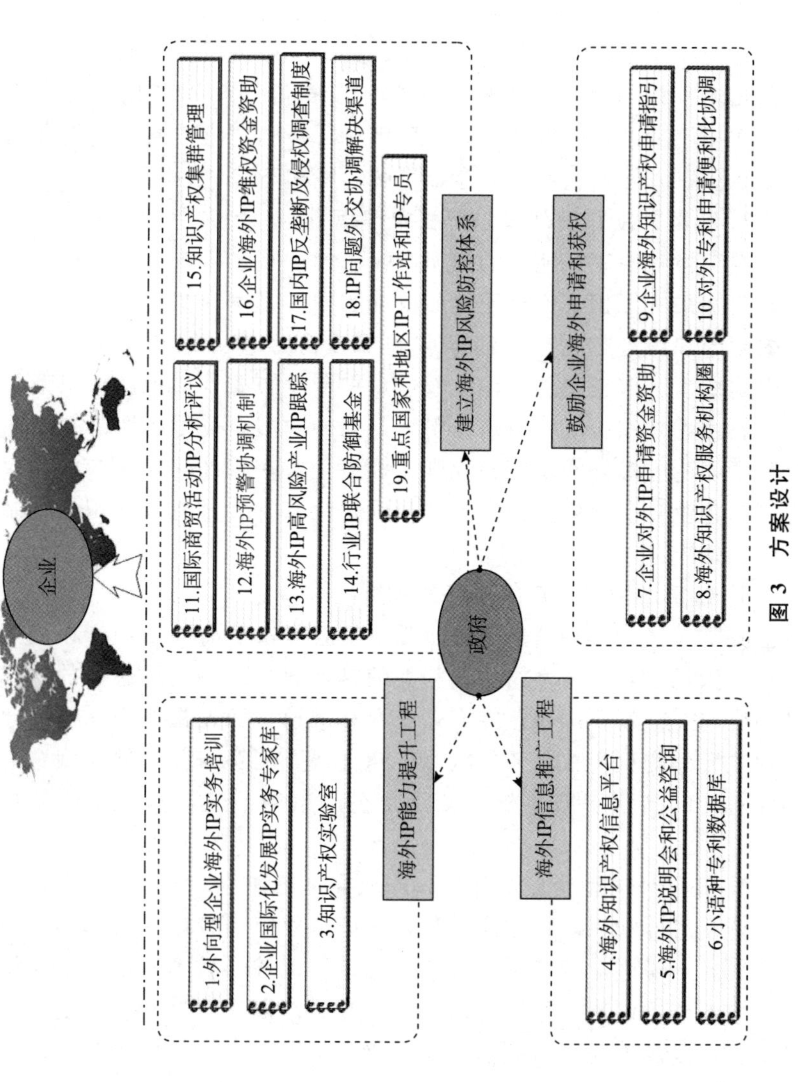
企业
政府
海外IP能力提升工程
1.外向型企业海外IP实务培训
2.企业国际化发展IP实务专家库
3.知识产权实验室
海外IP信息推广工程
4.海外知识产权信息平台
5.海外IP说明会和公益咨询
6.小语种专利数据库
鼓励企业海外申请和获权
7.企业对外IP申请资金资助
8.海外知识产权服务机构圈
9.企业海外知识产权申请指引
10.对外专利申请便利化协调
建立海外IP风险防控体系
11.国际商贸活动IP分析评议
12.海外IP预警协调机制
13.海外IP高风险产业IP跟踪
14.行业IP联合防御基金
15.知识产权集群管理
16.企业海外IP维权资金资助
17.国内IP反垄断及侵权调查制度
18.IP问题外交协调解决渠道
19.重点国家和地区IP工作站和IP专员

图3 方案设计

（三）近期重点工作

1. 建立海外知识产权信息平台

建立以网络为基础的信息平台，共享相关信息，为外向型企业提供有关海外知识产权制度、程序、案例、服务机构、研究报告等各类知识产权信息，提供中文版本，发布海外知识产权申请指引等，依托信息平台提供“一站式”服务，帮助“走出去”的企业更便捷地获取海外知识产权信息，了解环境和态势。

2. 制定并发布海外知识产权申请指引

组织将各国家或地区的知识产权法律法规、审查指南、服务机构、典型案例等相关信息翻译成权威的中文译本；组织专家依据其他国家的知识产权制度、PCT 制度和实务经验等编制海外知识产权申请指引。依托海外知识产权信息平台发布海外知识产权申请指引。通过海外知识产权申请指引，帮助外向型企业了解海外知识产权制度，适应海外知识产权规则，提高企业在海外的知识产权获权比例和企业知识产权能力，预期帮助企业节省大量海外知识产权制度咨询费[1]。

3. 建立海外知识产权服务机构圈

按照地区、类别遴选实力较强、经验丰富的海外知识产权服务机构，依托信息平台发布机构相关信息，通过政府购买服务的方式激励机构在帮助我国企业在海外获权和维权方面发挥切实作用。通过建立海外知识产权服务机构圈，建立一支能够与我国外向型企业有效对接的高水平服务机构队伍，畅通申请渠道，提高企业获权比例。

4. 开展外向型企业海外知识产权实务培训

开发海外知识产权制度、海外知识产权申请策略和海外诉讼纠纷及贸易纠纷应对等相关内容的课件；组建核心教师队伍；每年举办至少五期培训班，组织外向型企业开展培训。通过开展系统的实务培训，提高外向型企业的知识产权意识和能力，帮助企业“练好

[1] 据了解，当前了解海外知识产权制度的律师咨询费为 400 美元～600 美元/小时。企业普遍反映每家企业至少需要十小时了解相关情况。

内功”，更好地运用知识产权国际规则和应对海外知识产权纠纷，减少企业在海外因知识产权纠纷而带来的损失。

5. 召开制度说明会和公益咨询活动

组织开展海外知识产权制度说明会，组织有海外知识产权经验的律师和代理人开展“知识产权万里行”公益咨询活动，依据企业类型（大企业、中小企业）和目标市场（发达国家、发展中国家）等内容有针对性地开展专场沟通咨询。通过制度说明会和公益咨询活动，帮助外向型企业更好地了解海外知识产权制度、环境和发展态势，帮助外向型企业在“走出去”的过程中做到“知己知彼”，提高企业应对海外知识产权纠纷的能力。

6. 建立海外知识产权预警协调机制

布设志愿观察员企业，及时发现海外知识产权风险和问题。针对志愿观察员企业提出的影响我国产业发展和经济安全的海外重大知识产权问题，或对国家发展影响重大的海外企业并购、海外技术引进、海外投资等重点国际商贸活动，通过政府购买服务的方式开展知识产权分析评议活动，及时化解风险，有针对性地解决群体性问题。有效防控国际商贸活动中的知识产权风险，及时发现并解决知识产权问题，减少企业和产业损失。

中国专利制度运行绩效分析* **

许春明　刘　维　徐　明

专利制度运行宏观绩效是指，自我国《专利法》制定并实施以来，专利制度内部的运行情况以及专利制度外部的影响力。其中，专利制度内部宏观绩效将从专利制度体系的设置、审查能力、运用能力、管理能力、文献服务和人才培养等方面予以分析；专利制度外部宏观绩效将从专利对我国经济、科技、文化的影响，以及对我国参与国际事务的影响等方面予以分析。

一、中国专利制度运行的宏观绩效

（一）中国专利制度运行的内部宏观绩效

1. 专利制度体系宏观绩效

我国第一部《专利法》实施至今已有30年历程，共经历了三次修改，在实体与程序上不断与国际接轨，国家和地方共颁布了3000多条与专利相关的法律、行政法规、地方性法规、部门规章、相关通知文件等，为专利制度的运行打下了扎实的基础。随着经济与社会形势的发展，从2012年起，《专利法》的第四次修改被提上日程，但是，经济转型背景下的国内产业格局的复杂性以及产业革命背景下的全球科技创新的新形势，使得此次《专利法》修改仍然任重而道远，在理论上和实践上还有很多问题亟待修正和解决。

---

* 本文获第九届全国知识产权（专利）优秀调查研究报告暨优秀软科学研究成果评选一等奖。

** 本文为2014年国家知识产权局重大研究课题“中国特色知识产权制度理论与实践研究”的子课题研究报告。

2. 专利审查能力宏观绩效

（1）专利申请量与授权量。

专利申请量与授权量代表着一个国家专利活跃程度，更能够从一个侧面代表国家的专利审查能力。从 30 年专利授权趋势来看，发明、实用新型、外观设计专利授权量均呈现上升趋势，增幅也基本稳定。并且在 1985 年、2000 年、2008 年前后有突然增加，这也与专利法立法相吻合。

（2）PCT 专利申请量。

PCT（Patent Cooperation Treaty）专利申请量能够表征一个国家对国外申请专利的积极性，也是一个国家专利审查能力的重要体现。实用新型专利自 1985 年起国外及我国港澳台地区申请专利及被授权数量一直稳中有升，但是基本保持在同一数量级。而发明专利自 2002 年起呈现指数增长的趋势，2012 年相较 2011 年又有飞跃，这可能是因为自 2012 年起，国家对于向国外申请专利进行资助，此时各省份也下达了相关通知，专利申请资助政策对专利申请量的增长确实起到了积极的促进作用。

（3）专利审查结案量与结案周期。

专利审查结案量与结案周期能够表现出我国专利审查的效率水平。三种专利结案周期从 2007 年起至 2012 年年底，都在逐年缩短，而发明专利审查周期平均在 2 年左右，实用新型专利的结案周期平均在五个月左右，外观设计专利结案周期则逐年减少至三个月以下。可见，我国的专利审查工作成效卓著。

（4）外国主体在国内申请的专利。

外国主体在国内申请专利的情况能够表征我国专利审查的能力，当越来越多国家的企业愿意来我国申请专利时，不仅体现出我国专利制度的不断完善，而且体现出我国专利审查能力的不断提高。

从 1985 年至今，国外三种专利在我国的申请受理量总体处于增长趋势。从总体来看，国外发明专利在我国的申请受理量始终明显高于实用新型专利和外观设计专利。从授权情况来看，发明专利的授权量自 2001 年起出现明显增长，而实用新型和外观设计的授权量较为平缓的曲线上升。由此可知，发明专利的申请量与授权量增长趋势基本同步。

（5）专利审查社会满意度调查。

自 2008 年以来，社会公众满意指数逐年上升。2010～2013 年连续四年社会公众满意度持续处于满意区间，反映出国家知识产权局专利局审查质量基本满足社会公众的预期和需求变化。

3. 专利运用能力宏观绩效

（1）专利实施情况。

国家知识产权局 2012 年专利调查显示，2011 年中国授权专利总体实施率为 70%，其中实用新型与外观设计专利在中国企业的生产实践中获得了更多的应用。但我国目前专利市场收益水平普遍较低，2011 年中国企业自行实施的授权专利中，近 2/3 未能取得市场收益，取得市场收益在 100 万元之上的专利比例为 8.4%，5000 万元之上的比例为 0.1%。同年，中国企业收取的专利转让、许可费在 50 万元以下的比例为 64.0%，支付的专利转让、许可费在该区间的比例为 76.6%。其中，又以五万元以下比例区间更为集中，占收取费用比例达 1/3，占支付费用比例超四成；而支付的专利转让、许可费用在 300 万元以上的比例不足一成。

（2）专利质押、许可登记备案情况。

2008～2013 年，各项专利许可数量呈现出一定上升趋势，体现了我国专利许可登记事业的不断进步和繁荣。在这之中，实用新型专利占据全部专利实施许可数量的一半以上，表现最为活跃，达到 55%，显示出极大的市场活力。发明专利其次占 28%，外观设计专利紧随其后，超过 15%。从专利质押的数据来看，2008 年以来，专利质押市场总体呈上升趋势，其中实用新型专利和发明专利增长最为明显，外观设计等专利稳中有升。从整体上看，实用新型专利占全部专利质押比例最高，高达 59%，发明专利占 34%，外观设计占 7%。

总体上看，专利质押和许可登记情况从侧面反映了我国专利市场的良好上升势头，各项专利的数量和质量愈加具有市场竞争力，民众的专利保护意识得到加强。

（3）高校专利技术转移情况。

近年来，我国高校专利申请呈现逐年增长态势。尽管我国高校专利申请快速增长，但并未带来专利收益的实质增加。我国高校专利授权后，往往维持年限不高，近年来还出现了维持年限缩短的趋势。

另外，不可避免的问题是，在高校各类创新技术高产出率的背后却是低下的转化率，我国专利的平均实施率仅为10％，科技成果转化取得效益的比例也仅为10％～15％，远低于发达国家60％～70％的转化水平。目前，高校进行专利实施许可和专利权（含申请权）转让的实际操作之所以不多，与高校专利技术转化模式和政策密切相关。

4. 专利管理能力宏观绩效

（1）专利部门建设情况。

在国家层面上，专利工作由国家知识产权局管理，各地方也建立了知识产权行政管理部门。

（2）专利预算执行情况。

综合国家知识产权局预算和决算情况分析，在2010年后一般服务支出即知识产权事务支出上涨减缓，外交支出、社会保障和就业支出和住房保障支出等稳中有升。各项支出表现出逐年上升趋势。知识产权事务支出占国家知识产权局总财政支出预决算比例上升趋势明显。知识产权领域的活跃度得到有效验证。

（3）专利试点示范建设情况。

近年来，国家知识产权局先后选择部分城市、高新技术产业开发区和企业事业单位，围绕以知识产权制度促进技术创新和经济发展的宗旨，开展城市专利试点工作、实施知识产权制度示范园区工作和企事业单位专利试点工作。

从城市角度来看，国家知识产权局专利管理司于2011年1月25日发布国家知识产权工作示范城市、示范城市创建市及试点城市名单（104个），其中国家知识产权工作示范城市45个，国家知识产权示范城市创建市28个，国家知识产权试点城市31个。从园区角度来看，共有国家专利导航产业发展实验区八个。从企业角度来看，国家专利协同运用试点单位共五个，均为行业协会。国家专利运营试点企业共35家，有12家属于中央企业。

5. 专利信息服务宏观绩效

（1）专利文献数量情况。

2007年以来，我国出版的各项专利文献数量都有明显增长。其中实用新型专利公告数量近年来增长迅速，并于2010年成功登顶，成长为每年数量最多的专利文献类型。

（2）我国专利文献占世界专利文献的比例。

自1985年9月10日我国出版第一件专利文献以来，截至2012年6月27日，中国发明专利公开和授权文献量已累计约350万件，中国专利文献已成为全球专利文献资源宝库中的重要组成部分。随着2012年7月1日起中国专利文献（发明专利）正式纳入《专利合作条约》（PCT）最低限度文献，中国专利文献的国际影响力显著提升。截至2012年，国家知识产权局与37个国家或地区的知识产权机构保持着专利文献的国际交换关系，中国专利文献已经实现全部电子化，用户可以免费检索并获取中国专利文献。

（3）我国专利数量占全球专利数量的比例。

从1985年到2014年30年来我国每年专利数量占全球专利数量的比例不断上升，从最初的0.89%到37.43%，平均增长率为1.35%。

6. 专利人才培养宏观绩效

（1）专利审查人员数量。

1980年年初，中国专利局成立。目前，专利局是国家知识产权局的直属事业单位，主要承担国家知识产权局委托的专利申请的受理、审批及其他行政管理工作。有数据表明，截至2011年有职工3 169人，主要人员构成以专业技术人员为主。

（2）专利代理机构数量。

专利代理机构是在我国专利法实施的同时应运而生的，对我国专利事业的发展起到了非常重要的作用。截至2014年，全国各省市的专利代理机构共1 062家，其中北京、广东、上海是专利代理机构数量排名前三的省市，分别为313家、141家、89家，占总数量的29.5%、13.3%、8.4%。

（3）专利代理人数量。

专利代理人是集专利法律知识和专利技术知识于一体的复合型人才，专门从事专利代理申请以及知识产权事务咨询等相关业务，必须经过国家知识产权局考核，并在国家批准的专利代理机构工作。截至2014年，全国各省市的专利代理人数量共10 218人，排名前四的依然是北京、广东、上海、江苏，专利代理人数量分别为4 505、1 155、851、608人。

（4）专利代理人考试。

2013年，报考人数已经增长到23 226人，是第一次专利代理人资格考试的报考人数1 927人的12倍多，专利代理人资格考试已经逐渐成为我国最具有影响力的专业资格考试之一。

（5）高校知识产权学科设置情况。

高校已开设的知识产权类本科课程、双学士课程、硕士课程、博士课程均有十数门。

（二）中国专利制度运行的外部宏观绩效

1. 专利制度对我国经济的影响

（1）拥有专利的企业所占比例情况。

据2011年的统计数据看，有10.3%的规模以上工业企业申请专利，有9.3%的规模以上工业企业获得专利授权，有13.9%的规模以上工业企业拥有有效专利。从有专利申请的规模以上工业企业经济效益情况的时间序列来看，2008年以来，拥有专利的规模以上企业实现主营业务收入所占比例、实现新产品销售收入所占比例、实现新产品出口额所占比例、实现利润总额所占比例以及实现工业总产值所占比例均呈现上升趋势。

（2）专利密集型产业对国家工业总产值的贡献率。

在一些以科技为主要生产力的产业中，专利制度为技术创新提供了法律保障和经济效益，激发了人们发明创造的动力。“专利密集型产业”是一个新的研究领域，本文使用“专利密度”的衡量方式来分析哪个产业属于专利密集型产业。

国家统计局对37个规模以上的产业的工业总产值、专利申请数、从业人数进行了统计。在37个工业产业中专利密集产业从2004年的11个增加至2008年的13个，所占比例从29.73%提升到35.14%。专利密集型产业的专利申请数量从占整个工业产业的75.96%升至78.35%。专利密集型产业对工业总产值的贡献率从38.68%提高到47.27%。各数据均显示出专利密集型产业对于我国工业生产有重大影响，且发挥着越来越关键的作用。

（3）专利密集型产业对国家外贸增加值的贡献率。

随着世界各国不断提升产业和贸易结构，国际贸易的重心正从传统货物贸易向专利密集型贸易转变。高专利密集度产业的新技术、新产品、新工艺研发应用活跃，创新资源配置和综合集成能力较强，在工业品出口中更具外贸竞争优势。2012年，高专利密集度产业出口交货值占总出口额的58.6%，对出口的贡献接近六成，预计在我国机电产品及高新技术产品出口稳步快速增长的背景下，这一比重将逐渐接近欧洲70.6%的水平。

（4）专利密集型产业对国家就业的贡献率。

高专利密集度产业劳动成本付出较少，而占用劳动力相对较多，劳动密集特点依然显著。专利密集型产业对国家就业的贡献率呈现逐年扩大趋势。2008年的统计结果显示，专利密集型产业就业人口占国家工业总就业人口44.65%。

2. 专利制度对我国科技的影响

（1）专利对科技发展规模的影响。

专利的产出数量能够反映一国研究与试验发展（R&D）活动的成果情况和该产业在未来时段发展和升级的潜力。从我国科学研究开发机构R&D投入基本情况来看，自2008年起，各项指标均在逐年上涨，这反映了我国对于科研与试验发展的投入越来越重视。

研究与试验发展（R&D）经费超过500亿元的行业大类有七个，这七个行业经费占全部规模以上工业企业研究与试验发展的比重为61.3%；研发经费在100亿元以上且投入强度（与主营业务收入之比）超过规模以上工业企业平均水平的有十个行业。发明专利数位列前十的行业与R&D投入位列前十的行业相同，说明R&D

投入较大的企业发明专利的数量确实比较多，也说明 R&D 经费应用情况较好。

（2）专利对科技发展速度的影响。

专利申请与产业结构的变迁有一定关系，自 2006 年以来，我国专利申请量位列前十的产业基本没有变化，这十个产业与国际发展形势、国家发展方向密切相关，始终是我国经费投入大，并且给予高度重视的行业。专利的申请一方面依托于产业结构的指向，另一方面也促进了产业的发展。从局部来说，这十个行业之间的排名却在逐年发生一些细微的变化。

同时，从技术市场的成交情况来分析，专利申请量与市场成交额虽不呈线性相关，但是三者之间确实有一定的联系，即专利申请量、授权量大的地区通常来讲在技术市场成交情况之中都有较好的表现。综上，可以证明专利对于科技发展速度有很大影响。

（3）专利对科技发展方向的影响。

专利对于高技术产品领域有重要影响。目前，我国统计局纳入高技术领域的行业有电子及通信设备制造业、计算机及办公设备制造业、医药制造业、医疗仪器设备及仪器仪表制造业、航空航天器及设备制造业。这五个行业也恰好是发明专利较为集中的行业，这也可以证明专利对于这些行业的发展有积极促进的作用。

3. 专利制度对我国文化的影响

（1）我国国民专利意识情况。

从每万人有效发明专利有效量、经国家知识产权局授权并维持有效的发明专利总量的增幅来看，我国社会公众知识产权保护意识，特别是专利保护意识明显增强，申请专利积极性不断提高。

（2）专利制度社会认知度情况。

从大众媒体专利词频的变化情况来看，2003～2014 年关于专利的新闻报道数量呈对数形式增长，专利制度的社会认知度提升到了一个新的高度。

（3）科技成果发表与出版情况。

关于专利学术论文的发表大致分三个阶段：第一阶段 1985～1993 年，第一部专利法颁布之初，专利制度尚在建设阶段，论文发表量总体较低，数量在 2000 篇以下。第二阶段 1994～2005 年，专利制度基本完善，各行业对专利逐渐重视，对科技成果的知识产权保护意识也日益增强，专利方面的论文平稳增加，到 2005 年，每年发表数量达 8 000 篇。第三阶段 2006～2014 年，专利论文的发表量基本保持在 14 000 篇左右，变化幅度较小。

（4）文化及相关产业的专利情况。

文化及相关产业发明和实用新型专利申请、授权量持续增长。日、美、韩、欧占据国外在华专利申请与授权主力地位，但国内企业创新主体地位日益明显。目前存在的问题主要是：文化及相关产业各子产业专利分布不均衡，授权集中于东部地区；国家文化产业示范基地的专利转化能力亟待提高；新兴文化产业专利发展趋势欠佳。

4. 专利制度对国际事务的影响

（1）我国在 WIPO 地位的演变情况。

20 世纪 80 年代初，我国正式成为世界知识产权组织的成员，积极开展国际合作。我国在国际知识产权组织中的地位也逐渐被认可，在国际知识产权组织中地位逐渐提升，为中国知识产权事业更好地融入国际社会创造了条件，为中国专利制度的成熟和完善起到了积极的作用。

（2）作为 PCT 国际检索局的情况。

自 1994 年 1 月 1 日起，中国正式成为《专利合作条约》（PCT）成员，中国专利局正式成为 PCT 的受理局、指定局和选定局、国际检索单位和国际初步审查单位，中文成为 PCT 的正式工作语言之一。国家知识产权局受理量仅落后于美国专利商标局、日本专利局和欧洲专利局，排名世界第四。

（3）专利申请的国际合作情况。

中国是五局合作（IP5）的国家之一，后者受理着全球绝大部分的专利申请，并处理着大部分的 PCT 业务。同时，我国国家知识产权局于 2011 年年底首先和日本特许厅签订关于专利审查高速路（PPH）试点项目的协议，启动中日专利审查高速路（PPH）试点项目，后又陆续与其他国家专利审查机构之间签订项目协议。

二、中国特色专利制度的保护绩效

（一）中国专利制度保护强度的国际比较

专利制度的实施有赖于完善的专利立法和有效的执行。因此，专利保护强度应是专利保护立法强度与专利保护执行强度的综合。一个国家的专利保护强度是该国专利保护立法强度与执行强度的乘积，可以表示为：

$$P(t) = L(t) * E(t)$$

$P(t)$ 表示一个国家在 t 时刻的专利保护强度，$L(t)$ 表示该国在 t 时刻的专利保护立法强度，$E(t)$ 表示该国在 t 时刻的专利保护执行强度。如果设执行强度 $E(t)$ 的值介于 0～1，0 表示法律规定的专利保护条款完全没有执行，1 表示法律规定的专利保护条款被全部执行。因此，专利保护执行强度 $E(t)$ 就是影响专利保护实际执行效果的变量，表示法律规定的专利保护强度被实际执行的比例。

1. 专利保护立法强度的国际比较

（1）中国专利保护立法强度的计算。

根据上述方法（Ginarte-Park 方法），对我国 1985～2014 年专利保护立法强度进行评定，计算结果列于表 1。

表 1　中国专利保护立法强度（Ginarte-Park 指数）的时间序列（1985～2014）

年度	1985～1992	1993	1994～1998	1999～2000	2001～2014
专利保护立法强度	2.03	3.19	3.52	3.86	4.19

从上述中国专利保护立法强度指数的变化可以看出，我国的专利保护的立法强度分阶段阶跃式提高。专利法的修改和国际条约的加入使中国专利保护的立法强度不断提高。

（2）专利保护立法强度的国际比较。

根据已有研究文献，计算欧美和亚洲部分国家的专利保护立法强度，与我国进行比较后，发现中国在第一次修改《专利法》和加入 PCT 后的 1994 年，其知识产权保护强度（Ginarte－Park 指数为 3.52）就已经接近部分发达国家的 1990 年的保护强度，已超过其他发展中国家的知识产权保护强度。至中国在第二次修改《专利法》后的2001年，中国的专利保护立法强度（Ginarte－Park指数为4.19）已达到绝大多数发达国家1995年的保护强度（只略逊于美国），已全面超出其他发展中国家的保护强度。

2. 中国专利保护执行强度的计算

（1）专利保护执行强度的不足。

显然，Ginarte－Park方法仍然存在忽视专利立法执行因素的问题。当然，对于司法制度比较健全的西方国家，采用立法指标所度量出的保护强度与实际的保护强度不会出现显著的差异，但是，对于司法体系正在完善的转型期国家，如中国，由于立法与立法执行尚不完全同步，采用立法指标所度量出的保护强度与实际的保护强度可能并不一致。

决定专利保护执行强度的因素主要包括五个方面：司法保护水平、行政保护水平、经济发展水平、社会公众意识以及国际监督制衡。

（2）中国专利保护执行强度的时间序列。

借鉴Ginarte－Park方法，设定以上五个指标对执行强度的权重是相等的，因此，执行强度 E（t）就等于以上五个指标得分的算术平均值。计算后得知，中国专利保护执行强度逐年持续提高，从1985年实施专利法时的0.173执行强度，逐年提高到2012年的0.631执行强度，执行强度增幅达到2.65倍。专利保护执行强度的不断提高，意味着我国专利保护立法强度实际执行的不断提高。

3. 中国专利保护强度及其国际比较

中国的专利保护立法强度已接近西方发达国家水平，但由于执行强度不足，致使最终的专利保护强度大打折扣。

（二）中国专利保护强度类型比较（专利、版权、商标）

1. 中国专利立法强度类型比较

（1）民事保护的法律规定比较。

《著作权法》《专利法》和《商标法》规定了著作权、专利权和商标权的民事保护措施。基于不同法律作出的不同规定可以观察出不同权利的立法强度，如果从一个案件的起诉到法院作出裁决的过程分析，可以从“诉前证据保全”“取证手段”“法定赔偿上限”“惩罚性赔偿”“法律责任”等五个方面来分析知识产权的立法保护强度（见表2）。

表2　知识产权民事保护立法强度表

比较项	著作权	专利权	商标权
诉前措施	10	10	10
取证手段	无（0）	无（0）	确定损害赔偿时的文书提出义务*（10）
法定赔偿	50万元以下（1）	100万元以下（2）	300万元以下（6）
惩罚性赔偿	无（0）	无（0）	有（10）
法律责任	没收违法所得、侵权复制品以及进行违法活动的财物（10）	无（0）	无（0）
总值	21	12	36

*见《商标法》第63条第2款。

赋值说明：将“最强”（或有规定）定义为“10”，“最弱”（或无规定）定义为“0”；在数值情形上，将“50万元”定义为“1”，依此例类推，“100万元”为“2”，“300万元”为“3”。

（2）行政执法权的立法强度比较。

《著作权法》和《商标法》中有关行政查处的权利内容和专利行政查处案件的权利类型不同，《专利法》第60条仅仅规定了“责令停止侵权”的行政救济方式（见表3）。

表3　知识产权行政执法权立法强度表

执法类别／执法措施	著作权行政执法	专利行政执法	商标行政执法
权力类型	责令停止侵权（10）	责令停止侵权（10）	责令停止侵权（10）
	没收违法所得（10）	—	—
	销毁侵权复制品（10）	—	销毁侵权商品和侵权工具（10）

续表

执法措施＼执法类别		著作权行政执法	专利行政执法	商标行政执法
权力类型		罚款（10）	—	罚款（10）
		没收侵权侵权复制品和侵权工具（10）	—	没收侵权商品和侵权工具（10）
总值		50	10	40

赋值说明：有法律的明确授权则定义为“10”，没有法律规定则定义为“0”。

（3）刑事保护立法强度比较。

《著作权法》第48条规定了著作权刑事保护，《刑法》第217条、第218条分别对侵犯著作权罪和销售侵权复制品罪的犯罪构成进行了规定。《商标法》第61条规定了商标权刑事保护，《刑法》第213条、第214条和第215条分别规定了假冒注册商标罪、销售假冒注册商标的商品罪、非法制造、销售非法制造的注册商标标识罪。《专利法》第63条和《刑法》第216条规定了假冒专利罪，根据罪刑法定原则，侵犯专利权的行为不为罪（见表4）。

表4　知识产权刑事保护立法强度表

保护强度	罪名	入罪条件	刑罚	法条
著作权刑事保护：6	侵犯著作权罪	主观：营利目的	a. 三年以下或者拘役，并处或单处罚金；b. 三年至七年，并处罚金	《刑法》第217条
		客观：未经许可——a. 对作品的复制发行；b. 对录音录像制品的复制发行；c. 出版他人享有专有出版权的图书；d. 制作出售假冒他人署名的美术作品		
		a. 违法所得较大或其他严重情节；b. 违法所得巨大或其他特别严重情节		

续表

保护强度	罪名	入罪条件	刑罚	法条
专利权刑事保护：2	假冒专利罪	假冒他人专利	三年以下或拘役，并处或单处罚金	《刑法》第216条
		情节严重		
商标权刑事保护：8	假冒注册商标罪	未经许可，在同种商品上使用相同商标； a. 情节严重；b. 情节特别严重	a. 三年以下或者拘役，并处或单处罚金；b. 三年至七年，并处罚金	《刑法》第213条
	销售假冒注册商标罪	明知是假冒注册商标的商品	a. 三年以下或拘役，并处或单处罚金；b. 三年至七年，并处罚金	《刑法》第214条
		销售上述商品		
		a. 销售数额较大；b. 销售数额巨大		
	伪造、擅自制造他人注册商标标识罪；销售伪造、擅自制造的注册商标标识罪	a. 伪造、擅自制造他人注册商标标识； b. 销售伪造、擅自制造的注册商标标识	a. 三年以下或拘役，并处或单处罚金；b. 三年至七年，并处罚金	《刑法》第215条
		a. 情节严重；b. 情节特别严重		

赋值说明：对知识产权侵权行为的刑法规定进行比较，“无规定”的保护强度为“0”，有规定者则根据入罪条件和刑罚轻重来赋值。“侵犯专利权的行为不为罪”，但鉴于《刑法》仍为假冒专利的行为提供了刑事保护，专利权的刑事保护强度为“2”；就侵犯著作权罪和假冒注册商标罪而言，均为数额犯，且根据“数额较大”和“数额巨大”分别设定法定刑为“三年以下或拘役、并处或单处罚金”“三年至七年，并处罚金”。两者在入罪条件的客观方面不同，取决于著作权侵权行为和商标权侵权行为的不同特点，只对典型和严重的侵权行为规定为犯罪。因此，就侵犯著作权和商标权的行为而言，应当认为著作权刑事保护强度与商标权的刑事保护强度相当。但是应注意到，《刑法》不仅将严重侵犯商标权的行为入罪，还将侵犯商标权的上游行为（制造销售标识）和下游行为（销售商品）均入罪，商标权的刑事保护强度是最强的，笔者认为可以对著作权的刑事保护强度和商标权的刑事保护强度分别赋值为“6”和“8”。

（4）中国专利立法强度类型比较小结。

上文三部分通过对知识产权民事保护立法规定、行政执法权立法规定和刑事入罪的立法规定进行分别赋值，将这三大赋值结果相加即可得出三大知识产权的立法保护强度（见表5）。

表5　中国专利权立法强度类型比较表

保护强度	著作权	专利权	商标权
民事保护立法强度	21	12	36
行政执法权立法强度	50	10	40
刑事入罪立法强度	6	2	8
总值	77	24	84

2. 中国专利行政执法强度类型比较

（1）近五年知识产权行政执法案件数比较。

将近五年三大类知识产权行政执法案件数进行比较（见表6）后容易发现：版权行政执法案件数逐年递减，在一定程度上体现了国内版权市场的规范化程度提升以及版权产品利用者版权意识的提高；相比之下，专利行政执法案件数逐年递增，在一定程度上体现了专利权受社会关注程度正在逐年上升，专利行政保护可能将成为未来几年知识产权行政保护的热点；商标行政执法案件一直居高不下，商标假冒侵权现象在全社会仍然多发，全民的品牌意识还有待进一步提升。

表6　近五年三大类知识产权行政执法案件数及强度表

案件类别		2009年	2010年	2011年	2012年	2013年	总值
版权	行政（件）	65 049	51 248	57 000	11 741	3 567	
	赋值	6.50	5.12	5.7	1.17	0.35	18.84
专利权	行政（件）	1 541	1 841	3 017	9 022	16 227	
	赋值	0.15	0.18	0.3	0.9	1.62	3.15
商标权	行政（件）	51 044	56 034	79 021	120 400	83 100	
	赋值	5.10	5.60	7.9	12.04	8.31	38.95

赋值说明：以10 000为基点，按比例赋值。

（2）近十年知识产权专项执法行动梳理。

2003 年之前，三大执法机构很少开展知识产权专项治理行动。从 2003 年开始，国家版权局每年均针对特定主题开展 17 次专项治理行动。国家知识产权局从 2008 年开始启动专项治理，相继开展过“雷雨”“天网”和“护航”等 8 次行动，主要针对恶意侵权、反复侵权、群体侵权以及专利假冒。国家工商总局共开展过 7 次专项治理行动，主要针对制假售假、涉农商标、食品药品商标、驰名商标、地理标志以及大型批发零售市场。从专项行动的开展次数看，著作权的执法强度是专利权、商标权执法强度的 2 倍多。

（3）中国专利行政执法强度类型比较小结。

将上文中案件数量所体现的执法强度值与专项行动所体现的执法强度值相加，可得出知识产权执法强度值（见表 7）。

表 7　知识产权执法强度值表

比较项目	著作权	专利权	商标权
案件数的执法强度值	18.84	3.15	38.95
专项行动的执法强度值	17	8	7
执法强度总值	35.84	11.15	45.95

3. 中国专利司法保护强度类型比较

（1）知识产权案件的判赔均值比较。

专利侵权案件的平均损害判定金额最高、商标侵权案件次之、著作权侵权案件最低，商标侵权案件的平均损害判定金额甚至是著作权的十倍。

（2）知识产权案件的案件数量比较。

从近五年三大类知识产权司法案件数可知，著作权司法案件数量最多、商标司法案件次之、专利权司法案件最少。

（3）中国专利司法保护强度类型比较。

本部分的“假冒专利罪案件数、专利侵权案件数以及研发投入”无法作定量赋值，只能在相应部分进行定性描述。现将本部分中的“判赔均值”与“案件数量”的赋值结果相加，可大致得出版权、专利、商标的司法保护强度（见表 8）。

表8　知识产权司法保护强度

	著作权	专利权	商标权
判赔均值的赋值结果	18.04	4.02	8.1
司法案件数的赋值结果	1.54	15.88	6.20
赋值	19.58	19.9	14.3

4. 中国专利保护强度的宏观比较

要精确地计算出知识产权的保护强度，是一项不可能完成的研究。主要是有两方面的因素影响这一研究的精确性：第一，数据的不完整性；第二，定性到定量转变的非一一对应性。然而，如果在定性到定量的转化之间能够选择并坚持相同的标准，选取数据时也能遵循客观性和随机性，仍然可以大致得出客观的比较结论。将知识产权执法强度值与知识产权立法强度值相加，可大致观察出知识产权的保护强度值，进而得出知识产权的保护系数（见图1）。

从表4～5很容易看出来，（1）目前我国知识产权保护强度值最高的是商标权，最低的是专利权。（2）著作权的保护强度低于商标权保护强度，主要因素是著作权的立法强度落后于商标权的立法强度。（3）无论立法强度还是执法强度，专利权均远远落后于著作权和商标权。当然，从司法赔偿力度看，专利权的执法力度是最强的，这应该在一定程度上能够补偿专利权与其他权利保护强度上的差距。

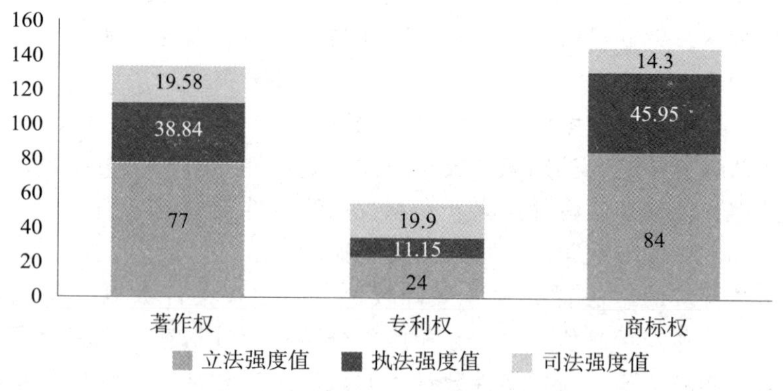

图1　中国专利保护强度类型比较图

三、中国专利行政、司法保护的实践特征

（一）中国专利保护“双轨制”的演变和实践

立法者在第一部《专利法》中为我国建立了专利行政保护和司法保护的双轨制。历经三次修改，专利保护机制的运行理念和内在格局也在不断发生变化。

1. 中国专利行政保护的实践历程

专利行政保护是我国专利制度的一大特色，初创于1984年的《专利法》，历经三次修改逐渐完善。我国专利行政保护制度（或者专利管理部门的权限）大体可区分为，针对专利侵权纠纷的“裁决”、针对假冒专利的“查处”和针对其他专利纠纷的“调解”。根据国家知识产权局制定的《专利行政执法操作指南》（以下简称《指南》），专利管理部门对专利侵权纠纷的处理因当事人请求而启动，具有“准司法”的特征；针对假冒专利的行政查处程序，则可依举报、投诉或者自行检查发现假冒行为而启动。专利纠纷的调解工作因当事人的书面请求而启动，类型包括专利申请权、专利权归属纠纷；发明人、设计人资格纠纷；职务发明的发明人、设计人的奖励和报酬纠纷；临时保护期使用费纠纷；以及侵犯专利权的赔偿数额纠纷。

中国专利行政执法权可分为行政裁决权、行政查处权、行政调解权。在第一部《专利法》出台之际，行政裁决权在专利行政执法格局中处于绝对主导地位，之后的《专利法》修改都朝着限制行政裁决权的方向发展，专利裁决权在专利行政执法权体系中的主导地位逐渐弱化。伴随这一过程的是，行政查处权的地位得以上升、权力的行使得到规范，逐渐成为专利行政执法权体系中具有主导性地位的权力；行政调解的适用案件也在扩大，但一直处于执法体系中的边缘角色。

从近五年行政执法案件的发布看，行政查处案件数迅猛发展。1988年国家知识产权局成立后，各地相继颁布并实施专利保护条例，对加强专利行政执法力度起到了积极作用。

2. 中国专利司法保护的实践历程

专利司法保护在我国专利保护机制中的地位从“边缘角色”走向了“主导角色”。司法保护在我国专利保护初创阶段的作用有限，由于专业审判人员的缺乏，立法者更倾向于将专利管理部门作为主要的专利纠纷处理机构。

20 世纪 90 年代，随着市场的开放和国际经贸往来的频繁，我国法院受理的专利案件逐渐增多。1996 年最高人民法院成立知识产权庭，司法在专利保护中的作用越来越大。2010 年新的《专利法》施行之后，法院受理的专利案件出现了井喷式增长，专利侵权案件的一审管辖权开始向基层法院放开，全国多个试点法院积极推进知识产权审判“三审合一”机制；2014 年，中国知识产权司法审判从“三审合一”迈入“知识产权法院”时代。

3. 中国专利行政与司法保护的实践比较

（1）案件数量。

从案件数量看，这几年由于专利行政查处案件的大幅增长，专利行政案件和司法案件的数量基本持平，两者在保护权利人、鼓励创新、维护正当健康的市场秩序方面都扮演着不可或缺的角色。

（2）维权成本。

a. 时间成本。专利管理部门对专利侵权纠纷的处理效率相对司法裁判要高。

b. 经济成本。在经济成本方面，专利案件的行政执法程序具有明显优势，《指南》并未规定当事人需要为专利行政执法支付受理费等经济成本。可以认为，专利行政执法对权利人而言具有经济成本上的明显优势。

（3）维权效果。

a. 取证难度。当事人在行政裁决程序中的取证难度与在司法程序中相当——至少从《专利行政执法指南》第 2 节的规定可以得出结论。就取证手段而言，当事人在行政裁决程序中，只有因客观原因不能自行收集证据时，才可请求专利管理部门调查取证。更为重要的是，《指南》第 2.4.3（2、3、4）条还参照《民事诉讼法》的规定引入了行为意义、结果意义上的举证责任以及举证失权制度，这些制度确保了专利管理部门在行政裁决程序中的中立性，使行政裁决程序具有准司法的意味。

b. 支持力度。就责任承担方式而言，司法程序相对执法程序的最鲜明特点是损害赔偿——尽管禁令是最有杀伤力的责任承担方式。据权威数据显示，我国法院的诉前禁令支持率一直较高，2010年为89.74%、2011年为98.23%、2012年为83.33%、2013年为77.78%。据现有研究的成果显示，在779个有效案例中，当事人诉求额平均值为501 881元，判赔额均值为158 787元，而我国专利申请和维持全程所需缴纳的官方费用高达83 905元。可以认为，我国专利司法裁判中的赔偿数额还是比较低的、没有达到权利人的期望值，维权效果因此大打折扣。

一旦认定专利侵权行为成立，专利管理部门应当责令侵权人立即停止侵权。期满不起诉又不履行行政处理决定的，专利管理部门可以应当事人请求申请法院强制执行。在行政查处程序中，专利管理部门应责令行为人停止假冒专利行为和采取改正措施；如有违法所得，则没收违法所得；对应当进行行政处罚的假冒专利行为，可以处以20万元以下的罚款；有违法所得的，还可处以违法所得4倍以下的罚款。在大多数专利纠纷案件中，驱逐竞争对手、控制市场占有率是权利人的主要维权目的，专利执法效果可以实现这一目的。

（4）小结。

通过梳理中国专利保护“双轨制”的实践历程，容易看出行政保护和司法保护在专利保护体系中各有地位，案件数量大体相当。《指南》对专利管理部门的行政权力、案件的处理程序等进行了明确和规范，这大大提高了权利人的维权信心和对案件处理结果的可期待性。专利行政保护越来越重视对专利假冒行为的行政查处、维护公平健康的市场环境；而专利司法保护侧重对专利纠纷的司法裁决、保持专有领域与公有领域之间的平衡从而鼓励创新。专利管理部门对专利纠纷的行政裁决和行政调解是两种具有中国特色的专利保护方式，行政裁决的方式在专利保护机制的初创阶段发挥了重大作用，之后逐渐让位于司法在专利侵权纠纷中的主导角色。基于行政裁决和行政调解具有成本低、效率相对较高的特点，现阶段专利司法裁判的维权成本高、维权效果却不如权利人期待，行政裁决和行政调解必然仍将在专利保护体系中发挥重要作用。当下之急，在于建构专利行政执法与司法的衔接机制。

（二）中国专利保护的实践特征

通过对中国专利行政执法和司法保护的实践比较、中国三大类别知识产权保护的实践比较，可以在三大类别知识产权保护的横向格局以及行政司法两大维度的框架中大致观察出中国专利保护的实践历程和特点，在此基础上可对中国专利保护的实践特色进行提炼和总结，主要有六点：一是专利案件数量相对较少但价值相对较高；二是“加强保护”是当前专利保护的政策导向；三是专利保护强度相对较弱；四是专利司法维权效果仍有待提升，包括要提高权利人取证能力，加大损害赔偿力度；五是专利行政执法的效率、规范性较高，专利行政执法权的权限却最少；六是专利侵权行为没有入罪。

我国专利许可活动现状研究* **

胡文辉　顾晓莉　杨　玲　田　明　井庆涛　曾　丽

一、引　言

专利实施许可不仅是最基础的专利运用方式之一，而且专利许可交易是最活跃的运用发明创造的经济活动。近年，在苹果诉三星的拉锯战中，高通的反垄断调查中，以及福特、特斯拉和丰田高调公开许可技术专利等重要的知识产权事件之中都可以看到专利许可的身影。在这些案例中，专利许可分别作为专利侵权纠纷的战略目标、企业市场营销策略、企业控制相关技术发展方向等目的发挥着不同的作用。在我国，专利制度经过 30 年的快速发展，专利许可运用的整体发展情况如何呢？我国的专利许可制度建设的发展方向应当在哪里呢？本文从专利许可备案数据、问卷调查、典型案例等方面对此问题进行深入研究，并结合域外法规、政策环境等研究，提出四点工作建议。

二、研究内容

（一）对许可备案数据的统计分析研究

1. 全国许可合同备案总体情况

2002～2014 年的专利实施许可合同备案数据经历了从增速缓慢，到快速增长，再到平稳发展的过程，备案合同总量增长 40 多倍。2008 年开始，受到高新技术企业评定政策的影响，年备案量

---

* 本文获第九届全国知识产权（专利）优秀调查研究报告暨优秀软科学研究成果评选二等奖。

** 本文为 2012 年国家知识产权局软科学研究项目“我国专利许可现状研究”部分研究成果。

快速增长，备案合同量在2009年达到峰值12 396件（见图1）。

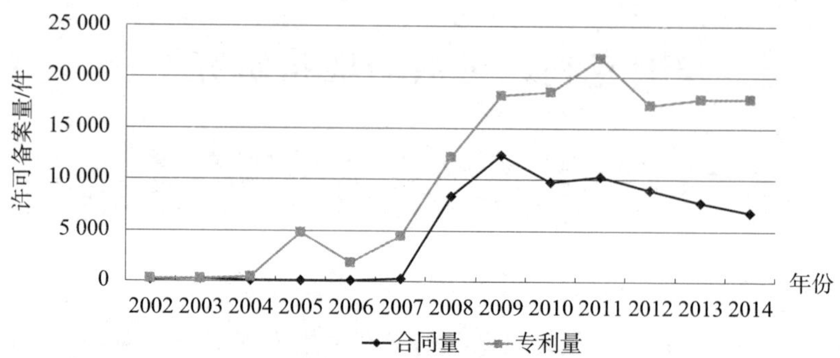

图1　2002～2014年许可备案总量统计

2. 全国许可合同备案基本情况

从许可人类型来看，2008～2014年的统计数据显示，许可人以自然人和工矿企业为主，分别占56%和29%。2014年许可人中自然人占比明显下降，同时工矿企业占比有所上升，说明近年工矿企业对拥有的专利技术开展许可运用的活跃度正在上升。

从三种专利类型占比来看，2008～2012年，许可备案专利中实用新型居多，占比超过50%，其次是发明，占比稳定在30%左右，外观设计相对较少，不足20%。但是在2013～2014年，发明专利数量快速增长，2014年发明专利所占比例达到50%，这说明我国技术需求及运用水平在提升。

从独占、排他和普通许可类型来看，2008～2012年，独占实施许可的占比保持在90%以上，直到2013年开始降至90%以下。在排他许可也有所下降的同时，普通许可一直在缓慢增长。

从许可期限来看，2008～2014年许可期限在5年以下、5年、5～10年、10年以上的许可合同分别占18%、18%、56%、8%。可以看出，5～10年是目前主要采用的许可期限。

从许可使用费来看，2010～2014年主要支付方式是“一次付清”以及“无偿使用”，分别占总量的35%和38%。

从许可金额来看，除无偿支付许可费外，许可金额在5万元以下的情况仍然占主要部分，达23%。5万～10万、10万～100万、

100万～500万、500万元以上的，分别占9%、16%、3%、1%，这说明我国当前的专利许可交易总体仍然处于小额交易的阶段。

3. 涉外许可合同备案情况

涉外许可活动主要包括：许可方是外国人或外国企业、被许可方是外国人或外国企业、许可双方均为外国人或外国企业的三种情况。本文对2008～2014年的涉外许可合同备案数据进行同样细致、深入的研究和分析（见表1），发现涉外许可合同存在以下主要特点。

表1 2008～2014年涉外专利许可与国内专利许可对比

专利许可类型 / 比较项目	国内专利许可	涉外专利许可
专利许可总量占比	97.4%	2.6%
三种专利类型	实用新型约占50%	发明约占80%
IPC分类排序	B/F/H/A/G	G/H/E/B/C
许可类型	独占许可93%	独占许可55%；普通许可42%

不管是哪一种涉外许可活动，2008～2014年基本都保持了平稳发展趋势。向内许可活动总量大体保持在200件左右，是向外许可总量的10倍，也就是说国外许可国内企业远多于国内许可国外企业的情况。许可双方均为外国人或外国企业的情况，大多是涉外总公司与子公司之间的许可交易，这也是一类值得关注的情况。

4. 高校和科研院所许可合同备案情况

通过了解高校和科研院所的专利许可运用情况，可以从一个方面了解产学研的发展情况。课题组对2008～2014年，高校和科研院所的许可备案数据进行了研究和分析发现存在以下主要特点（见表2）。

表2 2008～2014年高校与科研院所专利许可对比

专利许可类型 / 比较项目	国内专利许可	高校专利许可	科研院所专利许可
专利许可总量占比	97.4%	10.9%	3.3%
三种专利类型	实用新型约占50%	发明专利约占80%	发明专利约占60%
IPC分类	分散	分散	分散
专利许可类型	独占许可93%	独占许可95%	独占许可88%

在专利许可合同备案总量上，高校的专利许可交易数量明显高于科研院所。高校的许可备案数量总体上是科研院所许可合同备案量的3倍以上。在许可专利的类型上，发明专利在许可交易中均占主要部分，这与高校和科研院所作为专门研发并产生高端专利技术的单位是一致的。在许可类型方面，高校或科研院所在许可交易中对许可类型的运用与全国总体情况类似，以独占许可为主，普通许可在近年有缓慢提升。在许可发明和实用新型专利的IPC数据分析看，2008～2014年高校与科研院所许可专利在IPC分类上与全国总体情况有所不同。高校与科研院所许可专利中C类（化学冶金）相对最多，达到30%，而同期全国许可专利中C类占总量的11%。相同点是D类和E类的占比均较少。从以上分析可以看出，高校与科研院所的专利许可运用，虽然在整体数量上较少，但是在许可专利的技术含量上是高于全国整体水平的。

（二）调查问卷的设计发放与调查成果

在研究中，课题组从许可人和被许可人类型的不同角度出发，重点对专利实施许可活动开展情况、专利许可合同签订情况、专利许可合同备案情况三个方面，设计了调查问卷，并累计回收问卷415份。限于篇幅限制，调查问卷结果在此略述。

（三）专利许可典型案例实证研究

课题组在数据统计分析的过程中，发现两个表现非常突出并具有典型特点的涉外许可案例，一个是地板案例，另一个是DVD案例，两个案例中涉及的国内被许可人均达到100家以上。

1. 地板案例研究

（1）地板案例总体情况。

2008～2014年，地板许可的被许可人共涉及国内108家单位。主要分布在包括香港特别行政区在内的14个省和地区。

许可合同中涉及3个许可人，分别为尤尼林管理私营公司（UNILINBEHEER B. V.）、地板工业有限公司（Flooring lndustries LTD)、佩尔戈（欧洲）股份公司。其中地板工业有限公司主要是作为商标许可方参与合同的签订。

地板许可案例中共涉及19个专利，971906920为关键专利，其中14个专利是在其基础上的分案申请。2014年之前签订的合同，许可终止日期均为2017年，随着许可期限临近，许可人通过增加许可方并同时增加许可专利的方式，将许可期限极大延长。2014年备案的27个许可合同中，增加了佩尔戈（欧洲）股份公司的2001年的1个发明专利，以及地板工业有限公司2010年的2个PCT专利，使得部分合同的许可期限延长至2021年或者2030年。

在许可费用方面，本案例采用“入门费＋提成费”的方式支付许可费用。从历年许可合同看，许可金额中不管是入门费，还是提成费均有所不同。入门费从0元到300余万美元不等。

为应对尤尼林管理私营公司的专利许可，在2006年以及2011年，“北京脚下走地板技术服务中心”以及王永战分别两次对母案专利提出无效宣告请求。专利复审委员会均宣告该专利部分无效，最终在母案55项权利要求中保留13个权利要求的基础上维持了专利权有效。

（2）案例总结。

该案从许可策略上呈现三个主要特点。

一是涉案专利中存在大量分案申请，通过不断的分案，将基于最早母案的14个分案充实到许可标的中，不仅提升了许可标的的价值，而且增强了许可标的的专利稳定性。

二是为延长许可期限，继续实施对中国企业的专利许可，许可人通过增加许可专利人，在许可合同中添加新的专利，与即将到期的专利捆绑进行许可，最大限度地延长了许可期限。

三是许可费用存在明显差别。许可费用标准不一致，说明许可政策存在差异，有可能在许可过程中存在违反“公平、合理、无歧视”的FRAND原则。是否存在违反“反垄断法”或者“反不正当竞争法”的情形，应当引起高度关注。

2. DVD案例研究结论

（1）DVD案例总体情况。

DVD案例是典型的专利池许可。在2008年之后备案的许可合同中，由于许可备案办法修订后严格规范了许可备案审查，因此在备案合同中没有发现2002年左右DVD争端最激烈时期出现的专利过期、终止等明显违反反不正当竞争的情形。

2008～2014年，DVD案例的被许可人达到130家，分布在11个省。

在许可专利方面，2012年之前在DVD许可合同中出现的许可专利的权利人主要是皇家菲利浦电子有限公司，许可专利18个，索尼公司有8个专利，汤姆逊许可证公司有1个专利。3个公司均分别进行许可，并分别收取许可费用。2012年“稳瑞得”获得授权，2013年开始作为专利运营公司管理DVD专利池许可。部分已经签订许可合同的企业注销了之前的许可合同，重新与“稳瑞得”签订了一揽子的专利池许可协议。2014年，“蓝光联合”就蓝光播放器和录像机进行专利池许可。蓝光专利池许可专利涉及797或829个专利。

在许可费用方面，在2012年前是相关许可人各自为政的阶段，许可费用政策比较混乱，许可专利不固定，许可金额差别也较大。2013年“稳瑞得”开始对DVD专利池进行统一许可。

2014年“蓝光联合”公司开始对蓝光产品发放专利池许可，其收费标准也是统一的。

（2）案例总结。

2008～2014年属于“后DVD争端”事件时期，可以清晰地看到专利池形成变化的进程。在这个进程中，从有利的方面，可以看到专利池运营公司通过集中许可，确实可以简化被许可人与诸多许可方分别签订专利许可需要承担的繁重任务，并降低谈判成本。专利池运营公司采用了统一的许可政策，没有出现分散许可中出现的差异化的许可费用标准，从表象上符合FRAND原则。

从不利的方面看，专利池运营公司将大量专利集中许可，专利数量远远大于分散许可的专利数量，相应的许可费用也有明显提高。在专利池许可形成过程中，更多的许可人加入专利池，也就同时加入从我国DVD电子产品行业赚取利益的行列。新加入的许可人通过专利池运营公司推进统一的打包许可，这是单一的拥有少量专利的国外许可人完全无法做到的。同时，包含大量专利的专利池与行业标准及技术标准捆绑，导致目前相关行业的企业毫无还手之力，只能接受运营公司设定的许可政策。

（四）其他研究内容

为支撑最终政策建议的可取性，课题组对域外专利许可法律、许可政策环境，标准专利、专利池等热点问题进行了一定的研究。因不属于课题核心研究成果，在此略述。

三、研究成果

（一）建立当然许可制度，提升运用水平

当然许可制度设计的最大特点是可以为专利的权利人和需要专利技术的企业和用户建立一个信息交流平台，解决当前专利运用信息不通畅的问题，有效降低专利运用的谈判和沟通成本。

在当前我国专利技术许可应用的现实情况下，普及专利许可基本知识，增加许可交易机会，通过不断实践逐步积累许可策略实战经验，是现阶段发展的重点。通过制度建设达到这一目的，当然许可制度正是符合要求的绝佳选择。鉴于我国《专利法》修订的“送审稿”已采纳本建议，在此略述。

（二）规范并完善专利法中的许可运用相关条款

1. 明确被许可人在侵权诉讼中作为利害关系人的权利

被许可方在侵权诉讼中作为利害关系人的权利，包括诉权、请求诉前禁令、证据保全等。虽然目前查找相关司法解释也可以找到相关规定，但是一般公众很难从“专利权人或者利害关系人”的表述中理解其包含的含义。对比参考英国、德国、韩国等国家的专利法中，均在相关权利的表述中明确指明“专利权人、被许可人或其他权利人”，这样极大地凸显了被许可人与专利权人几乎拥有的同样的权利，有利于增强企业参与专利许可交易的信心和动力。因此，应当在相关的法律法规中进一步明确被许可人作为利害关系人的权利。

2. 明确专利权人善意实施后发生权属变化的普通实施权

在权属纠纷以及侵权纠纷中均可能出现原专利权人以及与原专

利权人签订的许可合同中的被许可人出于善意实施该发明或为了实施发明作了充分认真的准备的情况。一旦出现权利的转移，被许可人的权利如何保障？因此，对于这样的情况，专利法实施细则中应当予以明确，明确规定在当事人出于善意实施该发明或为了实施发明作了充分认真的准备的情况下，由于权属纠纷发生权利变更后的专利权人应当颁发给原专利权人或者被许可人一个普通实施许可，并收取合理的许可使用费。

3. 对因不可抗拒事由终止专利权后的权利恢复，明确善意第三人的普通实施权

在实务中，存在已经公布终止的专利权，因不可抗拒事由经审查获得专利局的权利恢复，此时出现公布终止期间的专利运用问题。已经公布终止的专利技术，即成为公有技术，公众可以免费使用。但是在公布终止的 1 年或者 2 年后，权利得到恢复，对于第三方出于善意已经实施专利技术或者做好实施专利技术的准备的情况，应当在细则中明确在专利终止期间，善意第三方实施专利技术或者已经做好实施专利技术的准备，在权利恢复发生之后，可以要求专利权人给予普通许可实施权，并向专利权人支付合理许可费用。

（三）拓展专利许可运用与专利权质押相结合的研究思路

专利权中的财产权是一个总的概念，进行细分后，包含专利的实施权、许可权和转让权。那么专利权中的财产权是否可以细化拆分后进行质押融资呢？这在国外是有例可寻的。

《英国专利法》第 30 条指出，在得到共同权利人同意的情况下，任何专利或专利申请或其包含的任何权利，可以转移或抵押。《韩国专利法》第 100 条以及第 102 条对独占许可和非独占许可的质押进行了具体规定。在韩国专利法的规定下，即满足了我国对于出质标的物的基本要求：“可以转让的专利权中的财产权”。

围绕优质质押标的物——许可专利，探索细分的“可转让的专利权的财产权”，将为知识产权质押融资打开一扇更加灵活的大门。为此，可以进一步在“专利的许可权、实施权、转让权”是否允许转让；专利的许可实施权是否允许出质方面，进行深入的研究。

（四）完善专利许可备案制度

1. 扩大专利许可备案审查范围，增加合同限制性条款审查

由于专利许可合同采用备案制度，因此在备案审查中，对于搭售条款、不竞争条款、不得反诉条款、对购买渠道的限制等限制性条款，建议采用“指明问题，说明后果”的方式，即对当事人双方指明存在的问题，并告知“限制性条款在合同履行过程中不能得到法律的支持”，但不限制合同的正常备案程序。

审查合同限制性条款的目的是，结合许可合同备案登记对抗效力的设立，通过合同备案审查维护许可交易的基本公平，同时通过对限制性条款的审查履行行政部门的监管职责，尤其是密切关注涉外专利许可活动，从而发挥威慑作用，有效维护国内企业权益。

2. 完善专利许可备案公示制度，将许可地域范围纳入必要公示信息，设置当事人对于非必要公示信息的自愿公示制度

目前在备案公示中，公示的许可范围只包括许可的时间期限，但是对地域范围和其他实施方式和实施领域并不进行公示，造成公众从公告中不能清晰了解专利许可范围的情况。例如，由于许可公告中不对地域进行公示，公众有可能从公告中看到两个独占许可，形成权利冲突。如果采用两个普通许可进行备案，又违背了许可合同的原意。但是，过分细化的许可公示内容，又必然会挫伤当事人的备案积极性。因此，对于专利许可公示信息范围应当谨慎设置。

第一，在我国当前发展阶段，可以针对许可地域增加公示内容，将许可地域作为专利许可公示的基本内容。第二，可以参考日本的做法，提供一种灵活自愿的公示方式，即对于许可实施方式和实施领域，甚至更明确的许可范围限制，由当事人自行确定公示内容。第三，针对当然许可制度，设计专门的公示内容，对于具体的许可条件可以由权利人选择公开，也可以选择不公开。

四、结束语

当前，我国仍然处于专利许可运用发展的初期阶段。对于通过使用许可策略从而达到运用专利技术并获得收益的目的，专利技术拥有者的认识和理解严重不足。政策的鼓励与刺激作用仍然是当前专利许可发展的主要推动力量，但通过专利许可发生的真正的专利技术贸易与交易已经逐步增长，并且在涉外专利许可贸易中出现了较为复杂的许可策略运用。

建议从两个方面做好专利许可运用的推进工作。一方面是加强对于专利许可运用方式的基础宣传和普及，改变专利权人对于专利运用停留在“使用”或者“买卖”的片面认识层面。另一方面是要高度关注国际专利许可策略发展变化趋势，从有利于引进技术和保护我国专利技术交易当事人利益出发，及时调整和完善相关法律法规。

这两个方面的工作，都要求加快建立并完善我国专利许可制度，对当然许可、默示许可、法定许可等许可机制；许可实施权的权利属性和权利运用；专利权特殊情况下的许可运用；以及国家资助研究项目中产生的专利技术的许可运用；专利许可备案及公示制度等方面进行深入研究，并逐步形成系统化和体系化的，符合我国国情的专利许可制度，这是以知识产权战略实现创新型国家建设的必然要求。

知识产权战略对经济发展促进作用研究*

张志成　姬　翔　闻　超　梁　蓓　崔海瑛

一、知识产权战略对经济发展促进作用的理论探讨

知识产权制度是开发和利用知识资源的基本制度，知识产权制度本身对经济发展的影响具有积极与消极的两面特性。知识产权战略的制定和实施就是为了扩大知识产权制度对经济发展的积极作用，同时抑制其消极作用。因此，知识产权战略的实施能够有效地促进经济发展。

1. 知识产权制度对经济发展影响的两面性

知识产权制度对经济发展的影响是多种因素共同作用的结果，就国家整体而言，宏观经济稳定程度、经济发展阶段、经济开放程度、产业结构、人口素质以及在世界经济中所处地位等不同因素均会影响知识产权制度对经济发展作用的发挥。因此，基于不同的状况，知识产权制度作用于国家经济发展的表现就会有所不同。

2. 知识产权制度对经济发展的积极影响

(1) 知识产权制度有利于经济增长结构的优化。知识产权立法和执法，能够提升区域法制化水平，减少侵权行为；加强产权保护，知识产权创造和运用能够激励创新，优化分配机制，促进人才和高端产业集聚，从而优化区域经济的就业结构和产业结构。

(2) 知识产权制度有利于经济规模的扩大。知识产权保护不仅能够带来高端人才的流入和知识产权密集型产业的迅速发展，而且，通过保障投资收益，有利于引入外来投资，扩大投资规模，此外，更公平的利益分配机制也对消费规模的扩大产生一定刺激

* 本文获第九届全国知识产权（专利）优秀调查研究报告暨优秀软科学研究成果二等奖。

作用。

（3）知识产权制度的发展有利于经济环境的改善。高端人才的大量集聚推动区域的城市化进程，大规模的外来投资也增进与其他地区及国家的联系，提升区域经济的开放化程度，这些都在一定程度上促进区域经济环境的不断改善。

3. 知识产权对经济发展的消极影响

首先，从宏观理论角度上讲，在发展中国家实施强保护在一定程度上会强化发达国家创新企业的市场力量，抬高其产品在发展中国家的价格，提高行业门槛，降低行业创新速度，甚至可能导致某些行业整体发展减缓，并由此影响核心就业问题，损害发展中国家的整体福利。其次，从微观角度来看，权利人的知识产权滥用可能造成一定程度上的市场和价格垄断，以及企业之间的恶性竞争，从而导致行业的竞争环境恶化，最终影响经济的健康发展。

二、知识产权战略的实施对我国经济发展的促进作用

1. 对知识产权制度积极作用的加强

（1）知识产权战略的实施会极大地促进创新。通过实施知识产权战略，完善知识产权制度，能够有效提高自主创新能力，助力经济发展方式的转变，增强企业市场竞争力和提高国家核心竞争力。

（2）知识产权战略的实施会促进战略性新兴产业等知识产权密集型产业的快速发展。通过实施知识产权战略，能够实现相关科技资源的优化配置和科技创新活动的纵深部署，为战略性新兴产业等知识产权密集型产业的发展提供支撑与保障。

（3）知识产权战略的实施会有效改善社会经济环境。通过知识产权战略的实施，能够促进知识产权法律、法规体系建设，增强知识产权司法和执法保护，提升民众知识产权保护意识，形成优良的创新和投资氛围。

2. 对知识产权制度消极作用的抑制

知识产权战略的实施能够遏制知识产权不当保护和滥用情况的发生，保障知识的正常交流和应用，缓解不当保护带来的宏观技术进步率放缓、市场垄断等问题，减弱国内外知识产权纠纷给我国经

济结构转型及进出口贸易带来的冲击，进而有利于我国经济的持续、稳定、快速增长。通过实施依据我国国情和经济发展实际制定的知识产权战略，能够帮助完善社会主义市场经济体制，规制市场秩序和建立诚信社会，能够帮助增强企业市场竞争力和国家核心竞争力，能够帮助扩大对外开放，实现互利共赢。

三、知识产权战略对经济发展促进作用的实证研究

（一）模型的选择及说明

1. 生产函数的演进与发展

生产函数建立的意义是为经济的发展解决“生产什么、如何生产和为谁生产”的问题，是现代经济学研究的基础。传统的生产函数多数都是描述生产过程中投入的生产要素的某种组合与其最大可能产出量之间的依存关系的数学表达式，即反映生产的结果与各投入要素间因果关系的方程式。奥地利经济学家庞巴维克在其著作《资本实证论》中提出了“土地和劳动”的“生产要素二元论”。萨伊在1803年出版的《政治经济学概述》中首次提出“土地、劳动和资本”的“生产要素三元论”。

随着经济的发展，生产函数也出现新的发展趋势，即在传统生产函数的基础上，提出增加其他的生产要素，比如科学技术、知识等。国内外将知识产权作为测度技术进步或创新的指标纳入生产函数，以此来研究技术进步对经济增长的影响已有近30年的历史，使用的生产函数主要有LEONTIEF生产函数、CES生产函数以及柯布-道格拉斯生产函数等。

2. 柯布-道格拉斯生产函数的选取

柯布-道格拉斯生产函数在数理经济学与经济计量学的研究与应用中都具有重要的地位，其适用性及灵活性是所有模型中最优的，凡是针对经济活动中投入与产出之间的关系研究或针对某一因素对经济的贡献度进行的研究都可使用柯布-道格拉斯生产函数，同时，它可以根据研究的问题及特性，在已有理论的基础上依据实际情况引入适当的变量，考察不同因素对经济发展的增长效应及贡

献度。

在文献中，已有大量使用柯布-道格拉斯生产函数引入变量去解释经济活动中某一因素对其影响的文章，引入的变量包括地区科技创新实力、专利创造水平、地区受教育程度、贸易竞争力、对外投资等各类经济指标或与经济相关的指标变量。本研究旨在分析并量化知识产权战略对经济发展的促进作用，而利用柯布-道格拉斯生产函数也能够计算知识产权这一因素对经济增长促进作用的具体量值，综上，本研究选择柯布-道格拉斯生产函数作为计量模型的基础。

（二）知识产权战略实施对经济贡献度模型的建立

根据上述知识产权战略促进经济发展的理论分析，知识产权战略对经济发展的贡献主要体现于：在有无国家知识产权战略纲要的情况下，知识产权对我国经济发展影响作用的差异。因此，可以通过计算在两种情况下知识产权对经济发展贡献度的差值来表征国家知识产权战略纲要对经济发展的促进作用。

（1）在实施知识产权战略的情况下，知识产权对经济发展贡献度的测算方法。

已知传统的柯布-道格拉斯生产函数形式为：

$$Y=A_tK^{\alpha}L^{\beta} \quad \text{式（1）}$$

其中，Y 表示国内生产总值（GDP），A_t 代表全要素生产率，K 代表社会资本总量，L 代表社会劳动总量，α、β 分别表示产出弹性系数。

将自变量 IP 引入式（1），得到：

$$Y=A_tK^{\alpha}L^{\beta}IP^{\gamma_1} \quad \text{式（2）}$$

其中，$IP=\frac{1}{i}\sum_{i=1}^{7}\frac{x_i}{GDP}$，$x_i$（$i$=1，2，…，7）为表1所示的七项指标。在考虑代表知识产权的自变量 IP 时，选取发明专利授权、专利申请量、专利转让许可备案量、商标申请、商标许可合同备案申请数、版权自愿登记数以及版权合同登记数等七项数值与GDP相除之后的相对值指标，经过无量纲化与指数化处理之后的加权平均值作为自变量 IP 的数值；指标数值与GDP相除的方法，借鉴了世界经济合作与发展组织（OECD）2012 年度报告 *Science and Technology Industry Outlook* 中指标处理的方法，旨在将知识产权各项发展与经济发展水平更紧密地结合。

表 1　表征 IP 的七项指标

专利发展在 GDP 中密集程度	发明专利授权与 GDP 比	反映社会创新活动中核心技术创新成果的数量与经济发展水平的相对值
	专利申请量与 GDP 比	反映科研成果产出数量与经济发展水平的相对值
	专利转让许可备案量与 GDP 比	反映专利权的运用及市场转移情况与经济发展水平的相对值
商标发展在 GDP 中密集程度	商标申请与 GDP 比	反映商业活跃度与经济发展水平的相对值
	商标许可合同备案申请数与 GDP 比	反映商标权的运用及市场转移情况与经济发展水平的相对值
版权发展在 GDP 中密集程度	自愿登记数与 GDP 比	反映版权事业的发展水平与经济发展水平的相对值
	合同登记数与 GDP 比	反映版权拥有情况与经济发展水平的相对值

对式（2）两边取对数，可得：

$$\ln Y = \ln A_t + \alpha \ln K + \beta \ln L + \gamma_1 \ln IP \qquad 式（3）$$

式（3）中 α，β，γ_1 分别表示资本、劳动和知识产权对国内生产总值的产出弹性。

$\ln A_t$ 为常数，将其记为 C。$\gamma_1 \ln IP$ 代表知识产权的全要素生产率，是专利、版权以及商标等知识产权载体的集合。将式（3）写成：

$$\ln Y = C + \alpha \ln K + \beta \ln L + \gamma_1 \ln IP \qquad 式（4）$$

根据式（4），可以确定 α、β、γ_1 以及 C 的具体数值。由于导入的数据是在 2008 年之后国家知识产权战略制定与实施的背景下，我国经济发展与社会资本、有效劳动力以及知识产权的关系，因此，系数 γ_1 即为国家战略影响下，知识产权制度对经济增长的边际贡献率，即增长 1 个单位的知识产权，我国经济总量会增长 γ_1。

（2）假设在没有实施知识产权战略的情况下，知识产权制度对经济发展贡献度的测算方法。

为了测度知识产权战略纲要对于经济发展的影响大小，同时需要设定一个知识产权制度对经济发展贡献度的参照对象 γ_2，用于与 γ_1 形成对比。这里 γ_2 的经济意义为：假定在没有知识产权战略的情况下，知识产权对经济发展的贡献弹性系数。即知识产权变化 1 个单位，我国经济总量将会变化 γ_2。其推算公式如下：

$$\gamma_2 = \frac{\sum_{t=2004}^{2008} \frac{Y_t - Y_{t-1}}{Y_t}}{\sum_{t=2004}^{2008} \frac{IP_t - IP_{t-1}}{IP_t}} \qquad 式（5）$$

利用式（5）与式（4），以及我国 2012 年知识产权与经济发展的相关数据，能够得到在上述假定条件下，$\gamma_1 - \gamma_2$ 的差值，即为我国知识产权战略对经济发展影响的直接表现。需要说明的是，γ_2 终究是为了研究而提出的假设条件，采用 2004～2008 年的增长情况作为参考，模拟经济发展在无知识产权战略影响下的增长情况，其算法虽不能说十分准确，但具备一定的参考价值。

（三）数据来源

模型样本数据时间的选取从 2003～2012 年，该时间跨度的选择为基于个别指标数据最早只能追溯到 2003 年的实际情况作出的。计量模型中代表我国经济发展水平的 Y 采用国内生产总值（GDP）计算，数据来源于国家统计局官方网站。计量模型中资本总量 K 采用全社会固定资产投资计算，数据来源为国家统计局官方网站。计量模型中社会劳动总量 L 采用社会就业人数计算，数据来源于国家统计局官方网站。在计量模型中引入的计算自变量 IP 的相关数据来源为国家知识产权局、工商局及版权局官方网站。

（四）结论

1. 全国结论分析

使用 Eviews 6.0 软件，将我国 2003～2012 年数据导入计量软件，得出具体结果如表 2 所示。

表 2　计量回归得出各参数值（全国）

变　量	C	K	L	IP
系　数	−49.889 4	0.507 73	7.543 04	0.039 146

拟合优度 R-SQUARED=0.995 985

调整后的拟合优度 ADJ R-SQUARED=0.993 978

将表 2 中的系数整合到式（4）中，可以得到在知识产权战略实施背景下我国要素投入与总产出关系的计量模型式（6）：

$$\ln Y = 0.508 \ln K + 7.54 \ln L + 0.039 \ln IP - 49.89 \quad \text{式（6）}$$

由此可以看出，社会资本、劳动力人口之前的系数均为正，这也印证了投资及人力资源对于社会经济发展的重要作用。同时，知识产权项的系数也为正，意味着在我国现有经济发展背景下，知识产权战略使得知识产权本身对于经济的促进作用大于其阻碍作用，由此整体表现出对经济发展的正面作用。从式（6）能够看出，代表实施知识产权战略情况下，知识产权经济贡献度 $\gamma_1 = 0.039\ 146$，该数值的意义为知识产权总体增长 1 个单位，我国经济规模将增长 0.039 146 个单位。

继续利用式（5）以及我国知识产权战略实施之前，2003～2008 年的数据进行测算，得到如下结果：

$$\gamma_2 = 0.000\ 574$$

从以上结果可以看出，在假设状态下，如果没有国家知识产权战略的制定与实施，我国知识产权制度对经济发展的贡献较小，也就是说，知识产权制度对经济发展的积极和消极作用基本持平。因此，从上述结果分析，如果没有实施知识产权战略，知识产权制度虽然不会对我国经济发展带来负面效果，但短期内作用不明显，在这种情况下，会造成对知识产权工作的忽视，从长期来看，知识产权发展失去保障必将对经济发展带来负面影响。

通过对比 γ_1 与 γ_2，可以最终得到我国知识产权战略对经济发展贡献度的实质影响为：

$$\gamma_1 - \gamma_2 = 0.038\ 572$$

即知识产权战略实施程度加深 1 个单位，将提高国民生产总值

0.038 572 个单位。此外，0.038 572 代表了知识产权战略实施对国民生产总值的产出弹性，利用原始数据，通过计算得出 GDP 与 IP 的年均增长率，由 GDP 年均增长率和 IP 年均增长率的商乘上知识产权战略实施产出弹性 0.038 572，计算得出知识产权战略实施在国内生产总值增长中所占的比例，结果为 6.79%，即国内生产总值增长部分的 6.79%由《国家知识产权战略纲要》实施贡献。如图 1 和图 2 所示。

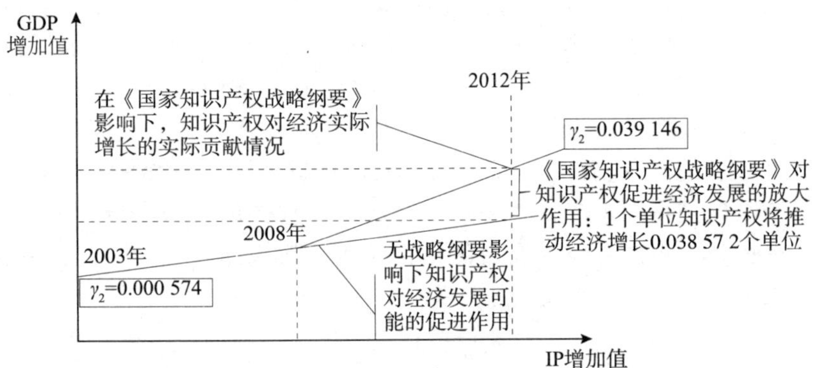

图 1　知识产权战略纲要对我国经济增长的影响

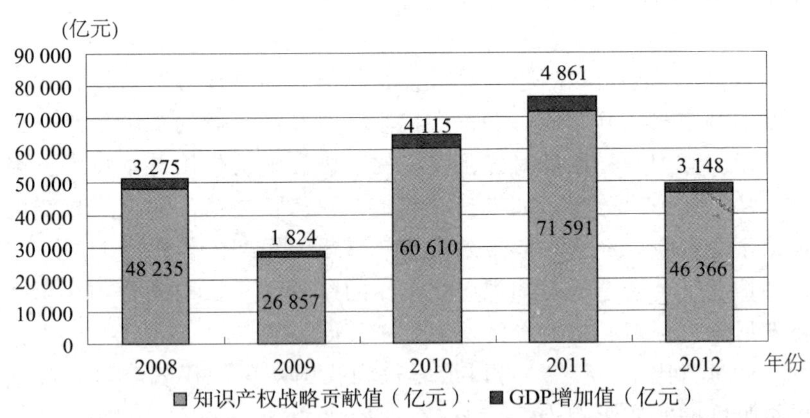

图 2　2008～2012 年我国知识产权战略对经济增长实际贡献值

从图 1 中可看出，2008 年之前知识产权与经济的关系直线较为平缓，说明知识产权对经济的贡献保持在较低的水平。2008 年《国家知识产权战略纲要》颁布之后，知识产权与经济的关系直线斜率较大，说明知识产权对经济的贡献水平较高，极大地促进了经济的发展。通过对比可以看出，《国家知识产权战略纲要》的颁布与实施，表现出知识产权对经济的较大促进作用。

由前文结论可知，自 2008 年《国家知识产权战略纲要》颁布实施以来，在部际联席会议制度推进下，战略实施各项工作如期推进，成效明显，我国经济增长中有 6.79％的部分受益于《国家知识产权战略纲要》的实施。2008 年，经济增长中 3 275 亿元受益于《国家知识产权战略纲要》的实施。2009 年，受金融危机的影响，年 GDP 增加值跌落至低位，知识产权对 GDP 增长的贡献值也降至较低水平。随着政府一系列刺激经济措施的出台及《国家知识产权战略纲要》实施的进一步推进，2010 年 GDP 增加值达到历史最高值，知识产权对 GDP 的贡献值也达到 4 115 亿元的最高水平。2012 年受制于我国经济发展的整体运行状况，知识产权贡献值少于 2010 年及 2011 年的水平，达到 3 148 亿元。

综合以上结论可以看出，《国家知识产权战略纲要》的实施对国家经济发展的推动作用十分明显。实施知识产权战略，是提升创新能力和水平、增强国家核心竞争力的重要途径。

2. 地方结论分析

对于地方知识产权战略实施促进经济发展的实证研究，本文选取长江经济带 11 个省（市）进行，即上海、浙江、江苏、安徽、江西、湖北、湖南、重庆、四川、贵州和云南。

结合《国家知识产权战略纲要》对经济发展的贡献模型，利用长江经济带 11 省（市）2003～2011 年数据，相关系数如表 3 所示。

表 3 长江经济带各省市各变量产出系数

省份＼系数	C	K	L	IP
上海	−7.726 45	0.897 03	0.657 10	0.425 0
浙江	−18.138 37	0.848 34	1.364 25	0.403 1
江苏	−35.543 52	0.773 63	2.414 46	0.403 7
安徽	−144.993 20	−0.165 06	10.117 72	0.292 3
江西	−127.878 00	−0.045 29	9.181 15	0.286 6
湖北	5.813 27	0.675 59	0.248 93	0.132 7
湖南	−68.328 56	0.493 46	4.716 70	0.213 3
重庆	−16.442 96	0.650 14	1.577 82	0.497 5
四川	−397.057 50	0.061 03	23.868 58	0.181 9
贵州	−0.334 61	0.748 46	0.455 57	0.094 8
云南	−34.72302	0.31999	3.36337	0.228 7

从表 3 能够看出，11 个省（市）在实施知识产权战略情况下，知识产权对经济产出影响各不相同，但均为正值，产出水平的高低表现为“东高西低”。处于长江入海口地区的上海、浙江、江苏三地知识产权贡献系数均超过 0.4，又以上海为最高（0.425），知识产权制度对经济产出的重要作用可见一斑。另外值得一提的是，位于中西部地区的重庆在所有长江经济带省市中排名最高，贡献系数达到 0.49，甚至超过东部沿海经济发达地区。贵州知识产权贡献系数最低，仅为 0.09。

通过拟合出无《国家知识产权战略纲要》情况下各地区贡献系数，并与现实水平相减，得出 11 个地区知识产权战略实施对于当地经济增长的贡献度，结果如表 4 所示。

表 4 长江经济带各省市知识产权战略纲要实施对经济增长的贡献度

省份	知识产权战略产出弹性	战略纲要实施对经济增长的贡献度
上海	0.182 51	8.61%
浙江	0.029 08	9.01%
江苏	0.037 03	7.82%

续表

省份	知识产权战略产出弹性	战略纲要实施对经济增长的贡献度
安徽	0.039 35	5.86%
江西	0.045 37	5.58%
湖北	0.029 23	6.72%
湖南	0.041 34	7.80%
重庆	0.030 37	8.03%
四川	0.081 91	6.14%
贵州	0.003 45	3.32%
云南	0.006 29	5.23%

总体来说，位于长江经济带内的各省市知识产权战略实施对经济发展均起到促进作用，并且越是在经济发展水平较高的地区，战略纲要对经济增长的促进作用愈加重要。长江经济带的 11 个省（市）中，战略纲要经济贡献度高于全国水平的共有五个省市，分别是上海、浙江、江苏、湖南和重庆，与全国水平基本持平的省是湖北和四川，仅有四个省知识产权战略纲要的实施对经济发展促进作用与全国水平存在差距。

结合各地区实际 GDP 增加值，可以得出知识产权战略对本地经济增长贡献值如表 5、图 3 所示。

表 5　2008～2012 年各省市知识产权战略实施对 GDP 增长的贡献值

（单位：亿元）

年份 省份	2008	2009	2010	2011	2012
上海	135.7	84.1	182.5	174.8	84.9
浙江	244.1	137.6	426.3	414.1	211.4
江苏	507.8	355.5	712.8	786.2	506.2
安徽	87.4	71.0	134.6	172.4	112.0
江西	65.3	38.2	100.2	125.6	69.5
湖北	134.1	109.7	202.0	246.3	175.9
湖南	165.0	117.4	232.3	283.3	193.8

续表

年份 省份	2008	2009	2010	2011	2012
重庆	83.7	55.2	104.5	156.2	104.7
四川	125.2	95.2	186.3	235.8	174.8
贵州	22.5	11.7	22.9	36.5	38.2
云南	48.1	25.0	55.1	87.3	74.1

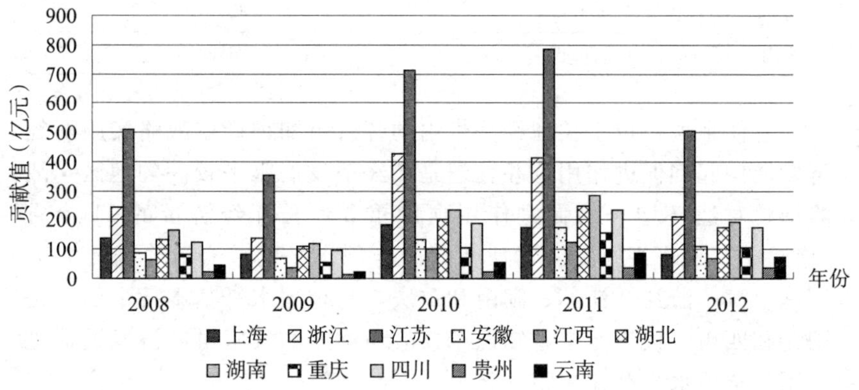

图 3　2008～2012 年各省市知识产权战略实施对 GDP 增长的贡献值

从表 5 和图 3 可以看出，虽然江苏知识产权战略实施对经济发展的贡献度仅排第四，但是从促进总量上来看，江苏仍位居长江经济带各省（市）之首，2012 年，江苏由于实施知识产权战略纲要而推动的经济增长超过 500 亿元，接近 2012 年整个长江经济带各地区知识产权推动经济增长总额的 1/3。而上海由于经济规模较大，近年来增长速度有所减缓，增长量有所下降，所以知识产权战略实施带来的经济增长也受到影响，未能突破百亿元水平。

重庆、湖南、湖北、四川、安徽五省市处于长江经济带中知识产权重要程度的第二梯队，知识产权战略实施对 GDP 增长的贡献值均在百亿元以上。这些地区基本处于我国经济发展战略西扩的优势地带，发展潜力较大，知识产权的重要性随着经济结构的升级逐渐显现，能否有效实施知识产权战略对整个地区的经济发展至关重要。

江西、云南、贵州三省由于经济发展水平的限制，《国家知识产权战略纲要》对经济发展的促进作用最不显著。尤其是贵州省，在经济增长中仅有 38.2 亿元是由《国家知识产权战略纲要》的实施带来的，排在所有省市的最后一位。

从上述结论可知，《国家知识产权战略纲要》的出台与实施对各地区经济发展均带来不同程度的推动。虽然由于地区自身的区位条件、产业结构、资源禀赋、科技创新、创业环境等诸多差异影响，《国家知识产权战略纲要》对经济发展的促进作用存在一定差距，但是总体上对各地经济发展均起到正向的推动作用。由于纲要实施时间较短，数据样本较小等各种因素的制约，本文研究结果可能与实际情况存在一定偏差，但是实施《国家知识产权战略纲要》对经济发展的推动作用是毋庸置疑的。随着我国知识产权战略实施的不断深入，全社会知识产权创造、运用、保护、管理、服务能力的提升，知识产权制度对全国各地区经济的促进作用将会愈加明显，必将成为我国经济发展的重要引擎。

科技型小微企业专利申请和运用现状与发展研究[*][**]

谭　雯　刘樟华　肖西祥　莫　伟
王　聪　张　弛　邱福恩　刘　昊

一、科技型小微企业的专利申请与运用现状

（一）科技型小微企业专利申请数量和质量概况

科技型中小企业技术创新基金是经国务院批准设立，用于支持科技型中小企业技术创新的政府专项基金。根据“科技型中小企业技术创新基金2013年立项项目公告”❶，重点关注当中广东地区（含深圳）325家科技型中小企业，通过数据库进行检索分析其中每一家企业的专利申请数量和质量情况。

1．企业所属行业概况

上述325家企业所属行业以电子信息技术、计算机服务与软件、新材料技术、新能源及节能技术为主，属于技术研发能力较强的企业，分布见图1。

2．企业专利申请总量及发明专利授权情况

对上述325家企业的发明专利、实用新型专利及外观设计专利三类专利的数量进行统计，同时统计发明专利的申请量与授权量

---

* 本文获第九届全国知识产权（专利）优秀调查研究报告暨优秀软科学研究成果评选二等奖。

** 本文为2014年国家知识产权局“青春求索”青年研究专项“科技型小微企业专利申请和运用现状与发展研究”部分研究成果。

❶ 科技部、财政部．关于2013年度科技型中小企业技术创新基金项目立项的通知[EB/OL]．[2014-10-20]．http：//www.most.gov.cn/mostinfo/xinxifenlei/fgzc/gfxwj/gfxwj2013/201309/t20130929_109609.htm.

（见表 1）。

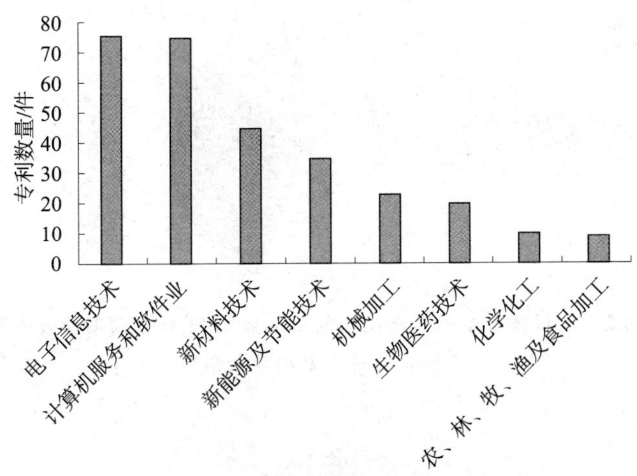

图 1　企业所属行业与企业数量关系

表 1　“科技型中小企业技术创新基金 2013 年立项项目公告”广东企业专利汇总表

（件）

发明专利		实用新型专利	外观设计专利
申请量	授权量	申请量	申请量
1 506	378	2 480	562

上述 325 家企业三类专利的申请总量为 4548 件，平均每家企业申请专利近 14 件，实用新型专利申请量占三类专利申请总量的 55%（见图 2），说明实用新型专利与发明专利相比，由于其实行初步审查制度，获得专利授权相对容易，更便于这些企业将研发成果转化为权利。

就发明专利的授权率来看，仅有 25%的发明专利获得授权（见图 3），虽然在计算上述授权率的过程中，发明专利的总量包括在审并未结案的发明专利，即使如此，也能够反映出这类科技型中小企业的发明专利授权率相对大企业来说明显偏低，也由此凸显出这类企业的创新转化专利能力偏弱，专利申请和管理能力不足。

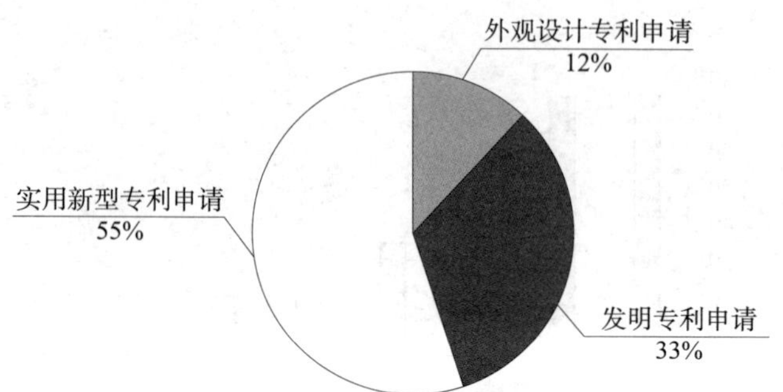

图 2 “科技型中小企业技术创新基金 2013 年立项项目公告”广东企业三类专利申请情况

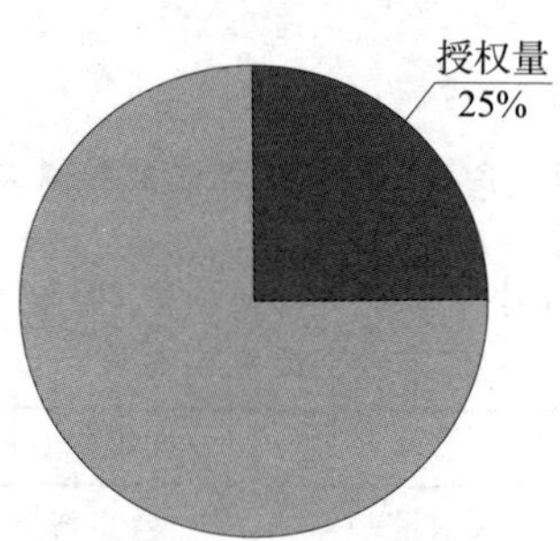

图 3 “科技型中小企业技术创新基金 2013 年立项项目公告”广东企业发明专利授权情况

3. 企业专利申请数量与企业数量关系

以专利申请数量为切入点，统计专利申请数量与企业数量关系，得到图 4。

专利申请数量在 1～10 件的企业最多，占企业总数的近一半，同时，仍有 50 家企业没有任何专利申请。可见，虽然企业专利申请数量均值为 14 件左右，但不同企业间专利申请数量差别较大，总体情况不容乐观。

4. 企业所属行业与专利申请数量关系

根据对企业行业的划分，统计上述 325 家企业各行业的专利申请数量，得到图 5。

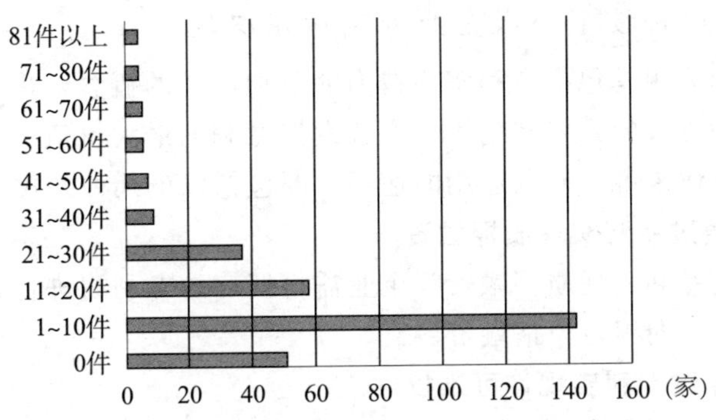

图4　企业专利申请数量与企业数量关系

如图5所示，电子信息技术行业的专利申请量远高于其他行业，总量达到1 437件，专利类型以实用新型为主，发明专利其次，外观设计专利申请量最少。新能源及节能技术行业的企业数量虽然仅列第四位，其专利申请数量却列第二位，凸显出该行业的企业专利意识较强，企业对专利依赖度较高。

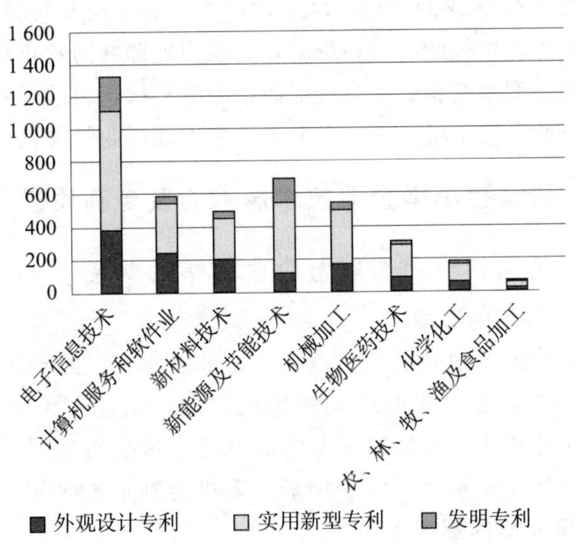

图5　企业所属行业与专利申请数量关系

（二）科技型小微企业专利运用概况

专利运用是包括专利实施在内的更加广泛的概念，是指对专利进行各种方式的开发和利用，充分发挥专利的最大价值。对于科技型小微企业来说，专利运用的途径主要包括以下几种方式。

1. 通过专利实现质押融资

通过专利实现质押融资，企业需将拥有的专利权进行评估后作为质押物，向银行申请融资。

2. 通过专利实现许可维权

专利许可是专利权人将其所拥有的专利技术许可他人进行实施，这不仅会为科技型小微企业带来额外的收益，更重要的是能够为其带来更多合作的机会，并促成企业掌握在谈判中的主动权。而通过专利进行维权，是保护创新成果，打击恶意竞争行为强有力的手段，也是科技型小微企业提高自身抗风险能力的重要途径。

3. 通过专利结成行业联盟

专利行业联盟是企业之间基于共同的战略利益，以一组相关的专利技术为纽带达成的联盟，联盟内部的企业实现专利的交叉许可，或者相互优惠使用彼此的专利技术，对联盟外部共同发布联合许可声明。如果科技型小微企业拥有一定数量的专利权，通过与其他企业形成联盟，以此参与市场竞争，有助于企业占领行业制高点。

二、科技型小微企业技术影响力及专利质量分析

（一）研究领域的选取与检索策略的制定

1. 研究领域的选取

目前电力能源短缺现象日益突出，节能降耗已经成为全社会普遍关注的热点问题，智能终端的续航时间一直是制约其发展的瓶颈。因此，能够实现智能终端节能的方法，包括通过系统软件调度实现、硬件优化实现等方面的技术方案成为研究的重点。

2. 检索策略的制定

在制定检索策略时，总体采用总分式检索策略，选取关键词时尽量准确，避免引入过多噪声。一级检索，手机节能采用关键词与

分类号同时进行检索，获得与技术主题相关的总体文献量。二级检索，按照目前智能终端节能技术的主要发展方向，分为系统软件调度节能与硬件优化节能两大分支，通过对涉及的上述两个关键技术分别进行检索，获得所关注的上述关键技术的文献量。进一步对系统软件调度节能方向进行细分，分为操作系统调度优化和网络系统优化、软件算法优化三大分支。对于硬件优化节能也可进一步细化为屏幕优化、处理器优化和外设优化三大分支。

（二）数据处理结果展示与深度分析

1. 科技型小微企业数量与专利申请量概况

对处理后的686件专利申请按申请人进行统计，其中，企业总数285家，科技型小微企业73家，占企业总数的26%（见图6）。

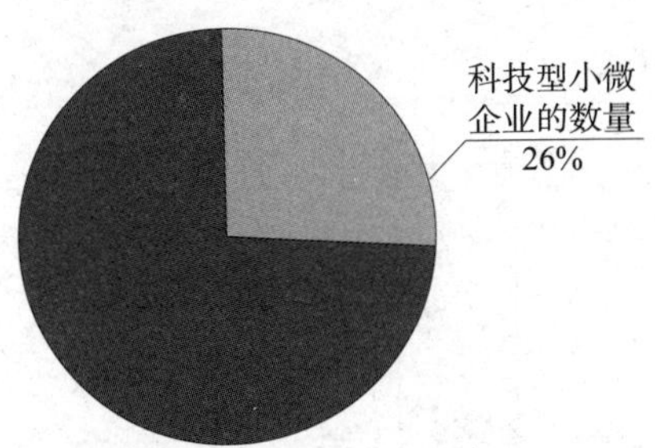

图6　科技型小微企业数量占比

在686件专利申请中，科技型小微企业贡献95件，占专利申请文件总数的14%（见图7）。

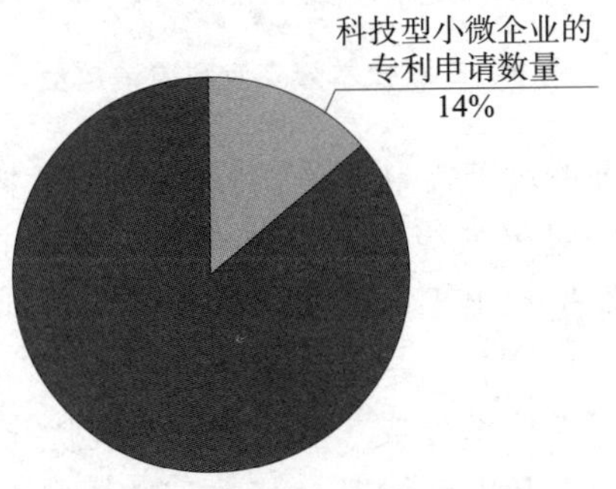

图7　科技型小微企业专利申请数量占比

平均每家科技型小微企业拥有专利申请1.3件，不到其他申请人平均拥有量2.8件的一半。虽然科技型小微企业的数量占比达到26%，但其拥有的专利申请数量仅占14%。总体来看，在智能终端节能技术领域，科技型小微企业的专利申请水平与行业中其他类型的申请人相比仍然较低。

2. 科技型小微企业各技术分支专利申请情况分析

为探究二级分支下科技型小微企业，笔者绘制了二级技术分支专利申请数量图（见图8）。通过系统软件调度实现手机节能是目前的主流技术，共包含528件专利申请，科技型小微企业拥有其中的62件，占比为12%，通过硬件优化实现智能终端节能专利申请数量较少，仅为158件，科技型小微企业拥有其中的33件，占比为21%。

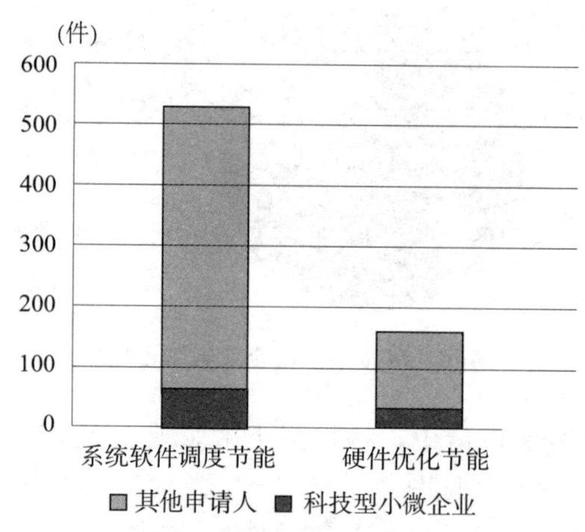

图8　二级技术分支专利申请数量

通过系统软件调度节能与硬件优化节能技术本身并没有技术先进或落后之分，但对于三级技术分支来说，随着技术路线的演进，不同技术分支已经呈现出不同的技术先进性，因此，对三级技术分支进行重点分析。

图9显示出三级技术分支1——操作系统优化、网络系统优化和软件算法优化的专利申请情况，其中，科技型小微企业的专利申

请量占比分别为20%、6%和10%。对于科技型小微企业来说，其专利申请较为集中地出现在技术门槛较低的操作系统调度优化分支，对网络系统优化与软件算法优化领域涉及较少，也反映出在智能终端节能这一领域，科技型小微企业创新能力相对其他类型的企业来说的确存在一定差距。

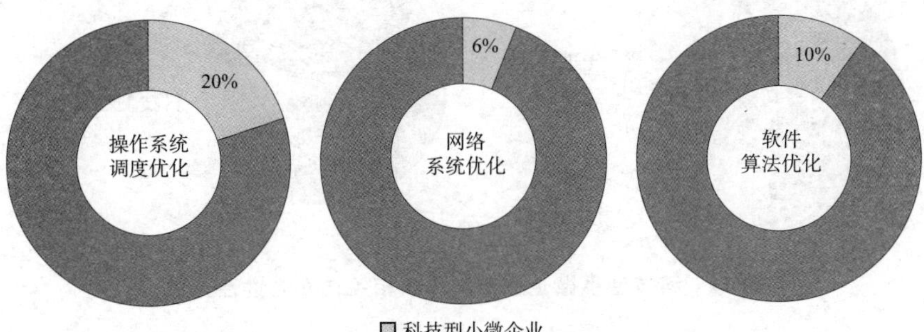

图9　三级技术分支1专利申请数量

图10示出三级技术分支二——屏幕优化、处理器优化和外设优化的专利申请情况，其中，科技型小微企业的专利申请量占比分别为18%、18%和28%。对于科技型小微企业来说，其专利申请较为集中地出现在技术门槛较低的外设优化分支，屏幕优化与处理器优化分支也占据一定数量。

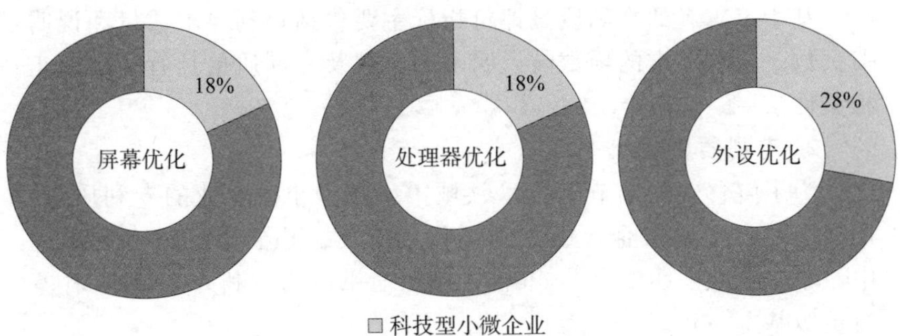

图10　三级技术分支二专利申请数量

3. 科技型小微企业专利申请相关技术先进性分析

为了进一步研究科技型小微企业的专利申请情况和创新能力，依据审查经验对 686 件专利申请所涉及的技术是否先进进行了评价，并绘制成图 11。

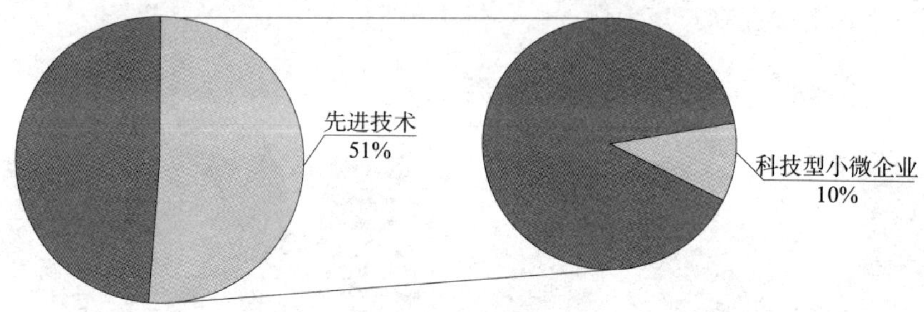

图 11　科技型小微企业专利申请相关技术先进性分析

如图 11 所示，在智能终端节能领域，51％的专利申请属于较为先进的技术。而在这 51％的代表了该领域先进技术的专利申请中，科技型小微企业仅贡献了 10％的专利申请。由此也反映出科技型小微企业与同领域其他类型的申请相比，在技术创新与专利申请方面的确存在不小的差距。

（三）科技型小微企业专利质量现状

1. 专利质量评估指标

基于审查者的专利质量评价指标主要包括权利要求数量和说明书页数。权利要求的项数与说明书的页数及专利质量具有一定的正相关性。

2. 专利质量现状

为了解移动终端节能技术领域中科技型小微企业的专利质量，选取国内大型通信企业中兴通讯作为对比。检索得到的专利申请中，小微企业发明专利共 56 件，中兴通讯发明专利共 57 件，样本数量级基本一致。

（1）平均权利要求数分析。

检索结果统计显示，科技型小微企业专利申请中平均权利要求数为 8.6 项，中兴通讯为 11.6 项，平均权利要求数少有两种可能的原因：一种是企业本身技术水平较低，技术方案较简单，没有太多可以扩展的附加特征，属技术水平上的“内伤”；另一种是本身技术水平较高，但在专利撰写时没能根据希望保护的技术方案进行合理的概括和布局，设计出合理梯度的不同保护范围，属于专利撰写的“外伤”。进一步对科技型小微企业的56件专利的撰写进行研究，对比权利要求书撰写的保护范围和说明书中企业真正希望保护的技术方案，采用较好和较差两种标准对权利要求书的撰写进行简单标注。结果显示，56件申请中，12件申请权利要求书撰写质量较差。去除该12件撰写较差的专利申请后，科技型小微企业专利平均权利要求数为9.7项，仍然低于中兴通讯。说明科技型小微企业较大型通信企业研发能力较弱，专利申请创造性高度不够，原创程度不高，质量较为欠缺。

（2）平均说明书页数分析。

平均说明书页数仅作为评判专利质量的附加指标。统计显示，科技型小微企业专利申请中平均说明书页数为9.4页，中兴通讯为8.22页。可以看出，两者差异不大，体现出针对该领域的技术创新，十页左右的说明书已经可以较为详细地解释说明技术方案。同时反映出在代理机构的帮助下，小微企业的专利申请撰写方面质量较好。

（3）结案数据分析。

对于发明申请而言，结案的走向是体现一项专利质量的重要评价标准。笔者对科技型小微企业的56件申请和中兴通讯的57件申请进行了追踪，就结案数据进行统计，结果如图12所示。

在移动终端节能领域，对于中兴通讯这样的大型通信企业，一半以上的专利申请获得了授权，而这一比例在小微企业仅为不到三成。反观视撤率，在中兴通讯仅为26.67%，在小微企业中却达到近六成。

如图13所示，小微企业的视撤申请中15%未进入实审阶段，70%在一通后未做答复。也就是说，85%视撤的专利申请并未在专利的实审阶段进行过与审查员的意见交互，处于申请后就不管的状态，或由于技术创新水平太低而无法答辩一通意见。

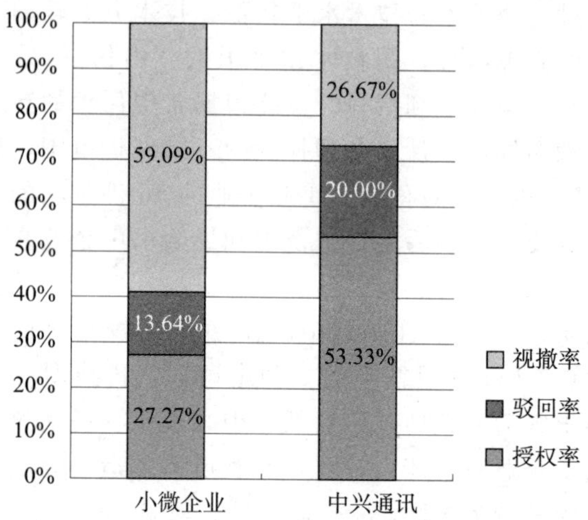

图 12　科技型小微企业专利申请结案情况对比

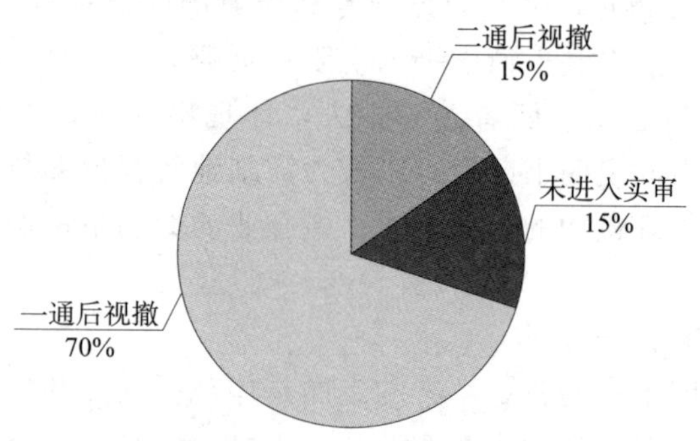

图 13　科技型小微企业专利申请视撤情况占比

从以上数据可以看出，在移动终端节能领域，小微企业专利申请质量较差。七成以上的申请无法获得专利权，其中绝大多数因为技术创新水平较低。反映出小微企业科技创新能力还有所欠缺，亟需提高研发能力，推进企业核心竞争力。

三、科技型小微企业专利申请和运用中存在的困难和需求

通过调查问卷了解科技型小微企业专利申请和运用中存在的实际困难和需求，本次调查问卷的内容涉及企业三种专利的申请情

况、实施情况、专利体系、人员情况、面临的主要问题及需求等方面，通过调研、座谈、培训班、网络（问卷网、思博网、优智博网、微信、微博）等多种方式发放调查问卷，调查问卷发放时间为2014年9月初至10月底，回收有效问卷92份。

（一）调查问卷整体情况

从填写调查问卷企业名称、行业和地域来看，调查问卷的对象基本上均为科技型小微企业，有一定的代表性，调查结果有较高的真实性和可信度。

（二）调查问卷数据分析

科技型小微企业在专利申请和运用方面有着自身的特点，开展专利申请和运用面临较多的困难，呈现出以下特点。

1. 专利申请意识高

从图14可以看出，科技型小微企业申请专利的主要目的是保护企业产品、防止他人仿冒，建立技术壁垒、减少竞争对手可布局专利的数量。

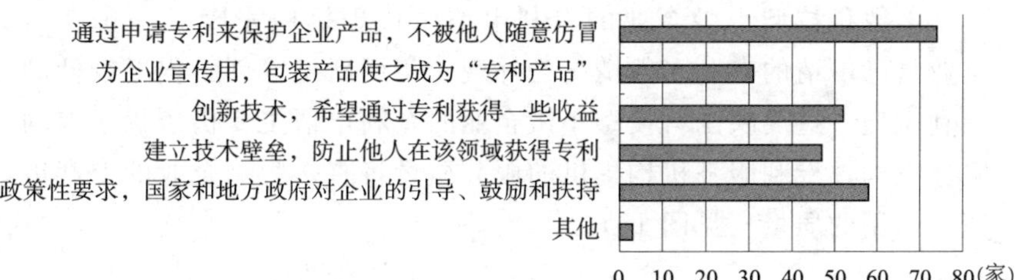

图14　专利申请目的统计

由于掌握一定的创新能力，公司产品在行业内具有一定的技术领先性，因此，企业非常关注申请专利后专利权的保护效果是否能达到预期，申请专利中若披露了技术信息，是否会导致公司产品被仿制而丧失产品在市场上的技术领先能力。由于小微企业多数没有设置知识产权部门，甚至没有专门的专利管理人员，对于专利撰写和布局的把控能力较低，因此，在保护商业秘密和申请专利两者之间难以做好平衡，企业管理层往往会担心申请专利中披露过多的技术秘密（见图 15）。

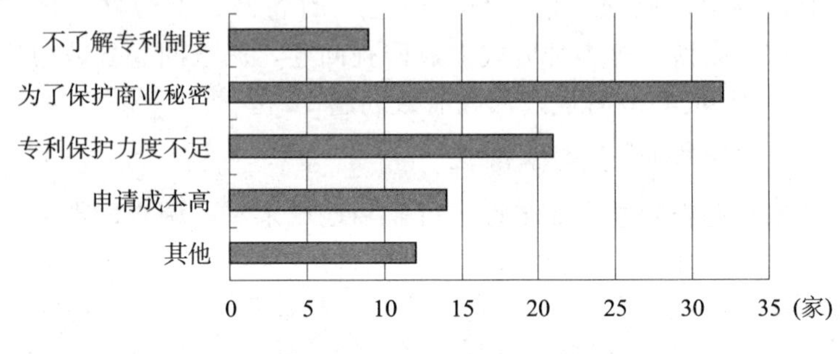

图 15　未申请专利原因统计

2. 专职管理人员少，但重视专利管理体系建设

经调查，约 45%的科技型小微企业未设置专门管理专利的部门。在有专人管理专利的小微企业中，大多数企业是由一人身兼数职，例如，由技术部人员兼管、法务部人员兼管、办公室人员兼管等，真正有专人负责管理专利事务的企业较少。

多数科技型小微企业的专利申请由代理机构完成（占 67%），企业自己申请的专利多数情况为外观、实用新型等创新程度较低的专利类型。这反映出科技型小微企业的专利申请主要仍依赖于专利服务机构，专利服务机构提供的服务质量将直接影响企业的专利申请、运用的质量（见图 16）。

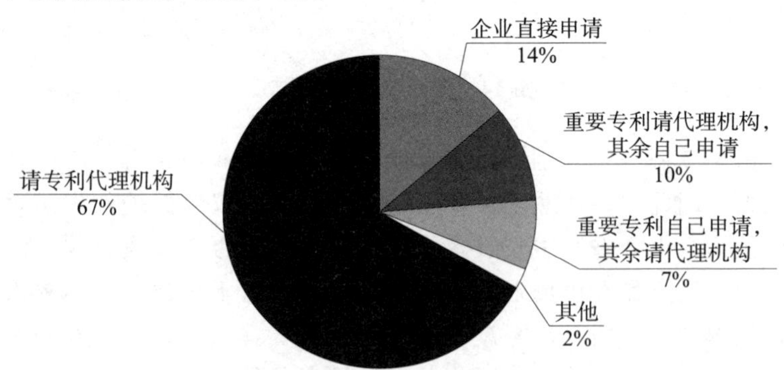

图 16　企业专利申请方式统计

在选择服务机构时，小微企业更容易关注服务机构的名气和费用，这也容易被无证代理机构、质量较低的代理机构有机可乘，如图 17 所示。

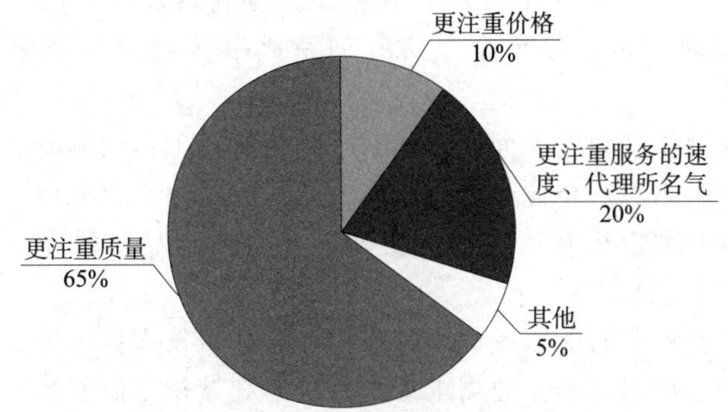

图 17　代理机构选择因素统计

3. 认可专利价值，关注保护力度

对于专利申请和使用的价值，一方面，多数小微企业更关注专利保护能否防止他人仿冒，或能否打击竞争对手在相关领域的产品。另一方面，企业也希望申请一定专利后能够保护自身产品，使得企业生产销售产品不受他人限制。

小微企业最担忧的问题是专利的保护力度不够，维权较困难。绝大部分企业认为目前的司法环境下，侵权成本较低，导致专利无法体现出应有的价值，无法达到预期的保护目的（见图 18）。

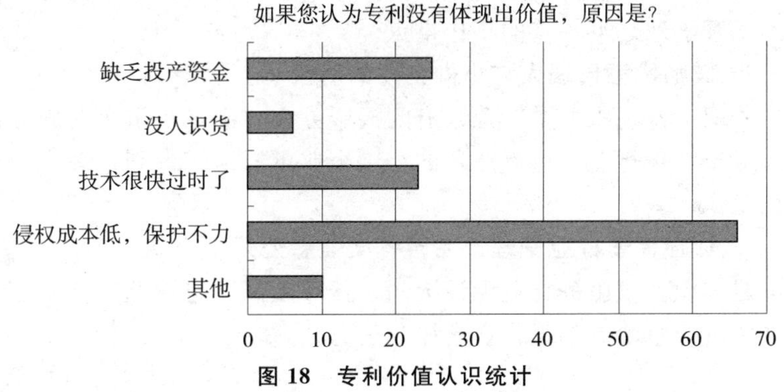

图 18　专利价值认识统计

（三）企业专利申请和运用中的主要困难和需求

虽然科技型小微企业具有一定的科研创新能力，其内部的创新成果较多，但受限于研发人员不了解专利以及企业内部无专门的专利管理人员，导致企业研究创新成果转化为专利申请比率较低。

在政策扶持力度方面，科技型小微企业对于目前的专利资助政策普遍较为满意。企业开展专利工作并不仅仅为了获取政府的专利资助，其专利申请和运用目的更多的是企业产品销售和公司发展所需。

在企业最急需的服务内容调查中，针对研发人员、专利管理人员的专利知识培训是企业需求最大的，专利挖掘、研发人员专利撰写的培训等方面需求旺盛。

四、科技型小微企业的应对策略

（一）专利代理机构的合理使用

小微企业的从业人员普遍反映受限于资金和对专利知识的匮乏，在实践中很难获得优质、高效的知识产权相关服务，可以从以下几个方面入手。

1. 加大对“专利托管”政策的支持和宣传力度

“专利托管”中的全流程托管特别适合没有特定的知识产权管理部门、没有特定的知识产权从业人员的小微企业。细化政策，使专利托管落地是下一步的工作重点。

2. 鼓励优秀代理人与小微企业的对接

采取“专利服务券”等政府购买服务方式满足小微企业服务需求，对于特殊行业、重点产业的小微企业可以组织专利代理人进行帮扶工作。

3. 加强代理行业管理、完善各类信息公开

对知识产权服务行业无证上岗、挂靠上岗、恶性低价竞争等行业乱象进行整治。加强行业自律和信息公开。

（二）小微企业专利人员管理与专利意识

1. 培养中小微企业专利人员

小微企业经常是依靠一个项目、一项核心产品或者一个创始人发展起来，由于企业本身规模较小，申请专利较少，一般而言，难以配备专门的专利人员，从调查问卷和调研的结果来看，设置专门的专利管理人员的小微企业比例较低，对于企业的这类问题，需要注意以下方面：（1）合理配置企业专利人员。关于企业专利人员的配备，科技型小微企业可以根据自身发展阶段和发展规模建立知识产权管理机制，做到知识产权有人管、专人管。（2）帮助企业提高专利意识。（3）建立健全公共服务体系。（4）加大推广公益性培训。

2. 鼓励技术人员了解和运用专利

（1）建立内部知识产权转化激励机制。（2）政府建立知识产权专业技术资格评审体系。

3. 开展针对小微企业领导层的专利知识普及工作

提高企业中高层的知识产权保护意识、让企业内知识产权工作切实产生效益是小微企业开展知识产权工作的重要内容。（1）利用专利信息帮助企业发展。（2）运用政策扶持降低企业知识产权申请和运用成本。（3）培训管理层知识产权意识。

（三）引导小微企业走出专利资金困境的策略

1. 关于专利费用减缓与资助

专利费用减缓与资助政策已经推行多年，这两大政策为科技型小微企业申请专利提供了资金上的支持，可以很大程度上解除企业申请专利的后顾之忧。

2. 关于专利权质押与专利许可

对于科技型小微企业来说，克服资金、人员的短缺取得专利授权实属不易，如果取得授权的专利无法投产转换成产品以获得盈利，将极大打击企业申请专利的积极性，长此以往将不利于企业的发展。通过广泛搜集现有政策，研究认为科技型小微企业可以通过专利权质押融资与专利许可使用解决缺乏资金的困难。

（1）专利权质押。

对于科技型小微企业来说，通过专利权质押获得融资是获取资金行之有效的手段。

目前，各地专利权质押程序因采用的模式不同而有所区别，其中，东莞市专利权质押办法较为成熟[1]，以此介绍专利权质押程序，图 19 示出上述程序的具体流程。

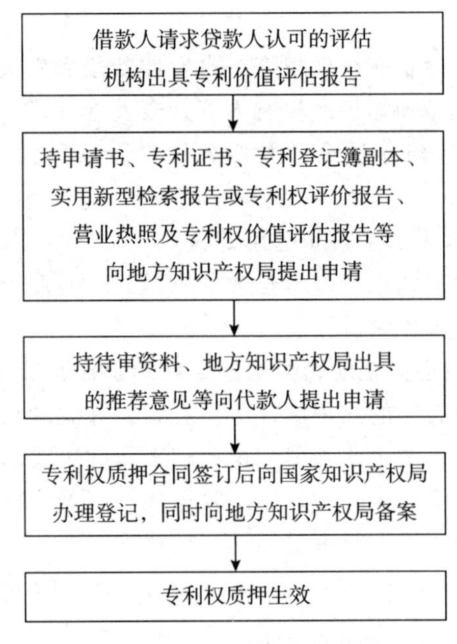

图 19　专利权质押程序具体流程

（2）专利许可使用。

专利许可使用也可以为企业带来一定的资金收益。专利许可使用是指专利权人将自己的专利使用权允许被许可方在一定时间和范围内使用。专利许可使用通常有独占许可、排他许可、普通许可等方式，由于独占许可方式仅允许被许可方实施专利技术，排除许可

[1] 东莞市人民政府．关于印发《东莞市专利权质押贷款管理办法》的通知［EB/OL］．(2014－10－22)．http：//www.dgsme.gov.cn/dgsme/zw_v3/487/2/61959.html.

方在内的一切其他人实施，并不适于解决专利权人因资金短缺造成专利权相关产品无法投产的困难，因此，排他许可或普通许可成为解决上述困难的一般选择。图 20 所示专利许可使用的流程供科技型小微企业参考。

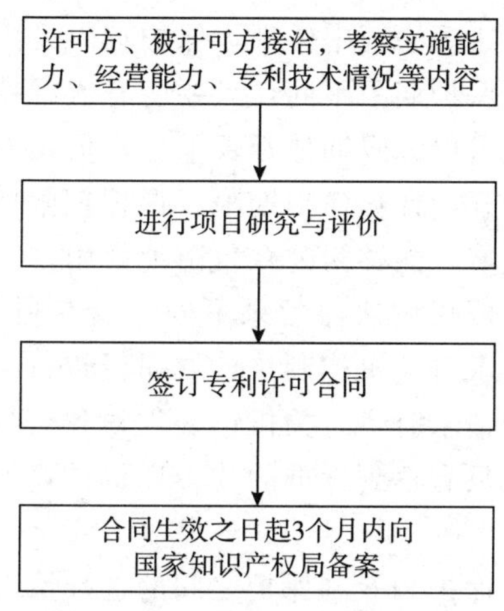

图 20　专利许可使用具体流程

（四）小微企业专利申请与专利保护策略

1. 选择合适策略布局专利申请

商业秘密和专利申请作为企业知识产权保护体系中的两种常用手段存在很大的不同，两者之间如何选择其实不单单是小微企业面临的问题，也常常是大型企业决策者需要慎重考虑的战略性问题之一。

(1) 商业秘密保护和专利申请保护之间的比较。

首先，其他人对于权利的取得方式不同，这是两种知识产权在保护方式上最大的区别。如果一项技术信息成功申请专利保护，则专利权人享有独占实施权。其他人若想获得该项技术信息的使用权，必须与专利权人达成协议，并支付使用对价，即使其他人单独发现该项技术信息，基于专利权的垄断保护，仍然不能使用。对于商业秘密的所有者而言，商业秘密法所防止的全部行为是不正当使用（通过侵权或违约）商业秘密，竞争者可以通过独立发现甚至商业秘密持有人产品的反向工程和利用持有人以外披露的商业秘密而进行随意、免费地使用。

其次，二者保护的范围、方式和举证责任不同，对于专利权的保护是以专利法作为依据，而商业秘密的保护则可在反不正当竞争法、侵权法、合同法等法规中体现，保护较为灵活。

再次，二者的保护期限不同，只要所有人维持技术信息的秘密性，商业秘密权就可以无限期地延长下去；但是专利权一旦被授权后，自申请之日起开始计算保护期限，保护期限届满后，该技术思想就会进入公共领域，能够为公众自由地使用。

最后，二者被侵权后法律后果不同，当专利侵权行为产生时，专利权人可依法请求有关机构制止、处罚侵权行为。而商业秘密权利人提起纠纷处理请求时，有关机构必须对秘密性、价值性、保密性要件先行判断，只有达到标准的才予以保护，所以保护也存在不确定性。

（2）商业秘密保护和专利保护之间的选择策略。

对于科技型小微企业而言，具体的策略选择需要考虑多方面的影响因素。从保护技术信息的角度出发，主要需要考虑以下两点：

不同的技术信息可能不能同时获得两种保护方式的支持。首先，如果企业希望保护的技术信息是“不可专利的”，则只能选择采用商业秘密的方式进行保护。其次，企业需要评估自身对技术信息的“信心”。对于小微企业来说，如果希望保护的技术信息创造性高度不高，尚且达不到专利对于创造性的要求，则采用商业秘密的保护方式更为保险；如果技术信息有一定的创造性高度，同时竞争对手也有反向工程破解的可能性，则选择专利保护会更加稳妥；如果企业对自身的技术有足够的“信心”，认为竞争对手不可能反向破解，同时希望长期获得市场优势，则可以选择商业秘密保护，以期长期获得独占技术信息的红利。

专利保护和商业秘密保护的时间效力是不同的。实用新型专利对于技术信息的保护期为 10 年，发明专利为 20 年，而采用商业秘密保护，理想情况下没有时间限制。因此，如果企业希望依靠该技术长时间在市场上保持先进，则应该采用商业秘密的保护方式，如果希望该技术作为一个时代阶段的产品推进剂，则更适用专利保护的方式。

（3）商业秘密保护和专利保护的其他考量。

侵权时的维权难易程度也是需要考量的因素之一。例如，维权中证据的取证难度、维权的时间成本和经济成本等，都需要企业根据自身情况综合考虑。此外，对于小微企业，常常存在核心研发人员集中的现象，相对于大型企业研发人员只能接触核心技术的零星部分，小微企业核心研发人员在人才流动中实施商业秘密侵权的难易程度更低。从这个方面考虑，如果小微企业的核心技术依赖少数核心研发人员，则采用专利保护方式更加稳妥。

2. 技术更新快的行业的专利申请

科技型小微企业存在技术创新小、技术发展快的普遍现象。企业在生产过程中的创新成果，可能在几年之间就已经被行业所淘汰。针对这样的技术创新，应该采用怎样的方式保护企业的知识产权呢？

企业需要对技术创新的“可专利性”作出评估。专利权的保护是需要付出时间代价和经济成本的。对于小微企业，如果一项技术的生命周期过短，可能还处于专利申请的过程中，其技术就已经被市场所淘汰，失去经济价值，这种情况下，采用商业秘密的方式保护技术信息，可能会是更合适的方式。

选择合适的专利申请种类。我国的专利制度设计了三种发明创造的类型，是为了从不同的程度保护不同的发明创造，三者之间并无高低之分。就小微企业而言，应该根据专利的创新性高低、技术性强弱和保护目的等选择何种专利保护类型。

留意快速通道。对于专利申请，国家相关部门通常会依据经济发展的不同阶段出台不同的政策鼓励科技创新。企业的专利部门可以关注相关信息，以最大化地利用政策优惠快速获得专利权。

3. 面对维权困难的技术保护策略

在小微企业中，人力资源缺乏，没有过多的精力分摊在专利维权上，因此即使自身已经获得的专利被侵权，也没有足够的资金和时间成本花费在维权过程中，导致维权难。面对这一矛盾，小微企业可以从以下几个方面尽可能地对自身产品和市场进行保护。

（1）借鉴大型企业的专利布局策略。

尽管大型企业有足够的人力物力进行企业维权操作，但大型资深技术企业在维权的同时通常更注重侵权的预防，因为一旦发生侵权，维权所获得的补偿与侵权所损失的利益可能难以平衡。此类企业通常在专利布局上摸索出了自身的经验。例如，商业秘密保护为主、专利保护为辅的策略，专利保护为主、商业秘密保护为辅的策略，以专利保护为轴心的商业秘密保护策略和以商业秘密为轴心的专利保护策略。

首先，以商业秘密保护为主，专利保护为辅，将发明创造的大部分内容选择商业秘密保护，仅就配套技术的某一个环节或某个配件申请专利。其目的在于商业秘密一旦泄露，他人仍不能完全应用此技术生产出成套完整的产品，或者仍需与商业秘密的所有者签订专利许可合同，再或者设法以其他技术替代这部分专利技术，才有可能生产出配套产品。在商业秘密中选择部分技术申请专利，实践中极为普遍。一般都认为既有商业秘密，又含有专利技术的发明创造较之单纯的专利保护或单纯的商业秘密的保护要更为有效，故受到人们的普遍采纳。

其次，以专利为主，商业秘密为辅的保护，将技术成果中的大部分内容申请专利保护，而将其中一小部分作为商业秘密加以保护。被作为商业秘密的这部分技术并不是必不可少的最关键技术，但往往是最佳的实施方案，也可能是整个发明创造中，根据受让方技术水平的高低及其需求，可供选择的且有最先进水平的那部分技术，还可能是可以用其他技术替代的技术。这种结合的特点在于所保留的不公开的商业秘密不影响依专利说明书实施便能达到基本效果，但要获得最佳效果或者想不花费精力而获得最先进的技术，还需签订商业秘密许可合同或在专利许可合同中增加商业秘密有偿公开条款。

再次，以专利保护为轴心的商业秘密保护，这是指在整个研究、开发过程中，将其中最核心的部分申请专利，而将大部分技术内容作为商业秘密。这种情况常见于使用公开的这部分专利技术可以生产出某个产品的主件，该主件本身可以单独成为产品，但如果不掌握商业秘密的内容，仅以专利生产出主件，市场极为有限，甚至毫无市场。其优点是即使商业秘密被他人设法攻破，专利仍可成为第二道保护防线。

最后，以商业秘密为轴心的专利保护，这种情况正好与上一种结合相反。一项技术成果的大部分内容申请专利保护，仅就其中最核心的某一部分以商业秘密保存下来。通常是将最不易破密或最难得知的技术、方法或数据作为商业秘密，而且这一商业秘密往往是必不可少的，或者一旦少了它就达不到最佳效果。采取这种结合方式，应极为慎重，且专利说明书与权利要求书应写得极为巧妙。

（2）侵权时采用诉讼以外的手段达到维权目的。

诉讼作为主要的专利维权手段，面临“取证难”“耗时长”“成本高”的三座大山，而“赢了官司、输了市场”的情况对于有过专利维权经历的企业来说也并不少见。对于小微企业，当企业知识产权被侵权时，在诉讼途径的同时，可以考虑行政途径如政府部门的专项整治行动等更快速地维权。

（3）适当求助于相关维权通道。

企业的专利维权难作为普遍性的问题已经得到国家和相关部门的重视，相关部门也已经和正在出台相关的帮扶手段来还小微企业一个公平发展的环境。当企业遭遇侵权时，可以适当求助于相关维权通道，维护企业自身的合法权益。

沪深主板上市公司专利态势统计分析报告*

刘菊芳　刘　磊　李凤新　杨国鑫　徐　健
冀小强　武　伟　雷和平　佟　磊

一、引　　言

上海证券交易所和深圳证券交易所主板（以下简称沪深主板❶）上市公司是我国经济的骨干和排头兵，营业收入规模巨大，足以影响国民经济。主板上市公司是支撑我国经济发展的“大象企业”，其发展路线代表了中国顶级公司的未来路标，自主创新能力关系新常态下我国经济转型升级成败。

本报告基于沪深主板上市公司专利基础数据、市场经营效益等大数据资源，统计专利申请量、有效发明专利拥有量及其维持年限分布、我国主要贸易对象国专利布局、专利引证、许可、无效、337调查、质押和专利获奖等市场验证前后指标，系统梳理盘点沪深主板上市公司专利实力和现状。本报告研究对象为截至2015年3月25日在沪深主板上市的公司，总计1 496家。其中，在深圳证券交易所上市的公司共480家，在上海证券交易所上市的公司共1 016家。

二、沪深主板上市公司专利态势

（一）沪深主板上市公司专利总体情况

如表1所示，沪深主板1 496家上市公司及其一级全资子公司

* 本文获第九届全国知识产权（专利）优秀调查研究报告暨优秀软科学研究成果评选二等奖。

❶ 广义上的主板市场还包括中小板，本报告主要针对沪市、深市的A、B股上市公司，不含中小板。

三种专利申请累计总量为367 627件，其中发明专利申请161 049件。平均每家公司专利申请量为246件，其中发明专利申请108件。共拥有有效发明专利58 502件，平均每家公司拥有39件。制造业、采矿业、建筑业、信息技术业上市公司贡献了沪深主板98％的专利申请和有效发明专利。沪深主板上市公司积极布局专利，共拥有涉及中美日欧的四方专利5 804项，平均每家公司3.9项四方专利。沪深主板上市公司发明专利平均被引次数为1.5次/件，略高于创业板上市公司（1.3次/件）❶。在第1～16届中国专利奖评选中总计获得364个奖项，占四类中国专利奖颁奖总量的12.9％，其中，获得25次中国专利金奖、287次中国专利优秀奖、8次中国外观设计金奖、44次中国外观设计优秀奖，分别占专利奖总量的10.9％、12.5％、32.0％、16.2％。

表1　沪深主板上市公司三种专利申请情况

专利类型	申请量/件	占申请总量的比重	平均每家公司专利申请量/件
发明	161 049	43.8％	108
实用新型	154 580	42.0％	103
外观设计	51 998	14.2％	35
总计	367 627		246

（二）专利资产对沪深主板上市公司经营具有明显支撑作用

有效发明专利拥有量反映了上市公司拥有的专利资产储备规模。有效发明专利拥有量高于平均值的沪深主板上市公司五年（2010～2014年）平均营业收入（679.8亿元）、平均净利润（30.1亿元）分别是低于平均值公司的十倍、八倍。有效发明专利拥有量在3/4分位数以上（有效发明专利拥有量在18件以上）的主板上市公司的五年平均营业收入（445.2亿元）、平均净利润（20.2亿元）分别是没有有效发明专利公司的七倍、五倍。

❶　本报告所引用的创业板专利统计数据均来源于中国专利技术开发公司“创业板专利记分牌”2015年第1次报告《创业板上市公司专利态势报告》。

涉及中美日欧的四方专利数量、发明专利被引次数分别从全球专利布局、技术影响角度体现了上市公司专利资产质量尤其是高价值专利数量情况。拥有四方专利的主板上市公司的五年平均营业收入（588.6亿元）、平均净利润（29.7亿元）均是没有四方专利的公司的七倍。发明专利被引次数高于平均值的主板上市公司的五年平均营业收入（666.6亿元）、平均净利润（30亿元）是低于平均值的公司的十倍、八倍。

上述数据说明，专利资产规模、质量与上市公司的经营效能相关联。专利对公司经营具有强力支撑作用。有效发明专利拥有量多，专利资产储备规模大，专利技术影响力大，积极开展对外专利布局，拥有高价值核心专利的上市公司的盈利能力更强，能够创造出更好的经营业绩和经济效益。

（三）沪深主板涌现出一批具有明显专利优势的创新型企业

沪深主板上市公司通过不断加大研发投入和自主创新，涌现出一批积极实施“数量布局、质量取胜”专利战略的优秀上市公司。如图1至图5所示，中兴通讯、中国石化、中国石油、中国铝业、宝钢股份、鞍钢股份、京东方、美的集团、格力电器、南车北车、中联重科、三一重工、天士力、中国中铁、有研新材、力帆股份、四川长虹和烽火通信等公司专利资产积累仓廪十足，专利布局结构合理，专利技术影响深远，用关键技术和核心领域的知识产权增强了核心竞争力，在电信设备、能源化工、高端装备制造、生物医药和家电制造等领域保持着技术领先地位，是我国创新型企业的优秀代表。

例如，全球领先的综合性通信制造业上市公司中兴通讯以14 555件有效发明专利位居沪深主板上市公司首位，其中维持年限十年以上的高价值有效发明专利达2 167件（位居沪深主板上市公司第二）；具有保护地域覆盖中美日欧的四方专利达3 446项，有力提升了面向全球市场的知识产权竞争力；发明专利被引次数达59 155次，近五年发明专利被引次数达12 508次，整体技术影响优势明显。

序号	公司名称	交易所	所属行业	有效发明专利拥有量/件
1	中兴通讯	深交所	C制造业	14 555
2	中国石化	上交所	B采矿业	9 239
3	中国石油	上交所	B采矿业	2 801
4	宝钢股份	上交所	C制造业	1 598
5	京东方A	深交所	C制造业	1 009
6	美的集团	深交所	C制造业	789
7	中国南车	上交所	C制造业	757
8	中联重科	深交所	C制造业	679
9	天士力	上交所	C制造业	667
10	中国铝业	上交所	C制造业	557
11	中国北车	上交所	C制造业	546
12	鞍钢股份	深交所	C制造业	545
13	中国中铁	上交所	E建筑业	511
14	有研新材	上交所	C制造业	511
15	格力电器	深交所	C制造业	475
16	三一重工	上交所	C制造业	467
17	力帆股份	上交所	C制造业	463
18	四川长虹	上交所	C制造业	443
19	烽火通信	上交所	C制造业	401
20	太钢不锈	深交所	C制造业	388

图1　沪深主板有效发明专利拥有量TOP20公司

沪深主板优秀上市公司的专利在激烈的市场竞争中获得充分验证，专利质量高，专利权利稳定。当专利对市场主体商业利益构成威胁时，通过无效程序废除专利权，成为企业商业竞争中釜底抽薪的常用手段。如图6所示，包括中兴通讯、美的集团、格力电器、三一重工、上汽集团等在内的68家公司共191件专利曾被提起无效宣告程序。经国家知识产权局专利复审委员会审查，42家公司共95件专利经无效程序后仍维持权利有效。专利权稳定性对专利价值具有“一票否决权”，经过再次审查验证后，这些专利法律权利非常稳定，具有极高的市场价值。

序号	公司名称	维持年限十年以上的有效发明专利数量/件
1	中国石化	3 068
2	中兴通讯	2 167
3	中国石油	480
4	宝钢股份	341
5	天士力	315
6	中国铝业	159
7	有研新材	153
8	康缘药业	94
9	上海石化	89
10	烽火通信	85
11	中集集团	71
12	格力电器	55
13	鞍钢股份	52
14	益佰制药	52
15	安泰科技	48
16	深康佳A	46
17	云南白药	46
18	中钨高新	46
19	上海贝岭	42
20	红太阳	40

图2　沪深主板有效期10年以上有效发明专利拥有量TOP20公司

序号	公司简称	交易所	所属行业	四方专利数量
1	中兴通讯	深交所	C制造业	3 446
2	京东方A	深交所	C制造业	810
3	中国石化	上交所	B采矿业	490
4	中国石油	上交所	B采矿业	62
5	宝钢股份	上交所	C制造业	58
6	深天马A	深交所	C制造业	56
7	中集集团	深交所	C制造业	42
7	东软集团	上交所	I信息技术	42
9	三一重工	上交所	C制造业	36
9	三安光电	上交所	C制造业	36
11	中国北车	上交所	C制造业	33
12	恒瑞医药	上交所	C制造业	32
13	海正药业	上交所	C制造业	27
14	中联重科	深交所	C制造业	22
14	闽灿坤B	深交所	C制造业	22
16	金山开发	上交所	C制造业	21
15	华锐风电	上交所	C制造业	21
18	天士力	上交所	C制造业	20
18	生益科技	上交所	C制造业	20
18	格力电器	深交所	C制造业	20

图3　沪深主板四方专利拥有量TOP20公司

序号	公司简称	交易所	所属行业	发明专利被引次数
1	中兴通讯	深交所	C制造业	59 155
2	中国石化	上交所	B采矿业	47 905
3	中国石油	上交所	B采矿业	10 712
4	宝钢股份	上交所	C制造业	8 758
5	有研新材	上交所	C制造业	3 898
6	中国铝业	上交所	C制造业	3 076
7	金发科技	上交所	C制造业	2 499
8	深康佳A	深交所	C制造业	2 472
9	鞍钢股份	深交所	C制造业	2 387
10	四川长虹	上交所	C制造业	2 135
11	攀钢钒钛	深交所	B采矿业	2 128
12	中国中铁	上交所	E建筑业	2 099
13	三一重工	上交所	C制造业	1 956
14	京东方A	深交所	C制造业	1 935
15	中国南车	上交所	C制造业	1 810
16	长安汽车	深交所	C制造业	1 626
17	上海石化	上交所	C制造业	1 584
18	天士力	上交所	C制造业	1 540
19	浪潮信息	深交所	C制造业	1 538
20	中联重科	深交所	C制造业	1 432

图4　沪深主板发明专利被引次数TOP20公司

序号	公司简称	所属行业	近五年发明专利被引次数
1	中兴通讯	C制造业	12 508
2	中国石化	B采矿业	11 017
3	中国石油	B采矿业	3 836
4	宝钢股份	C制造业	2 381
5	金发科技	C制造业	1 449
6	中联重科	C制造业	1 258
7	鞍钢股份	C制造业	1 236
8	京东方A	C制造业	1 207
9	三一重工	C制造业	1 194
10	中国中铁	E建筑业	1 130
11	中国南车	C制造业	1 116
12	攀钢钒钛	B采矿业	1 077
13	长安汽车	C制造业	1 045
14	有研新材	C制造业	926
15	中国北车	C制造业	853
16	深康佳A	C制造业	828
17	浪潮信息	C制造业	763
18	太钢不锈	C制造业	748
19	国电南瑞	I信息技术	742
20	四川长虹	C制造业	677

图5　沪深主板近五年发明专利被引次数TOP20公司

代码	公司简称	所属行业	被提起无效宣告程序的专利数量/件	经无效程序后仍维持有效的专利数量/件
000063	中兴通讯	C制造业	34	25
600031	三一重工	C制造业	12	8
000333	美的集团	C制造业	16	6
000651	格力电器	C制造业	12	4
600690	青岛海尔	C制造业	5	4
600104	上汽集团	C制造业	8	3
601633	长城汽车	C制造业	6	3
000012	南玻A	C制造业	6	2
000559	万向钱潮	C制造业	4	2
600877	中国嘉陵	C制造业	4	2
000039	中集集团	C制造业	2	2
000055	方大集团	C制造业	2	2
000596	古井贡酒	C制造业	2	2
600426	华鲁恒升	C制造业	2	2

图6　沪深主板上市公司专利无效情况*

* 经无效程序后仍维持有效的专利数量≥2件的上市公司。

沪深主板优秀上市公司善于运用专利资产和知识产权规则维护竞争地位和市场权益。当一个企业在国际竞争中卷入337调查，说明已经具有了与国际大公司相竞争抗衡的实力。根据商务部贸易救济调查局披露的美国337调查数据，如表2所示，沪深主板共有12家上市公司以专利侵权为由遭受19起美国国际贸易委员会（USITC）发起的“337调查”，占截至2014年中国公司涉案总数的12.4%。中兴通讯、三一重工、青岛海尔、生益科技等公司积极应诉，直面挑战，有效运用专利资产和国际规则维护市场权益。尤其是中兴通讯在3G无线设备337调查案、无线消费性电子设备及组件生产337调查案、电子图像设备生产337调查案、3G/4G无线设备337调查案中获得四连胜，有力遏制专利投机公司和竞争对手对我国企业的滥诉行为。

表2　沪深主板上市公司涉及337调查的情况

主板上市公司名称	337调查涉案数量/件
中兴通讯	6
浙江医药	1
大西洋	1
生益科技	1
三一重工	1
三安光电	1
青岛双星	1
青岛海尔	3
江苏索普	1
江苏舜天	1
福田汽车	1
大亚科技	1

沪深主板优秀上市公司主动运用专利许可质押或输出专利技术获得额外收益，带来了优秀的经营绩效和财务表现。如表3所示，66家上市公司对外许可[1]专利共386件，利用专利权创造额外收益和持续盈利增长点。

专利权质押是科技与金融结合支持创新发展的融资方式，也是实现专利权价值的重要手段。如图7所示，沪深主板上市公司共15家公司开展了专利权质押，共质押专利64件。

表3　深主板上市公司对外专利实施许可情况

公司代码	公司简称	所属行业	对外专利许可数量/件
603698	航天工程	M科学研究和技术服务业	237
600206	有研新材	C制造业	11
000570	苏常柴A	C制造业	8

[1] 此处对外许可排除了上市公司与关联方之间的许可行为，例如，不包括上市公司与其子公司、控股公司、参股公司之间的许可活动，不包括上市公司子公司之间的许可活动。

续表

公司代码	公司简称	所属行业	对外专利许可数量/件
601766	中国南车	C 制造业	8
000063	中兴通讯	C 制造业	7
000422	湖北宜化	C 制造业	7
600590	泰豪科技	C 制造业	7
000707	双环科技	C 制造业	6
600710	常林股份	C 制造业	6
000821	京山轻机	C 制造业	5

公司代码	公司简称	交易所	所属行业	专利权质押量/件
600143	金发科技	上交所	C制造业	14
600422	昆明制药	上交所	C制造业	11
000859	国风塑业	深交所	C制造业	7
000055	方大集团	深交所	C制造业	6
000403	振兴生化	深交所	C制造业	4
000733	振华科技	深交所	C制造业	4
600129	太极集团	上交所	C制造业	4
600330	天通股份	上交所	C制造业	3
603309	维力医疗	上交所	C制造业	3
600355	精伦电子	上交所	C制造业	2
600493	凤竹纺织	上交所	C制造业	2
600169	太原重工	上交所	C制造业	1
601126	四方股份	上交所	C制造业	1
603010	万盛股份	上交所	C制造业	1
603969	银龙股份	上交所	C制造业	1

图7　沪深主板上市公司专利权质押情况

（四）沪深主板上市公司研发投入强度还需加大

研发投入是企业创新的源泉，研发经费投入既是提升专利数量的原动力，也是提升专利质量、实现创新驱动发展的重要保障。沪深主板上市公司 2014 年平均研发强度[1]为 0.89%，低于“中国企业 500 强[2]” 2014 年平均研发强度 1.28%，低于我国 2013 年研发经费投入强度 2.01%[3]。沪深制造业上市公司 2014 年平均研发强度[4]为 2.14%，较 2014 年我国规模以上制造业研发强度 0.85%高出 1.29 个百分点，但根据“隐形冠军”之父赫尔曼·西蒙（Hermann Simon）研究成果[5]，德国机械制造业平均研发强度为 3.5%，“隐形冠军”企业平均研发强度为 6%。总体而言，我国沪深主板上市公司整体研发强度仍然较低，甚至低于全国平均水平，将直接影响上市公司总体创新能力。

（五）沪深主板上市公司专利申请结构有待优化

沪深主板上市公司三种专利申请中，创造水平和科技含量较高的发明专利申请比重为 43.8%，略高于实用新型（42.0%）。根据中国证监会公布的上市公司行业分类，18 个行业中，如图 8 所示，金融业、信息技术业、采矿业三个行业的专利申请以发明专利为主。十个行业专利申请以实用新型专利为主，分别为建筑业、水电煤气、文化传播、房地产、运输仓储、科学研究和技术服务业、综合、公共环保、教育、卫生和社会工作。四个行业专利申请以外观设计专利为主，分别为批发零售、农林牧渔、商务服务、住宿餐饮。制造业发明专利申请和实用新型比重相当，各占 41.5%。从各行业专利申请结构来看，八成以上行业的专利申请以实用新型和外观设计专利为主。

---

[1] 基于披露研发经费 1 472 家上市公司统计而得。

[2] 2015 年中国企业 500 强由中国企业联合会、中国企业家协会发布。

[3] 指中国全社会研究与试验发展经费（R&D）投入强度（研发经费投入与 GDP 之比）。

[4] 基于披露研发经费 791 家制造业上市公司统计而得。

[5] 赫尔曼·西蒙. 隐形冠军：未来全球化的先锋［M］. 北京：机械工业出版社，2015：229.

所属行业	主板公司数量	专利申请总量/件	平均每家公司专利申请量/件	发明专利申请占申请总量的比重	实用新型占申请总量的比重	外观设计占申请总量的比重	拥有专利申请的公司数量	拥有专利申请的公司占公司总量的比重
C制造业	803	301 430	375	41.5%	41.5%	17.0%	748	93.2%
B采矿业	59	44 111	748	60.6%	39.0%	0.4%	43	72.9%
E建筑业	38	16 335	430	34.6%	64.7%	0.6%	32	84.2%
I信息技术	34	4 450	131	73.1%	21.4%	5.5%	29	85.3%
F批发零售	129	1 459	11	34.9%	23.2%	41.9%	48	37.2%
D水电煤气	80	1 329	17	26.8%	71.3%	1.9%	44	55.0%
R文化传播	19	1 273	67	46.3%	49.6%	4.1%	9	47.4%
J金融业	41	1 262	31	75.3%	17.8%	6.9%	21	51.2%
K房地产	126	867	7	17.2%	54.1%	28.7%	50	39.7%
A农林牧渔	20	660	33	37.6%	3.8%	58.6%	13	65.0%
G运输仓储	73	545	7	29.9%	52.1%	18.0%	33	45.2%
M科学研究和技术服务业	6	441	74	39.0%	57.1%	3.9%	6	100.0%
S综合	25	390	16	35.4%	43.1%	21.5%	13	52.0%
N公共环保	17	214	13	38.3%	58.9%	2.8%	8	47.1%
L商务服务	14	146	10	19.2%	24.0%	56.8%	4	28.6%
P教育	1	22	22	27.3%	63.6%	9.1%	1	100.0%
H住宿餐饮	10	1	0.1	0.0%	0.0%	100.0%	1	10.0%
Q卫生和社会工作	1	1	1	0.0%	100.0%	0.0%	1	100.0%

图 8　沪深主板各行业上市公司专利申请情况

（六）沪深主板上市公司专利资产储备尚待提升

沪深主板上市公司专利申请量和有效发明专利拥有量分布不均衡，创新产出和专利实力差距较大。如图 9 所示，专利申请量在万量级、千量级、百量级、十量级的公司数量分别为 5 家、56 家、327 家、440 家，占公司总数的比重分别为 0.3%、3.7%、21.9%、29.4%。专利申请量小于 10 件的上市公司总数为 668 家，占公司总数的比重为 44.7%，其中有 392 家上市公司没有专利申请，占公司总数的比重为 26.2%。如图 10 所示，有效发明专利拥有量在万量级、千量级、百量级、十量级的公司数量分别为 1 家、4 家、69 家、316 家，占公司总数的比重分别为 0.1%、0.3%、4.6%、21.1%。有效发明专利拥有量小于十件的上市公司总数为 1 106 家，占公司总数的比重 73.9%，其中有 709 家上市公司没有一件有效发明专利，占公司总数的比重为 47.4%。绝大部分上市公司专利基础薄弱，专利实力难以支撑长远发展。

专利申请数量区间	主板公司数量	占公司总数的比重
10 000件以上	5	0.3%
1 000~9 999件	56	3.7%
100~999件	327	21.9%
10~99件	440	29.4%
1~9件	276	18.5%
0件	392	26.2%

图 9　沪深主板各专利申请数量区段的公司数量分布情况

有效发明专利拥有量区间	主板公司数量	占公司总数的比重
10 000件以上	1	0.1%
1 000~9 999件	4	0.3%
100~999件	69	4.6%
10~99件	316	21.1%
1~9件	397	26.5%
0件	709	47.4%

图 10　沪深主板上市公司各有效发明专利拥有量区段的公司数量分布情况

（七）沪深主板上市公司海外专利布局亟须加强

在美国、日本、欧洲等我国主要贸易对象国/地区，我国主板上市公司中的外向型企业的知识产权意识明显提升，涌现出中兴通讯、三一重工等一批娴熟使用知识产权规则的上市公司。但我国绝大部分主板上市公司的海外专利资产仍然非常薄弱，如图 11 所示，在美国、日本、欧洲等我国主要贸易对象国/地区，约九成上市公司（1 337 家）尚未在美日欧布局专利，甚至比创业板（81.7%）还高出 7.7 个百分点。制造业约八成上市公司尚未在美日欧进行专利布局，采矿业约九成上市公司尚未在美日欧布局专利，38 家建筑业上市公司中仅中国中铁拥有一项四方专利，显示出沪深主板上市公司对外专利布局意识不足，远远不能满足企业“走出去”的需求，海外发展的知识产权风险较大。

四方专利数量	涉及主板上市公司数量/家	占上市公司总量比重
1 000件以上	1	0.07%
100~999件	2	0.13%
10~99件	28	1.87%
1~9件	128	8.56%
0件	1337	89.37%

图 11　沪深主板上市公司四方专利数量分布情况

三、政策建议

作为中国优秀公司的代言人，沪深主板已经涌现出一批积极实施“数量布局、质量取胜”专利战略的优秀上市公司，专利资产规模雄厚、高价值专利数量多、专利布局结构合理、专利技术影响深远、专利运营能力高超，最终带来了优秀的经营绩效和财务表现。但必须清醒认识到，优秀只是少数，潜力不等于实力，沪深上市公司整体还存在创新动能不够、专利储备不足、质量有待提升、布局亟需完善、运营水平有限、专利不能贡献经营收益的问题。为了提高核心竞争力，沪深主板上市公司还需以提高自主创新能力、开发新产品、新技术，提升生产经营效能为目标，加大研发投入力度，积极实施开放式创新，加强专利资产储备和海外专利布局，充分利用国家和国际专利制度，使技术创新成果得到法律保护并财产化，使得自己具有的技术创新成果优势成为核心竞争力，同时加强专利运营，加快创新成果向现实生产力的转化。

1. 持续加大研发投入力度支撑创新活动

沪深主板上市公司应不断增加研发投入，培养创新人才队伍，促进创新链、产业链、市场需求有机衔接。研发投入未必是从基础研究做起，主板上市公司应充分挖掘利用我国高校科研院所科技成果、军民技术转化成果，可尝试在全球范围内开展知识产权许可、交易和并购，在境外开展并购和股权投资、创业投资，建立研发中心、实验基地和全球营销及服务体系，利用现有资源作为起点加快提升核心竞争力。

2. 整合全球创新资源建立开放式创新体系

为了弥补创新资源，提升创新效率，越来越多的企业不断增强创新体系的开放性，采用开放式创新模式，最大限度地利用外部资源，在全球范围内不断搜寻新技术、新服务，抓住互联网时代的机遇，将创新中心的边界不断扩大并融入全球创新网络，充分利用“众创、众包、众筹、众扶”的方式使创新资源配置更灵活精准。

3. 通过“数量布局”“质量取胜”加强专利资产储备

主板上市公司要抢占竞争制高点，必须积极贯彻“数量布局、质量取胜”的专利理念，加强专利资产储备。一要做到专利申请和有效发明专利资产“消零”，加强专利布局，围绕企业核心技术构建专利组合，使技术创新成果得到法律保护并财产化，形成支撑企业经营和持续竞争力的专利储备。二要提高专利质量，提高发明专利申请比重，加强关键核心技术知识产权储备，提高企业专利控制力与影响力。三要培养若干具有全球竞争力的跨国知识产权优势上市公司，充分发挥大型企业的集成创新和资源整合优势引领产业创新。

4. 加强海外专利布局提高海外纠纷应对能力

主板上市公司要想增强国际市场竞争力、化解竞争风险，必须进一步加强海外专利布局，提高应对海外专利纠纷的能力。一要充分认识理解和把握知识产权国际规则，有效利用专利制度来维护和争取企业自身权益。二要充分利用、扎实开展专利信息检索分析，在海外市场抓紧进行专利布局。三要及时掌握主要贸易目的地、对外投资目的地知识产权相关信息。可充分利用国家知识产权局专门针对企业国际化发展建立的知识产权信息平台，了解海外知识产权动态信息、环境信息、法律信息和实务信息等。四要有知识产权风险防控意识和措施。加强境外知识产权风险识别与预警，向国外市场销售商品或直接投资时应做好专利分析评议，制定稳健的风险管理策略。

2010～2014 年我国国民经济各行业发明专利授权状况报告*

龚亚麟　徐　健　李凤新　刘菊芳　杨国鑫
高　佳　冀小强　李隽春　李　蓉

根据专利技术所涉及的国民经济行业，本报告将从三次产业、7 个门类产业、52 个大类产业和 245 个中类产业，进行发明专利授权状况的统计和分析。

一、国民经济各行业发明专利授权态势

（一）发明专利授权分布

按三次产业来看，2010～2014 年我国发明专利授权量第一产业 1.42 万件，占 1.48%，第二产业 93.66 万件，占 94.54%，第三产业 3.79 万件，占 3.95%（见图 1）。可见我国发明专利授权主要分布在第二产业。

从门类产业看，2010～2014 年，各门类产业发明专利授权分布非常不均匀，主要集中在制造业（C 门类），近五年制造业（C 门类）的授权发明专利高达 92.43 万件，占授权发明专利总量的 96.26%，且五年来授权量的年均增长率超过 10%（见图 2）。

如图 3 所示，从大类产业看，制造业（C 门类）下属的计算机、通信和其他电子设备制造业（39）、化学原料和化学制品制造业（26）、专用设备制造业（35）、通用设备制造业（34）、电气机械和器材制造业（38）、仪器仪表制造业（40）等六个大类产业是发明专利授权量最高的六个大类产业，五年累计授权量均超过十万件，是我

* 本文获第九届全国知识产权（专利）优秀调查研究报告暨优秀软科学研究成果评选二等奖。

国专利技术创新能力最强的产业。

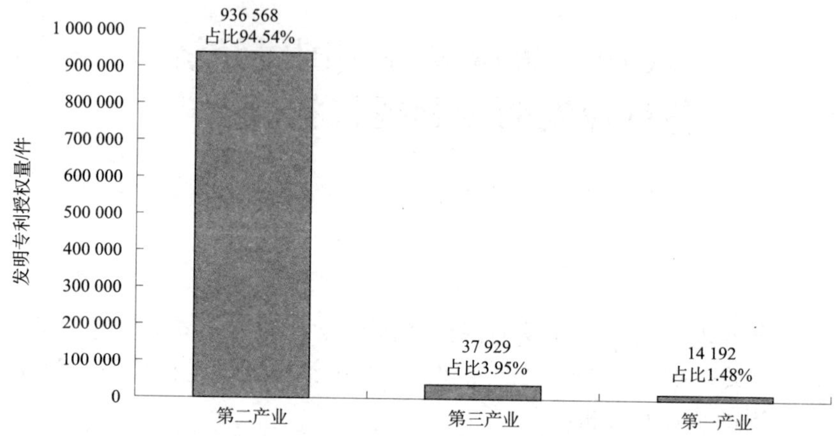

图 1　2010～2014 年三次产业发明专利授权分布*

*一件授权发明专利可能隶属于多个产业（专利技术对应于多个产业的经济活动），因此，各产业的发明专利授权量在授权发明专利总量中的占比之和大于 100%。下同。

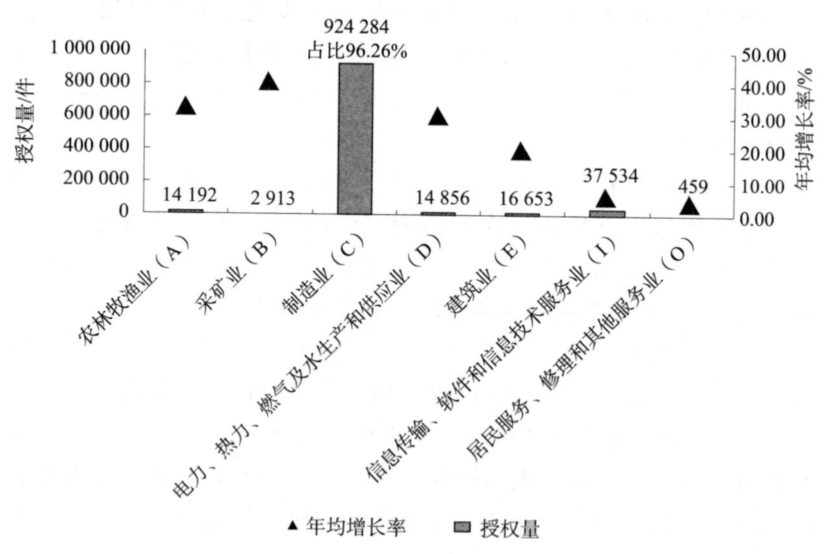

图 2　2010～2014 年门类产业发明专利授权分布

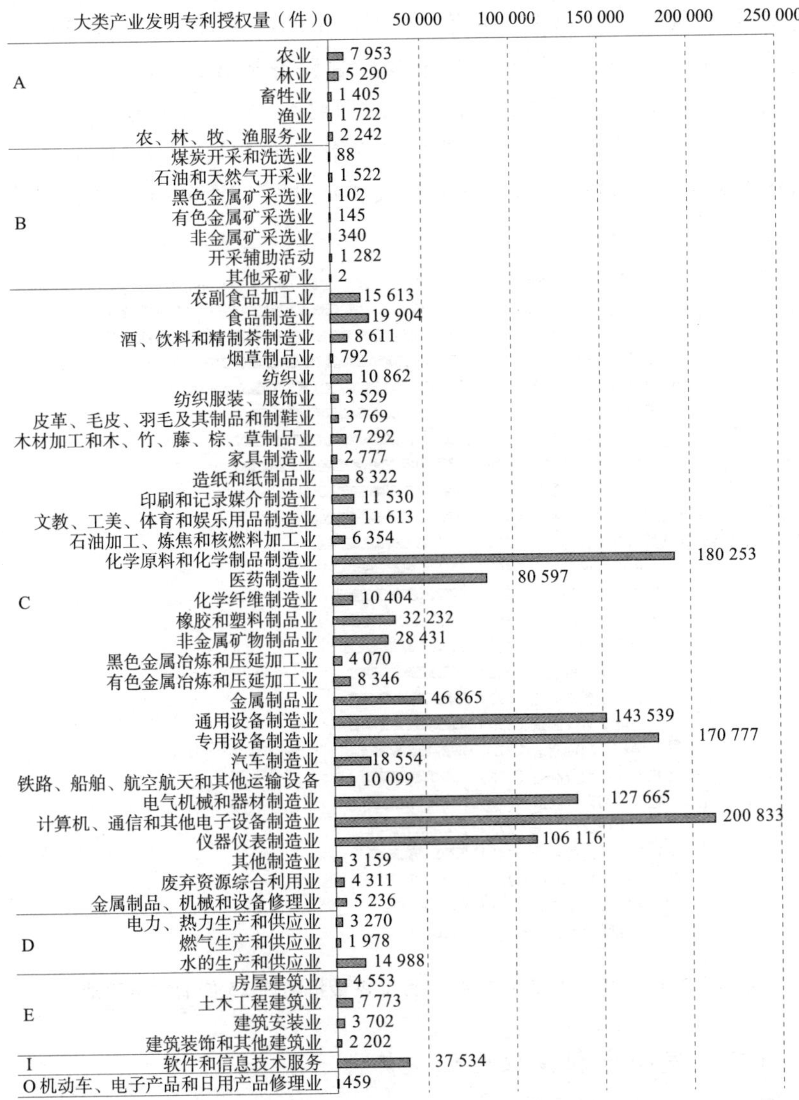

图3　2010～2014年大类产业发明专利授权分布

如图4所示，245个中类产业中，2010～2014年，专用化学产品制造（266）的授权量最大，为8.73万件，占五年授权总量的9.09%，其次为通信设备制造（392），为8.49万件，占五年授权总量的8.84%。授权量排在第三至第五位的产业为：基础化学原料制造（261）（6.82万件）、输配电及控制设备制造（382）（6.43万件）、通用仪器仪表制造（401）（6.23万件）。发明专利授权量排名前10%（前25位）的中类产业均属于制造业（C门类），除分布在前述的发明专利授权量最高的六个大类产业外，还分布在医药制造业（27）、橡胶和塑料制品业（29）。

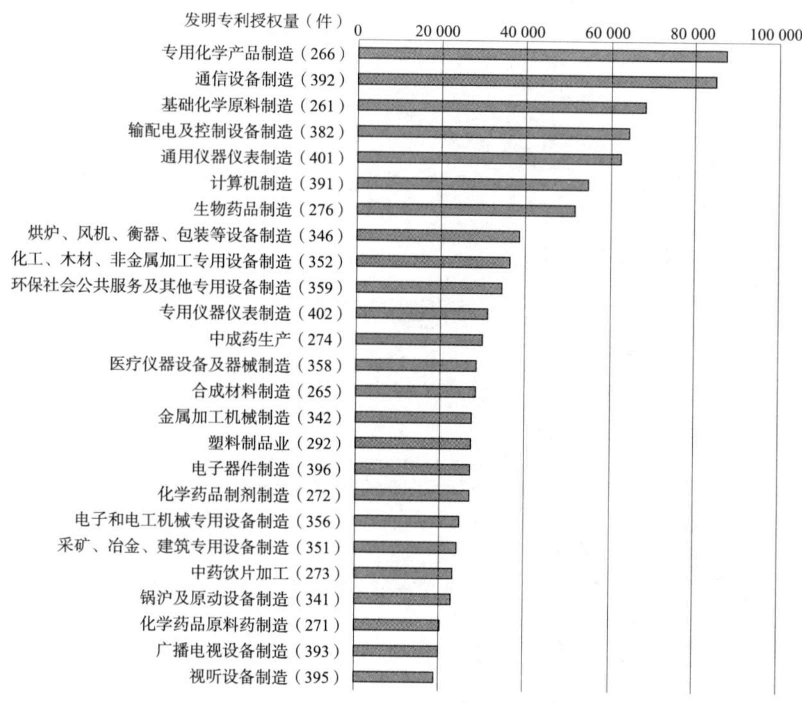

图4 2010～2014年累计发明专利授权量排名前25位的中类产业

（二）发明专利授权变化趋势

从2010～2014年门类产业五年的发明专利授权量变化情况来看，制造业（C门类）和电力、热力、燃气及水生产和供应业（D门类）在近五年授权量一直保持上升态势。其他门类产业的发明专利授权量均在2013年或者2014年出现了明显的负增长。尤其是信息传输、软件和信息技术服务业（I门类）和居民服务、修理和其他服务业（O 门类）两门类产业，2013 年、2014 年授权量大幅下降（见表 1）。

表 1　2010～2014 年门类产业历年发明专利授权态势

门类产业	发明专利授权量（件）				
	2010 年	2011 年	2012 年	2013 年	2014 年
农、林、牧、渔业（A）	1 270	2 232	3 013	3 929	3 748
采矿业（B）	113	309	673	913	805
制造业（C）	125 689	158 545	209 125	210 611	220 314
电力、热力、燃气及水生产和供应业（D）	1 403	2 378	3 259	3 810	4 006
建筑业（E）	2 159	3 028	3 798	3 310	4 358
信息传输、软件和信息技术服务业（I）	6 126	6 503	9 426	8 025	7 454
居民服务、修理和其他服务业（O）	81	100	105	83	90

如图 5 所示，第一产业即农、林、牧、渔业（A 门类）的五个大类产业的年均增长率均在 20%以上。第二产业的采矿业（B 门类）、制造业（C 门类）、电力、热力、燃气及水生产和供应业（D 门类）、建筑业（E 门类）中，年均增长率排在前三位的大类产业为：石油和天然气开采业（07）、石油加工、炼焦和核燃料加工业（25）、燃气生产和供应业（45）、土木工程建筑业（48）。第三产业中的软件和信息技术服务业（65）及机动车、电子产品和日用产品修理业（80）年均增长率分别为：5.03%、2.67%。

聚焦到发明专利授权量排名前 25 的中类产业，近五年，这 25 个中类产业发明专利授权量增长速度均有所放缓，部分产业在近两年出现负增长。其中，有六个种类产业的授权量年增长率呈逐年下降趋势，包括：计算机制造（391）、烘炉、风机、衡器、包装等设备制造（346）、中成药生产（274）、电子和电工机械专用设备制造（356）、化学药品原料药制造（271）（见表 2）。

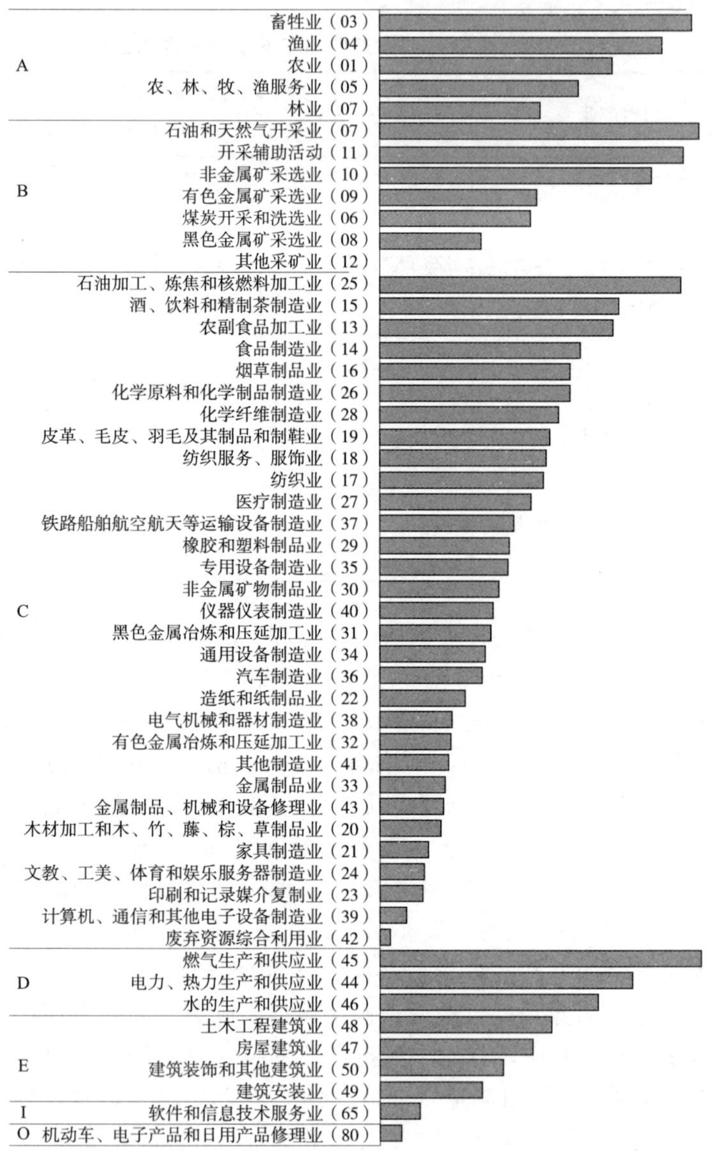

图 5　2010～2014 年大类产业* 发明专利授权量年均增长率

* 指涉及专利技术的大类产业。

表 2　2010～2014 年授权量前 25 位中类产业的发明专利授权量年增长率

授权量排名	中类产业	2010年占比（%）	2011年占比（%）	2012年占比（%）	2013年占比（%）	2014年占比（%）
1	专用化学产品制造(266)	7.7	8.67	9.3	9.76	9.35
2	通信设备制造(392)	10.08	9.25	8.83	8.47	8.19
3	基础化学原料制造(261)	5.83	6.52	6.83	7.58	8.05
4	输配电及控制设备制造(382)	7.9	6.95	6.95	6.21	6.06
5	通用仪器仪表制造(401)	6.59	6.92	6.26	6.21	6.62
6	计算机制造(391)	8.05	6.77	6.05	4.59	4.31
7	生物药品制造(276)	4.76	5.2	5.39	5.87	5.35
8	烘炉、风机、衡器、包装等设备制造(346)	4.12	4.22	4.04	3.85	3.95
9	化工木材非金属加工专用设备制造(352)	3.46	3.49	3.56	3.99	4.19
10	环保社会公共服务及等专用设备制造(359)	2.81	3.2	3.22	3.24	3.54
11	专用仪器仪表制造(402)	2.97	3.39	3.26	3.24	3.28
12	中成药生产(274)	3.17	3.92	2.86	2.88	3.01
13	医疗仪器设备及器械制造(358)	3.15	2.83	2.87	2.91	3.14
14	合成材料制造(265)	2.42	2.93	2.95	3.13	3.16
15	金属加工机械制造(342)	2.86	2.94	2.85	2.78	2.91
16	塑料制品业(292)	2.6	3.12	3.1	2.69	2.73
17	电子器件制造(396)	4.25	3.2	2.97	2.46	2
18	化学药品制剂制造(272)	2.95	3.2	2.78	2.75	2.6
19	电子和电工机械专用设备制造(356)	3.73	3.12	2.63	2.12	1.93
20	采矿、冶金、建筑专用设备制造(351)	2.22	2.5	2.44	2.65	2.64
21	中药饮片加工(273)	2.24	3.15	2.27	2.17	2.39
22	锅炉及原动设备制造(341)	2.32	2.39	2.45	2.46	2.28
23	化学药品原料药制造(271)	1.88	2.2	2.11	2.17	2.14
24	广播电视设备制造(393)	2.82	2.53	2.12	1.83	1.56
25	视听设备制造(395)	3.35	2.65	2.17	1.42	1.06

对比发现，发明专利授权量排名前 25 位的中类产业均与战略性新兴产业具有对应关系，具体来看，25 个中类产业下属的 116 个小类产业中有 81 个小类产业与战略性新兴产业对应，比例接近 70%。此外，高技术产业所涵盖的 62 个制造业下属的国民经济小类产业中有 41 个属于发明专利授权量前 25 位的国民经济中类产业，比例达到 2/3。可见，国家政策的导向为相关产业的技术创新提供了强有力的推动力，这些产业均显示出较强的技术创新活力和能力。

二、国民经济各行业按国别专利分布情况

（一）整体情况

从三次产业看，国内发明专利授权❶均高于国外在华发明专利

❶ 国内发明专利授权是指中国本国居民拥有的中国国家知识产权局授权的发明专利。

授权[1]（见图6）。

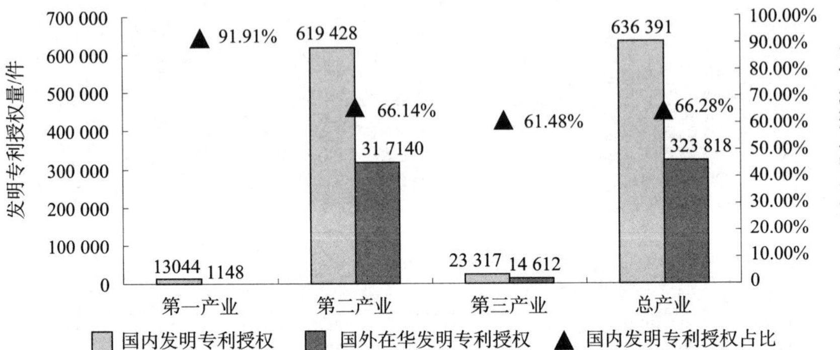

图6　2010～2014年三次产业国内发明专利授权、国外在华发明专利授权情况

如表3所示，2010～2014年，七大门类产业的国内发明专利授权量均高于国外在华发明专利授权量。除前述的第一产业即农、林、牧、渔业（A门类），在资源垄断程度较高的电力、热力、燃气及水生产和供应业（D门类）、建筑业（E门类）和采矿业（B门类），国内发明专利授权占比也明显高于同期国内发明专利授权总体水平的66.28%，分别达到89.34%、83.74%、79.44%。而在市场环境较为开放的制造业（C门类）、信息传输、软件和信息技术服务业（I门类）、居民服务、修理和其他服务业（O门类）中，国内发明专利授权占比分别为65.84%、61.46%、61%，国外在华发明专利授权在这三个门类产业所占比例相对较高。

从大类产业看，国内发明专利授权大都具有数量优势，但汽车制造业是唯一例外，在该产业，国外申请人在中国市场布局了大量专利（见图7）。

---

[1] 国外在华发明专利授权指非中国本国居民拥有的中国国家知识产权局授权的发明专利。

表 3　2010～2014 年门类产业国内发明专利授权、国外在华发明专利授权情况

门类产业	国内		国外在华	
	发明专利授权量（件）	发明专利授权量占比（%）	发明专利授权量（件）	发明专利授权量占比（%）
农、林、牧、渔业（A）	13 044	91.91	1148	8.09
采矿业（B）	2 314	79.44	599	20.56
制造业（C）	608 533	65.84	315 751	34.16
电力、热力、燃气及水生产和供应业（D）	13 272	89.34	1 584	10.66
建筑业（E）	13 946	83.74	2 707	16.26
信息传输、软件和信息技术服务业（I）	23 070	61.46	14 464	38.54
居民服务、修理和其他服务业（O）	280	61.00	179	39.00

门类代码	大类代码	大类产业类名	国内发明专利授权量/件	国外发明专利授权量/件	国内与国外发明专利授权量的比值
A	01	农业	7 193	760	
B	06	煤炭开采和洗选业	75	13	
C	13	农副食品加工业	14 172	1 441	
	36	汽车制造业	6 692	11 862	
D	44	电力、热力生产和供应业	6 692	11 862	
E	47	房屋建筑业	4 072	481	
I	65	软件和信息技术服务业	23 070	14 464	
O	80	机动车、电子产品和日用产品修理业	280	179	

图 7　2010～2014 年大类产业国内发明专利授权、国外在华发明专利授权情况*

▇表示该产业国内发明专利授权与国外在华发明专利授权的比值大于 1，▇柱越长比值越大，而 ▨ 则表示比值小于 1。

具体到国家来看，以美国、日本和德国为首的科技发达国家在中国市场的多个大类产业均进行了专利布局。尤其是在汽车制造业（36），日本和美国的发明专利授权份额分别达到31.76％和11.26％，而国外在华发明专利授权整体份额更是超过六成（见图8）。

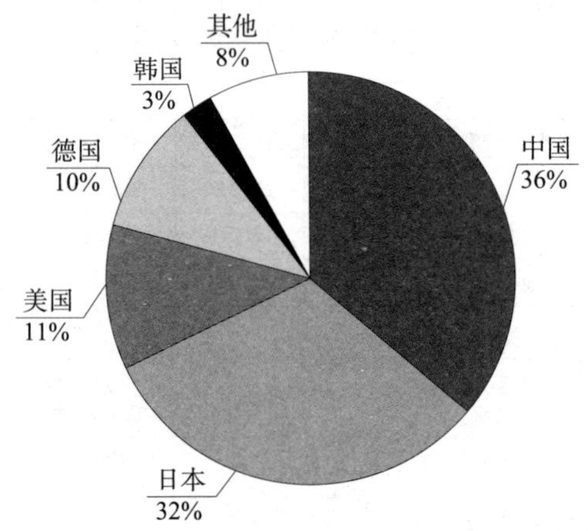

图8　2010～2014年汽车制造业各国发明专利授权分布

（二）主要国家*在华专利产业布局特点

如表4所示，中国市场的六个主要专利来源国（中国、美国、日本、德国、韩国、法国）在华专利布局的重点均为制造业（C门类），各国在制造业（C门类）的发明专利授权量均超过本国在华发明专利授权总量的95％。此外，信息传输、软件和信息技术服务业（I门类）的专利技术创新也日益受到各国的关注，六国在该产业中的发明专利授权量均位居本国第二位，美国尤为重视在该产业的专利布局，美国在该产业的发明专利授权量占其在华总量的7.87％。

* 指中国市场的六个主要专利来源国：中国、美国、日本、德国、韩国、法国，简称六国。

表4　2010～2014年六国授权发明专利在各门类产业中的分布

门类	中国	美国	日本	德国	韩国	法国
农、林、牧、渔业（A）	2.05%	0.49%	0.14%	0.59%	0.22%	0.21%
采矿业（B）	0.36%	0.29%	0.00%	0.06%	0.00%	0.14%
制造业（C）	95.62%	95.12%	98.56%	98.62%	98.16%	97.57%
电力、热力、燃气及水生产和供应业（D）	2.09%	0.50%	0.36%	0.50%	0.37%	0.58%
建筑业（E）	2.19%	0.69%	0.48%	1.27%	0.75%	1.63%
信息传输、软件和信息技术服务业（I）	3.63%	7.87%	3.70%	1.68%	3.18%	3.50%
居民服务、修理和其他服务业（O）	0.04%	0.07%	0.05%	0.05%	0.02%	0.05%

进一步分析制造业，中国在化学原料和化学制品制造业（26）的发明专利授权量最高，占国内发明专利授权总量的20.11%，其次是计算机、通信和其他电子设备制造业（39），占18.02%。美国、日本、法国和韩国均在计算机、通信和其他电子设备制造业（39）的专利布局较为集中，分别占各国在华发明专利授权的28.87%、29.32%、24.08%、37.16%。德国则在通用设备制造业（34）的专利布局较为集中，占其在华发明专利授权的29.21%（见图9）。

在大类产业层面研究各国在本国范围内具有相对专业化优势的产业，中国具有专业化优势的产业共计35个，多集中于第一产业的A门类、第二产业中的B门类、D门类、E门类和C门类中的食品加工相关产业、纺织业、化工业、医药产业及金属冶炼和压延加工业，虽然数量众多，但多属于劳动密集型产业、生产附加值较低或国有垄断的资源型产业。美国具有本国专业化优势的产业有16个，日本具有本国专业化优势的产业为12个，除部分产业略有重合，两国的优势产业差异较大。美国在软件和信息技术服务业（65）的专业化程度最高。日本的优势产业主要集中在制造业，且在汽车制造业（36）的专业化程度最高。

专利来源国	制造业中各国授权量前两位的大类产业	授权量本国占比
	化学原料和化学制品制造业（26）	20.11%
	计算机、通信和其他电子设备制造业（39）	18.02%
	计算机、通信和其他电子设备制造业（39）	28.87%
	化学原料和化学制品制造业（26）	16.37%
	计算机、通信和其他电子设备制造业（39）	29.32%
	电气机械和器材制造业（38）	22.62%
	计算机、通信和其他电子设备制造业（39）	24.08%
	通用设备制造业（34）	17.95%
	计算机、通信和其他电子设备制造业（39）	37.16%
	电气机械和器材制造业（38）	27.26%
	通用设备制造业（34）	29.21%
	专用设备制造业（35）	19.55%

图 9　2010～2014 年六国在制造业中发明专利授权量前两位的大类产业

三、国民经济各行业专利申请人情况统计

（一）整体情况

在第一产业及其下属门类和大类产业中，企业、大学和研究机构所拥有的授权发明专利数量和份额基本持平，三者在技术创新活动中具有同等重要的地位。在第二产业和第三产业及其下属门类和大类产业中，企业所拥有的专利技术大都占到一半以上，表明企业是专利技术创新主体，具有较强的技术创新能力。以门类产业为例，其授权发明专利的申请人类型分布情况见图 10。

在三次产业和各门类产业中企业、大学和研究机构均以独立申请为主，独立申请占比均在八成以上，部分产业的独立申请占比甚至超过九成，可见，企业、大学和研究机构在专利技术合作研发方面的意识均需提高。以门类产业为例，其授权发明专利的申请模式见图 11。

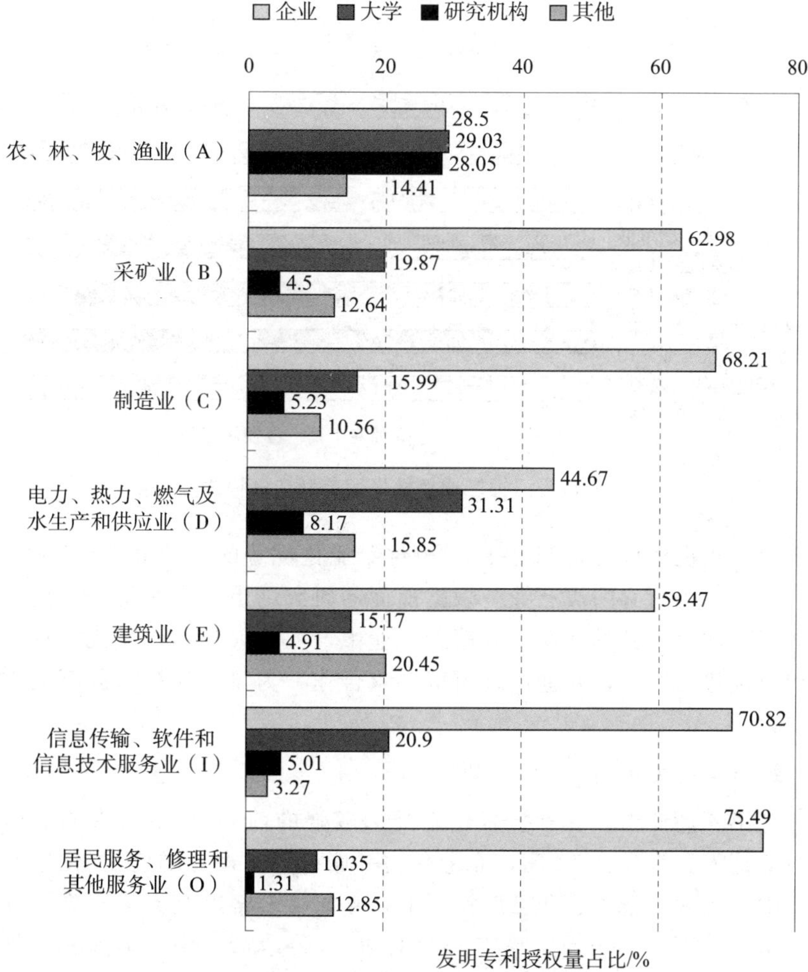

图10　门类产业授权发明专利申请人类型分布

在52个国民经济大类产业中，企业具有相对专业化优势的产业共计14个，其中11个大类产业隶属于制造业（C门类），可见，企业相对整体水平具有专业化优势的大类产业主要集中于制造业（C门类）。大学具有相对专业化优势的大类产业为29个，几乎涉及各个门类产业，行业范围分布广泛。同样，研究机构的相对优势

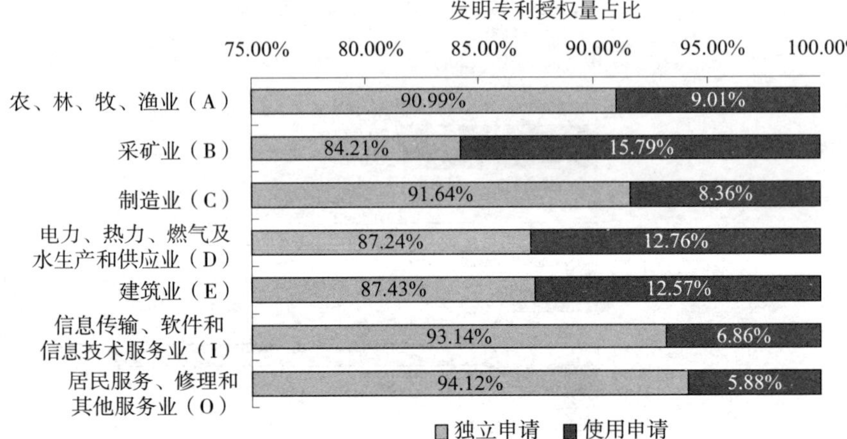

图 11　门类产业授权发明专利申请模式

产业分布也较广泛，23 个具有相对专业化优势的产业分布于第一、第二产业的所有门类产业。根据前面的研究结果，企业是专利技术创新主体，尤其是在第二和第三产业中，但在大学和研究机构具有相对优势的产业，企业同样可以寻求合作，为自身的技术创新提供助力。

（二）主要申请人情况

第一产业中，专利技术创新能力较强的前 20 位申请人均为国内申请人，大学占 11 席，企业仅占一席；第二产业的前 20 位申请人中，国内申请人占据 11 席，分别为企业 5 席以及大学六席，国外申请人则均为企业；第三产业的前 20 位申请人中，国内和国外申请人各占一半，国外申请人均为企业，而国内申请人中，企业占四席，大学占六席（见图 12）。门类产业的研究结果类似，各门类产业的前 20 位申请人中，国外申请人全部为企业，而国内申请人中大学比例较高，企业比例相对较少。可见，与国外企业的雄厚实力形成对比，国内在各产业还缺乏龙头企业，大学反而是专利技术创新的重要力量。

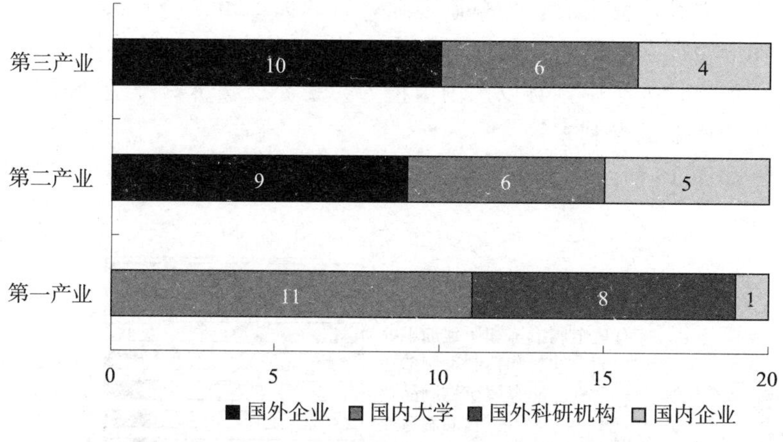

图 12　三次产业发明专利授权前 20 位申请人情况

大类产业的研究结果进一步反映出我国综合性大学较强的专利技术创新能力。中国的综合性大学在多个大类产业均有专利布局，且不乏在一些大类产业中专利授权数量位列三甲，表现出很强的专利技术创新能力。浙江大学在 26 个大类产业中的发明专利授权量排名进入前二十，清华大学则是 17 个大类产业，华南理工大学和上海交通大学均是 15 个大类产业排名进入前二十（见表 5）。

表 5　在多个大类产业具有优势的申请人

序号	申请人	入围前 20 的大类产业个数
1	浙江大学	26
2	清华大学	17
3	华南理工大学	15
3	上海交通大学	15
5	哈尔滨工业大学	14
6	鸿富锦精密工业（深圳）有限公司	10
6	中国石油化工股份有限公司	10
8	东南大学	9
8	四川大学	9
8	松下电器株式会社	9
8	天津大学	9

从大类产业来看，烟草制造业、石油加工相关产业及金属矿采选业等资源垄断性产业的专利集中度均超过50%，即多数专利集中在少数申请人手中，且以国内申请人为主。反映出资源垄断程度可能影响产业的专利布局。

如图13所示，聚焦到制造业门类下辖的31个大类产业，发明

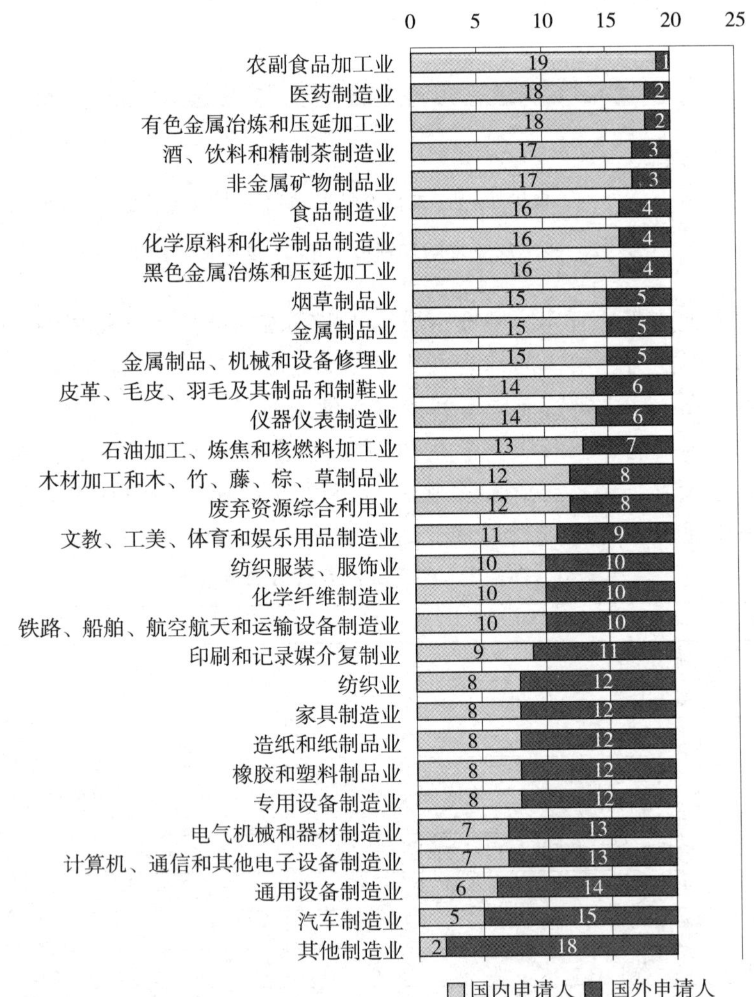

图13　制造业发明专利授权前二十位申请人情况

专利授权量排名前二十的申请人中国外申请人数量高于国内申请人数量的大类产业共计 11 个，对比这些产业，发现国外申请人占专利优势的产业往往是技术含量和市场开放程度相对较高的产业，尤其是汽车制造业（36），国外企业在华专利布局意图明显，掌握专利技术已成为其占取我国市场，获取高附加值的一种手段，同时映射出我国在部分制造业产业存在自主专利技术创新能力较弱，关键核心技术对外依存度高的问题。

四、主要结论

（1）我国授权发明专利主要分布在第二产业，制造业是我国技术创新的主战场。制造业下属的计算机、通信和其他电子设备制造业等六个大类产业是我国专利技术创新能力最强的产业。

（2）我国产业结构可能在根据对技术创新的依赖程度而不断调整。国家重点扶持的战略性新兴产业和高技术产业均显示出较强的专利技术创新能力。

（3）从三次产业、门类产业和大类产业看，国内发明专利授权大都具有明显数量优势，但汽车制造业是唯一例外，汽车制造业的国外在华发明专利授权整体份额超过六成。

（4）中国、美国、日本、德国、韩国、法国在华专利授权均集中在制造业（C），计算机、通信相关产业是各国申请人进行专利布局的热门产业。

（5）中国具有专业化优势的产业多属于劳动密集型产业或国有垄断的资源型产业，美国在软件和信息技术服务业（65）的专业化程度最高，日本的优势产业主要集中在以汽车制造业（36）为代表的制造业。

（6）企业是专利技术创新主体。企业的相对优势产业主要集中于制造业，大学和研究机构的相对优势产业分布范围广。

（7）国外企业专利技术创新实力雄厚，大学和科研机构是国内专利技术创新的重要力量。

（8）资源垄断程度和市场开放程度对产业专利布局具有重要影响。

（9）专利密集型产业与我国战略性新兴产业和高技术产业均具有较高的重合度，其具有研发资源投入强度大、创新效率高的特点。专利密集型产业从业人员的贡献普遍得到社会认可，但整个产业对国内经济的贡献还需在产业转型升级过程中进一步提升。

我国中小学知识产权教育现状调查及对策研究[*][**]

刘 华 周 莹 黄金池 张颖露 漆 苏
鲁 露 热依汗 杨 涛 张艺伟

我国中小学知识产权教育自世纪之交就在部分地区开启了研究与实践探索之路，经过十余年的教学实践及近年的政策推进，中小学知识产权教育实践及政策措施的现实效果亟待评价，进一步推进相关工作的政策需求亟待厘清。本报告反映的是2015年年初调查数据，围绕我国中小学知识产权教育政策的制定与运行情况、当前我国中小学知识产权教育现状与需求、国外相关实践的考察与借鉴，以国情追踪、经验借鉴和政策建议三个板块呈现课题的研究成果，并针对现实调研所发现的问题，提出推进及优化我国中小学知识产权教育的建议（版面所限，部分呈现）。

一、我国中小学知识产权教育政策及运行现状调查

（一）政策制定现状及评价

对全国15个省和22个市/地区的政策制定现状调查结果显示：

(1) 全国主要省市对中小学知识产权教育具有较高程度的重视和认同，地方知识产权行政管理部门是政策制定和工作推进的主导力量。在调研样本地区中，15个省均制定了中小学知识产权教育相关政策，并与地方发展战略、思想道德建设、素质教育与创新教育相结合，从指导实施、人员培训、资金投入等多方面对知识产权教育进行扶持。地方知识产权行政管理部门在政策制定和工作推进中发挥主导作用，不仅与地方教育行政管理部门联合制定政策，而

---

* 本文获第九届全国知识产权（专利）优秀调查研究报告暨优秀软科学研究成果评选二等奖。

** 本文为国家知识产权局资助项目“我国中小学知识产权教育现状调查及对策研究”最终成果。

且积极致力于通过政策协调、资源整合，联合其他政府部门协同推进中小学知识产权教育工作。

（2）中小学知识产权教育试点、示范工作采用分级管理、逐层推进、联合考评的组织管理模式。现行各省市试点期限一般为2～3年，采用分级制管理模式，一般分为试点、示范学校两个等级（广东汕头分为试点学校、示范培育学校、示范学校三个等级），申报条件逐级上升。示范学校不设期限，考核频率一般为1～3年一次。试点学校的筛选和示范学校的考核一般由地方知识产权局和教育管理部门以及其他政府部门组成联合“考评小组”进行。

（3）申报条件主要涉及组织管理、师资配备、教育措施、实践活动等四个方面，部分省市的示范学校申报条件设有量化指标。试点学校的申报条件一般设置“领导重视”“已开展或计划开展师资培训”“已开设或计划开设知识产权课程”“积极开展实践活动”等指标；示范学校一般在此条件基础上有所提高。部分省市的申报条件涉及“制度建设”指标，以及“知识产权教育课时数”“学生提交发明方案数”“师资配备数”等量化指标。

（4）扶持措施致力于充分调动区域内资源，形成政策合力，并依托平台活化知识产权教育推进工作。各省市对中小学知识产权教育的扶持措施一般包括经费扶持、教材提供、师资培训、活动组织、奖励资助等方面，扶持措施与各省市调动区域内资源的能力直接相关，例如，广东河源市联合包括教育局、工商局、科技局等在内的十个政府部门，其扶持措施多达17项。此外，各省市多依托青少年创新活动平台。

根据文献调研与访谈调研，我国当前中小学知识产权教育试点示范政策的制定与运行存在以下问题：

（1）政策制定与运行仍存在协调障碍。中小学知识产权教育是一个系统工程，涉及组织管理、师资素质、教材配备、实践平台、实施评价等多方面的相互协调与协同发展，尤其是与当前的应试教育体制相矛盾的情况下，其政策的制定与运行存在许多协调障碍。访谈调研显示，现行中小学知识产权教育存在师资短板、教材不足、管理缺位和评价矛盾等问题，使单一的知识产权教育政策无法发挥其应有的效果。部分地方知识产权管理部门也在访谈中表示，在政策的制定与实施中，由于存在部门利益、工作目标、评价标准矛盾，而知识产权管理部门缺少来自中央政府层面的政策文件依据，很难调动协同部门的积极性实现区域资源整合。

（2）申报条件标准模糊或僵化。现行省市中小学知识产权教育试点和示范工作方案中，在学校申报条件上存在两种情况：一种情况是试点学校申报标准模糊，使部分学校的工作停留在书面上，而没有深入实际工作。另一种情况是部分试点或示范学校的申报标准过于僵化而忽视和局限了教育形式的多样性，将知识产权教育的绩效局限于部分评价指标，使学校为达到标准而束缚了多样性的教育形式。这种徒具素质教育之表，而行应试教育之实的评价模式和申报条件与知识产权教育鼓励、培育创新型人才的理念相悖。

（3）考核标准缺少明确的系统化指标体系。调查显示，除上海等少数省市对试点示范学校规定了明确的考核标准外，绝大多数省市没有明确的考核标准，且组织管理、师资配备、教育措施、实践活动等考核指标没有系统化的权重比例分配，导致政策运行中，各学校对知识产权教育工作的价值取向和培养目标的理解产生偏差，极易导致现实中知识产权教育的畸形发展。

（4）部分考核指标和奖励措施导致教育功利化。调研显示，一些省市的量化申报条件或考核指标导致知识产权教育成为一种显示工作业绩、提高升学率的工具。如“专利申请数量指标”等考核指标和奖励措施促使学校追求短期化、功利化目标，使现行知识产权教育有被应试教育化趋势，不仅违背了“形成尊重知识、保护知识产权的意识，培养青少年的创新精神和实践能力”的知识产权教育目标，而且有可能逐渐演变成为另一种超出中小学生普遍智力和认知发展水平的“超前教育”。

（二）政策运行现状及评价

中小学知识产权教育政策运行现状调查是检视我国知识产权教育绩效的主要途径，亦是针对实际问题修正、补充和完善政策的重要依据。文献调研和访谈调研的结果显示：

（1）促进知识产权教育的具体措施。从各省市促进知识产权教育的具体措施来看，主要分为以下几种模式：平台促进模式、奖励促进模式和教学促进模式以及上述三种模式的结合。①平台促进模式以现有平台或组织试点示范学校创建新的平台为载体，以宣传、竞赛等活动形式促进地区知识产权教育发展。②奖励促进模式。各省市均实行了对知识产权教育试点示范学校的科技创新成果予以物质或精神奖励，促进知识产权教育的政策措施，包括专利申请、授权和审查费用资助、授予荣誉称号、一次性经费奖励等，部分省市还包括优先录取、升学加分等特别的促进形式。③教学促进模式。一些省市通过提高教师素质与教材质量，以教学促进本区域知识产权教育。

（2）学校知识产权教育方式的创新。各省市试点示范学校在知识产权教育方式上各有创新与不同，现有学校知识产权教育方式主要包括，融合式、分离式、宣传式、实践式，说明相关促进措施确实发挥了其政策导向功能和激励作用。

融合式：即将知识产权教育纳入现有课程体系。例如，广东省各试点学校将知识产权教育内容纳入德育课、政治课、社会人文课、研究性学习课教学；武汉市结合高中课程中的劳技课，将科技发明列入教学课程。

分离式：即单独设立知识产权课程。很多省市在试点和示范学校的申报条件中都要求开设知识产权教育课程，但也同时要求采用形式多样的教学模式。

宣传式：即以校内外活动为载体，采用宣传的形式进行知识产权教育。例如，结合班会、科技活动周、科技文化艺术节、世界知识产权日、青少年科技创新活动、科普讲座等开展知识产权宣传普及教育活动。

实践式：在创新实践中进行知识产权教育。例如，开展知识产权知识竞赛、辩论赛、小故事小论文比赛、班级黑板报比赛等多种形式的活动，让学生在实践中学习掌握和运用知识产权知识与理念。

（3）学生创新涌现具有带动效应。在政策支持、平台推动、奖励刺激等作用下各省市中小学涌现的学生发明创造热潮对提高中小学生创新积极性、扩大创新活动参与率等确实起到了一定的带动效应。

调研显示，现行政策取得多方面的良好效果，同时存在以下问题：

（1）教材编制缺乏规范性，将知识产权“纳入”课程体系还需要明确的具体措施和责任部门。教材是实现教学目标定位的重要载体，也是保证培养质量的基础。目前各省市中小学在教材、教辅材料的编制上虽然积极创新并各具特色，但理论内容、逻辑结构、语言表达都缺乏规范性，未能顾及教学循序渐进的要求，给学生提供明确的、条理清晰的知识框架。

（2）过于注重显示度和示范效应，缺少对知识产权教育环境的关注。试点示范机制的本意是以典型示范辐射周边，以局部推进带动整体，但在其具体实施中，有时过于注重显示度和示范效应使知识产权教育模具化、狭隘化。调研显示，绝大多数省市以中小学生发明创新典型事例以及学校专利申请数量的逐年攀升作为知识产权教育工作的绩效显示。由此可见，其运作方式仍未摆脱应试教育模式，即打造“小发明家”培养模具，制造专利拔尖生优等生，将知识产权教育狭隘地理解为就是多搞发明，多申请专利。

（3）部分激进创新措施不符合少年儿童认知发展规律，甚至成为应试教育的辅助工具。短期化、功利性的“催化”学生创新的措施并未起到引领素质教育的作用，反而有被应试教育同化的趋势。一些省市以中考、高考优录和加分政策催生学生申请专利的数量。有的学校还建立“科技发明班”，频频申报专利。这种激进创新的措施反映了当前迷恋超前教育、精英教育的教育风气，并不符合少年儿童认知发展规律。

二、我国中小学知识产权教育实践现状与需求调查

（一）现状概述

本次调研以中小学教师为主要对象，调研范围覆盖全国 22 个省（自治区、直辖市）的 82 个市（县、区）的 64 所小学和 154 所中学，回收有效问卷 856 份。

1. 知识产权教育实施情况

（1）我国中小学知识产权教育普及度偏低，师资力量薄弱，工作体系不完备。在知识产权教学活动方面，已开设或计划开设知识产权课程的学校和已开展知识产权教研工作的学校分别仅占6%和8%，而有34%的学校没有开展任何形式的知识产权教育工作，包括举办竞赛、实践活动、宣传普及等非正式或非常态化教学；在现有师资力量方面，有63%的学校尚未建立任何与知识产权教育相关的组织管理、制度建设、师资培养、教学研究等工作体系。

（2）中小学知识产权教育实施主要采用非正式或非常态化的教育形式，且实施率较低。例如，竞赛活动是中小学传统的课外教育形式，依托竞赛活动平台融入知识产权相关知识教育和意识培养是最为便捷的形式，但采用这种形式的学校仍只有三成左右。

（3）领导责任制是知识产权教育实施和相关工作体系建立的主导要素，具有不可替代的积极作用。已经建立了知识产权教育工作领导负责制的学校在教育实施状况和工作体系构建方面均好于未建立领导负责制的学校，在许多方面百分比均超过一倍，而未建立领导负责制的学校接近70%的没有进行任何知识产权教育工作体系方面的构建活动，二者构成鲜明对比。

2. 中小学教师的知识产权教育行为与认知

（1）教师对中小学开展知识产权教育具有较高程度的认同，但仍存有对增加教学压力和学生负担的顾虑。此外，52%的受访教师在日常教学中仍倾向于以完成教学内容为主，有受访教师建议，“学校可以在完成正常教育教学的情况下，普及知识产权知识”。

（2）中小学教师普遍缺乏知识产权相关知识，教学管理者的知识产权平均认知水平高于一般任课教师。在受访教师中，对知识产权完全不了解或只知道一点的高达51%，有一般性了解的占33%，非常了解和比较了解的分别占2%和14%。但数据也显示，受访教师在教学中曾做过培养问题意识（51.87%），培养动手能力（41.94%）的教学尝试，但传授过知识产权知识的教师只占26%。此外，调查发现，教学管理者中具有知识产权较高认知度（对知识产权非常了解和比较了解）的比例占23%，而在普通任课教师中仅有14%。此外，教学管理者在教学活动对知识产权的宣传教育也明显多于一般教师。上述数据说明，教学管理者对学校教育状况的宏观认知高于一般教师，而一线任课教师对知识产权教育的意义与目的认识不足。

3. 中小学教师对知识产权教育认识与评价

本部分调查旨在了解中小学教师对知识产权教育目标、教育形式、工作机制、教育成效等问题的建议及需求，为主管部门制定政策和工作方案提供参考。

（1）中小学教师认同知识产权教育以“能力和意识培养”和“价值观树立”为目标，倾向于融合式教育模式。此外，在受访教师中认为应专门开设知识产权课程的只有12%，而更倾向于将知识产权教育融入传统教学或课外实践活动当中，并同时具备趣味性、实用性。

（2）知识产权教育工作体系应主要包含：活动组织、经费投入、教师培训、领导责任制和知识产权管理制度。调查根据当前各省、市现行《中小学知识产权教育试点示范工作方案》中制定的试点、示范学校准入或评价标准，设置了八项学校知识产权教育工作体系的主要内容，以测评现行政策的合理性以及中小学教师对知识产权教育的认识和倾向。受访教师对学校知识产权教育工作体系应当包括内容的重要性顺序选择为，非常态组织讲座、竞赛等丰富多样的活动（51.75%），一定的知识产权教研经费投入（51.17%），配备接受过知识产权培训的教师（47.43%），确立学校知识产权教育和管理领导责任制（45.44%），制定学校教学、实践及科技、创作类竞赛中的知识产权管理工作制度（41.59%），知识产权教育纳入教学计划，规定课时数量（31.07%），常态性研究、检查、评价知识产权教学和管理工作（21.14%），学校知识产权档案材料齐全（17.41%）。可见，受访者认为，活动组织、经费投入、教师培训、领导责任制和知识产权管理制度是教育工作体系建设的主要内容，而纳入教学计划、知识产权教学管理及建档管理则属于次要内容。

（3）中小学教师倾向于以学生“素质提升”“活动参与”“行为规范”和“知识掌握”作为教育成效衡量的标准。调查显示，“学生创新成果数量产出”，即提交发明方案、完成作品、专利申请等数量”，以及“示范、显示度”，即创造、运用、保护知识产权的典型事迹，这两个衡量指标的认可率只有29.79%和19.39%。

4. 知识产权教育的工作障碍与保障需求

（1）中小学知识产权教育的实施障碍主要来自“教材质量”“评价机制”“学生兴趣”和“教师素质”。中小学教师对实施知识产权教育的困难和障碍的顺序选择为：缺少高质量教学参考资料，教师难以开展相关教学（62.62%），未纳入现行教育质量评价标准，难以调动学校积极性（60.05%），缺少适合学生兴趣的读物或其他传达载体，学生难以产生兴趣（52.92%），学校领导和教师本身缺少知识产权知识，较难认同知识产权教育意义（51.99%），没有专门立项投入，知识产权教育工作启动很难（39.84%）。该问题中的五个选项的选择率都比较高，表明知识产权教育在中小学教育实践中面临很大的实施困难。

（2）教材教辅资源支持、专项经费支持、师资培训支持是当前中小学知识产权教育实施的主要保障需求。受访教师对希望上级管理部门为学校的知识产权教育提供怎样的支持的顺序选择为，提供教材、宣传材料、知识读本等（69.28%），提供专项经费（51.52%），组织定期培训、扶植学校自培工作（44.86%），将知识产权教育绩效纳入教育部教育质量评价指标（29.21%）。此外，还有受访教师提出“知识产权教育工作在现实中很难真正落实，希望上级管理部门将知识产权纳入教师考核机制，确立责任目标”；也有部分受访教师建议上级管理部门“提供免费发放宣传册”，“提供资金资助专门用于聘任师资”，“建立实验室供学生知识产权实践”等保障支持。

（二）结论分析

通过对本次调查数据的分析并结合前述知识产权教育政策及运行现状调查的相关结论，大致可以反映出当前我国中小学知识产权教育存在以下问题：

1. 师资和教材匮乏是当前我国中小学知识产权教育中最为突出的问题

文献调研、访谈调研、问卷调研均显示，中小学知识产权师资力量严重不足，教师队伍的知识产权基础知识整体薄弱。绝大部分中小学校没有专门的知识产权专业教师，一些承担该项任务的科技教师也比较缺少知识产权方面知识。此外，从中小学教师队伍整体来看，知识产权认知度较高的教师只约占15％，很多教师不了解知识产权相关基础知识，甚至存在错误的认知。

缺乏高质量教材是另一块“短板”。访谈调查亦反映了当前各学校使用的教材缺乏规范性，知识体系混乱框架不完整；缺乏趣味性，“学生对知识产权没兴趣”；缺乏适用性，未能顾及教学循序渐进的要求。

师资和教材是知识产权教育最为核心的要素，也是教育质量与成效的基础和保证。调查结果表明，经过十余年的发展，师资队伍和教材体系建设仍是中小学知识产权教育中最为薄弱的环节，这说明，我国相关政策措施在促进知识产权教育发展的着力点和支持力度上存在偏差与不足。

2. 融入式教学缺少实行的现实基础，教师整体知识产权素质亟待提高

我们注意到，调查中存在两组相互矛盾的数据。其一，应然与实然的矛盾。一方面，53％的教师提倡知识产权教育应采取“融入式教学”，即融合在其他课程中介绍知识产权知识，只有12％的教师同意专门开设知识产权课程；另一方面，85％的教师对知识产权相关知识不了解、知道一点或只有一般性了解。其二，认同与行为的矛盾。一方面，受访教师对知识产权教育之于建设创新型国家的意义具有较高的认同度（78.62％）；另一方面，却有52％的受访教师在日常教学中仍倾向于以完成教学内容为主，传授过知识产权知识的教师只占26％。

这两组矛盾数据反映了当前我国中小学知识产权教育中存在两个主要问题：第一，知识产权教育确实应当将知识产权知识融入相关课程教学中，使之成为学生知识、能力、素质培养的有机整体，但在当前教师队伍知识产权基础知识整体薄弱的情况下，融入式教学缺少其实行的现实基础。第二，中小学教师普遍尚未形成对知识产权教育的深层次认知，仍将知识产权教育与学生知识、能力、素质的培养截然分开，认为知识产权教育是一种脱离“正常教学”的额外工作或学生的学习负担。

3. 知识产权教育相关政策着力点的作用方向与体现教育目的成效指标相反

调研显示：很多省市以“中小学生发明创新典型事例”或“学校专利申请数量的逐年攀升”作为知识产权教育工作的绩效显示，以“中考、高考加分”作为学校和学生奖励措施，即政策的着力点作用于教育成效的浅层指标；而对体现教育目标的深层指标，如“素质提升”“活动参与”“行为规范”等，相关政策的作用力度却较小，缺少相应的促进措施和衡量成效的具体标准，只将其作为教育成效衡量的次要指标。

教育政策的“应试教育”政策思维促成了政策着力点的偏差。使得学校和学生追逐功利性的结果，而不是能力、意识的培养和价值观的塑造。

4. 评价机制缺位使相关政策难以发挥激励、引导和约束作用，影响教育实施效果

我国各省市政策中，缺少明确、系统的教育实施评价体系，学校、教师以及家长、学生在相关政策的“激励”下，片面和功利地追求“专利数量”或“升学机会”。此外，问卷调查也显示，有60%的受访教师认为，知识产权教育未纳入现行教育质量评价标准，难以调动学校积极性。另有受访教师指出，“学校、教师、家长更加注重学生的课程学习，学生自身也缺乏知识产权学习的热情”。

上述调查结果表明，缺少相应的评价机制不仅使学校和教师对知识产权教育工作的价值取向和培养目标的理解产生偏差，而且评价机制缺位也导致相关政策无法发挥应有的激励、引导和约束作用，致使教育实施的外在支持力不足，难以引导和激发教师教学和学生学习的内在动力。

5. 教育实施地区差异大，教师素质和工作体系建设是经济欠发达地区的主要短板

数据显示，知识产权教育区域发展不平衡，经济欠发达地区教育滞后，实施度较低，在知识产权课程教学、竞赛活动组织、课外实践活动和知识产权的宣传普及等方面均明显低于经济发达地区，更是有43%的学校从未开展过任何与知识产权教育相关的工作（见图1）。知识产权教育被称为欠发达地区教育中的“奢侈消费品”，即使有相关政策的推动，也“很难真正落实”。

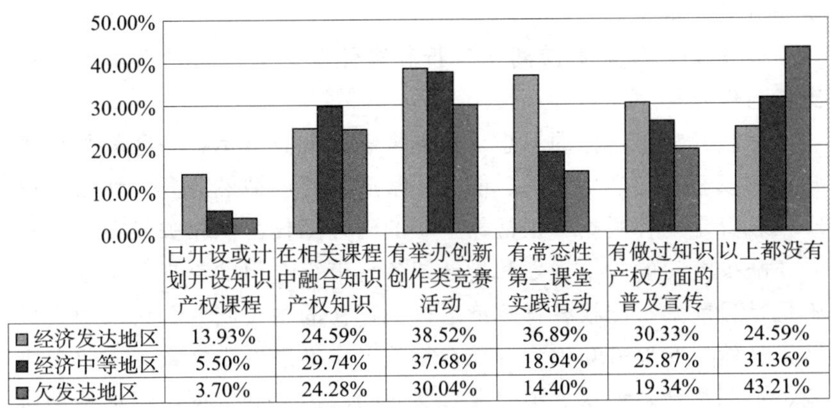

	已开设或计划开设知识产权课程	在相关课程中融合知识产权知识	有举办创新创作类竞赛活动	有常态性第二课堂实践活动	有做过知识产权方面的普及宣传	以上都没有
经济发达地区	13.93%	24.59%	38.52%	36.89%	30.33%	24.59%
经济中等地区	5.50%	29.74%	37.68%	18.94%	25.87%	31.36%
欠发达地区	3.70%	24.28%	30.04%	14.40%	19.34%	43.21%

图1　知识产权教育实施情况的地区差异比较

此外数据显示，教师的知识产权认知度、学校知识产权工作体系健全度与知识产权教育的实施度呈正相关，教师素质和工作体系建设是经济欠发达地区的主要短板（见图2）。可见，经济发达地区的人才优势、财政优势和政策优势所构成的“精英配置”与欠发达地区的人才和经费不足→制度体系不完善→教育实施困难→知识产权和教育发展更加落后的恶性循环，形成鲜明对比，在知识产权教

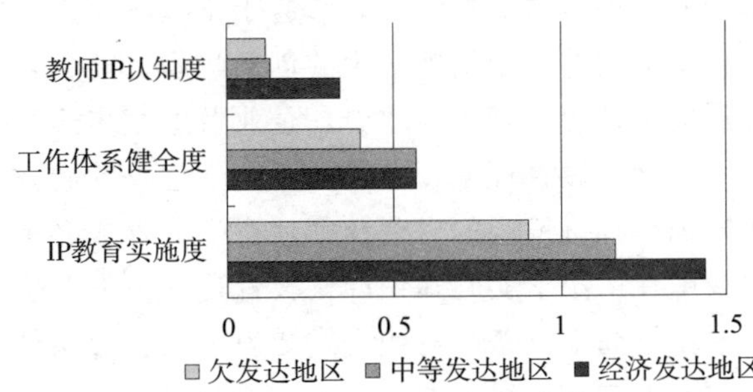

图2　知识产权教育实施的影响因素及地区差异比较

育中形成了强者愈强、弱者愈弱的“马太效应”。

当前中小学知识产权教育的非均衡发展警示我们：现行政策需要从根本上转变这种“精英配置”模式，优化资源配置，缓解区域教育发展不平衡现象，使经济欠发达地区的教育资源供给不足得到实质性的改进。

6. 知识产权教育游离于现行教育体制之外，仍需政策合力的支持与保障

从教育实施主体的思想认识上来看，调查显示，一些教师仍将知识产权教育与学生知识、能力、素质的培养截然分开，认为知识产权教育是一种脱离“正常教学”的额外工作。从相关政策运行来看，缺少统一的政策规划和指导，各省市级部门的重视及配合程度不足是目前知识产权教育政策运行中存在的主要问题。访谈调查显示，虽然一些地方知识产权局在相关工作推进中积极致力于政策协调、资源整合，但缺少中央政府层面的政策文件依据，很难调动协同部门的积极性实现区域资源整合，知识产权教育仍游离于现行教育体制之外。

三、政策建议：促进我国中小学知识产权教育实施的具体措施

（一）基本思路

国外鲜少有中小学将知识产权以专门课程的方式实施分离式教育，而是多采用与创新体验相结合，渗透于学校教育过程的融入式做法，注重在生动的体验中培养学生的创新兴趣、能力及知识产权价值观，并形成了社会、学校、政府、企业及家庭多途径养成学生知识产权素质的社会教育环境。在我国，由于这种社会教育环境尚未形成，而知识产权价值观的启蒙及创新意识的养成必须在少儿时期完成，故我国在中小学实施知识产权教育是具备正当性的。

在我国中小学尚不具备推行融入式知识产权教育条件的现实背景下，宜以“点上突破、线上加强、面上展开”的思路，分阶段逐步拓展知识产权教育覆盖面。即，首先通过试点示范学校的实践来

探索并验证适合我国国情特点的知识产权教育模式；逐步通过师资培育、条件建设、资源拓展等环节的协同，打造知识产权教育链；进一步通过制度创新、机制完善、顶层政策设计与推进，促进知识产权教育更广泛实施，实现中小学对建设知识产权强国在人力资源上的基础性贡献。

（二）政策措施

1. 打基础：首先要提高教师的知识产权素质

推行中小学知识产权教育需首先提升教师的知识产权素质。建议通过以下两个途径，形成高效的教师知识产权素质提升机制：一是实施“知识产权基础教育基地建设工程”，在教育部直属6所师范大学建立面向中小学教师的知识产权培训基地，利用这些师范大学现有的、覆盖全国的基础教育教师培训网络，对在岗师资和在校师范生进行知识产权教育。二是依托已有“知识产权远程教育工程”，利用现有教学资源并补充、完善课程内容，建立适用于中小学教师的知识产权远程教育体系，拓展中小学知识产权教育师资培训渠道及数字教学资源供给。

2. 重体验：推行体验及融入式教育模式、全面拓展教育资源

遵循中小学生心智发展规律，推行体验式、融入式知识产权教育模式。其一，中小学知识产权教育政策设计，应秉持“有益、有趣、有效”的体验式、融入式教育政策思路，让知识产权通过生动的第二课堂体验活动及不同学科领域进入学生的视野，使之真正成为启蒙知识产权意识、养成创新能力的素质教育过程。其二，为进一步丰富上述思路下的知识产权教育资源、建立更有效的教育机制，应协同相关政府部门在政策导向及资源配置上的一致性，整合社会科技、文化公共基础设施资源，调动社团、企业在活动组织及资金投入上的积极性，形成学校、政府、社会、社团、企业间协同性更强的知识产权教育机制。

3. 不功利：科学设计知识产权教育效果评价指标体系

教育效果评价指标体系的设计应正确导向知识产权教育实践的发展。中小学知识产权教育应以创新素质培育与知识产权意识启蒙作为教育目标的价值取向，不宜将学生专利申请量、发明创造获奖数等作为评价指标，甚至以升学加分措施提升增量。建议建立由组织管理、师资素质、教育措施和实践平台四个部分构成的评估指标体系，使我国基础教育阶段的知识产权教育以普惠制、成长性的实践特色，实现教育过程的有益、有趣、有效和教育发展的可持续性。

4. 高志向：协同管理、着眼未来，做好教育政策顶层设计

基础教育投入在当下，影响在未来。我国基础教育阶段的知识产权教育探索应体现高远志向，以长远观、大局观、未来观作好教育政策的顶层设计。国家知识产权局、教育部等相关部门应在中小学知识产权教育政策上形成共识，共同做好政策的顶层设计并协同推进其实施。使基础教育阶段的知识产权素质养成能为青少年未来的个人发展储备能力，为知识产权强国和创新型国家建设输送源源不断的创新人力资源。

基于专利信息的全球（主要国家）技术创新活动研究*

曾志华　彭茂祥　田春虎　冀小强
李隽春　王亚玲　李　蓉　杨景蓝

本报告以全球主要科技发达国家公开的专利文献为基础，通过大数据的信息化手段进行研究分析，形成了一系列翔实的统计图表数据，全面展现了重要经济体的技术创新活动。从一般的宏观数据分析扩展到每篇专利文献的申请人、发明人等微观角度，从全面的世界知识产权组织（WIPO）35个技术领域到我国近年重点发展的战略性新兴产业领域，从全球主要科技发达国家到我国各省市、再到创新主体等多个维度对专利信息进行计量分析，通过相对专业化指数等十多项指标，系统地展示了全球主要发达国家及中国的专利创新活动状态，揭示了全球主要国家和我国的技术创新方向、专利权布局、专利创新与竞争能力等方面的现状及发展趋势。为了进一步反映微观领域的创新活动，课题组在全球层面，揭示了WIPO 35个技术领域的全球主要竞争者以及这些竞争主体的技术创新战略、专利技术态势及技术创新布局等特点。在中国层面，进一步揭示了七大战略性新兴产业的产业专利技术现状、在华主要国家专利布局、主要竞争者以及这些竞争主体的技术创新态势及技术创新布局等特点。

（1）2006～2013年全球发明专利申请量及授权量均呈现持续增长态势，全球技术创新活力和创新能力不断加强，见图1。

（2）中国发明专利授权量仅次于美国、日本，位列世界第三，且在九个WIPO公布的技术领域（生物技术、高分子化学/聚合物、

---

* 本文获第九届全国知识产权（专利）优秀调查研究报告暨优秀软科学研究成果评选二等奖。

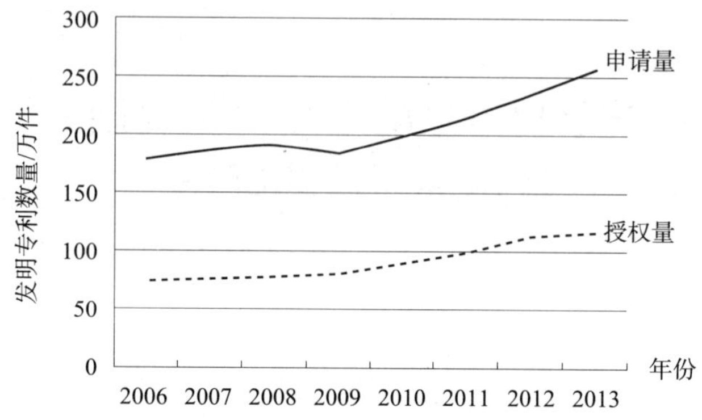

图1　2006～2013年全球发明专利申请及授权态势

食品化学、基础材料化学、材料/冶金、微观结构和纳米技术、化学工程、环境技术、机床）中，授权发明专利数量居九国之首，见图2。

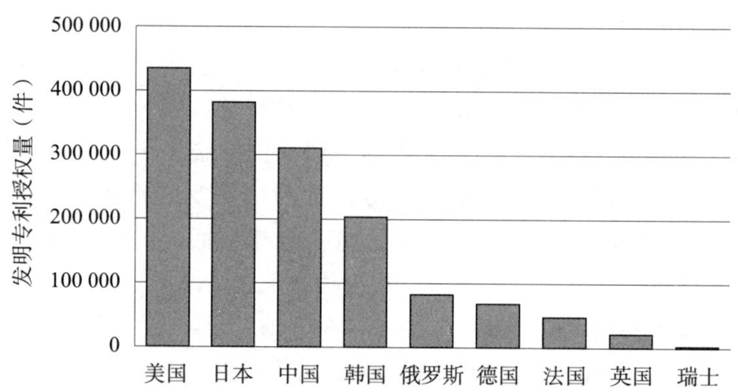

图2　2010～2013年九个主要专利来源国授权发明专利总数

（3）中国域外专利布局指数仅为4.8%，中国申请人主要在国内进行专利布局，无法有效为我国企业进军海外市场提供保障。相比而言，德国、英国、法国、瑞士等欧洲国家的域外专利布局指数均达到50%以上，日本和美国的域外专利布局指数则分别达到了38.1%和21.8%。这在一定程度上反映出中国专利创新质量和海外布局意识还有待进一步提高，见图3。

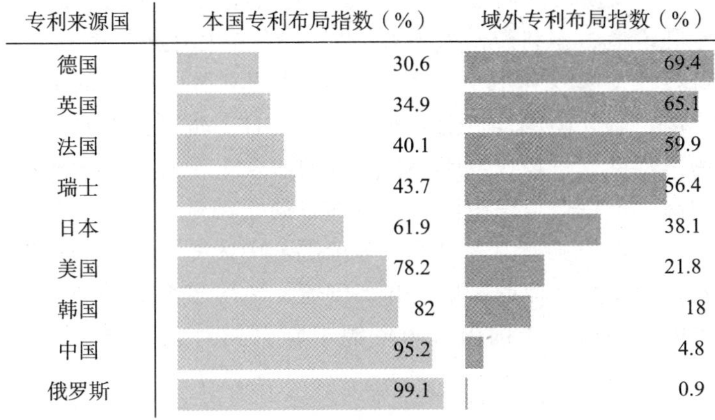

图 3　各主要国家专利布局指数

（4）中国专利权人的平均专利集中度较低，每申请人平均拥有的授权发明专利仅为 3.48 件，在世界主要九国中位列倒数第三。而日本、美国、法国每申请人平均拥有的授权发明专利分别达到 15.53 件、5.28 件、5.05 件。这表明中国申请人在参与市场竞争时，很大程度上还需依赖于其他（国家）申请人的专利技术，中国申请人整体创新实力有待加强，对专利技术的自由运用程度尚处于较低水平，见图 4。

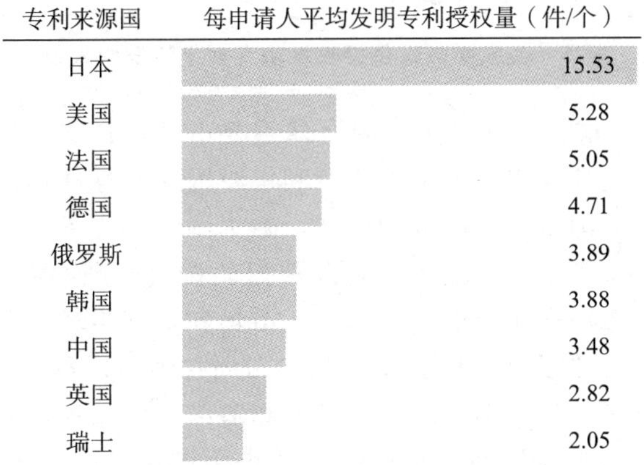

专利来源国	每申请人平均发明专利授权量（件/个）
日本	15.53
美国	5.28
法国	5.05
德国	4.71
俄罗斯	3.89
韩国	3.88
中国	3.48
英国	2.82
瑞士	2.05

图 4　各主要国家每申请人平均拥有的授权发明专利量

（5）中国授权发明专利的平均研究密集程度最高，但专利质量、专利价值、专利产出效率和效益均较与达国家存在一定差距。中国每授权发明专利平均投入达3.66人次，具有较高的平均研究密集程度，居九国之首。俄罗斯、美国、日本也都拥有较高的平均研究密集程度。每授权发明专利投入的研发人员越多通常表明专利价值越高，但综合考虑中国专利域外布局比例低、市场参与者在全球和中国市场的竞争中表现平平等情况，中国专利并未表现出与高研究密集程度相对应的高质量和高价值。中国较高的平均研究密集程度可能更多得益于国内人力资源丰富且相对人力成本较低的优势，见图5。

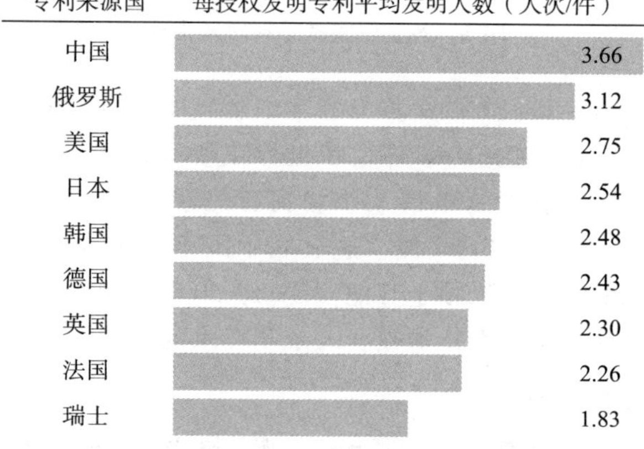

图5 各主要国家每授权发明专利平均发明人数

（6）中国成为仅次于美国的全球主要市场，日本、美国均重视中国市场。统计期内，九个主要专利来源国在全球获得的授权发明专利布局在中国市场的比例均较高，除本国市场之外，仅次于美国市场。例如，日本籍申请人在全球获得的授权专利中有11.12%布局在中国，布局占比仅次于日本本土市场和美国市场；美国籍申请人在全球获得的授权专利中有7.24%布局在中国，布局占比仅次于美国本土市场。从中国市场看，日本和美国在中国均占有较高的授权专利份额，两国份额之和占到了整个中国市场授权专利的1/3，其中，日本约占22%、美国约占12%，表明了日本、美国对中国市场较高的关注程度，见图 6。

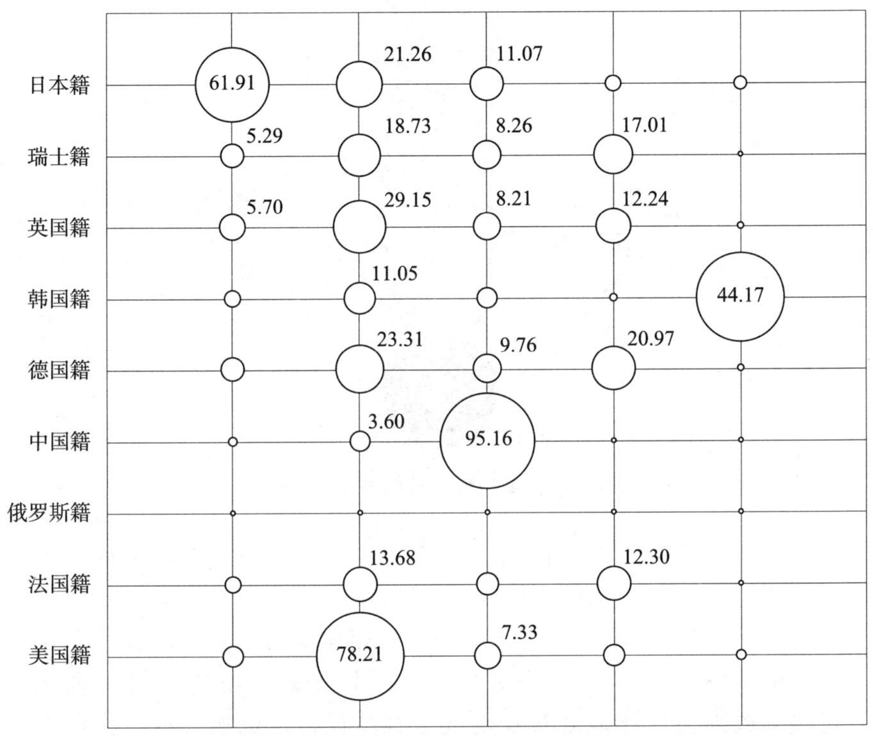

图 6　各主要国家、地区专利布局

(7) 在中、美、日、韩四国的专利技术流动中，日本处于高位势，是最大的技术输出国，中国则处于低位势，是最大的技术输入国。统计期内，中国籍申请人分别在日本市场、美国市场、韩国市场获得的发明授权专利均远低于日本籍申请人、美国籍申请人、韩国籍申请人分别在中国国内获得的发明授权专利，与美、日、韩三国相比，中国处于低位势，是最大的专利技术输入国。与之相反，日本则在专利技术流动方面处于高位势，是最大的专利技术输出国，见图 7。

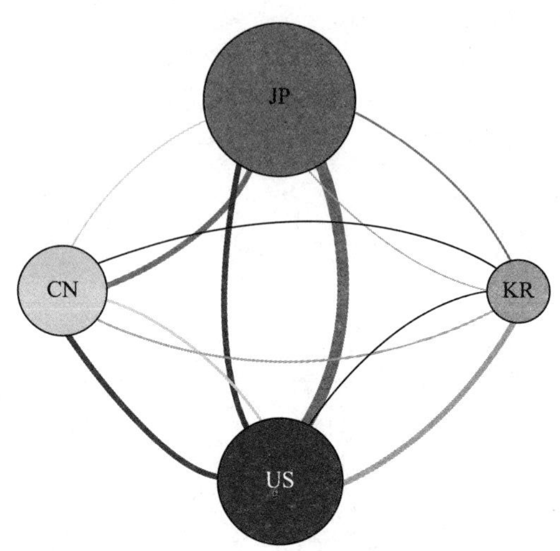

图7 中、美、日、韩间专利技术流动

（8）中国的技术专业化优势主要集中在化学领域，领域间优势不平衡。WIPO公布的35个技术领域中，中国相对专业化指数较高的10个技术领域均属于化学领域。相比而言，美国的技术专业化优势领域分布在电气工程、仪器、化学领域。日本的技术专业化优势领域则更广泛地分布在电气工程、仪器、机械工程、化学领域，表现出很强的综合创新实力，见图8。

（9）在中国市场中，日本在七大战略性新兴产业的新能源汽车产业进行了密集的专利布局。七大战略性新兴产业中，我国在国内的授权发明专利份额均较高，大部分占据绝对优势。但在新能源汽车产业中，日本在中国国内进行了较密集的专利布局，日本获得授权的发明专利所占份额几乎与我国持平，我国并未在国内体现出明显优势，这对我国该产业的发展构成一定威胁，见图9。

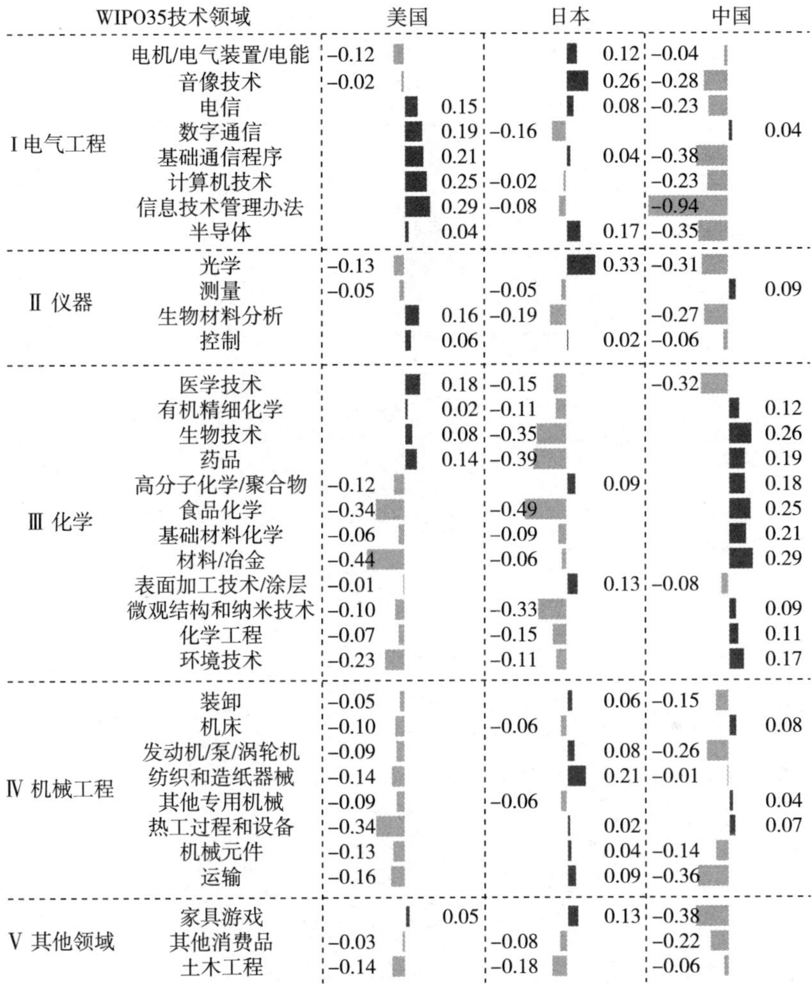

图8 中、美、日三国具备技术专业优势的领域

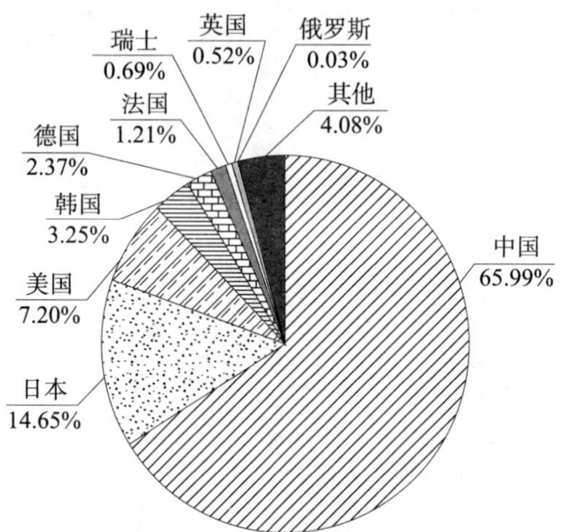
2006~2013年，七大战略性新兴产业中，
我国在国内的授权发明专利份额均较高
英国
0.52%
俄罗斯
0.03%
瑞士
0.69%
其他
4.08%
法国
1.21%
德国
2.37%
韩国
3.25%
中国
65.99%
美国
7.20%
日本
14.65%

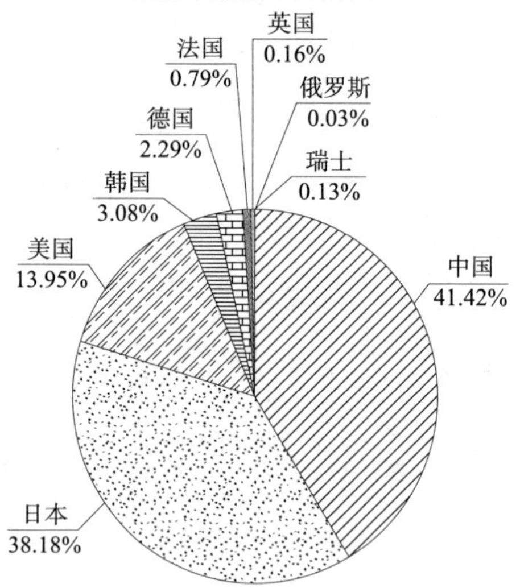
2006~2013年，日本在新能源汽车产业
进行了密集的专利布局
英国
0.16%
法国
0.79%
俄罗斯
0.03%
德国
2.29%
瑞士
0.13%
韩国
3.08%
美国
13.95%
中国
41.42%
日本
38.18%

图 9　中日专利布局对比

知识产权强国建设基本问题初探*

谢小勇　刘淑华　韩秀成

建设知识产权强国离不开知识产权强国相关理论的指导。正如国家知识产权局局长申长雨指出："知识产权强国建设既是理论创新也是实践创新"。理论创新的基石首先是必须明确知识产权强国的概念以及知识产权强国的特征。当前，关于知识产权强国的理论研究尚属起步，缺乏对知识产权强国的系统的理性认识，对于知识产权强国概念以及特征尚存在较大分歧。本文在对现有"强国"含义进行剖析的基础上，结合知识产权事业发展的本身特点，明确提出知识产权强国的概念，并力图揭示知识产权强国的本质和特征及其与相关概念的区别，以期抛砖引玉，对知识产权强国理论体系构建以及知识产权强国建设有所裨益。

一、知识产权强国建设的提出及评析

为了适应加入 WTO 面临的知识产权国际竞争形势，国家知识产权局早在 2000 年就提出"实施专利强国战略"的初步设想，❶ 主张密切跟踪世界专利制度区域化、全球化的发展趋势，大幅提高我国专利审查水平，提高企事业单位运用专利制度保护和发展自己的能力。该观点反映了在加入 WTO 之前我国知识产权事业发展尚且处于弱势的客观情况下，面对激烈的知识产权国际竞争而提出的专利强国之策，不失前瞻性和现实性。然而，囿于当时的历史背景，我国尚缺乏建设专利强国的现实基础，也缺乏相关知识产权理论的

---

* 本文获第九届全国知识产权（专利）优秀调查研究报告暨优秀软科学研究成果评选三等奖。

❶ 国家知识产权副局长吴伯明访谈：跟踪世界专利趋势，实施专利强国［J］．瞭望新闻周刊，2000（33）.

积淀，对于什么是专利强国，以及专利强国战略包含的内容都缺乏深入和全面的探讨。

国家知识产权战略制定为知识产权强国建设提出奠定了舆论环境。加入 WTO 以后，“国际竞争归根结底是知识产权的竞争”得到更多有识之士的重视。在 2006 年九三学社提交给全国政协十届四次会议提案第 0157 号中，就明确提出“实施知识产权战略，建设知识产权强国”❶。该提案分析了当时我国知识产权工作的现状，提出了实施知识产权战略，建设知识产权强国的具体建议。尽管提案并没有对知识产权强国作出界定，也没有具体阐释知识产权战略与知识产权强国之间的关联，但对于促进《国家知识产权战略纲要》的出台具有重要的参考价值，并且为后来全面实施国家知识产权战略，建设知识产权强国提供了基础铺垫。

知识产权进入由大到强的历史发展阶段，知识产权强国建设的提出水到渠成。2008 年 6 月《国家知识产权战略纲要》的颁布实施标志着我国知识产权事业发展进入新的发展阶段。在国家知识产权战略实施五周年以后，根据世界知识产权组织发布的《2012 年世界知识产权指标》报告，2011 年中国已经成为全球专利申请第一大国。中国年度商标注册申请量连续十年居世界首位，并于 2012 年上半年累计突破千万件大关。我国已经成为“知识产权大国”得到广泛的认识，因此，实现我国知识产权“由大变强”显得水到渠成，“知识产权强国”概念呼之欲出。

知识产权强国建设受到广泛关注，知识产权强国建设理论得到广泛探讨。自 2012 年左右开始，各种关于知识产权强国的提法已经屡见不鲜。

在为数不多关于知识产权强国定义的研究中，有的观点已经认识到，“强国”是一个国际比较的概念，“所谓知识产权强国，就是指在世界知识产权发展中具有重要地位和影响力，在国际知识产权竞争中相对处于强势地位，在知识产权创新和竞争中能够发挥引领

---

❶ 关于实施知识产权战略建设知识产权强国的提案［EB/OL］.［2015－10－8］（2006－3－14）http：//cppcc. people. com. cn/GB/34961/60185/4196647. html.

作用的国家。”[1]知识产权强国“是知识产权综合能力较强的国家”[2]。此类定义认识到了知识产权强国属于国际比较的范畴，知识产权强国的本质与知识产权综合实力相关，不乏科学性。但是用知识产权综合实力“较强”来界定知识产权强国的内涵难免语意模糊，并且在外延上将知识产权强国分为“知识产权强国、知识产权中强国、知识产权欠强国”三种类别[3]，也有导致“知识产权强国”这一上位概念与“知识产权欠强国”这一下位概念相互矛盾之虞。

另一种较为普遍的认识是从静态和动态的角度区分知识产权强国的不同含义。例如，认为从“静态的意义上讲，知识产权强国是通过较大规模和较高水平的知识产权创造、运用、保护和管理，在知识产权的数量、质量和结构上具有强大综合优势，并依靠雄厚知识产权实力而拥有强大经济国力和国际影响力的国家；从动态意义上讲，知识产权强国是指主要依靠知识产权数量、质量的综合优势提升和知识产权有效运用，来增强全球竞争中的相对优势，并不断提高国家科技、文化、经济实力和国际影响力，以实现强国目标的国家。”[4] 从“强国”的动态含义而言，“所谓知识产权强国，也应该理解为运用知识产权的制度和手段，使一国经济发展、社会进步，成为强大的国家。”[5] 应当说从动态和静态的角度来区分知识产权强国的词性有助于理解不同语境下知识产权强国的意义，但因没有揭示“知识产权强国”概念的本质内涵而有欠妥当。

---

[1] 马虎兆. 知识产权发展水平、经济贡献及转型升级思路研究［J］. 天津：天津大学，2012.

[2] 国家知识产权局强国课题总体组. 知识产权强国建设：阶段判断、路径选择与政策体系构建［R］. 2014.

[3] 国家知识产权局强国课题总体组. 知识产权强国建设：阶段判断、路径选择与政策体系构建［R］. 2012～2013.

[4] 国家知识产权局强国课题总体组. 知识产权强国建设：阶段判断、路径选择与政策体系构建［R］. 2012～2013.

[5] 张志成. 知识产权强国建设初探［J］. 科技与法律，2015（4）.

二、知识产权强国概念的界定

（一）“强国”的含义

“强国”是政治、军事和外交领域概念，通常反映的是综合国力的强大，综合国力是“世界强国据以确立其国际地位、发挥其国际影响和作用的基础”❶。“强国”概念具有如下特征：

1. 综合性

以国家的综合国力为基础，从根本上反映了各个领域的国家竞争实力。“综合国力在主要由政治外交实力、经济实力、军事实力、科技实力、人才及相关资源实力等要素组成。”❷

2. 系统性

由对内和对外两个维度组成。按照美国著名智库兰德公司提出的综合国力分析框架，综合国力可区分为两个能力维度，即内部和外部维度。❸ 内部是综合国力产生的关键驱动力和根本性物质基础。外部就是对外国际影响力。

3. 层次性

经济和科技实力成为强国的核心，居于主导地位。由于构成要素的扩大或不同时期最活跃要素的不同，综合国力的主导因素处于不断变动之中。尽管强国以国家的军事实力为后盾，但经济和科技实力越来越成为强国的核心，居于主导地位，而教育、人才、文化和外交等层面的软实力成为强国的重要支撑。

（二）知识产权强国的内涵

随着人类社会向知识经济的快速发展，与经济和科学技术密切

---

❶ 王诵芬．世界主要国家综合国力比较研究［M］．长沙：湖南出版社，1996.

❷ 中国现代国际关系研究所综合国力课题组．综合国力评估系统研究报告［R］. 2000.

❸ 见 Ashley Tellis 等人的“Measuring National Power in the Postindustrial Age”，MR－1110－A，2000（http：//www. rand. org/pubs/monograph_reports/MR1110），以及 Strategic Assessments Group（by Gregory F. T revert on，Seth G. Jones）：“Measuring National Power”，RAND NATIONALSECURITY RESEARCH DIVISION，2005，p3（http：//www. rand. org/pubs/conf_proceedings/2005/RAND_CF215. pdf）。

相关的知识产权日益成为综合国力的主导要素。一个国家特定产业或全球经济主导产业的科技创新与产业升级离不开知识产权的重要支撑。知识产权实力的竞争成为国际经济和科技竞争的前沿，知识产权实力是沟通科技实力与经济实力的桥梁，是将科技实力等转化为经济实力的推动力。知识产权实力成为衡量和评价国家综合国力的重要标准，对于提升国家综合国力具有重要战略意义。具有强大的知识产权实力是知识产权强国的内涵和本质特征。

知识产权实力可以从不同角度加以理解。从硬实力和软实力的角度分析，[1] 知识产权实力既包括国家在知识产权的创造、运用、保护、管理等方面知识产权硬实力，也包括知识产权环境、服务、人才、文化、外交等方面的软实力。

从对内和对外两个维度上来说，知识产权实力既可以指国家在知识产权创造、运用、保护、管理和服务等方面的能力，也包括国家对知识产权国际事务的影响力。

从知识产权实力的体系来看，是以实施国家知识产权战略为"面上展开"，以提升知识产权创造、运用、保护和管理能力为"线上加强"，以知识产权强省（市、县）建设和知识产权强企建设为"点上突破"，构成知识产权实力的立体模型。

基于上述分析，本文认为，知识产权强国是指在知识产权国际竞争中具有强大知识产权实力的国家。这一定义首先反映了知识产权强国的本质是知识产权实力的体现，具有较强的抽象性。其次，揭示了知识产权强国概念的相对性。知识产权强国必然是在知识产权国际竞争的语境下产生，体现出知识产权强国的"世界水平"。最后，体现了知识产权强国概念的特色性。知识产权强国反映了特定历史条件下在特定优势产业中的知识产权实力，我国知识产权强国建设必然体现出"中国特色"。

---

[1] 根据美国哈佛大学教授约瑟夫·奈提出的"软实力"（Soft Power）概念，是指在国际政治中，一个国家的"一种通过吸引而非威逼或利诱达到目的的能力"。北京大学中国软实力研究中心认为，一国的文化、国内政治价值观与作为其贯彻与体现的政策和制度、外交政策，以及国民素质和形象，是软实力的主要资源基础。

三、知识产权强国的主要特征

（一）知识产权综合能力强

知识产权综合能力是在整个国家运行体系内部为了让知识产权能够与基于基础资源投入的经济绩效相联系而积累的能力，主要包括政府、市场创新主体在知识产权创造、运用、保护、管理等方面的能力，这些能力是知识产权战略实施的主要目标，也是知识产权实力的主要体现，同时，也是获得对外影响力和控制力的基础。

1. 知识产权创造能力强

知识产权创造能力主要是指从包括研发在内的知识创造活动中产生知识产权的潜能和效率。知识产权强国创造能力强主要表现在掌握足够数量的关键核心专利，每万人发明专利拥有量高，有效发明专利维持年限长，知识产权密集型产业占 GDP 的比重高，拥有全球知名品牌和版权精品的数量多，最大限度地发挥知识产权价值，促进区域、企业、产业和国家的创新发展。

2. 知识产权运用能力强

知识产权运用能力是指通过知识产权产生经济、社会绩效的潜能和效率。知识产权强国运用能力强表现在知识产权商业模式多样，知识产权运用体系完备，知识产权运用方式如知识产权转让、许可、专利联盟、专利拍卖等活跃，知识产权服务业发达，知识产权与金融结合程度高，知识产权价值实现效益高。

3. 知识产权保护能力强

知识产权保护能力是指获得、保护和维持知识产权合法权利的潜能和效率。知识产权强国保护能力强主要表现在具有与本国经济发展相适应的知识产权立法体系，注重知识产权法律实施，建立统一高效、标准一致的司法保护体系，同时注重发挥知识产权行政执法、边境保护、调查处理和贸易保护等灵活高效的特点，实行严格的知识产权保护，达到对经济调节和市场调控的目的。

4. 知识产权管理能力强

知识产权管理能力是指政府、社会、创新主体在知识产权创造、运用、保护等方面的管理潜能和效率。知识产权强国管理能力强主要表现为管理机构设置集中统一，知识产权管理制度健全，创新主体知识产权管理规范，知识产权审查和确权制度高效，知识产权公共政策的制定与实施密切融入国家经济社会发展，知识产权公共服务紧贴市场需求等。

（二）知识产权制度优越

知识产权强国具有先进的知识产权制度，其先进性主要体现在制度体系完备，制度能与经济社会发展动态适应，此外，其对国际知识产权规则变革的引领性和示范性较高。

1. 知识产权制度体系完备

知识产权强国具有系统完备、科学规范、运行有效的知识产权制度体系，具体而言：（1）知识产权制度与其他法律制度、经济制度有机衔接。（2）知识产权制度对知识产权权益的保护较为严格。（3）具有促进知识产权高效转化运用的机制。（4）具有运行高效的知识产权管理机构和知识产权综合协调机制。

2. 知识产权制度适应性强

知识产权强国的知识产权制度契合经济社会发展需要。通过实时调整知识产权制度，促进知识产权制度适应经济社会发展阶段的需要。

3. 知识产权制度变革机制灵活

知识产权强国的知识产权制度变革能够充分吸纳和有效协调各方主体需求，适应社会发展的变化。

4. 知识产权制度对国际规则变革的引领性和示范性较高

知识产权强国的知识产权制度与国际规则衔接紧密，既能引领和体现国际知识产权制度变化的潮流，又能灵活体现国内市场主体的需求。

（三）知识产权环境优良

知识产权环境是知识产权事业发展的土壤，是推动事业发展的原生动力和潜力所在。它主要由基于知识产权能力而产生经济社会绩效的基础资源所构成，具体包括文化、法治、市场等基本因素。

知识产权强国具有良好的知识产权法治环境、市场环境和文化环境，在知识产权立法、执法、守法、法律监督等环节具备健全的规范性法律和政策文件，法律得到充分实施。在创新资源的市场化配置上水平高，市场主体围绕创新成果的确权、转化运用、保护等竞争秩序井然，创新活动所必须的知识产权、人才、资金等要素依法有序合理流动。形成了尊重知识、尊重人才、尊重创造的文化氛围，积极维护知识产权权利人的合法利益。

（四）知识产权绩效显著

知识产权绩效是指一个国家基于知识产权基础资源、能力和环境而产生的经济社会绩效。是实现知识产权价值、支撑经济转型发展和科技创新的关键，也是体现知识产权强国本质所在。知识产权强国体现出知识产权对经济增长的贡献率高，通过知识产权促进人均劳动生产率得到显著提高，知识产权有效促进就业、环境保护、文化发展，知识产权密集型和知识产依赖型产业发挥着引领经济增长的关键作用，知识产权密集商品在商品出口中处于主要地位并具有较强竞争力。

（五）知识产权国际影响力大

知识产权国际影响力主要体现在全球知识产权治理体系的参与程度，知识产权公共产品的提供数量，知识产权国际事务处理能力等多个方面。知识产权强国状态下，在知识产权双边和多边国际规则上具有强大的话语权，对重大国际事务发挥领导作用。利用国际知识产权制度和规则，构建有利于国内产业的保护机制，维护国家经济利益和产业安全。以技术标准和品牌等优势资源维护本国跨国企业的竞争优势。对全球主要贸易国家施加重要影响，实现对新兴产业发展的引领和对全球经济的控制。

四、知识产权强国定位

1. 知识产权强国在国家发展全局中的定位

实施创新驱动发展战略是国家发展全局的核心，具体要求包括要坚持中国特色自主创新道路，要深化科技体制改革，要完善创新体系，要实施国家科技重大专项，重点是要实施知识产权强国战略。知识产权强国战略是创新驱动发展的有利支撑，是激励创新驱动的原始动力。这就明确了知识产权强国建设的目标以及着力点。

2. 知识产权强国与知识产权大国

知识产权大国通常理解为知识产权规模或总量居于世界前列的国家。知识产权大国是针对知识产权的数量或规模而言，而知识产权强国则是针对知识产权实力而言。知识产权实力包括知识产权规模、知识产权绩效、知识产权环境等多种综合因素在内。知识产权规模大并非构成知识产权强国的必要条件，知识产权规模不大但知识产权绩效高也可以称为知识产权强国。[1] 从逻辑关系上来说，在“大”和“强”之间可能存在“大而强”“大而弱”“小而强”“小而弱”等关系。同时，二者可能存在互为逻辑前提，即“先大后强”“先强后大”，以及“边大边强”的问题[2]。因此，如果笼统地将“大”和“强”划等号，动辄以“做大做强”作为舆论导向，认为“知识产权强国都是知识产权大国”或者“知识产权强国必须首先成为知识产权大国”的观点都存在一定的逻辑漏洞。

3. 知识产权强国战略与国家知识产权战略

从渊源上来说，知识产权强国战略与国家知识产权战略是一脉相承的，是国家知识产权战略发展的一个更高阶段、更高目标。

二者在战略内涵、战略目标、战略内容、组织实施方式和制定基础上存在区别。从战略内涵上来说，知识产权强国具有对内和对外两个维度。对内的知识产权综合实力是知识产权强国的基础，主要表现为知识产权的创造、运用、管理、保护等知识产权能力；对

---

[1] 以以色列为例，其知识产权规模小但知识产权绩效高，尽管2012年国内申请人发明专利的申请量仅为1 319件，商标申请量2 178件，但通过运用知识产权制度将其转化为科技、金融和军事优势，以色列成为科技创新强国和知识产权强国。参见“最强大脑”适得其所才能建成知识产权强国［J］. 知识产权竞争动态，2014（11）.

[2] 例如，对于一些知识产权弱小的国家，为了实现知识产权强国的发展目标，可以在知识产权达到一定规模后再提升知识产权实力；也可以一边提升知识产权规模，一边提升知识产权实力；还可以先注重提升知识产权效益等知识产权实力，而后提升知识产权规模。

外的知识产权实力主要表现为知识产权国际影响力。因此，知识产权强国战略不仅是知识产权对内发展战略，也是将知识产权对内实力转化为知识产权对外实力，并最终提升知识产权国际影响力的战略。而国家知识产权战略侧重于提高我国知识产权的创造、运用、保护和管理能力，更多地关注知识产权能力建设，而在提升知识产权对外竞争实力上仅仅原则性规定了“扩大知识产权对外交流合作”这一战略措施，在顶层设计上并没有全面系统的知识产权国际战略相关内容。

4. 知识产权强国战略与创新驱动发展战略

知识产权是激励创新的根本保障。“知识产权关系到创新驱动发展的两个非常重要的问题，一个是创新的源动力的问题，另一个是创新成果向现实生产率转化的最后一公里的问题。”[1] 创新型国家建设，与强大的知识产权实力分不开。知识产权与研发创新活动息息相关，科技创新成果最终体现为专利权和科技论文著作权。创新型国家也离不开强大的知识产权运用能力。对于创新型国家来说，科技进步贡献率在很大程度上体现为知识产权对经济的贡献率。因此，创新驱动发展，知识产权强国战略驱动创新。提升知识产权的创造和运用能力，能够直接推动创新型国家建设。知识产权强国战略为创新驱动发展战略提供了在创新资源投入、创新成果利用、创新成果保护等方面的制度保障和战略支撑。

---

[1] 参见申长雨在2014年12月举办的中国经济年会上的发言［EB/OL］.［2015－10－8］. http://www.china.com.cn/v/zhuanti/2014－12/21/content_34373023.htm.

推进传统知识国家立法的对策与建议[*] [**]

——以贵州省地方立法实践为视角

李 萍

由于传统知识在促进可持续发展，保障传统社区民众生计，解决21世纪的粮食、健康、环境等问题方面发挥着重大的作用，传统知识越来越被国际社会所关注。秘鲁、泰国、巴西、赞比亚等国都先后制定了保护传统知识的法律。虽然我国在2011年颁布了《非物质文化遗产法》，但该法未能全面、充分地保护传统知识，推进传统知识的国家立法迫在眉睫。

一、立法保护传统知识的必要性

通过对贵州省传统知识运用与保护现状的调研，通过立法保护传统知识的必要性体现在以下四个方面。

1. 传统知识在推动地方经济发展中的作用日益突出

传统知识所具有的经济价值与文化价值已经得到国际社会的广泛认可，这也是通过立法保护传统知识的起点。以贵州省为例，2013年，贵州省中药民族药业总产值预计425亿元，占全省高新技术产业产值的25.7%，其中苗药产值150亿元，成为中国销售额最大的民族药。[❶] 传统工艺产品已成为贵州省旅游商品的主力军，

---

* 本文获第九届全国知识产权（专利）优秀调研报告暨优秀软科学研究成果三等奖。

** 本文受2015年贵州大学文科重点学科及特色学科重大科研项目“知识获取权语境下的知识产权法律制度变革研究（GDZT201510）”和2015年贵州省哲学社会科技规划一般课题“知识获取权语境下的知识产权法律制度变革研究（15GZYB03）”资助。

❶ 张伟. 贵州苗药成中国销售产值最大民族药［N/OL］.［2014-08-01］. http：//www.gz.chinanews.com/content/2014/07-01/41292.shtml.

2013年贵州省旅游商品产业综合产值将突破400亿元。[1]

2. 传统知识被盗用或流失现象严重

因缺乏有力的法律保护，贵州省某些传统知识被外国企业所盗用并申请了专利权，如观音草案[2]。贵州省知识产权局曾以中药品种对应的拉丁文名或英文名作为检索主题入口，通过国际互联网检索到贵州道地中药材被外国企业在日本、美国、韩国与欧洲等地注册专利共348件，涉及中药材品种共18个，涵盖食品、保健品和化妆品等领域。除了被盗用外，贵州省传统知识还面临流失风险，体现为：①原处于保密状态的传统知识被不当公开。如日本学者鸟丸真惠未经授权，在其出版的《中国贵州苗族染织探访15年》一书中详细介绍了苗族“染”与“织”的全部工艺技术，导致黔东南苗族传统织染技术流失。[3] ②传统知识传承受阻。以传统知识为谋生手段，收益见效慢，再加上受现代文化与生活方式的冲击，年轻一代多数不愿学习传统知识，大量传统知识面临失传风险。

3. 传统知识持有人的利益未能得到充分保护

现有法律不能充分保护传统知识持有人基于传统知识应享有的经济权益和精神利益。如通过专利保护传统知识时，可能引发传统知识持有人与专利权人的利益冲突，例如东单甘案[4]。该案引发的思考是，如果专利权人的专利是依赖传统知识产生的，传统社区民众对该传统知识的使用必然受到限制，应通过何种制度补偿他们呢？又如通过专利权保护传统医药，必然增加传统社区民众获取医

---

[1] 贵州旅游商品产业综合产值将突破400亿［N/OL］．［2014－08－01］．http：//www.gz.xinhuanet.com/2013－11/17/c_118172692.htm.

[2] “观音草”是贵州苗族祖传的治疗感冒良药，这种我国独特的民族医药资源却流失海外，被国外公司解析出有效分子式组成并申请专利，开发出系列医药产品，从中获取巨额经济利益。参见王丽，等．贵州率先制订传统知识的知识产权保护法规［N］．市场报，2007－02－28（12）.

[3] 王宁．借重法律之手 保护千年智慧［N］．贵州日报，2008－06－26（9）.

[4] 贵州省著名苗族芦笙演奏家东单甘改进了苗族传统乐器芦笙，并取得了18管芦笙的专利权，而后将芦笙传统生产者莫厌学告上法院，理由是后者侵犯了其对芦笙享有的专利权，本案最后以原告撤诉终结。参见吴一文．18管芦笙专利纠纷的背后［N/OL］．［2014－08－01］．http：//gzrb.gog.com.cn/system/2003/06/17/000412304.shtml.

药的成本，如何对他们进行补偿，都是需要立法解决的现实问题。

4. 不当开发利用传统知识的现象日趋严重

我国对传统知识的开发利用已经起步，然而一些不当的开发行为也随之产生。以贵州省为例，不当开发现象主要表现为：(1) 市场交易者在挖掘传统知识的商业价值时，为获取更多利润，不惜歪曲、割裂、篡改传统知识。(2) 过度的商业开发，导致传统药源生态受到破坏。典型案例是贵州瑶族药浴的商业开发，导致有限的野生药源被滥采乱挖，严重破坏了药源生态，令药源越来越少。

二、立法保护传统知识的可行性

1. 非物质文化遗产保护的法律法规不能全面地保护传统知识

紧跟国家的《非物质文化遗产法》，贵州省于 2012 年颁布了《贵州省非物质文化遗产保护条例》，但它们都未能全面、充分地保护贵州省的传统知识。究其原因在于：(1)《非物质文化遗产法》与《贵州省非物质文化遗产保护条例》所调整的对象是非物质文化遗产。非物质文化遗产的外延与传统知识的外延并不完全一样，两者存在交叉，详见图 1。(2)《非物质文化遗产法》与《贵州省非物质文化遗产保护条例》的宗旨在于促进非物质文化遗产的保护与传承，而就当前国际与国外保护传统知识的立法看，保护传统知识的宗旨在于防止他人不当获取与使用传统知识，实现传统知识持有人的利益，最终推动传统知识的保护与传承，而这正是《非物质文化遗产法》与《贵州省非物质文化遗产保护条例》所缺失的内容。

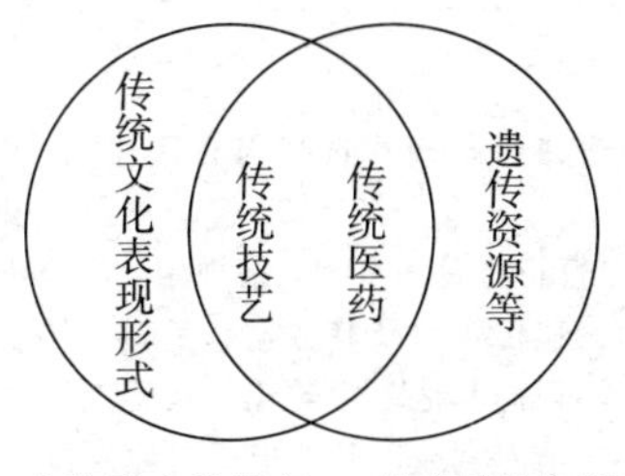

图 1　非物质文化遗产与传统知识的外延

2. 现有知识产权制度保护传统知识存在不足

现行知识产权制度可为部分传统知识提供保护❶，但知识产权保护传统知识仍然存在以下问题：（1）知识产权保护不能涵盖所有的传统知识。就贵州省实践看，目前迫切需要保护的是已经公开的传统知识，但它们往往不符合知识产权的授权条件，难以获得知识产权保护。（2）知识产权不能实现传统知识持有人的利益。在多数情况下，知识产权人并非传统知识的持有人，因知识产权是私权，即使通过授予知识产权的方式保护传统知识，能够获得直接经济利益的是知识产权人，而非传统知识持有人。

3. 缺乏关于遗传资源及相关知识获取与使用的专门制度

遗传资源是传统知识的重要组成部分。目前我国直接关于遗传资源获取的法规是《人类遗传资源管理暂行办法》，但其仅限于对人类遗传资源的管理，并未涉及植物、其他动物、微生物等的遗传资源，也未涉及惠益分享等。更为重要的是《人类遗传资源管理暂行办法》第17条❷，将人类遗传资源的权利赋予了我国研究开发机构，虽然这并不违反《生物多样性公约》❸，却未考虑到遗传资源持有人的利益。

三、推进传统知识国家立法的必然性

总结贵州省已经开展的立法工作，不难发现，如果仅通过地方立法保护传统知识，是不能解决传统知识保护的现实难题的。

---

❶ 华鹰．传统知识的法律保护模式选择与立法建议［J］．河北法学，2008（8）：140－144．

❷ 《人类遗传资源管理暂行办法》第17条规定：我国境内的人类遗传资源信息，包括重要遗传家系和特定地区遗传资源及其数据、资料、样本等，我国研究开发机构享有专属持有权，未经许可，不得向其他单位转让。获得上述信息的外方合作单位和个人未经许可不得公开、发表、申请专利或以其他形式向他人披露。

❸ 《生物多样性公约》第15条第1款规定，“确认各国对其自然资源拥有的主权权利，因而可否取得遗传资源的决定权属于国家政府，并依照国家法律行使。”

（一）传统知识立法应解决的现实问题

1. 狭义的传统知识迫切需要保护

狭义的传统知识，“是指传统社区在千百年来的生产生活实践中创造出来的知识、技术、诀窍和经验的总和”[1]。调研表明，贵州省狭义传统知识存在公开与保密两种。就传统医药知识而言，绝大多数传统医药知识已被收集整理并文献化，只有极少数个人或家庭掌握的传统医药知识，至今仍处于保密状态。传统农业知识、传统生态知识基本处于公开状态。传统工艺知识的情况稍显复杂，一些传统工艺在传统社区是公开的“秘密”，但对社区之外的公众而言，仍属于“技术诀窍”。属于秘密的传统知识可通过现有法律保护，但已经公开的传统知识在现有法律框架下，几乎不能获得保护。传统知识一旦被公开，就进入了公有领域，因而立法保护应关注的，是整体上处于公开状态的传统知识。[2]

2. 传统知识持有人的利益迫切需要保护

保护传统知识持有人的利益已经成为国际、国外传统知识立法的趋势。然而，在我国现有法律框架下，传统知识持有人的利益并未受到关注；同时，基于传统知识的创新取得知识产权后，很可能与传统社区或其民众产生利益冲突。我们已经关注到国外企业利用我国遗传资源获取专利权后，对我国产生的影响，却还未重视国内单位或个人基于传统知识的创新成果取得知识产权后，对传统社区及其民众的影响。

3. 传统知识的获取与利用迫切需要规范

从地方实践看，传统知识被盗用现象严重。并且因受功利主义的影响，不当开发利用传统知识的现象日趋严重，因此如何防止不当获取与利用传统知识也是立法急需解决的问题。

（二）传统知识地方立法的权限障碍

目前国际上和其他国家保护传统知识的制度包括：注册登记和

---

[1] 安守海. 传统知识保护的客体和主体分析——从地方立法的视角［J］. 知识产权，2008（3）：45.

[2] 王宁. 借重法律之手 保护千年智慧［N］. 贵州日报，2008－06－26（9）.

数据库；事前知情同意和获取；惠益分享；合同制度；传统知识来源披露；习惯法；集体管理等。在没有国家立法的背景下，试图在地方立法中规定前述所有制度，存在立法权限的障碍。依据《立法法》第8条，关于民事基本制度的立法只能由全国人大及其常委会进行。关于传统知识的知情同意和获取；惠益分享；传统知识来源披露；强制合同等，其本质是赋予传统知识持有人对传统知识的精神权利与财产权利，而私权的设定属于基本民事制度，只能由法律规定，地方法规无权设定。

四、传统知识国家立法的建议

基于传统知识保护的现实需求与地方立法的权限困境，为充分保护传统知识，发挥其在经济与社会发展中的重要作用，必须推进传统知识的国家立法。

（一）立法保护的对象

从地方实践需求看，目前迫切需要保护的是狭义的传统知识，因此国家立法应当以狭义的传统知识为对象：

1. 以狭义传统知识为保护对象是现有法律体系的需求

有关部门一直致力于研究通过制定非物质文化遗产保护法与民间文学艺术作品保护法来保护民间文学艺术。2014年国家版权局就《民间文学艺术作品著作权保护条例（草案）》对外征求意见。由于，对民间文学艺术的保护已经立法或者正在处于立法过程中，为避免重复立法，针对传统知识的国家立法应当以狭义的传统知识为保护对象。

2.《非物质文化遗产法》为狭义传统知识的专门立法提供了可能

《非物质文化遗产法》第44条第2款规定："对传统医药、传统工艺美术等的保护，其他法律、行政法规另有规定的，依照其规定。"可见立法者在制定《非物质文化遗产法》时已经考虑到，其非设定私权的法律，不能为传统医药、传统技艺等狭义的传统知识提供充分的保护，为专门立法保护狭义的传统知识留有缺口。

3. 以狭义传统知识为保护对象也是地方实践的需要

基于贵州的实践，地方保护传统知识迫切需要解决的问题都以狭义传统知识为核心的。

（二）立法模式的考量

1. 专门授权模式

从现有研究成果看，关于传统知识的保护模式有：专门保护模式；知识产权保护模式；“知识产权保护＋专门权利保护＋反不正当竞争保护”模式等。本文认为，国家立法应从授予传统知识持有人专门权利的角度展开，理由如下：（1）知识产权模式与反不正当竞争模式不能涵盖所有传统知识，它们对传统知识的保护范围有限。如果强行将不符合法定条件的传统知识纳入知识产权范围，必然导致现有知识产权体制的分裂。如此既不能保护传统知识，也不能有效保护现代知识。（2）地方实践更多需要的是对处于公开状态的传统知识的保护，这只能通过专门权利制度才能实现。

2. 分类型授权模式

本文认为，狭义传统知识类型众多，如果进行统一授权，不但不能使狭义传统知识获得应有的保护，而且会与现行部分法律形成冲突，如对已公开的传统知识与保密的传统知识就不能同等保护。为此，应当针对不同类型的狭义传统知识，授予不同的专门权利。

（三）立法的价值定位

保护传统知识的立法所蕴含的价值应当是一个由多层次价值构成的有机系统。

1. 目的性价值

结合地方实践的需求，立法保护传统知识的目的性价值在于保护传统知识持有人对传统知识享有的精神利益与物质利益，防止对传统知识的不当获取与利用，从而促进传统知识的传承、利用与发展。

2. 工具性价值

目的性价值的实现需要各项具体制度的建构，而每项具体制度都围绕工具性价值展开，立法保护传统知识的工具性价值在于：

(1) 自由，即不同传统社区都有发展本社区传统知识的自由，避免用现代知识的标准异化传统知识，如贵州“苗族医药常常讲究与巫术相结合，医生在治病用药之前，常用有一套神乎其神的仪式”❶，这种“巫医结合”的传统医药已经庇护了世世代代苗族民众的健康，巫术已成为其文化的组成部分。当我们在考虑保护苗族医药时，必须面对巫术是“迷信”还是“文化”的选择，进而决定了不保护或保护。以“自由”为衡量标准，就应当将苗族医药中巫术部分作为文化。自由也意味着遵守传统社区的习惯法，WIPO 确定的传统知识保护政策目标之中，尊重土著居民的“生活方式和习惯”是极其重要的一点，因此，在制定保护传统知识的法律时，应当遵重传统社区的习惯法，将习惯法的基本原则可以作为建构传统知识保护机制的依据。(2) 秩序，即在国家的统一协调之下，才能有计划、有步骤地传承、发展和利用传统知识，才能避免对传统知识的过度商业利用，而导致传统资源匮乏或损害传统资源的生态环境。(3) 公平，即传统知识是传统社区民众对长期共同生产、生活的心血结晶，立法必须赋予传统社区对传统知识的特殊权利，这种权利产生的基础是基于公平价值，基于对传统社区创造、传承与发展传统知识的回报。

（四）制度的建构

1. 专门权利制度

专门权利制度是指通过法律承认和保护传统知识持有人对传统知识享有专门的权利。这种权利是集体性的私权，是传统知识持有人即传统社区享有的权利，而非个人权利。法律赋予传统知识持有人的专门权利应包括精神权利与财产权利。精神权利产生的基础在于传统知识已成为传统社区文化的组成部分，因此传统知识使用人必须在其知识产品上标明所使用的传统知识，以作为传统知识持有人知情同意的证明。同时，使用人不得歪曲、篡改、捏造传统知

❶ 徐家力，等. 松桃苗医药［M］//国际行动援助中国办公室. 保护创新的源泉——中国西南地区传统知识保护现状调研与行动案例集，北京：知识产权出版社，2007：101.

识。传统知识持有人的财产权利应包括防止盗用权、利用和发展权、惠益分享权等。

但针对狭义传统知识设置专门权利时，必须考虑两个因素：一对传统知识的专门授权是否会与现有法律产生冲突，特别是与知识产权中的公有领域制度冲突。由于对传统知识的授权将使部分原先处于公有领域的知识被划入私权范围之内，必然影响公众对这部分知识的获取与利用，因而，在授予传统知识持有人对传统知识的专门权利时，必须考虑如何平衡持有人与公众之间的利益冲突。二对传统知识的授权是否与我国已参加的国际条约的规定一致，就国际立法与国外立法看，传统知识持有人就传统知识享有的防止盗用权与惠益分享权等财产权，仅限于与传统社区的生存和发展密切相关的遗传资源。综上从述，本文认为目前针对狭义传统知识的国家立法，应当针对不同类型的传统知识授予不同的权利。可将狭义的传统知识分为已公开的传统知识、保密的传统知识与遗传资源三类，对已公开的传统知识的授权应当只限于精神权利，即不得歪曲该传统知识；在利用该传统知识完成的产品上市销售或申请知识产权时，必须公开其所使用的传统知识及来源地；对于保密的传统知识与遗传资源，除了享有精神权利外，还享有财产权利。

2. 传统知识登记制度

传统知识登记制度除了有助于保存传统知识外，还可以防止基于传统知识的不当的知识产权授权。由于有的传统知识已处于公开状态，有的传统知识尚还处于保密之中，在登记制度上应当有所不同。已公开的传统知识登记后，应当允许公众查询；但对仍然属于秘密的传统知识，法律必须采取适当的措施加以保护，不得任意查询。

3. 披露制度

披露制度是传统知识持有人精神权利的延伸，也是财产权利实现的基础。当依赖该传统知识完成的成果申请知识产权或者上市销售时，必须披露其所使用的传统知识的来源和原产地。如果所使用的传统知识是保密的传统知识或者遗传资源，使用人还要提供持有人知情同意的证明。同时，披露与知识产权的取得直接联系，不披露就不能取得知识产权。

4. 法定合同制度

合同是通过法律得以实施的承诺或保证。通过合同保护传统知识，不仅能使传统知识为全人类所共同利用，传统知识持有人也能从中获得经济利益。然而，合同的订立以自愿为基础，如果不将缔结合同作为一项法定义务，传统知识持有人的利益也难以得到保障。因此，在立法保护传统知识时，法定合同制度是重要组成。所谓法定合同制度是指，传统知识开发者在获取和利用保密传统知识与遗传资源时，在遵循事先知情同意原则的前提下，必须与传统知识持有人就传统知识的利用和惠益分享达成合同。

五、结　　语

以现有法律体系为基础，结合传统知识保护的现实需求，针对传统知识的国家立法，应以狭义的传统知识为对象。限于《立法法》规定的立法权限，地方立法不足以为狭义的传统知识提供充分、必要的保护，因而必须推进传统知识保护的国家立法。

专利核算的国际经验分析报告*

龚亚麟　刘菊芳　杨国鑫　高　佳　李凤新　王亚菲

一、专利核算调整的必要性

目前包括我国在内的绝大多数国家采用联合国1993年发布的《1993年国民账户体系》（SNA－1993）作为GDP核算的国际统计标准。2009年联合国统计委员会第40届会议通过了新的国民经济核算统计标准：《2008年国民账户体系》（SNA－2008）。与SNA－1993相比，SNA－2008与创新及知识产权紧密相关的主要变化有三个方面：一是资产分类中的词语名称发生变化，将“无形固定资产”更名为“知识产权产品”；二是资产内容扩充，新增“研究与开发”（Research and Development，R&D）和“数据库”两个类别；三是对专利的处理发生变化，将无形非生产资产下的“专利权实体”取消，纳入固定生产资产中的“研究与开发”。SNA核算规则的调整，使专利权实体从原来非生产资产未进入GDP核算，变为生产资产进入GDP核算范围；R&D支出从原来的“中间消耗”，变为“固定资本形成”的一部分，导致GDP总量增加。

SNA－2008正式发布后，统计工作比较先进、数据基础比较完善的发达国家，已经开始实施或者计划实施新的国际标准。例如，美国已估计出按照知识产权产品新规则测度的2012年GDP增加2.8%；加拿大2012年公布了将R&D支出作为固定资本形成处理的结果，其2007～2011年GDP年均增加了约1.3%；澳大利亚从2009年开始将R&D支出作为固定资产处理，结果使澳大利亚2008年GDP因此增加了约1.45%。此外，欧盟国家将于2014年

* 本文获第九届全国知识产权（专利）优秀调查研究报告暨优秀软科学研究成果评选三等奖。

开始将R&D作为固定资本形成处理，它们在R&D核算方面已对SNA-2008对知识产权产品的调整作出了响应；日本计划从2016年开始将R&D支出作为固定资本形成处理。

这些国家的实施经验为我国知识产权核算提供了很好的借鉴。因此，本文拟全面、翔实地对各国专利机构和统计机构应对SNA-2008知识产权核算规则变化的最新处理方法与方案进行总结。为我国专利统计未来可能的变化调整，以及有关部门的实际工作提供借鉴。

二、专利核算与统计方法

专利是R&D成果中获得专利保护的部分，因此与R&D核算密切相关。

1.《国民账户体系》对专利核算的规定

在国民账户体系中，与专利有关的概念主要分为两类：专利权实体（patented entities）和专利许可。

SNA-1993将“专利权实体”作为无形非生产资产，将其定义为：“技术创新类别中的，按照法律或司法决定，被授予专利保护的发明”（AN.221）。R&D支出在SNA-1993中作为“中间消耗”，建议单独识别其产出，以便编制R&D的卫星账户。在“专利权实体”（AN.221）下记录的资产是R&D活动的结果——获得专利的发明、发现或工艺，而不是合法所有权本身。将专利的购买和销售视为无形非生产资产的净购买，由专利许可所获得的专利使用费和类似付款，即“专利使用费支出”记录为“对服务的支付”，而非财产性收入。同样的处理办法也适用于商标服务和其他无形非生产资产的特许权付款。

随着SNA-2008中资产范围的扩大，R&D（不包括人力资本）由“中间消耗”转而记录为“固定资本形成”，具有了生产资产的性质。与专利紧密相关的核算规则有两点变化：一是“专利权实体”在SNA-2008中不再作为非生产资产单独识别，而是归入R&D资产；二是专利权协议作为许可的一种形式，是一类获准使用专利的法律协议，作为对服务的购买或资产的获得，记录为“非生产资产”，这部分对应的是 SNA - 1993 中的“专利使用费支出”。因此，核算规则的调整，对 GDP 的影响主要发生在第一类“专利权实体”的变化上，即专利权实体由原来的“非生产资产”调整为生产资产“资本形成”。此外，专利的转让会伴随着专利权人的变更，这部分涉及外部交易，应将交易的市场价格视为专利权实体的产出价值，应计入“专利权实体”。

2.《Frascati 手册》与专利有关的部分

专利作为 R&D 的一部分，其处理方式与 R&D 紧密相关。各国 R&D 的数据一般根据《Frascati 手册》的框架进行调查获得。该手册定义 R&D 活动的两类支出是“内部支出”与“外部支出”。

内部 R&D 支出是指在特定的一段时间内，在某一统计单位或经济部门内实施 R&D 活动的全部支出，无论其资金来源如何；内部 R&D 支出包括日常支出和资本支出：(1) 日常支出由劳动力成本和其他日常支出构成；(2) 资本支出是指统计单位 R&D 项目中用在固定资产方面的年度总经费。在内部 R&D 支出中，无论是日常支出还是资本支出都会部分地成为 R&D 成果的总生产成本。专利作为 R&D 成果的一种形式只占该部分支出的一部分，即获取专利保护的成果部分，该部分支出对应于专利权实体的生产总成本；剩余部分 R&D 成果并没有申请专利保护或者是通过其他方式获得保护（如版权）。

外部 R&D 支出是指一个单位、机构或部门报告的，在特定时期内为实施 R&D 活动已支付或者承诺支付给另一单位、机构或部门的费用总和；在外部 R&D 支出中，由于服务的获得与内部 R&D 活动密切相关，因此，内部 R&D 支出和外部支出之间的分界有时不清晰。对于外部 R&D 支出来说，独立的 R&D 对服务的支出中必然包括获取专利权协议的支出，外包的内部 R&D 活动（提供资金使外部单位进行 R&D 活动从而获得相应产出）则与专利权实体相关。

三、实施 SNA - 2008 的发达经济体做法

目前实施 SNA - 2008 的有欧盟、美国、加拿大和澳大利亚等

几个经济体。SNA－2008 已经将 R&D 支出作为固定资本形成进入 GDP 支出核算的范围。因此，各国进入 GDP 核算的这部分固定资本形成总额通常是直接核算 R&D 支出这一类别，而不再给出包含专利权实体的细分类。

1. 欧盟

欧盟 R&D 资本形成的测算直接来自 R&D 支出数据。欧盟 R&D 支出的数据是对《Frascati 手册》的调查数据进行转化，从而实现与 SNA－2008 和《欧洲账户体系》（ESA2010）的标准一致。欧盟 R&D 支出的数据由成员国各自在国内进行相关调查搜集得到之后上报给欧盟统计局。虽然各国的 R&D 支出数据是遵循《Frascati 手册》和欧盟各国的区域手册标准采集的，但是国与国之间的数据不完全可比。

2. 美国

美国经济分析局作为美国的统计机构，对 R&D 支出进行计量时明确说明不使用与专利相关的数据。与欧盟不同，美国的数据不是根据《Frascati 手册》的指导调查得到的。经济分析局使用的 R&D 数据来自美国国家科学基金会（National Science Foundation，NSF）。美国经济分析局曾尝试使用有关专利申请数（或其他专利数）用于校验支出数据。但是，由于专利统计数据本身存在一系列问题，并且存在时效问题，最终放弃。

美国经济分析局目前还没有充分研究如何使用与专利、专利许可和知识产权转让相关的数据。

美国专利商标局所搜集到的专利数据没有直接进入核算系统对 R&D 支出进行测算；仅采用专利的资产寿命对 R&D 资产进行折旧率的估计。

3. 加拿大

加拿大统计局公布的《加拿大国民账户体系 2012》根据 SNA－2008 的修订进行调整，明确提出将 R&D 活动（包括政府和企业的 R&D 活动）资本化；加拿大 R&D 支出的数据主要来自政府开展的与 R&D 支出相关的各个调查。

根据《Frascati 手册》的指导，加拿大统计局将部门分类为：

政府部门、企业部门、高等教育部门和私人非营利组织。

加拿大政府部门主要分为联邦政府、省政府和省部级研究机构。联邦政府内部R&D支出由每年的联邦科学支出和人员调查进行统计；省级政府的内部R&D支出来源于省部级每年科学活动的调查（魁北克省政府自己进行其内部R&D活动的调查）。

企业部门R&D支出数据来源于每年的加拿大企业R&D调查。该调查的对象包括所有的企业、组织和机构。

高等教育部门的内部R&D支出是用估计模型进行估计的。私人非营利部门的全国R&D支出数据由每年进行的私人非营利机构的R&D调查提供。

在上述调查中，只有“加拿大企业R&D调查”对专利和商标进行了调查。要求当年有R&D活动且收支已经完成的公司对表1进行填写。

表1　公司R&D活动收支调查样表　　单位：千加元

		支付		收入	
		境内	境外	境内	境外
母公司、下属或附属公司	专利				
	商标				
其他组织或个人	专利				
	商标				

资料来源：《加拿大企业R&D调查2012》。

4. 澳大利亚

现行的《澳大利亚国民账户体系2012》把R&D划入知识产权产品，包括计算机软件、R&D、娱乐文学或艺术品原件、矿藏勘探等打算使用一年以上的资产，从而成为固定资本形成的一部分；专利权实体没有归入R&D资产，而是属于非生产资产（购入的商誉、3G牌照、专利权实体、土地和地下资产的租赁）的一部分，对这些资产的估计还处于起步阶段，目前只有3G牌照的价值包括在国家和部门的资产负债表中。

四、实施 SNA－1993 的发达经济体做法

目前，大部分国家的 GDP 核算采用的标准仍以 SNA－1993 为主。

1. 日本

日本曾计划在 2016 年全面实施 SNA－2008，日本在 2000 年开始采用 SNA－1993，相关数据主要由日本内务省下的经济与社会研究所（Economic and Social Research Institute，ESRI）进行搜集和整理。

日本有专门的 R&D 调查（Survey of Research Development），该调查按照《Frascati 手册》进行。调查对象分为商业企业、非营利机构和公共机构、大学和学院，每一类别均有一份各自的调查问卷，调查内容各有不同。针对商业企业的问卷有两种，一种是针对拥有一亿日元以上资本的企业，另一种则是针对资本低于一亿日元的企业。

2. 韩国

韩国 1999 年开始采用 SNA－1993 中的一系列新定义与标准，全面实施 SNA－1993 是在 2004 年。相关数据由韩国银行（Bank of Korea）下属的经济统计司（Economic Statistics Department）汇总整理。在韩国银行发布的《韩国国民账户体系》（Korean System of National Accounts）中，关于专利的部分提到两点：（1）专利或商标权的使用费用不作为租赁财产获得的财产收入，而作为企业的中间消耗或住户和政府的最终消费支出；（2）特许权使用费和许可费包括常住单位和非常住单位之间对无形的、非生产的、非金融资产和专有权利（如专利、版权、商标、工业流程、特许经营权等），以及使用生产的原件或原型（如手稿和电影）的支付与收入。

在韩国的商业活动调查（Survey of Business Activities）中有针对 R&D 和知识产权所有权的项目。例如，调查了企业是否有 R&D 活动、R&D 支出，各企业销售额，以及企业所拥有专利和商标数量等。

五、金砖国家的做法

1. 印度

印度的国民经济核算与SNA-1993是一致的，但SNA-2008中的一部分建议已经被采纳，例如，公共部门中的R&D支出被视为资本支出，国防的建筑部分和机械/运输支出作为资本形成处理。印度的国民账户所需数据由统计与计划执行部（Ministry of Statistics and Programme Implementation，MOSPI）搜集并整理。虽然在国民账户中将R&D支出作为资本支出处理，但专利的核算仍执行SNA-1993的标准，专利权实体属于无形非生产资产。

2. 南非

南非对国民账户的核算规则与SNA-1993一致。南非用于核算国民账户所需的数据由南非储备银行（South African Reserve Bank，SARB）和南非统计局（Statistics South Africa，Stats SA）搜集整理。由于南非采用的是SNA-1993，专利仍然属于无形非生产资产。在南非统计局进行的调查中，工业和贸易统计下的大样本调查有涉及专利的部分内容：（1）特许权使用费、特许经营费，从版权、商标、交易和专利权中获得的收入（包括在特许安排下收取的款项）；（2）特许权使用费、特许经营费，获得版权、商标、交易和专利权的支付；（3）无形非生产资产（商誉、专利权实体等）在财政年度开始时的账面价值（期初价值）。

3. 俄罗斯

俄罗斯国民账户体系的数据来自联邦政府统计服务局（Federal State Statistics Services，Rosstat）。俄罗斯的国民账户体系与SNA-1993是一致的。

R&D数据的调查主要有三个调查：

- 国家R&D调查。

该调查主要参考《Frascati手册》的建议，它覆盖了所有有R&D活动的单位。它将拥有R&D活动的单位分为政府部门、企业部门、高等教育部门、私人非营利部门等。

- 政府R&D经费调查。

1994 年，政府 R&D 经费调查成为政府预算规划程序的一部分，它覆盖所有的政府部门。

• 国家创新调查。

该调查依循的是 OECD 的《奥斯陆手册》(*Oslo Manual*) 和欧盟统计局的创新调查。主要对创新的类型和来源，对刺激因素与创新、资源和输出的障碍等进行调查。

4. 巴西

巴西国民账户体系的数据来源于巴西国家地理统计局（Instituto Brasileiro de Geografia e Estatística，IBGE)。2007 年 3 月，IBGE 发布了核算标准与 SNA－1993 更为一致的国民账户体系。该体系汇集了 IBGE 年度调查资料、法人经济财税信息申报（DIPJ）年度信息，加入了经济活动国家分类代码（CNAE)、国际标准行业分类（ISIC rev. 3)、2003 年家庭预算调查数据、1996 年农牧业普查资料。

关于 R&D 支出的数据，巴西不完全按照《Frascati 手册》进行收集。

六、各国专利统计与核算经验总结

R&D 活动和专利活动核算的主要思路是：R&D 无论是作为中间消耗还是作为资本形成，“专利权实体”无论是作为资本还是非生产资产，均将 R&D 过程中发生的各项成本总和作为其产出。各国的 R&D 支出数据直接来自统计机构基于《Frascati 手册》的各种调查数据，基本不需要各国专利机构提供专门的专利统计数据。各国在执行 SNA－1993 和 SNA－2008 核算标准中，对“专利许可”和“专利权实体”的处理差别较大。主要可以归纳为三类。

第一类：“专利权实体”纳入 R&D 并资本化。

以美国、加拿大和欧盟国家等发达国家和地区为代表。这类国家和地区整体经济与 SNA－2008 保持一致，专利权实体作为 R&D 的一部分资本化。作为 SNA－2008 的“固定资本形成”，其统计均以“R&D 支出”为基础进行核算。对专利的统计有出现在 R&D 调查中（例如美国和加拿大)，也有没有出现的 R&D 调查中的（如欧盟)。

第二类："专利权实体"未资本化，R&D资本化。

以澳大利亚和印度为代表。澳大利亚国民经济核算执行的是SNA-2008，而印度国民经济核算执行的是SNA-1993。但两个经济体的共同特点是：R&D按照SNA-2008资本化，而"专利权实体"仍执行SNA-1993的标准，作为非生产资产。

第三类："专利权实体"和R&D均未资本化。

以日本、韩国、南非、俄罗斯和巴西等为代表。这类国家目前实施的是SNA-1993，其R&D支出作为中间消耗，而"专利权实体"作为非生产资产进行核算。

另外，专利无论是单独识别为一项资产还是作为R&D的一部分，在各国公布的核算账户数据中，都并不会单独列出。各国的具体实施办法见表2。

表2 各国对R&D与专利的处理办法总结

SNA版本	R&D处理方法	专利处理方法	对应的国家和地区
执行SNA-2008	对R&D进行资本化。各国均有各自相应的R&D调查	专利属于R&D资产。在R&D调查中并没有涉及专利	欧盟
		专利属于R&D资产。在R&D调查中有部分涉及专利的调查	美国
		专利属于R&D资产。在R&D调查中有部分涉及专利的调查	加拿大
		专利不属于R&D资产，而是非生产资产的一部分。在R&D调查中并没有涉及专利	澳大利亚
执行SNA-1993	R&D作为中间投入。有针对各部门的R&D调查	专利实体作为无形非生产资产	日本
		专利的使用费被视为企业的中间消耗或住户和政府的最终消费支出。有对专利数量进行调查	韩国
	R&D作为中间投入	专利实体作为无形非生产资产。在工业与贸易统计调查下对专利的收入与支付均有调查	南非

续表

SNA 版本	R&D 处理方法	专利处理方法	对应的国家和地区
执行 SNA－1993	采纳 SNA－2008 中的建议将公共部门中的 R&D 支出视为资本支出	专利实体作为无形非生产资产	印度
	R&D 作为中间投入。有针对各部门的 R&D 调查	专利实体作为无形非生产资产	俄罗斯
	R&D 作为中间投入	专利实体作为无形非生产资产	巴西

七、对中国专利统计与核算的建议

根据各国实施 SNA－2008 和 SNA－1993 的经验与专利统计的经验，建议对我国专利产出价值进行核算。其中，“专利权实体”产出采用专利生产活动中的全部投入成本；“专利许可”产出采用“专利使用费支出”。前者作为固定资产进入 GDP 核算，后者作为非生产资产。具体的专利统计建议如下。

1. 开展专利产出核算技术层面的方案设计

（1）明确专利权实体的范围。根据前期研究得出的结论显示，若将专利权实体理解为专有权利，则可包括专利（包括发明、实用新型、外观设计等）、版权、商标、工业设计、特许经营权等。依照我国目前可获得的数据情况，将专利产出的核算范围界定为：发明、实用新型和外观设计。

（2）专利成本的界定与统计。专利成本是指专利产生之前进行专利活动投入所有成本，包括内部支出，即经常性支出和资本支出。建议参照《Frascati 手册》界定专利成本，并分为企业部门、政府部门（包括研究协会）和高等教育部门这三种分类，对“专利成本”信息进行统计。

在国家统计局科技司 R&D 调查中，设计“专利成本”指标，要求调查对象提供，这部分可形成常规统计制度，并进行年度发布。

（3）确定专利费用的核算类别。参考 SNA - 2008 中对知识产权产品的说明，对专利费用的核算类别进行详细的区分。大致可分为三大类：① 专利实体本身的价值是作为固定资产或其他；② 专利的使用权协议若是区分为长期和短期应如何记录，对专利的使用权协议的付费方式不同是否又会影响对费用的记录；③ 对专利转让的记录等。

（4）有效利用专利转让价值行政记录。企业的专利通常可以在市场上进行转让，对于在市场进行交易的这部分专利，如果专利已经转让，则专利价值即为交易当时的市场价格。搜集这部分具有市场价格的专利统计信息。

（5）完善专利活动备案制度。建议对现行专利活动的备案制度进行研究，提出补充措施，以方便以后对专利的核算工作。具体主要有以下两点：① 除在专利申请时获取的资料外，还需要增加哪些信息作为专利活动的备忘项进行补充，需要填报的信息可从《Frascati 手册》入手选取；② 在专利授予之后，专利机构可以采取什么样的行动保证自身对授予专利情况的了解。

2. 核算专利产出占 GDP 的比重

根据 SNA 核算规则的调整，建议核算专利产出占 GDP 的比重，以了解专利对经济总量的贡献。考察创新与知识产权产品对于我国经济发展方式转变的重要影响。

3. 明确专利产出和 R&D 之间的关系

根据我们的研究，部分专利是 R&D 成果的体现，在核算专利产出时需要明确区分专利产出与 R&D 支出，以避免在核算工作中的重复计算或漏算。

目前已知 R&D 产出中受到专利保护的部分 R&D 成果是专利与 R&D 的交集，这部分内容，可以通过对 R&D 活动资料的查询进行区分。此外还有两类：① 没有 R&D 投入的专利产出，若是存在市场交易可直接获得数据，若是不存在市场交易则只能通过专利拥有者或是专利局进行估计；② 无专利产出的R&D投入价值，明确了专利与R&D交集的价值，这部分价值就可直接获得。

4. 加强与国家统计局等有关部门的合作

建议国家知识产权局与国家统计局等有关部门密切合作，对专利产出进行核算。其中，国家统计局国民经济核算司作为GDP核算的机构，已经积累了GDP及其子类的相关数据，作为向SNA-2008调整的数据基础；科技司按照《Frascati手册》，在R&D支出方面积累了大量的调查数据，可以为专利产出的测算提供主要数据来源。

专利作为科技活动成果均出现在R&D资源清查和《中国科技统计年鉴》中。建议以R&D资源清查数据和每年出版的《中国科技统计年鉴》为基础对专利价值型指标进行调整。

5. 在典型地区对专利产出进行试算

在联合国《国民账户体系》的核算规则下，通过对各主要国家有关专利核算与统计经验总结的基础，建议选取典型地区，如北京市海淀区，进行专利产出估算，用以验证专利核算方法的可操作性及有效性，并对实际估算过程中产生的问题进行进一步的研究。

6. 深入开展对专利价格指数、存量计算及价值折旧等方面的研究

专利作为资产需要对它的价格指数进行确定。由于专利的行业性质较为突出，如何使用各行各业的价格指数和平减指数是研究专利价格指数的重点。目前已知，美国对各行各业的R&D的价格指数与平减指数已经给出了较为详细的说明，可供参考研究。

建议我国在现阶段利用专利寿命对R&D的折旧进行估计。R&D资产的折旧率有四种传统方法：专利更新法、生产函数法、折旧法和市场价值法。根据国际经验，尝试使用我国的数据进行试算，比较各方法得出结果的合理性，最终确定最为有效的实施方案。进而估计R&D存量变化，为我国GDP核算与资产负债表的编制提供基础数据。由于R&D折旧和存量的估计更为复杂，涉及的模型和假设较多，需要专门进行讨论。

由于篇幅限制，本文参考文献略。

北京市知识产权（专利）转化运用问题研究和对策建议[*][**]

汪　洪　王淑贤　李　钟　张飞虎

党的十八大提出“加强知识产权保护”的重大命题，三中全会则进一步提出“加强知识产权运用和保护”的指导方针，将知识产权运用工作提升到了新的战略高度。习近平主席考察上海自由贸易试验区时也强调要“完善知识产权运用和保护机制，让各类人才的创新智慧竞相迸发”。为服务北京市知识产权局中心工作，加快北京市专利转化运用工作，2014 年北京市知识产权局启动《北京市知识产权（专利）转化运用问题研究和对策建议》课题。

一、专利转化运用的界定

专利运用是专利事业“创造、运用、保护、管理、服务”五大领域之一，是包括专利实施在内的更加广泛的概念，是指对专利进行各种方式的开发和利用，充分发挥专利的最大价值。其包括“转”和“化”两个部分，“转”是转移，“化”是产品化、商品化与产业化的过程。专利转化运用并无权威概念，笔者认为其是受到科技成果转化概念的影响，进而出现并使用。

经检索相关文献发现，国内对专利转化这一概念并未进行权威界定，国外没有专利转化的提法。专利转化概念是科技成果转化概念在专利领域的具体应用。科技成果转化是科技成果（主要指应用技术成果）流动与演化的过程，包括“转”和“化”两个部分，“转”是科技成果所有权和使用权的转移，“化”是科技成果不断具

[*] 本文获第九届全国知识产权（专利）优秀调研报告暨优秀软课题研究成果三等奖。

[**] 本文为 2014 年北京市知识产权局“北京市知识产权（专利）转化运用问题研究和对策建议”课题研究成果。

体化、产品化、商品化与产业化的过程。专利转化概念也包含转与化两个环节。

本文对专利转化运用做一个简单直观的界定：专利转化运用就是专利的所有权或使用权进行交易之后投入实施和运用的过程，是“转”和“化”的集合。

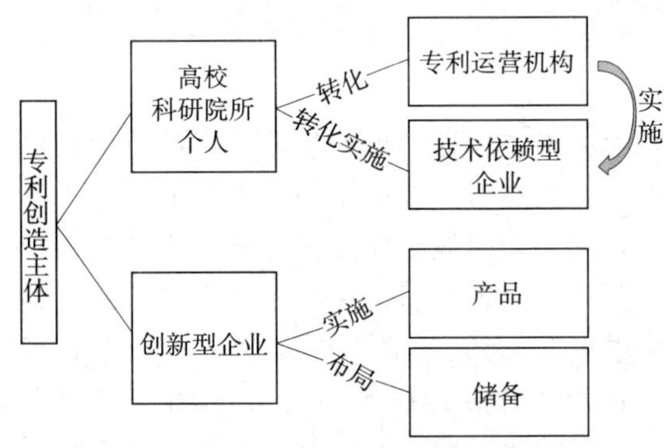

图1　专利转化运用流程

从图1可看出，由于我国创新体制，在创造环节的主要是高校和科研院所，而专利的实施是由企业落实的，那么在专利的实施上首先是一个专利由高校、科研院所向企业的“转”的环节，才能实现企业对专利运用的“化”的结果。

“转”的重要环节在“转化方”（重点是高校、科研院所，也有企业和个人）、“技术依赖性企业”“专利运营公司”三者以及三者之间的关系上。交易是转的体现，充分利用专利的各种属性是化的体现。转是方式、化是目的。

二、专利转化运用模式

专利的历史演进过程历经变化，早期专利权人取得的专利均为单一、零散化的，缺少市场竞争针对性，企业在行使专利权时往往受制于外围专利，因此企业开始有意识地申请专利组合；不同市场主体为消除或减少竞争，把多个专利组合在一起，从而形成专利池；生产者或非生产者企业联合，将特定技术领域的专利汇集起来进行集中管理，专利运营应运而生。

1. 专利池

Patent Pool，中文译为“专利池”，也称“专利联盟”“专利联营”。目前对于专利池的定义还没有统一的形式。本文所谓专利池，指的是两个或多个专利权人协议将其专利集中管理，对内达成互助联合，对外实现特定商业目标的组织，[1]包含入池专利、许可模式、池内成员、合同成员与被许可者五项基本要素。

2. 专利运营

所谓专利运营环节，是指专利运营者对专利进行商业化操作，多维度实现专利价值最大化并追求最大经济收益的技能或途径。通常包括专利投资、专利整合与专利收益。

三、专利转化运用支撑要素

专利转化运用服务链、专利保护、专利价值是专利转化运用支撑体系中的重要元素，探讨专利转化运用服务链的构建与实现、专利保护与专利价值的关联度对实现专利转化运用具有重大意义。

1. 专利转化运用服务链的构建与实现

专利转化运用服务链构建与实现的方式有专利许可、专利转让、专利投资入股、专利质押、专利证券化。（1）专利许可在实务操作中较为成熟，其关键环节包括达成许可意向的环节、许可交易的环节与交易交割手续办理环节。（2）专利转让流程主要包括：确定买方、转让谈判、价格磋商、合同签署和监督实施。（3）专利投资入股的流程及关键环节包括：股东共同签订公司章程，约定彼此出资额和出资方式；办理专利权变更登记及公告手续等。（4）专利质押流程主要包括：专利质押需求确定，银行与合作机构对项目进行初审，评估机构专利价值评估，专利权质押手续办理等。（5）从专利证券化的实践来看，其流程主要包括：专利出售阶段、建立专利资产池阶段、信用评级和增级阶段、证券销售阶段。

---

[1] 徐建，苏琰．专利池的运营与法律规制［M］．北京：知识产权出版社，2013．

2. 专利保护与专利价值

专利保护不但包括专利权人自己的主动保护，也包括授权国的保护。专利权人的主动保护主要是权利人主动申请、获得和维持专利权的行为，比如提交专利申请文件、及时缴纳有关费用、及时识别侵权行为等；授权国的保护主要是指国家通过立法、审批、司法、行政执法等途径维持专利权有效，防止专利侵权和假冒的行为。专利的价值包括其技术价值、经济价值、市场价值、权利价值、私人价值和社会价值等。通常情况下，专利的价值主要指对专利权人通过持有专利的垄断权利，在专利的使用、产品的市场化等过程中所创造的预期收益的价值。

专利长度、专利宽度和执法强度可以作为专利保护强度的指标，用以衡量一国或地区专利保护的强弱。同时，专利保护强度又是专利价值的重要影响因素之一，专利保护强度越大，专利的价值越高。也就是说，专利长度、专利宽度、执法强度这些专利保护强度指标对专利的价值都有正向积极的影响。

四、北京市专利转化运用情况

本部分依托 IncoPat 科技创新情报平台进行检索，通过数据统计分析的方式对北京市专利转化运用情况进行分析，检索截止日期为 2014 年 12 月。

专利转化主要包括专利许可、专利转让以及专利质押。通过统计分析北京市专利许可、专利转让、专利质押等技术转化情况，了解目前北京市技术转化及专利有效利用情况。

1. 专利转化趋势分析

通过统计北京市近五年每年所涉及的专利转让、专利许可和专利质押情况，宏观展现北京市近五年的专利运营情况，从而了解北京市专利运营的关注度及实施力度。

由图 2 可知，北京市涉及专利转化的专利数量由 2010 年的 6 088件，到 2013 年的 13 525 件，增长率为 122.2%。2010 年至 2011 年北京市专利转化有大幅增长，2012 年转让和质押专利增长率有所回落，在 2013 年有较大幅度的增长。许可专利数量在 2012

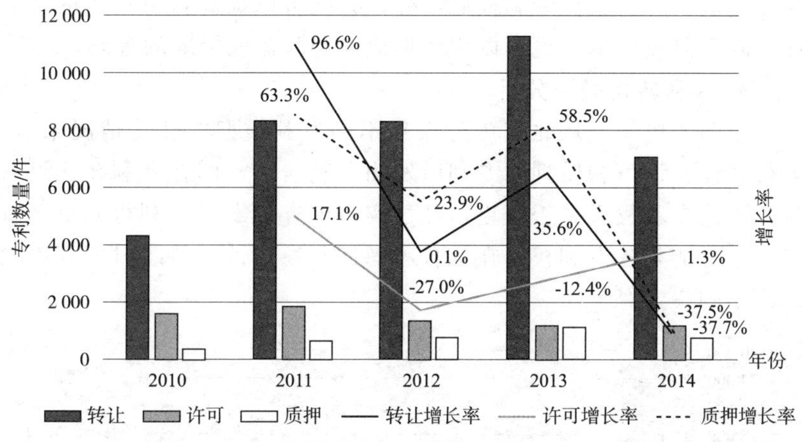

图 2　北京市专利转化趋势

年和 2013 年有所减少，但在 2014 年实现了 1.3％的涨幅。

2. 专利转化种类分析

由图 3 可知，在北京市专利运营转化活动中，专利转让为主流，以 80％的份额稳居榜首；其次是专利许可和质押，专利许可中又以独占专利许可为主流，占据 12％的份额。相对于权利所有权未曾变化，仅拥有使用权的许可而言，对所有权和使用权完整拥有的

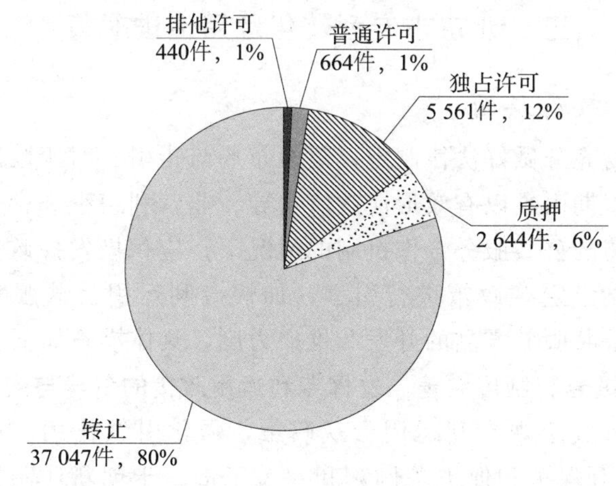

图 3　北京市专利转化种类

转让更被认可。获得专利权后，受让人既可以提高自身技术的全面性，降低研发成本，也可以作为形成专利联盟或标准的筹码。

3. 专利转化类型分析

由图4可知，从北京市近五年不同专利类型的转化情况来看，进行转让、许可和质押的专利以发明专利居多，即在专利转化运营时，无论专利权人是否变更，经过实质审查的发明专利得到更多青睐，这可能是各专利权人在综合考虑权利稳定性、持续时间等因素后作出的决定。

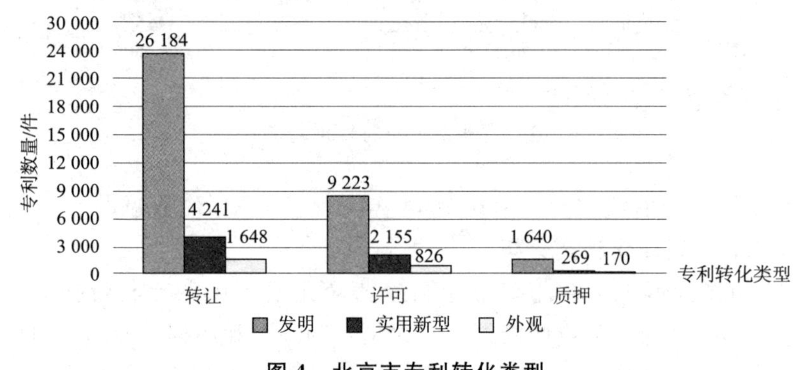

图4 北京市专利转化类型

五、北京市专利转化运用促进对策

（一）政府层面

政府要充分做好法律制定、政策布局与指引。对于政府及国家来说，在短期内难以有效形成政府主导、非营利组织和中介服务机构多方参与的公共服务合作机制的情况下，应积极发挥政府服务职能作用，制定宏观政策进行引领，加快专利运用公共服务平台建设，加大公共服务产品的开发和推广力度，具体措施如下。

1. 推进专利制度完善 发挥专利运用政策的引导与支持

（1）形成宏观专利运用宏观政策，强化引领作用。贯彻落实《北京市专利保护和促进条例》和《关于进一步创新体制机制 加快全国科技创新中心建设的意见》关于促进我市专利运用工作的精神，从鼓励高等院校、科研院所、小微企业开展专利运用工作，鼓励专利运营机构发展、设立专利运营基金等方面形成政策，以引领、鼓励相关主体积极开展专利运用工作，激发市场活力。

（2）建立专利政策体系形成机制，形成政策评估机制，设立政策评估指标体系，确立政策评估的模式、方法等，对政策实施动态管理。制定符合不同产业需求的专利政策，加快行业共性专利技术的推广应用；出台合理有效的专利运用引导与扶持政策，推动制定有利于专利运用发展的金融、税收等方面的扶持政策，鼓励社会力量参与商用化服务业等。

（3）积极参与国家有关法律、法规的修订完善工作。如《公司法》和《公司注册资本登记管理规定》等要求开展评估业务必须由具有评估资格的资产评估机构评估作价，这在实践中限制了专利代理机构的服务范围；建议从不同途径推动修改对专利代理机构拓展业务的进行限制的规定。

2. 完善专利公共服务平台建设

（1）加强专利运营公共服务平台建设。以政府为主导，建设专利运用全链条公益性公共服务平台，为权利人和需求方提供方便可靠的专利许可、转让等运用服务工作。平台承担整合专利交易信息、提供公益性服务、规范服务性标准、开展人才培养、促进业务协作等任务，发挥运营信息枢纽、运营资源整合、政府公共服务实施载体等作用。

（2）加强专利信息公共服务平台建设。专利信息的运用和开发是专利服务业中的重要内容，建设与北京经济发展重点领域及支柱行业相关的专利信息数据库是全面提升北京市专利服务业的一项重要工作，尤其是在“全部领域专利数据库”的二次开发与运用，进一步建设与北京经济紧密相关的专题专利数据库，并实现多数据联机检索、分析和管理平台，为全市相关产业集群提供全方位、专业化的专利检索、战略分析、价值评估和知识产权管理等高端咨询服务提供基础。

3. 强化“无产权不交易”理念　推进专利交易市场建设

专利是技术交易有序进行的前提，是技术产权化的最佳选择，也是当今国际社会知识产权话语体系下的重要角色之一，强化“无产权、不交易”是保障技术交易安全的唯一途径。为此，政府应不遗余力地向社会各界宣传“无产权 不交易”理念。

（1）积极制定有关政策，加快对技术成果的产权化。通过重点扶持数家大型知识产权交易中介服务示范性机构，树立行业标杆。同时，鼓励和支持民间中介服务机构参与市场竞争，丰富和规范专利运用服务。

（2）鼓励建立统一的专利交易平台。政府可通过资金引导，纳入民间资本，来建立并运作专利交易平台。交易平台的建立有利于政府部门加强监管，发挥宏观调控作用。尤其是在互联网高速发展的今天，更应当在充分利用现有有形产权交易市场的基础上，建立、完善和推广专利网络交易市场。通过对质押标的进行分类介绍以服务于专利权质押融资工作，同时通过利用网络信息接受和发布便捷的优势，建立我国知识产权质物交易预警系统。

（3）加强专利交易市场的监管。建立一套评估监管工作业绩的考核体系，这也是提高监管有效性的重要保证。最好是能够成立非政府的产权监管机构业绩评价委员会，定期对知识产权监管机构进行评价，并将评价结果作为对知识产权监管机构进行奖励或者是监管机构人事罢免甚至是进行惩罚的依据。

4. 加强专利运用人才培养

通过建立多层次的知识产权人才培养培训体系，强化专利运用人才的培养。加强知识产权学科建设，鼓励高校尝试在法学、管理学、经济学、外语等学科下设置知识产权二级学科。加强师资培养，通过进修、培养、引进、在职教育等形式，努力建设一支高水平的知识产权师资队伍。鼓励高校、知识产权行业协会等开展针对知识产权从业人员的知识、能力等培训活动。

（二）市场创新与运用主体

1. 发挥高校、科研机构自身积极性

高校和科研机构应成立技术转移管理部门，配置专业人员专门从事知识管理、技术转移等工作，从而来促进高校和科研机构专利产业化或者高校可以选择几家科研力量较强、专利技术成果较多的单位，借鉴国外高校设立“大学技术许可机构”的成功经验，率先创立“大学专利管理中心”，这不仅有利于促进高校的技术创新、技术运用与产业化，也有利于加强高校对公共技术成果的管理工作。

2. 加强高校及科研院所与企业的研发合作

实现高校及科研院所专利产业化的有效方式是采取产学研联盟。前期阶段，高校及科研院所与企业以研究项目为内容进行产学研合作，其技术需求由企业结合市场实际情况提出，促使高校科研院所成为企业的核心研究力量，在高校科研院所科技人员的指导下，企业对专利技术成果进一步展开研究。

3. 减少对高校和科研院所在专利转化过程中的限制

高校及科研院所的专利在转化时国有无形资产的限制是其较大的阻力，建议减少对高校及科研院所在专利实施和专利转化过程中的限制，赋予不涉及国防、军工等国家安全及利益的专利转化自主权，鼓励专利所有权转让，对于高校及科研院所科技成果形成的国有无形资产进行深入评估并促进其转化，让国家拥有的知识产权以市场运作的方式产生增值效益。

4. 完善企业专利管理

（1）企业领导要增强专利管理意识，加强专利管理的战略研究，并与企业业务战略和技术创新工作紧密相结合。不仅要研究专利权的保护，还要把专利管理与企业的技术开发战略和无形资产资本化运作紧密联系起来，创造更大利润，增强企业核心竞争力。

（2）企业要完善专利管理的组织机构和人员设置。设立专门的专利管理部门，配备专门的人员，并受企业决策层的直接领导。这一部门的职能是制定企业专利管理的各项规章制度，并监督其实施情况；负责企业专利的申请、保护工作，开展专利管理的策略研究；负责企业员工的专利知识培训；建立企业内部专利文献“数据库”等。

外观设计专利制度与经济增长的关系研究*

龚亚麟　刘菊芳　杨国鑫　刘　磊　高　佳　林笑跃
赵　亮　张丽红　朱　斌　吴　溯　严若菡　冯　超

一、研究目的

本文将经济增长理论和新古典增长理论中的柯布-道格拉斯生产函数，创造性地应用在外观设计专利制度与经济增长关系的模型中，改变了该函数中单纯的资本和劳动投入的指标定位，使用了更具现实意义的指标来测度外观设计专利制度和经济增长的关系。新建理论模型主要分析讨论了外观专利内部结构之间的影响机制、经济增长的影响机制、外观专利对经济增长的影响机制这三方面内容。

二、外观设计专利制度与经济增长的定量实证研究

（一）理论模型的构建

为了探究外观设计专利对经济增长的影响，我们首先要对其进行理论模型的构建，上述整体影响将用C-D生产函数进行验证，详见图1。

（二）指标体系的构建

在明确模型构建的理论基础后，就要选择合适的测量指标对理论模型中的一些隐变量进行测度，从而可以明确得到各个变量之间的影响关系。

* 本文获第九届全国知识产权（专利）优秀调查研究报告暨优秀软科学研究成果评选三等奖。

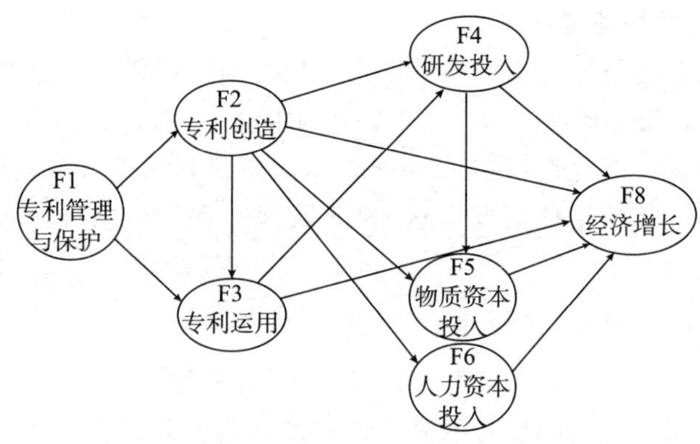

图1　外观设计专利对经济增长的影响机制模型

1. 外观设计制度的测量指标

专利管理和保护作为一个变量，为了评价专利管理与保护是否完善，可以从外观设计专利的诉讼案件数量、无效案件数量、行政执法案件数量等方面进行衡量。

专利创造的强度可以根据专利的数量来体现，结合《国家知识产权战略纲要》及行动计划相关内容，我们从申请量、授权量、有效专利数量这三个方面来衡量外观设计专利创造强度。

同时结合《国家知识产权战略纲要》及行动计划相关内容，拟从外观设计专利的许可的数量和金额、质押的数量和金额来衡量外观设计专利运用强度。

2. 经济增长的测量指标

经济增长的测量指标分别包括研发投入、物质资本投入、人力资本投入和经济增长。可用研究与试验发展（R&D）经费作为研发投入的具体测度指标。这一指标在一定程度上反映了某地区科技活动规模的大小、投入水平和创新能力的高低。物质资本投入一般可用全社会固定资产投资完成额对其进行测度。人力资本投入一般选用平均受教育年限其该指标进行测度。生产总值（GDP）是指一个地区一定时期内新生产的产品和服务价值的总和。地区GDP是衡量一个地区经济增长最主要的指标。

3. 数据处理与描述

根据上述的评价指标体系，我们从时间维度以及空间维度两个层面入手，最终形成了 2008～2013 年中国 31 个省、自治区、直辖市的面板数据。最终选择在 Access 数据库里对数据进行加载和操作。

宏观经济的指标数据可从 wind 数据库和《中国统计年鉴》中直接获取。

（三）结构方程模型的构建和分析

结构方程模型就是证实性因子分析与路径分析的结合：将证实性因子分析作为对隐变量的测量，嫁接到路径分析上，从而使路径分析具有了包含、处理隐变量的能力。路径分析构成结构方程模型的结构模型部分，证实性因子分析构成结构方程模型的测量模型部分。可见，结构方程模型的优势包括：能处理隐变量问题、可以处理复杂关联、可以处理随机误差相关问题以及可包含测量误差。

1. 结构方程模型的确立

我们最终建立并估计了完整的结构方程模型并得到最终的结构方程示意如图 2 所示。

由图 2 可以看到，“专利管理与保护”“专利创造”与“专利运用”三者密切相关。专利管理与保护对专利创造和专利运用都有所影响，且影响系数为正，分别为 0.595 5 和 0.565 6，这说明专利管理和保护强度越大，专利创造数量越多、专利运用率越高，所以我国应该加强对专利的保护和管理制度。但专利创造对专利运用的影响系数比较小，且结果并不显著，我们无法得出专利创造对专利运用有显著影响的结论。

人力资本、物质资本、研发投入、专利创造和专利运用对中国经济增长均有正效应，即人力资本的提高、资本的增加、技术的积累、专利创造力的增强和专利运用率的提高都能有效地推动经济增长。从五个因素对经济增长的直接影响角度来看，物质资本最具影响力，系数为 0.520 7，即物质资本每增加一个标准差，经济增长将提高 0.520 7 个标准差；其次是研发投入，系数为 0.278 1；专利创造、专利运用和人力资本的影响力较小，系数分别为 0.170 4、

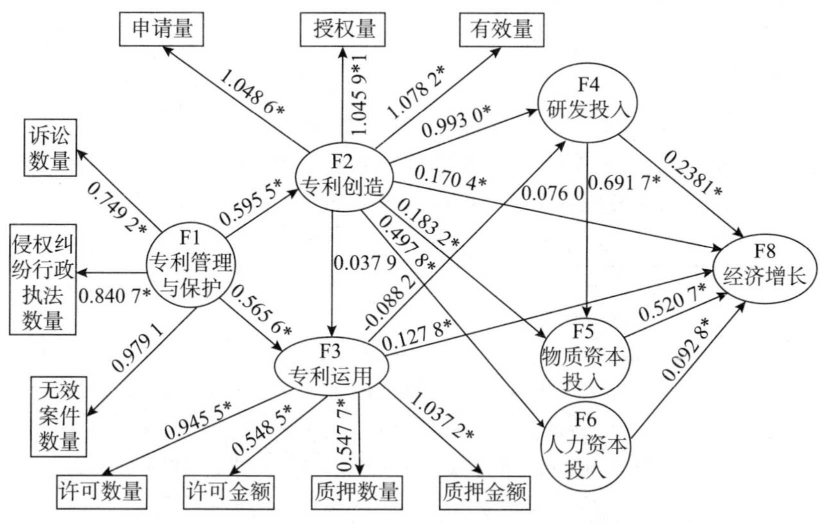

图 2　外观设计专利制度促进经济增长的结构方程模型示意

0.127 8、0.092 8。从对经济增长的间接影响角度出发，专利创造既可通过影响研发投入从而影响经济增长，又可通过影响人力资本投入从而影响经济增长，影响系数分别为 0.993 0 和 0.497 8，说明专利创造对研发投入的影响力更大。而研发投入又可以通过影响物质资本从而影响经济增长，对物质资本的影响系数为 0.691 7，远超对经济增长的直接影响。

从测量系数来看，每个系数的值均不算很小且全部显著，这说明各观测变量对相应的隐变量具有较高的影响系数，观测变量的选择是符合逻辑的。

2. 分区域分析

本节将全国划分为四大区域：东部、中部、西部以及东北，从而进一步考察不同区域的外观设计专利对其经济增长的影响的差异性。具体区域划分如下。

东部地区包括：北京、天津、河北、上海、江苏、浙江、福建、山东、广东和海南；中部地区包括：山西、安徽、江西、河南、湖北和湖南；西部地区包括：内蒙古自治区、广西壮族自治区、重庆、四川、贵州、云南、西藏自治区、陕西、甘肃、青海、宁夏回族自治区和新疆维吾尔自治区；东北地区包括：辽宁、吉林和黑龙江。

基于区域划分的外观设计专利与经济增长结构方程模型的最终结果如表1所示，并对该结果进行分析与比较。

表1　分区域的外观设计专利与经济增长结构方程模型估计结果

影响关系	影响路径	东部地区	中部地区	西部地区	东北地区
外观设计专利制度内部机制	专利管理与保护→专利创造	0.531 5*** (0.091 4)	−0.653 6 (5.160 5)	0.775 6*** (0.104 8)	−0.478 7* (0.135 7)
	专利管理与保护→专利运用	0.401 3*** (0.069 3)	−0.043 2 (0.020 2)	0.514 6* (0.367 9)	−3.469 6* (0.485 3)
	专利创造→专利运用	0.015 8 (0.076 6)	0.165 2 (3.369 7)	0.215 7 (0.417 8)	−2.782 2* (0.807 9)
外观设计专利与要素投入之间的影响	专利创造→研发投入	1.136 1*** (0.093 4)	−3.839 2 (17.538 7)	0.930 6*** (0.109 7)	2.127 4** (0.383 7)
	专利创造→物质资本投入	0.584 9** (0.191 0)	0.422 9 (3.337 7)	0.199 1 (0.100 3)	0.269 0 (0.310 2)
	专利创造→人力资本投入	−0.013 6 (0.167 1)	−0.076 9 (0.623 0)	0.551 0*** (0.105 7)	1.133 5* (0.370 1)
	专利运用→研发投入	−0.202 0 (0.172 5)	3.872 4* (1.651 4)	0.040 5* (0.155 2)	−0.319 8 (0.187 4)
	研发投入→物质资本投入	0.344 6* (0.157 1)	0.389 6* (0.186 4)	0.760 0*** (0.090 8)	0.767 1*** (0.171 2)
外观设计专利对经济增长的直接影响	专利创造→经济增长	0.397 6*** (0.057 6)	−4.087 2 (6.423 2)	0.105 8* (0.091 1)	0.688 7 (0.441 8)
	专利运用→经济增长	0.124 2 (0.105 6)	1.649 4 (6.906 7)	−0.0037 9 (0.108 6)	−0.099 2 (0.091 6)
要素投入对经济增长的影响	研发投入→经济增长	0.256 0*** (0.045 5)	3.332 0 (2.324 8)	0.220 2** (0.048 6)	0.392 2 (0.188 0)
	物质资本投入→经济增长	0.416 4*** (0.055 9)	0.114 7 (0.104 0)	0.633 4*** (0.085 5)	0.193 7 (0.131 2)
	人力资本投入→经济增长	0.053 6 (0.049 6)	−2.872 6 (1.743 3)	0.054 7 (0.046 7)	0.154 1* (0.048 2)

说明：表格中括号内的数字表示的是系数的标准差；*** 表示变量在1%水平显著，** 表示在5%水平显著，* 表示在10%水平显著。

（1）东部地区。

从东部地区的纵向结果可以看到，东部地区的外观设计专利管理与保护、专利创造与专利运用三者密切相关。专利制度对专利创造和专利运用都有所影响，且影响系数为正，分别为 0.531 5 和 0.401 3，说明东部地区的外观设计专利管理与保护发挥了应有的作用，外观设计专利制度整体良性运转。但东部地区的外观设计专利创造对专利运用的影响系数仍比较小且并不显著。

东部地区的外观设计专利创造与专利运用对本区域发展均具有直接的正向的影响，其中外观设计专利创造对行业发展的影响大于专利运用的影响，但相比全国水平而言，东部地区的外观设计专利运用对当地经济增长的影响效果变得更为明显。另外，东部地区的外观设计专利创造对本区域的研发投入、物质资本投入存在正向的刺激作用，从而间接地促进了区域经济的发展，但通过人力资本投入的间接影响路径并不显著；外观设计专利运用通过研发投入的间接影响路径也不显著。

（2）中部地区。

从中部地区的纵向结果可以看到，中部地区的外观设计专利制度的内部机制运转未达预期。专利管理与保护对专利创造和专利运用的影响系数为负但不显著，说明中部地区的外观设计专利管理与保护没有发挥应有的作用。外观设计专利创造对专利运用的影响虽然为正向但不显著。

中部地区的外观设计专利创造与专利运用对本区域发展的影响同样不显著，说明外观设计专利对经济增长的贡献并没有表现出来。其中，外观设计专利运用的影响系数为正，好于影响系数为负的专利创造的影响。从间接影响看，外观设计专利运用通过研发投入对经济增长产生间接刺激作用，而外观设计专利创造通过研发投入与人力资本投入的路径并没有产生间接的促进效果。

（3）西部地区。

从西部地区的纵向结果可以看到，西部地区的外观设计专利管理与保护、专利创造与专利运用三者良性互动，与东部地区类似。专利制度对专利创造和专利运用都有所影响，且影响系数为正，分别为 0.775 6 和 0.514 6，说明西部地区的外观设计专利管理与保护发挥了应有的作用。西部地区的外观设计专利创造对专利运用的影响系数为 0.215 7，但并不显著。

西部地区的外观设计专利创造对本区域发展具有直接的正向的影响，而外观设计专利运用显示为负的直接影响但并不显著。从间接影响看，西部地区的外观设计专利创造对本区域的研发投入、物质资本投入、人力资本投入均存在正向的刺激作用，从而进一步促进了区域经济的发展。另外，虽然外观设计专利运用的直接效应不明显，但其通过研发投入的间接路径影响显著为正。

（4）东北地区。

从东北地区的纵向结果可以看到，东北地区的外观设计专利制度的内部机制运转非常差。专利管理与保护不但没有对专利创造和专利运用产生正向作用，反而产生显著的负向影响。这说明东北地区的外观设计专利制度的体制机制同样成为外观设计专利发展的限制与障碍。

与中部地区类似，东北地区的外观设计专利创造与专利运用对本区域发展的影响同样不显著，外观设计专利对经济增长的贡献并没有表现出来。不同的是，外观设计专利创造的影响系数为正，好于影响系数为负的专利运用的影响。从间接影响看，又与西部地区类似，东北地区的外观设计专利创造对本区域的研发投入、物质资本投入、人力资本投入均存在正向的刺激作用，而外观设计专利运用通过研发投入的间接路径影响为负但不显著。

（5）区域比较。

下面从横向的视角来比较不同区域的外观设计专利对本区域的经济增长的差异情况。

从外观设计专利制度内部机制的表现来看，东部地区的外观设计专利制度内部运转良好；西部地区的外观设计专利制度内部良性互动；中部地区的外观设计专利制度内部运转不畅；东北地区的外观设计专利制度内部运转最差。

从外观设计专利对区域经济的直接效应来看，东部地区的外观设计专利创造与专利运用对本区域发展均具有直接的正向的影响；

而中部与东北地区的外观设计专利创造与专利运用对本区域发展的直接影响不显著；西部地区的外观设计专利创造对本区域的经济增长具有直接的影响，而其他影响均不显著。

从外观设计专利对区域经济的间接效应来看，东部地区的外观设计专利创造通过研发投入与物质资本投入对经济增长存在正向的间接影响；中部地区的外观设计专利创造与运用对经济增长无显著地间接影响；西部地区的外观设计专利创造与运用通过间接路径影响经济增长的效果更强；东北地区的外观设计专利创造对本区域的间接影响机制与西部地区类似，但并不显著。

（四）外观设计专利与经济增长的C－D生产函数

柯布-道格拉斯生产函数（Cobb-Douglas Production Function）是经济学中使用最为广泛的生产函数，通常简称为C－D生产函数。具体地，在技术经济条件不变的情况下，产出与投入的劳动力和资本的关系可以表示为：

$$Y = AK^{\alpha}L^{\beta}$$

其中，Y表示产量，A表示技术水平，K表示投入的资本量，L表示投入的劳动量，α与β分别为K与L的产出弹性，当资本增加1%时，产出平均增长α%；当劳动力增加1%时，产出平均增长β%。

C－D生产函数的提出，使生产理论从抽象的纯理论研究转向了面向实际生产过程的经验型分析，为现代经济学的发展奠定了良好的基础，后来的研究者在C－D函数上做了大量的改进性工作。

由于C－D生产函数的代表性，在采用结构方程模型进行实证研究的同时，我们也对外观设计专利进行了C－D生产函数的构建。立足于外观设计专利的视角，本研究在C－D生产函数的基础上，将外观设计专利作为一种重要的生产要素也放进C－D生产函数中，以重点突出并考察外观设计专利对经济的影响与贡献。包含外观设计专利要素的C－D生产函数形式可以表示为：

$$A = AK^{\alpha}L^{\beta}P^{\gamma}$$

其中，P表示有效外观设计专利的存量，γ表示外观设计专利的产出弹性，即当有效外观设计专利增加1%，产出平均增长γ%。需要特别说明的是，由于在C—D生产函数中，资本K与劳动力L都是存量的概念，而外观设计专利作为与之并列的生产要素，也应该是存量形式。因此，根据模型含义与现有数据，选择有效专利数量这一存量指标作为外观设计专利生产要素的表现。资本量K依然选择固定资产投入这一指标，劳动力L则选择平均受教育年限这一替代指标。产出γ则选取GDP这一指标。

在模型估计时，一般将C-D生产函数化为线性形式，即两边取对数，将上述模型化为如下形式：

$$\ln Y = \ln A + \alpha \ln K + \beta \ln L + \gamma \ln P$$

结合上述指标数据，利用最小二乘法的估计方法，将参数α、β、γ估计得到。具体模型结果如表2所示。

表2　外观设计专利与经济增长的C-D模型估计结果

Dependent variable	Fixed Effect Model
	$\ln Y$
$\ln K$	0.754*** （0.027 6）
$\ln L$	1.171*** （0.157 0）
$\ln P$	0.170*** （0.012 6）
constant	−0.273（0.408 3）
R−sq（overall）	0.927 9

注：***在1%的水平上显著，**在5%的水平上显著，*在10%的水平上显著。

从模型结果可以看到，资本、劳动与外观设计专利的系数均为正并且是非常显著的，与理论预期一致。其中，资本的产出弹性为0.75%，劳动的产出弹性是最大为1.17%，外观设计专利的产出弹性为0.17%，即外观设计专利有效存量增加1%，GDP增加0.17%，外观设计专利对宏观经济的贡献已较显著。

（五）实证研究结论

1. 外观设计专利对经济增长的影响

（1）直接影响。从外观设计专利的C—D生产函数看，资本、劳动与外观设计专利的系数均为正并且是非常显著的，与理论预期一致。其中，资本的产出弹性为0.75%，劳动的产出弹性是最大为1.17%，外观设计专利的产出弹性为0.17%，即结论为：外观设计专利有效存量增加1%，GDP增加0.17%，外观设计专利对宏观经济的贡献已较显著。

(2) 间接影响。从整体结构方程模型中看，人力资本、物质资本、研发投入、专利创造和专利运用对中国经济增长均有正效应，即人力资本的提高、资本的增加、技术的积累、专利创造力的增强和专利运用率的提高都能有效地推动经济增长。

因此从对经济增长的间接影响角度出发，专利创造既可通过影响研发投入从而影响经济增长，又可通过影响人力资本投入从而影响经济增长，影响系数分别为0.993 0和0.497 8，说明专利创造对研发投入的影响力更大。而研发投入又可以通过影响物质资本从而影响经济增长，对物质资本的影响系数为0.691 7，远超对经济增长的直接影响。

可以得出结论，外观设计专利创造通过影响研发投入间接显著地影响经济增长；外观设计专利创造通过影响人力资本投入间接显著地影响经济增长；外观设计专利创造通过影响物质资本投入间接显著地影响经济增长；外观设计专利创造通过影响研发投入，研发投入通过影响物质资本投入，间接显著地影响经济增长。

2. 分区域看外观设计专利对经济增长的影响

东部地区相比全国水平而言，外观设计专利制度良好，无论是直接影响还是间接影响，均能较好地发挥对经济增长的促进作用。但东部地区外观设计专利创造和外观设计专利运用通过人力资本投入对经济增长的间接影响路径并不显著，意味着在与外观设计专利相关的人力资本投入方面还有提升空间，例如，更进一步重视企业中的设计师投入，企业知识产权管理人员的投入等。

从定量研究的结果看，中部地区的外观设计专利制度整体运行情况不及全国水平，其主要因素是外观设计专利制度内部运行存在一定问题，尤其表现为外观设计专利管理与保护没有发挥应有的作用，并因此可能影响到外观设计专利创造和外观设计专利运用对经济增长的直接影响。并一定程度上影响到外观设计专利创造通过研发投入和人力资本投入对经济增长的间接影响。根据前景理论，这可能是由于外观设计专利制度运行的不足，尤其是外观设计专利管理和保护的不足，使中部地区企业对未来前景的预期信心不足，因而不敢加大研发投入和人力资本投入，从而导致无法对经济增长产生显著的间接促进影响。中部地区在外观设计专利制度方面的表现，和中部地区的经济发展阶段不匹配。对于具有一定经济实力的中部地区，应当更重视外观设计专利制度。这一方面需要企业自身加大对外观设计专利管理和保护的意识，另一方面需要当地政府和司法系统加大对外观设计专利的管理和保护力度。

中部地区应当加大外观设计专利管理和保护的强度，从而使外观设计专利制度能有效运行，促进多个影响路径有效发挥作用。值得注意的是，中部地区在外观设计专利运用上，却能通过促进研发投入对经济增长产生间接影响，这可能意味着中部地区在外观设计专利的质押许可方面有一些有益的尝试，并有一定的效果，这方面应该继续加强。

西部地区虽然经济体量不大，但外观设计专利制度运行较好，外观设计专利管理与保护对专利创造和专利运用都有正向影响。

从直接影响看，西部地区的外观设计专利创造对本区域发展具有直接的正向的影响，而外观设计专利运用显示为负的直接影响但并不显著。这意味着外观设计专利制度能发挥作用，但仍处于依赖外观设计创造的初级阶段，还未能充分发挥外观设计专利运用对经济增长的作用。未来还需要进一步重视外观设计专利运用。

从间接影响看，西部地区的外观设计专利创造对本区域的研发投入、物质资本投入、人力资本投入均存在正向的刺激作用，从而进一步促进了区域经济的发展。相较于东部地区以直接影响为主，外观设计专利运用在西部地区主要通过间接路径影响经济发展。未来还需要进一步重视外观设计专利创造和运用，以促进外观设计专利制度对经济增长的直接影响。另外，虽然外观设计专利运用的直接效应不明显，但其通过研发投入的间接路径影响显著为正。

东北地区的外观设计专利制度的内部机制运转较差，专利管理与保护不但没有对专利创造和专利运用产生正向作用，反而产生显著的负向影响。这意味着东北地区的外观设计专利制度需要得到整体性的重视和提高，而外观设计专利管理保护的加强是基础。外观设计专利的创造、运用、管理、保护作为知识产权战略的四个重要方面，缺一不可，均需要得到充分的重视。这和东北地区的产业结构可能有一定关系，但更重要的是应该通过进一步的宣传推广，让政府、司法机构和企业，均能更重视外观设计专利制度，使其充分发挥作用，促进经济增长。

从直接影响看，东北地区的外观设计专利创造与专利运用对本区域发展的影响同样不显著，外观设计专利对经济增长的贡献并没有表现出来。这和外观设计专利制度的内部运转机制较差有关。

从间接影响看，又与西部地区类似，东北地区的外观设计专利创造对本区域的研发投入、物质资本投入、人力资本投入均存在正向的刺激作用。由此可见东北地区在间接影响方面还略优于中部地区，可以从加大对间接影响的重视力度做起，逐步完善外观设计专利制度，促进经济增长。

三、结　　论

本研究开创了外观设计专利制度与经济增长之间关系研究的新模式，从定性和定量的角度，诠释了外观设计专利制度对经济增长促进的机制，为今后加强外观设计专利制度对经济发展贡献的相关研究奠定了基础。本课题主要从宏观的角度进行研究，结合了中观区域的数据模型统计，为今后从宏观、中观、微观三个维度全面解析外观设计专利制度的经济价值提供了参考模式，相信必将进一步促进我国外观设计专利制度的健康发展。

振兴东北老工业基地知识产权政策研究*

王姣娥　金凤君　宋周莺　马　丽　张志成
崔海瑛　张建军　姬　翔　王延晖　李　伟

一、东北地区知识产权发展现状

（一）东北地区知识产权资源概况

自东北老工业基地振兴政策实施以来，东北地区的大部分知识产权资源总量增加迅速（见图 1）。截至 2012 年年底，东北三省的专利申请量和授权量分别为 80 933 件和 47 421 件，分别是 2004 年的 3.5 倍和 4 倍。商标申请量和商标注册量分别为 55 613 件和 33 790 件，分别是 2004 年的 1.9 倍和 2.9 倍。其中，驰名商标达到 103 件，是 2004 年的 11.4 倍。2012 年，东北三省在工业和信息化部软件产品登记备案公告的件数是 978 件，已注册的地理标志达到 123 件，2011 年的作品登记量和版权合同登记量分别是 10 497 件和

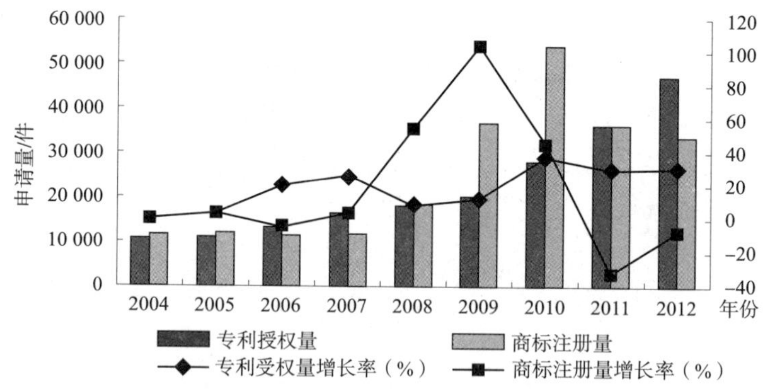

图 1　2004～2012 年东北三省专利授权量、商标注册量的变化趋势

* 本文获第九届全国知识产权优秀调研报告暨优秀软科学研究成果三等奖。

1 067件。此外，东北地区拥有丰富的世界遗产和非物质文化遗产资源、人类非物质文化遗产及国家级非物质文化遗产。

除植物新品种外，东北地区的各类知识产权资源占全国比重均较低，低于其人口和经济规模在全国的相应地位，发展较为落后。从人均水平分析，东北三省知识产权的人均拥有水平和单位GDP占有量均低于全国平均水平。从人均专利授权量分析，东北地区每百万人的专利授权量337件，略高于中部和西部地区，约为全国平均水平的51%和东部地区的25.4%；每百万人有效商标注册量也相对较低，分别为全国和东部地区的65.2%和34.3%。总而言之，东北地区人均知识产权资源的数量低于东部地区和全国平均水平，并远低于其经济和人口规模的全国占比。

（二）东北地区知识产权资源的行业分布

与全国相比，东北地区专利资源的行业分布更为均衡，但仍然具有较高的行业集中度。其中，专利资源总量上的优势主要集中在专用设备制造业、仪器仪表制造业，占专利资源总量的比重分别达到19.9%和18.7%；其次为通信设备/计算机制造业、交通运输设备制造业、化学原料及制品制造业、金属制造业和电器机械及器材制造业等，其占比均在5%以上。但与全国分析比较发现，即以东北地区某行业的专利资源占东北地区总专利资源的比重与全国该行业的专利资源占全国总专利资源的比重之差分析发现，东北地区的专用设备制造业高出全国14.4%，仪器仪表制造业和交通运输设备制造业高出全国5%以上，为在全国具有专利资源优势的行业。因此，无论从专利资源存量还是与全国比较，东北地区的专用设备制造业、仪器仪表制造业、交通运输设备制造业、金属制品业等领域具有较大的优势；而通信设备、化学原料及制品制造业、电器机械及器材制造业、医药制造业等领域，虽然占东北地区专利资源存量的比重较大，但均低于全国同行业的占比，尤其是通信设备和化学原料制造业。

（三）东北地区知识产权资源的空间分布

东北地区的知识产权资源在空间上呈集聚状态，且集聚程度超过GDP和人口的空间分布特征。从省区分析，专利资源、商标、版权、集成电路布图设计及地理标志，均主要集中在辽宁省。单从专利资源分析，过去十年辽宁省一直保持占东北地区专利资源总量的55%～57%；其次为黑龙江省，其专利资源比重从2003年的26.8%上升至2012年的29.3%；吉林省所占专利资源总量的比重最低，且份额呈下降趋势，从2003年的16.4%下降为2012年的15.6%。从城市分析，东北地区的知识产权资源空间分布的差距巨大，主要集中在沈阳、大连、长春、哈尔滨四个城市，其专利资源总量从2003年的占东北地区的53.9%上升至2012年的60.2%，这表明东北地区的专利资源量在空间上不断向四大城市集聚，且其集聚程度超过GDP（48.8%）和城镇人口（34.8%）分布的空间格局。2011年这四个城市的商标注册量占东北地区的31.2%，驰名商标占51.3%，地理标志占14.6%。其中，地理标志的空间分布相对较为均衡。如图2所示。

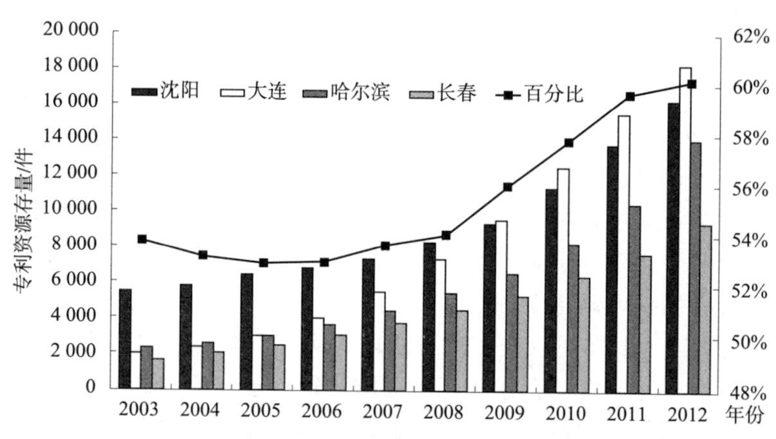

图2　四大城市的专利资源分布及占东北地区的比重变化

二、知识产权与社会经济发展耦合分析

考虑到数据的波动性，研究采用2007～2011年GDP平均值和年均有效专利资源量分别代表东北地区的经济发展水平和知识产权发展水平。根据东北地区36个城市的人均GDP和人均专利产出水

平，将东北地区的城市分为四类（见表1），并在四个象限中分别进行表示。

表1　东北地区经济发展与知识产权发展水平匹配关系

类别	指标	数量	名称
发展较好型	人均 GDP ＞ 33 574 元；人均专利资源＞5.32 件/百万人	6	大连、沈阳、鞍山、长春、盘锦和大庆
经济欠发展型	人均 GDP＜ 33 574 元；人均专利资源＞5.32 件/百万人	1	哈尔滨
发展落后型	人均 GDP＜ 33 574 元；人均专利资源＜5.32 件/百万人	24	阜新、丹东、锦州、延吉州、牡丹江、佳木斯、通化、葫芦岛、七台河、铁岭、伊春、鹤岗、齐齐哈尔、双鸭山、辽源、鸡西、四平、白山、松原、大兴安岭地区、白城、黑河、朝阳和绥化
知识产权欠发展型	人均 GDP＞33 574 元；人均专利资源＜5.32 件/百万人	5	本溪、营口、吉林、辽阳、抚顺

注：2007～2011 年东北地区五年来的人均 GDP33 574 元，人均专利资源为 5.32 件。

三、知识产权与产业发展耦合分析

依据东北地区各行业的有效专利存量数据及其产业发展区位熵，判断其产业发展优势及专利发展水平。

（一）单位产值的专利资源存量 vs. 产业区位熵

基于东北地区的工业发展及专利发展水平和态势，对其进行分类。根据单位工业产值的 GDP 产出水平及产业区位熵，将各产业分为四类。

第一象限：优势型产业。产业发展在全国层面具有优势地位，单位产值的专利产出水平较高。共有两个产业，包括专用设备制造业和医药制造业。但若与全国相比较，专用设备制造业的专利产出水平非常高，但医药制造业的专利产出水平相对较低。

第二象限：产业欠发展型。产业发展在全国层面不具有优势，单位产值的专利产出水平较高，但知识产权的转换水平较低。未来可以通过知识产权的发展，来提高其产业的优势。共有六个产业，包括仪器仪表及文化办公用机械制造业，通信设备、计算机及其他电子设备制造业，金属制品业，电器机械及器材制造业，纺织业和化学原料及化学制品。

第三象限：劣势型产业。产业发展和专利产出水平均不具有优势。共有八个产业，包括造纸及纸制品业、化学纤维制造业、服装/鞋/帽制造业、有色金属冶炼及压延业、电力热力生产和供应、烟草制造业、煤炭开采和洗选业、有色金属矿采选业。

第四象限：知识产权欠发展型。产业发展在全国层面具有优势，但其专利产出水平较低，说明这些产业对知识产权的重视程度不够。未来有待于通过政策、宣传等加强其知识产权的产出水平，以加强其在全国的产业地位。第四象限共有 11 个产业，包括石油和天然气开采业，黑色金属矿采选业，石油加工/炼焦及核燃料加工业，农副食品加工业，交通运输设备制造业，通用设备制造业，非金属矿采选业，非金属矿物制品业，黑色金属冶炼，食品制造业和饮料制造业。

总之，东北地区既具有产业优势，又具有较高知识产权产出水平的产业较少，仅包括专用设备制造业和医药制造业。1/3 以上的产业既没有产业优势又没有知识产权优势，接近一半的产业虽然具有较好的专利产出水平，但其产业优势却并未凸显。

（二）专利资源存量 vs. 产业产值

基于专利资源存量区位熵的分析，主要是比较东北地区该产业的专利资源在全国同行业专利资源中的重要性。根据专利资源及产业区位熵，将东北地区的产业分为四类，详见表 2。

因此，从产业专利资源的横向比较分析，东北地区的专用设备制造业、医药制造业属于产业优势较为明显的行业。即这两个行业在全国既具有产业优势，同时与东北其他行业比较，又具有专利优势。如果从东北地区产业专利资源与全国的纵向比较分析，则东北地区的石油和天然气开采业、黑色金属矿采选业、交通运输设备制

表2　基于全国比较优势的东北地区产业和知识产权类型划分

类别	指标	数量	名称
优势型产业	产业区位熵＞1；专利资源区位熵＞1	6	石油和天然气开采业、黑色金属矿采选业、交通运输设备制造业、非金属矿采选业、专用设备制造业、黑色金属冶炼及压延加工业
产业欠发展型	产业区位熵＜1；专利资源区位熵＞1	6	电力、热力的生产和供应、金属制品业，煤炭开采与洗选业，服装、鞋、帽制造业，造纸及纸制品业，仪器仪表及文化办公用机械制造业
劣势型产业	产业区位熵＞1；专利资源区位熵＜1	7	石油加工、炼焦以及核燃料加工业，农副食品加工业，通用设备制造业，医药制造业，非金属矿物制品业，食品制造业，饮料制造业
知识产权欠发展型	产业区位熵＞1；专利资源区位熵＜1	8	有色金属矿采选业，化学原料及化学制品制造业，电气机械及器材制造业，有色金属冶炼及压延加工业，烟草制造业，化学纤维制造业，通信设备，计算机及其他电子设备制造业纺织业

造业、非金属矿采选业、专用设备制造业、黑色金属冶炼及压延加工业在全国层面既具有产业优势，又具有专利优势。详见表3。因此，通过上面的分析可以得出以下结论：(1) 无论是东北地区内部行业的横向比较还是全国层面的纵向比较，东北地区的交通运输设备制造业、专用设备制造业在产值规模、产业区位熵以及专利资源存量及全国比较方面均具有优势，属于东北地区毫无疑问的产值优势产业和知识产权优势产业。(2) 医药制造行业在东北地区虽然横向比较具有专利优势，但其专利资源与全国其他地区比较的话，并不明显，且弱于全国平均水平。(3) 石油和天然气开采业、黑色金属矿采选业、非金属矿采选业、黑色金属冶炼及压延加工业等行业在全国层面既具有产业优势又具有专利资源的优势，但这些行业与东北地区其他行业比较，其专利产出水平并不高，这可能是由于行业本身的特性决定的。

（4）农副食品加工业、石油加工、炼焦及核燃料加工业、通用设备制造业、非金属矿物制品业等主导行业的专利资源并不富集。

表3　东北地区按类别划分的前十个行业

序号＼类别	产值规模	产业区位熵	专利富集行业	专利优势行业（单位产值的专利产出）	专利优势行业（专利资源区位熵）
1	交通运输设备制造业	交通运输设备制造业	专用设备制造业	交通运输设备制造业	电力、热力的生产和供应
2	农副食品加工业	石油和天然气开采业	仪器仪表制造业	仪器仪表及文化办公用机械制造业	石油和天然气开采业
3	黑色金属冶炼及压延加工业	黑色金属矿采选业	通信设备、计算机制造业	专用设备制造业	煤炭开采与洗选业
4	石油加工、炼焦以及核燃料加工业	石油加工、炼焦以及核燃料加工业	交通运输设备制造业	通信设备、计算机及其他电子设备制造业	服装、鞋、帽制造业
5	通用设备制造业	农副食品加工业	化学原料及制品制造业	金属制品业	交通运输设备制造业
6	化学原料及化学制品制造业	通用设备制造业	金属制品业	医药制造业	专用设备制造业
7	电力、热力的生产和供应	非金属矿采选业	电气机械及器材制造业	电气机械及器材制造业	造纸及纸制品业
8	非金属矿物制品业	医药制造业	文教体育用品制造业	纺织业	仪器仪表及文化办公用机械制造业

续表

类别 序号	产值规模	产业区位熵	专利富集行业	专利优势行业（单位产值的专利产出）	专利优势行业（专利资源区位熵）
9	石油和天然气开采业	专用设备制造业	医药制造业	化学原料及化学制品制造业	金属制品业
10	专用设备制造业	非金属矿物制品业	开采辅助活动	食品制造业	非金属矿采选业

四、城市与产业分类

（一）城市分类

综合对东北地区各地级市的经济、人口及专利方面的分析结论，基于城市人口、城市经济规模、专利产出量及知识产权贡献率等参数，可以将东北地区的36个城市分为以下四类：

一是发展优势型城市。共六个城市，包括沈阳、大连、长春、大庆、鞍山和盘锦。

二是经济欠发展型。共两个城市，包括哈尔滨和营口。

三是知识产权欠发展型。共两个城市，包括吉林、抚顺、本溪。

四是发展劣势型城市。共26个城市，包括辽阳、松原、阜新、丹东、锦州、延吉州、牡丹江、佳木斯、通化、葫芦岛、七台河、铁岭、伊春、鹤岗、齐齐哈尔、双鸭山、辽源、鸡西、四平、白山、松原、大兴安岭地区、白城、黑河、朝阳和绥化。

（二）产业分类

基于知识产权贡献率的分析，综合产业规模、产业区位熵、各产业的专利资源富集程度和专利资源优势等参数，可以将东北地区的产业分为以下12类：

一是产值规模大且具有产业优势，专利资源富集且具有专利优势的行业。包括交通运输设备制造业和专用设备制造业。其中交通运输设备制造业中汽车行业的优势更为明显，火车、船舶、航天等运输设备制造业也较为发达。专用设备制造业的产业优势不如专利资源优势明显。

二是产值规模大且具有产业优势，专利资源不富集但具有专利优势的行业。包括石油和天然气开采业、黑色金属冶炼及压延加工业。该类行业主要是由于其产业特性决定，即单位产值的专利产出低于其他行业的平均水平，且主要为原材料依赖性行业。

三是产值规模大且具有产业优势，但专利资源不富集且不具有专利优势的行业。包括农副食品加工业、石油加工、炼焦以及核燃料加工业、通用设备制造业、非金属矿物制品业。

四是产值规模大但不具有产业优势，专利资源富集但专利优势不明显的行业。包括化学原料及化学制品业。

五是产值规模大但不具有产业优势，专利资源不富集但具有专利优势的行业。包括电力、热力的生产和供应。

六是产业规模不大但具有产业优势，专利资源富集但专利优势不明显的行业。包括医药制造业。

七是产业规模不大但具有产业优势，专利资源不富集但具有专利优势的行业。包括黑色金属矿采选业、非金属矿采选业。

八是产业规模不大但具有产业优势，专利资源不富集且不具有专利优势的行业。包括食品制造业、饮料制造业。

九是产业规模不大且不具有产业优势，专利资源富集但专利优势不明显的行业。包括通信设备、计算机及其他电子设备制造业，电气机械及器材制造业。该类行业主要是由于其产业特性决定，即单位产值的专利产出高于其他行业的平均水平，从而导致其专利资源总量较多，但并不具有优势。

十是产业规模不大且不具有产业优势，专利资源富集且专利优势明显的行业。包括金属制品业、仪器仪表及文化办公用机械制造业。

十一是产业规模不大且不具有产业优势，专利资源不富集但专利优势明显的行业。包括煤炭开采与洗选业、服装、鞋、帽制造业、造纸及纸制品业。这些行业单位产值的专利产出水平一般较低，说明东北地区在煤炭开采与洗选业方面具有技术优势。

十二是不具有任何优势且产业规模不大的行业。包括有色金属冶炼及压延加工业、有色金属矿采选业、烟草制造业、纺织业、化学纤维制造业。

结合以上分析，东北地区未来的发展应该注意以下几点：一是继续保持交通运输设备制造业、专用设备制造业、石油和天然气开采业、黑色金属冶炼及压延加工业的发展势头，强化其专利资源的创造和转化，继续保持优势地位。二是加强优势产业农副食品加工业、石油加工、炼焦以及核燃料加工业、通用设备制造业、非金属矿物制品业、食品制造业、饮料制造业等的知识产权创造能力，以促进产业的升级改造。三是提升医药制造业的专利产出水平，从而扩大产业规模，提升其产业竞争力。四是适当发展专利资源富集且具有优势的行业如金属制品业、仪器仪表及文化办公用机械制造业，加强其专利转化水平，从而促进产业的发展。五是继续提高通信设备、计算机及其他电子设备制造业，电气机械及器材制造业等的专利创造和转化水平，扭转其低于全国同行业平均水平的地位。

知识产权融入经济发展的政策路径研究报告* **

杨　晨　荆宁宁

伴随我国创新驱动发展战略的深入实施和知识产权强国建设目标的确立，迫切需要相关政府主管部门的知识产权管理目标由注重创量提速转向提升质量效益，切实发挥知识产权（尤其是专利）对产业转型升级的“顶梁柱”（非“水中月”“镜中花”）效能，而这依仗政府主管部门遵循产业转型升级的内在规律及其对知识产权政策集异质性诉求，施行知识产权政策路径的动态优化。就江苏省近年来知识产权融入经济发展的政策实践而言，知识产权相关部门以政策工具为抓手，着力于高价值专利、知识产权密集型企业及产业的培育，构建多层次、多主题、多维度的“政策集”，取得了专利大省建设的显著成效。然而，上述多样化政策集的实施在跨界联动合力及系统效能尚未凸显。据此，课题组以专利政策文本为研究范畴，以“市场驱动主导、政府引导支持、调适政策诱导、匹配效能评价”为主题思想，以“理论基础分析—分析框架构建—政策比对分析—政策路径设计”为研究主线，尝试在明晰政策集作用路径基础上，诊断其系统效能未能形成的瓶颈因素及揭示其根源，探索贴切产业发展需求的融入政策路径，以求凸显专利对江苏经济发展正资产、正能力等“顶梁柱”效能。并为其他省份和地区的实践提供借鉴或推广的经验。

---

* 本文获第九届全国知识产权（专利）优秀调查报告暨优秀软科学研究成果三等奖。

** 本文为2014年江苏省知识产权局软科学研究项目“知识产权融入经济发展的政策路径研究”部分研究成果。

一、理论创新的研究结论

课题组根据研究的主题思想，在分析现有文献的基础上，提出了融入政策路径的概念模型、融入政策路径的作用机理、政策解读线索和融入政策路径类别等理论创新。

（一）融入政策路径内涵的解析

课题组以行为学为指导，构建融入政策路径的概念模型，并运用文献推演法明晰融入政策路径的概念。

1. 构建概念模型

有关知识产权融入产业经济发展的政策路径文献鲜有。前人认为路径由一个或多个直线或曲线段组成，亦指通径、道路、方法，或指通向某个目标的道路或方法。课题组提出：政策路径，是指为实现政策目标，组织立足于政策适用环境，匹配有向性的政策功能、政策资源和政策手段等组合要素，形成集成效能的链式过程。以行为学为指导理论，知识产权融入经济发展路径的本质为：一是从“策略方法——单点”到“作用点＋方法手段——多点”，再到“功能点＋资源配置＋运行机制安排——链式衔接、效能叠加”不断演化完善的过程；二是作为政策路径子集的融入政策路径，实质上是知识产权（专利）政策与产业政策耦合的抽象，是政府针对产业发展的差异性诉求，运用专利政策支撑产业经济发展、促进产业转型升级配置系列性政策措施的行为过程。据此，课题组建立了融入政策路径的概念模型，见图1。

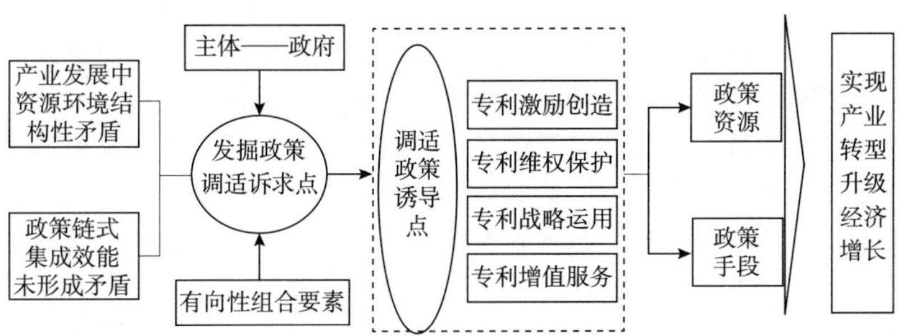

图1　融入政策路径的概念模型

2. 解析界定和特征

根据对融入政策路径的本质认知和已构建的概念模型，课题组提出融入政策路径的概念：是指政府立足于产业发展中资源和环境的双约束结构性问题、多元化专利政策及其尚未有效发挥支撑产业发展系统效能的冲突性问题，发掘政策调适的诉求点，再以专利激励创造、专利维权保护、专利战略化运用和专利增值性服务等为政策诱导点（链式政策融入“结点”）；配置项目培育、载体建设和激励机制等政策资源和配套衔接的政策手段，以跨部门协同推动专利融入产业发展形成集成效能的组合过程。

在概念界定的基础上，课题组归纳融入政策路径的特征。政策路径具有连续性、有向性、预效性等特征，融入政策路径作为政策路径的子集，既具有政策路径的共性特征，又具有其个性化特征（产业知识调控性、利益均衡性、诉求差异性、相机调适性）。

（1）产业知识调控性。就同一产业而言，相关企业可以快捷低成本地利用产业集聚区信息或产业共性技术平台的知识资源、数据信息库、检测实验仪器等进行研发创新活动，产业知识的外溢性增强，易造成业内创新成果可毫无代价地被他人模仿，抑制创新者的持续性研发投入。可见，融入政策路径亟须对接产业知识外溢性的现状，嵌入专利政策元素，以此化解创新成果作为公共产品带来外部性的负面影响。

（2）利益均衡性。主要表现为融入政策路径需要平衡局部企业利益与整体产业利益，以及前端创新技术价值与后端创新应用的市场价值。

（3）诉求差异性。不同产业因其行业特点、创新形态以及技术创新规律的差异性，使其在专利确权控技、维权保护、用权增值和管理服务等环节都存有差异性诉求。据此，融入产业经济发展的专利政策措施配置应当以产业的差异化需求为基础。

（4）相机调适性。融入政策的有效性源自于正确认知政策的适用环境及产业发展异质性诉求、科学遴选产业层的政策诱导点（融入结点）、有效匹配操作层政策资源、政策工具（融入保障措施）等。其中融入结点和保障措施模块的内容和耦合关系是伴随组织战略意图的跟进、政策目标指向动态调整而相机调适的。

（二）融入政策路径作用机理的探析

课题组以组织战略适配理论模型为指导理论，创新地构建了融入政策路径的 ESRP 模型分析框架，并解析了分析框架各模块之间的作用机理。

1. 构建 ESRP 模型

课题组以 Henderson（1992）和 Venkatraman（1993）的组织战略适配理论模型为指导理论，遵循 ESRP（环境—战略—资源—绩效）模型，构建了融入政策路径作用机理图，见图 2 所示。

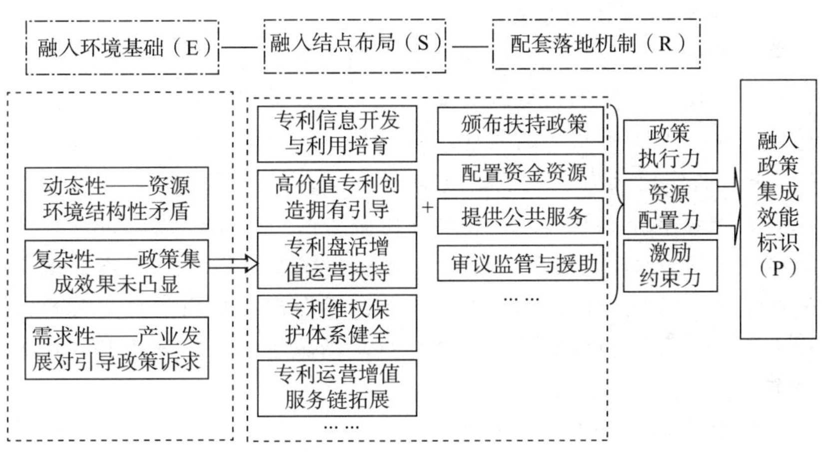

图 2 融入政策路径作用机理

2. 解析作用机理

有关融入政策路径的作用机理如下：融入政策路径的设计须把脉产业发展环境动态性、复杂性和需求性等内在规律，匹配融入政策的结点布局与配套措施，形成纵横联动、诸力集成的有机整体，凸显为产业升级提供创新驱动和竞争实力的“顶梁柱”效能。融入政策的诱导点内隐于专利信息开发及利用服务能力的培育、专利运营机构的培育、专利服务平台载体建设的资助等融入结点布局；深化为扶持政策、资源配置、平台建设等“落地”措施工具的耦合匹配；聚合于政策执行力、资源配置力和激励匹配力等耦合“力场”；

依序传递放大形成集成叠加效应，外显于发明专利授权量、国际PCT拥有量、产业知识产权联盟、行业保护协会，以及中国专利金奖的贡献值等标志性成果；尤其是支撑产业链的完善、创新链的完整、金融服务链的联动和价值链的高端化实现。

（三）样本政策的解读

课题组通过对知识产权样本政策文本的梳理概览及规律总结，提出“政策的目标任务—诱导点—措施工具—保障机制”的解读线索，以及创新性地提出“线式路径”“点式路径”和“链式路径”的融入政策路径分类方法。

1. 提炼政策解读线索

在ESRP宏观系统分析模型下，课题组通过对知识产权样本政策文本的概览，发现相关政策文本有“政策的目标任务—诱导点—措施工具—保障机制”的共性线索。其中，政策目标是宏观环境基础（E）的作用结果，政策结点即指融入结点布局（S），个性特色是凝练配套落地机制（R）中的特色做法所得，保障措施推动样本政策成效能（P）的实现。因此，此解读线索是ESRP宏观系统分析模型下的微观分析工具。据此，课题组在样本政策的比对分析过程中，以“政策的目标任务—诱导点—措施工具—保障机制”作为政策解读线索。

2. 辨析融入政策路径类别

在确定政策宏观系统分析模型和微观分析工具的基础上，课题组通过对融入政策路径的凝练梳理，创新地提出融入政策路径的分类，将其分为“点式路径”“线式路径”和“链式路径”三种，并对其进行概念界定。

其中，线式政策路径是指满足“对接产业发展诉求＋配置政策诱导点＋匹配政策手段”的融入政策路径；点式政策路径是指前述线式路径有缺失环节、断链或欠完整的融入政策路径；链式政策路径是众多线式路径形成的闭合政策生态圈。

二、实证探究的结论

本章以苏粤两地知识产权纲要实施以来的知识产权政策集作为

比对政策。在明晰政策归类方法的基础上，运用“政策的目标任务—诱导点—措施工具—保障机制”政策线索，解读苏粤两省样本政策，把脉江苏省样本政策效能未凸显的表象问题和深层根源，借鉴发达国家和先进省份融入政策路径设计经验，提出江苏省融入政策路径升级的建议。

（一）样本政策的比对结果

1. 确定样本政策的识别

为了把脉江苏省知识产权战略纲要颁布实施以来融入政策路径的类型和指向，课题组将融入政策的遴选时间设定在2009～2014年；以“知识产权”“知识产权＋产业”为主题词，在关联网站收集样本政策247项；二对样本政策性质进行识别（含自动系统与跨系统政策、实体型与程序型政策、元素型与专题型政策等识别）；三对政策类型逐级划分，形成探索政策脉络的分析方法——文本编码范式。

2. 自系统样本政策的结果讨论

对样本政策辨析发掘：江苏省自系统的样本政策关注点聚焦于核心专利创造和专利保护等确权保护模块，匹配了专利申请资金资助、产学研平台建设、行政执法保护机制等融入结点，形成了江苏省专利的创造、保护与管理等模块的线式政策路径，对江苏省知识产权大省的建设贡献显著；但伴随江苏知识产权大省向强省建设的转型，海量专利未必能产生价值，还会产生高昂的维持费用，尤其在江苏专利存量大而不优、多而不强及运用效益欠佳的矛盾凸显时，江苏虽配置了专利导航产业发展、专利数据库建设等扶持政策结点，但未见强化专利信息开发服务机构、专利组合运营等匹配性政策资源和工具手段的跟进，显示为江苏省专利运用与服务模块成效欠显著，这与江苏样本政策的点式政策路径配置关联密切。

3. 跨系统样本政策的结果讨论

将苏粤两省跨系统的可比对政策（指两省均颁布实施了促进传统产业、战略性新兴产业以及知识产权服务业发展的意见）加以解析得到，江苏省跨系统样本政策聚焦于产业技术专利创造、专利保护等融入结点，匹配推进企业知识产权贯标工程、培训知识产权工程师及技术总监、培育专利代理机构服务于企业建设利用专利数据库等政策措施，形成驱动江苏产业研发创新的线式政策路径，对提升江苏产业创新能力作出突出贡献；但江苏样本政策中未见配置专利导航护航产业核心技术突破、挖掘技术实施专利战略布局等融入结点及措施，也未见匹配创新产业科技金融服务体系等融入结点及工具；表明江苏跨系统样本政策的着力点局限于以创新链融合产业链的技术研发端，尚未配置以知识产权服务链催化创新链、产业链和金融链“四链联动”的链式政策路径。

（二）江苏省样本政策的问题诊断

有关江苏融入政策效能不凸显的分析分为浅层次问题分析和深层次根源挖掘两部分。

1. 探析表象问题

主要表现为：以“结果—过程—系统因素”为诊断线索，以广东省融入政策为比对，探寻江苏省自系统样本政策效能不凸显的根源，课题级发现主要存有样本政策诱导点缺位、配套措施虚位和政策效能评价目标不一致等浅层次问题。

（1）样本政策的诱导点缺位。

主要表现为：一是样本政策结点缺失。如江苏省倾力于以高质量专利创造、知识产权立体保护为政策诱导点的线式政策路径配置，反映出江苏知识产权理念尚处于法权化保护的目标定位，而非知识产权价值实现的战略性资源定位，尚未将知识产权对经济发展的贡献由“法律之盾”上升到“产业之矛”的高度。二是江苏发展知识产权服务业样本政策诱导点的定位低端化，仅将知识产权服务业培育缩小为知识产权服务机构尤其是专利代理机构的培育，未能对接产业链导入信息开发、资本化运营、咨询培训等高端服务业产品或业态的培育配置融入结点，也未将知识产权服务业发展作为现代产业体系建设及产业结构转型升级的重要引擎。

（2）样本政策的配套措施虚位。

主要表现在：一是江苏省融入政策执行力不强，既欠缺纵向政策链条的上下衔接，也欠缺横向部门政策的执法联动。例如，江苏省以知识产权资本化运营为政策着力点，但未协同金融办、银监和经信委等部门协同出台促进知识产权质押融资扶持政策及匹配政策工具；二是融入政策配套措施中驱动创新主体的利益驱动机制是以政府为主导，而未配置市场激励机制等手段。例如，江苏样本政策中激励企业研发投入多以项目扶持、税收优惠等政策工具为扶持手段，鲜有政府采购、省政府奖励、商业模式创新等市场激励机制的配置，以致不少企业至今依赖于政府外生性政策利益驱动技术创新，未能形成内生性创新驱动机制；三是江苏省多以政府资源的直接投入拉动产业知识产权创造、运用、管理、保护和服务等综合能力提升，较少以政府资源撬动或引导社会资本对发展知识产权服务业的市场配置。于是江苏省样本政策的措施手段匹配尚存“错位”“缺位”和“虚位”等问题，而未能联动样本政策路径倍乘效应的形成。

(3) 样本政策效能评价目标不一致。

主要表现在：各部门制定与实施的绩效尚未采用统一的评估标准，进而使得部门政策执行中偏离预设的总目标。例如，《江苏省知识产权战略纲要》提出“掌握核心专利技术，支撑高技术产业和新兴产业发展”等显性政策目标，其在各级政府贯彻执行政策的进程中被泛化为以“专利创量”评价政绩的指标，相应地，专利申请资助、专利大户奖励等政策手段成为驱动创新主体主要工具，引发了业界“重专利创造轻专利运用”政策效能偏差。专利政策体系中显性目标与隐性目标匹配中的冲突或偏差，虽对专利大国大省建设的贡献显著，但却阻碍专利强国强省目标建设的实现。

2. 诊断深层问题

江苏融入政策路径效能的提升是一个系统优化的工程，不仅要求融入环境识别、融入结点布局、配套落地措施等子环节的合理配置，更在于各个内生子路径的协调、契合。以此为思路可发现，江苏省融入政策路径效能不凸显根源于江苏省融入政策路径仅形成了驱动技术研发的“创新链”，未与“产业链”有效融合，也缺失“金融链”和“服务链”的支撑。例如，(1) 江苏省专利政策虽布局“专利导航产业发展”“产业高价值专利创造”等融入结点，但未见相关落地措施嵌入到产业经济发展部门的工作计划、相关政策和工作环节之中，也未见专利政策的颁布部门与产业发展部门协同合作，暴露出专利政策激励与产业发展相脱节的弊端。(2) 江苏省现有融入政策结点与措施多聚焦于专利创造、专利保护等，对于专利金融和高端专利服务等内容，仅提及要推动专利质押融资和高端专利服务集聚区的建设，却未看到具体的推进工程和落地措施，即现有专利金融和高端专利服务的政策路径仅有“点式”的布局，缺失政策融入结点＋落地措施的“链式”衔接，呈现出江苏省融入政策路线重创新研发前端、轻价值实现后端的不足。

由上分析可见，要弥补江苏省融入政策路径结点和落地机制的缺位、虚位，缓解融入政策效能的掣肘和离散，需要健全创新链与产业链融合的运行机制，布局金融链、服务链支撑产业专利价值实现的结点和措施，通过创新链、产业链、金融链、服务链等子路径的协同联动实现江苏省融入政策路径效能的提升。

（三）江苏省融入政策路径升级的创设

1. 谋划融入政策路径升级版本

经分析得出，江苏省现行融入政策形成点式路径和线式路径，尚未形成链式路径，因此，江苏融入政策路径的选择是加快江苏省点式政策路径向线式政策路径升级，打通线式政策路径的衔接口，策划江苏省链式政策路径。以及要求知识产权政策配置对接产业发展的政策诉求，凸显知识产权政策导向由量的扩张转向市场价值的实现；尤其在融入政策路径的配置，须将专利信息开发及利用、知识产权资产盘活的点式政策路径升级为线式政策路径，组合线式政策路径形成链式政策路径；并以知识产权服务链催化江苏创新链与产业链、金融链的联动融合，形成助力江苏省经济发展的集成效能。

2. 策划融入政策路径效能提升的行动方案

针对江苏省融入政策路径效能不凸显根源于未围绕产业诉求布局创新链、金融资源和服务资源未有效支撑的问题，策划“跨系统政策主体间的组织协同创新—政策诱导点调适—措施工具适配—绩效评价机制配置”的行动方案。

（1）政策主体的组织协同创新。

跨系统合作需要不同职能部门相互合作、信息共通得到决策所需要的完整信息，但是知识产权部门与产业经济部门职能活动具有路径依赖性，致使各部门职能活动固化，很难形成“合一”思维进行政策决策。这就需要通过集中交流平台以及专家小组建立沟通渠道，或者通过人事管理手段，如人员录用、流动、内部调换等方式，获得跨系统职能部门人才。

（2）政策诱导点调适及措施工具适配。

根据“创新链＋产业链＋金融链＋服务链”的咬合联动的顶层设计方略，尝试从围绕产业诉求布局创新链、以金融链支持创新价值实现、以服务链支撑系统运行等维度，提出江苏融入政策路径效能提升的对策建议。

（3）绩效评价机制配置。

政策协同整体功能发挥是通过各职能部门政策的最优组合，故需要各部门建立协同评价机制作为政策运行的监控手段。一要构建科学合理的绩效评价体系，以利于评估知识产权管理部门与产业经济部门政策制定与实施的成效；二要建立绩效问责机制，对跨部门绩效评估和评估结果加以问责，以促进跨部门协同联动，合作提效的积极性和主动性。

限于版面约束，本文的参考文献省略。

专利申请质量视角下的专利代理人胜任力及提升策略研究* **

谷　丽

一、绪　论

当今世界，随着科学技术和经济全球化的快速发展，知识产权日益成为国家发展的战略性资源和国际竞争力的核心要素，成为建设创新型国家的重要支撑和掌握发展主动权的关键。自国家知识产权战略实施以来，我国知识产权工作取得长足进步，根据国家知识产权局发布的数据显示，2015 年，国家知识产权局共受理发明专利申请 110.2 万件，同比增长 18.7%，连续 5 年位居世界首位。但是，我国专利代理人队伍的扩充滞后于专利申请量的增长速度，在很大程度上严重影响专利代理的比例和质量。为此，2015 年 12 月，《国务院关于新形势下加快知识产权强国建设的若干意见》中明确指出，要扩大专利代理领域开放，放宽对专利代理机构股东或合伙人的条件限制，建立高素质的专利代理人队伍。专利代理人在知识产权服务创新主体中起基础性作用，是实施专利制度的具体实践者，它不仅能够提升专利申请质量，还可以有效地保护发明人的合法权益，在促进智力成果权力化、商业化、产业化过程中起着重要的作用，同时架起了发明人、企业和国家知识产权局专利局之间的桥梁。然而，考评专利代理人的绩效标准仅仅以代理数量和授权率为主，对专利申请质量，尤其是专利转化、专利保护、专利管理方

---

* 本文获第九届全国知识产权（专利）优秀调查研究报告暨优秀软科学研究成果三等奖。

** 本文为 2016 年国家知识产权局软科学研究项目“专利申请质量视角下的专利代理人胜任力及提升策略研究”部分研究成果。

面毫无要求；对专利代理人知识结构要求不明确，能力素质没有量化，无法提供更加优质的服务。为了提升专利申请质量，提高专利代理机构的服务质量，更好地为企业、科研院所、高校服务，对于专利代理人胜任特征的研究必然能为我国知识产权事业的发展提供有利的依据和借鉴。

二、专利代理人胜任特征模型的构建及实证研究

（一）专利代理人胜任特征问卷设计与发放

1. 问卷设计的基本思路

本研究依据 Spencer（1993）提出的胜任特征词典、相关研究问卷与测量量表，以及国内外研究实践中被广泛认可且与本研究密切相关的策略内容和题目作为借鉴依据，设计本研究的测量量表，以确保量表在信度和效度上具有良好稳定性和可靠性；考虑到专利代理人的职位特点和主要职责，对不同变量关系及相关题项进行逐个拟定、调整和补充。同时，本研究邀请了 6 名人力资源资管理专家、多年从事知识产权领域研究教授以及具有多年实践经验的专利代理人与专利审查人员，对问卷中的题目进行分析筛选、归纳和修改，保证了题目中的用词准确，语意清晰。

本研究问卷主要包括三个部分：第一部分是被调查对象的基本信息；第二部分是专利代理人胜任特征要素构成量表；第三部分是专利代理人工作绩效量表。为了提高变量的可区分度，进一步细化各变量的主观表述，同时兼顾被调查对象的对题项的可接受程度，各题项均采用 Likert5 级量表的形式："1" 表示非常不重要、"2" 表示比较不重要、"3" 表示一般、"4" 表示比较重要、"5" 表示非常重要。

最终，经过文献研究、专家评价以及预测试分析，剔除信度效果不好的题项，经过探索性因子分析后，剔除因子负荷值小于 0.5 并且具有双重负荷量的题项，同时整合内容表述相近的题目，并征求专家意见，生成正式的《专利代理人特征模型调查问卷》。

2. 问卷发放及回收

课题组通过对专利代理公司、科研机构、高校和企业进行实地

走访、电话咨询、邮件沟通等形式的调研进行访谈和问卷发放，另外还运用网络平台获取全国范围的专利代理行业相关人员的调研数据，主要依托北京知识产权协会的支持发放电子版问卷，并向国内领先的知识产权专业门户网站——思博知识产权网的专利代理论坛发放调查问卷，主要面向专利代理人、企业专利工作人员以及专利审查人员等专利业界人士，论坛注册专利代理行业相关人员达4万余人，为调研数据的获取提供支撑。

调研对象为专利代理人、专利申请人员、发明人、与技术相关人员，共发放430份，其中回收有效问卷398份，有回收率达到92.56%，删除无效样本24份，有效回收问卷374份，问卷有效率93.96%。

（二）专利代理人胜任特征模型的构建及检验

首先，将总体样本（374）进行随机折半，其中187个数据用于进行探索性因子分析，通过主成分法进行因子提取，共提取出9个因子，其累计方差的贡献率为69.014%，其对应的负荷均大于0.5，未发现跨因子的测量项目。其次，对另外的187个数据用于验证性因子分析，分析结果表明，专利代理人胜任特征的结构模型拟合效果良好，其中 为3.64（P＜0.01），拟合优度指标NFI、IFI、GFI、CFI值均大于0.90，RMSEA值等于0.05。

同时，对问卷的信度效度进行检验，问卷的总体信度Cronbach'a系数为0.962，九个因子的信度在0.741～0.879之间，测量系数均在0.7以上，符合心理测量学标准，量表具有较好的信度；平均方差提取值均大于0.5，说明胜任特征测量问卷的收敛效度较好；并且平均方差提取值（AVE）最小值为0.673，均大于构念相关系数中的最大值0.671，说明各构念之间的相关性较低，每个构念相对独立，能够与其他构念区分开来，则说明该胜任特征测量问卷具有良好的判别效度。

通过实证分析和理论研究论证，结合专利申请质量提升的视角和专利代理人的职业特点和主要职责，本研究提出由知识技能、能力特征、人格特质以及职业态度四个方面构成专利代理人胜任特征模型。本研究建立专利代理人胜任特征三级结构，第一级为专利代理人的各胜任要素；第二级为第一级的提炼，表现为九个胜任特征维度；第三级为第二级的综合，表现为专利代理人的四个综合特征（见图1）。专利代理人特征模型的在知识技能、能力特征、人格特

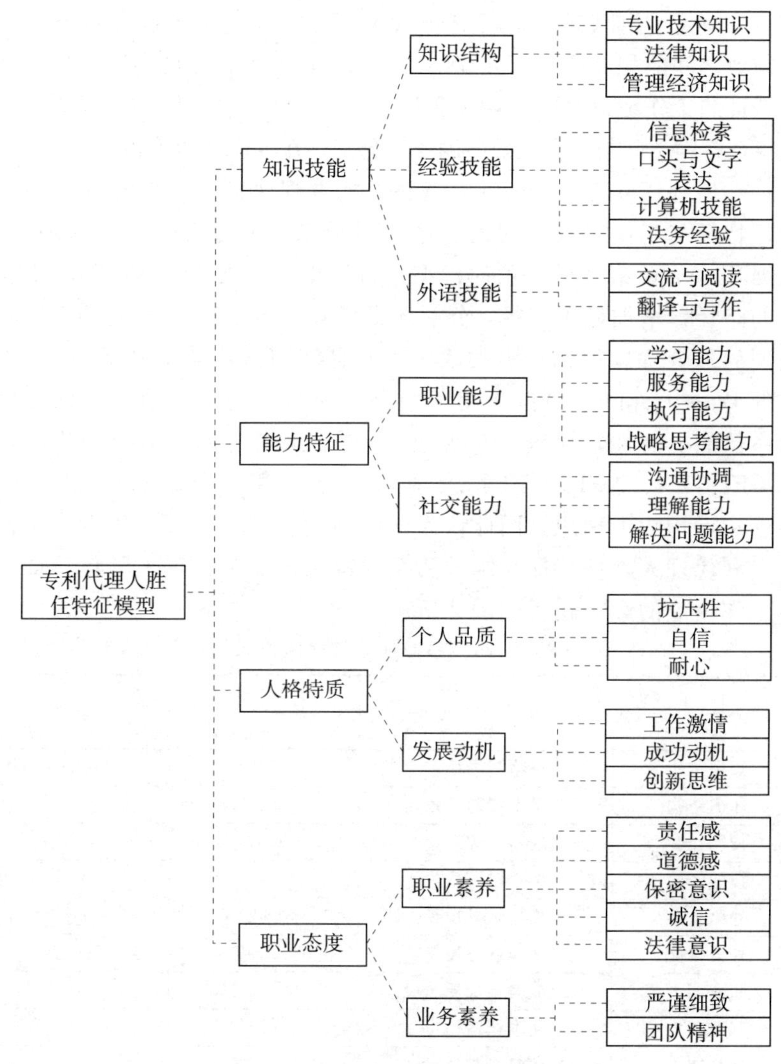

图1　专利代理人胜任特征模型

征、职业态度框架下，共形成九个维度，分别为知识结构、技能经验、外语技能、职业能力、社交能力、个人品质、发展动机、职业素养以及业务素养。

（三）专利代理人胜任特征与工作关系的路径分析

在确定专利代理人胜任特征模型后，需要确定各胜任特征与工作绩效之间的相关关系，计算结果显示本研究所建立的专利代理人胜任特征与工作绩效之间的相关程度较高，均在0.438～0.681，说明胜任特征各因子间与工作绩效各因子间分别存在较显著的正相关。

然后利用软件Lisre7.0，通过结构方程建模来分析专利代理人胜任特征与工作绩效之间的关系。由于原模型拟合效果不够理想，依据T－value值和MI值对模型进行修正，根据建议逐项删除不显著的路径，增加显著路径，经过不断的调试与修正，发现修正后的模型的拟合优度得到较大的改善，并且使用SMART PLS3.0中提供的Bootstrapping方法求得每个路径系数对应的t值，并据此判断系数的显著性，详细结果见表1，虽然值超过5，但拟合优度指标CFI、IFI、NFI、GFI均大于0.8，RMSEA介于0.05～0.08，各项指标均较为理想，因此认为该模型具有较好的拟合优度，验证了专利代理人胜任特征与绩效关系的构想。专利代理人胜任特征与对工作绩效的影响路径如图2所示。

表1　路径系数显著性检验结果

路径		路径系数	显著性
从	到		
知识结构	战略指导质量	0.370 3	***
知识结构	文本撰写质量	0.320 1	***
技能经验	战略指导质量	−0.024 8	n.s
技能经验	文本撰写质量	0.347 2	*
外语技能	战略指导质量	−0.024 8	n.s
外语技能	文本撰写质量	0.299 5	***
职业能力	战略指导质量	0.363 3	***
职业能力	文本撰写质量	0.037 9	n.s
社交能力	战略指导质量	0.042 6	n.s
社交能力	文本撰写质量	0.316 1	***

续表

路径		路径系数	显著性
从	到		
个人品质	战略指导质量	0.269 5	***
个人品质	文本撰写质量	0.063 5	n. s
发展动机	战略指导质量	0.135 8	*
发展动机	文本撰写质量	0.084 8	n. s
职业素养	战略指导质量	−0.041 0	n. s
职业素养	文本撰写质量	0.226 2	**
业务素养	战略指导质量	0.269 0	***
业务素养	文本撰写质量	0.315 1	***

* 表示在 0.10 水平下显著，** 表示在 0.05 水平下显著，*** 表示在 0.01 水平下显著，n. s 表示没有通过显著性检验。

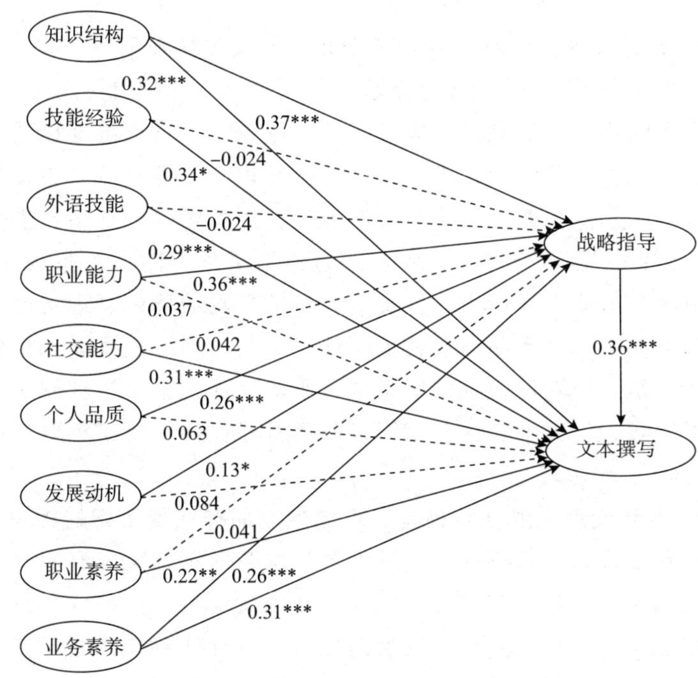

图 2　专利代理人胜任特征对专利质量的影响路径结构

注：* 表示在 0.10 水平下显著，** 表示在 0.05 水平下显著，*** 表示在 0.01 水平下显著。

由图2可看出，专利代理人的九项胜任特征对专利技术质量和申请质量具有不同程度的影响作用：知识结构、职业能力、业务素养、个人品质、发展动机是影响专利技术质量的重要指标（结构方程系数分别为0.37、0.36、0.269、0.26、0.13），其中知识结构与职业能力对专利技术质量的影响作用要高于其他三项胜任特征，同时他们还将通过直接影响专利技术质量而对专利申请质量产生间接影响；技能经验、知识结构、社交能力、业务素养、外语技能、职业素养是专利申请质量的影响指标（结构方程系数分别为0.34、0.32、0.31、0.31、0.29、0.22），技能经验对专利申请质量的影响作用要高于其他胜任特征。专利技术质量的提高又有助于推动专利申请质量的提升（结构方程系数为0.36）。

（四）实证研究结论

1. 专利代理人的胜任特征是个多维层次结构模型

模型由知识结构、技能经验、外语技能、职业能力、社交能力、个人品质、发展动机、职业态度、业务能力9个维度构成，其中知识结构包括了专业技术知识、法律知识、管理经济知识；技能经验包括了信息检索、口头与文字表达、法务经验；外语技能包括交流与阅读、翻译与写作；职业能力包括了学习能力、服务能力、执行能力与战略思考能力；社交能力包括了沟通协调、理解能力与解决问题能力；个人品质包括抗压性、自信、耐心；发展动机包括了工作激情、成功动机、创新思维；职业素养包括了责任感、道德感、保密意识、诚信、法律意识；业务素养包括了严谨细致、团队精神等特征。

2. 专利代理人胜任特征与工作绩效之间存在着密切的相关性

专利代理人胜任特征不同维度对工作绩效不同维度有着不同程度的影响作用。从专利代理人胜任特征各维度与工作绩效各维度来看：职业能力、个人品质、发展动机这三项胜任特征对战略指导具有直接的影响作用。其中职业能力对其的影响最大，其次是个人品质。知识结构、技能经验、外语技能、社交能力、职业素养、业务素养对文本撰写有着直接的影响。战略指导对文本撰写具有预测作用，战略指导的提高又有助于推动文本撰写的提升。

三、专利代理人胜任力提升对策研究

（一）健全专利代理人选拔体系

1. 选拔专利代理人过程中增加面试环节

我国专利代理人在选拔专利代理人过程中，主要以笔试为主要内容，考察应试者的专利法律知识、相关法律知识和专利代理实务。在实际工作中，专利代理人的很多素质特征很难通过笔试环节表现出来，比如专利代理人的社交能力、文本撰写、反应的敏捷性等。因此，在现有笔试内容的基础上，还应该增加面试环节。在面试过程中，主考官和应试者之间建立一种双向沟通活动，并且主考官控制着面试的主动权，通过观察应试者的在面试过程中的表现就可以直观灵活地考查应试者的逻辑思维能力、解决问题能力和交流能力等素质特征，从而弥补笔试中存在的不足，进而更有效地选拔出高素质的专利代理人。

2. 将专利代理人资格考试环节进行等级划分

在选拔专利代理人工作中，可以将专利代理人资格考试分为四个环节，第一轮考试设置为法律基础知识考试，重点考察知识储备；第二轮考试设置为专利代理实务考试，重在考查法律发条的分析阐述法律问题；第三轮考试设置为面试，注重考查专利代理应试者的沟通交流能力、理解能力以及问题解决能力；第四轮设置为实务进修课程，主要针对专利代理人的专利申请文本撰写、专利信息检索等实务内容进行培训。根据专利代理人在各个环节中的表现，将专利代理人划分为不同的等级资格，这种差异化的专利代理人配置，可以更有效更合理地分配资源，有针对性地选拔高素质的专利代理人。

3. 将专利文献信息检索与分析纳入专利代理人资格考试内容

专利文献是一种集工业产权情报、技术情报、商业与经济情报于一体的情报源，是一个博大精深的应用技术的知识宝库。因此，将专利文献信息检索与分析纳入到专利代理人资格考试内容之中是非常必要的。一方面，能够加强专利代理人对专利文献信息检索的重视程度，增强专利文献信息的运用能力，促使专利代理人对专利信息做出全面的检索分析，帮助委托人更好地起草专利文件、提高申请方案的质量；另一方面，能够促使专利代理人为了通过专利代理人资格考试，获得专利代理人的执业资格，主动的学习专利文献信息检索与分析的相关知识与技能，并参加技能培训，有助于提高我国专利代理人队伍的业务素质。

（二）规范专利代理人评价标准

1. 建立“质量为主、数量为辅”的双重评价标准

专利代理人的考核评价应该由以往的代理申请案件的计数为标准，逐步过渡到以“质量为主、数量为辅”的双重评价标准，其中专利代理数量标准具有很强的客观性，能够间接地反映出专利代理人的服务能力，对专利代理人做出客观性的评估。专利代理质量标准则能够直接反映出对专利代理人的服务能力，对专利代理人做出主观评价，本研究认为专利代理人代理质量的考核评价，应包括专利申请文本撰写和专利战略指导两大内容。通过数量和质量两方面对专利代理人进行评价，能够更全面地考核评价专利代理人的专利代理服务能力。

2. 完善知识产权职业水平评价制度

知识产权职业水平评价制度的建立与完善，应根据我国职称制度改革的总体要求及“统筹规划，科学论证，急需先建，逐步推开”的原则，鼓励在专利代理机构中设立知识产权技术类职称，将专利代理人纳入知识产权专业技术职称的评定范围内。同时，尽快建立全国知识产权系统职称评价机制，在国家专业技术职称评审中设立专利代理人序列，完善专利代理人职业水平系统的评审办法和相关配套规定，从而为专利代理人的知识产权职业水平评价提供规范性标准和制度性支撑。

3. 建立内外评价相结合的全方位评价制度

专利代理机构是目前最基础和数量最多的知识产权服务主体，而专利代理人是直接从事专利代理的人员，因此专利代理人提供的

是高技术服务，其服务质量评价的标准不仅需要行业内部的制度规范与约束，还需要从专利代理人的服务客户的角度出发，如发明人或企业专利工程师等，均可对专利代理人的沟通能力、学习能力与团队合作能力等作出评价。除此之外，还要充分发挥中华专利代理人协会的规范和监督作用。通过内外相结合的评价，能够对专利代理人做出全方位的评估，有效地考查专利代理人是否具备先进的服务理念和出色的代理能力。

（三）优化专利代理人激励制度

1. 提升专利代理人的社会地位

随着知识产权的重要作用日渐凸显，专利代理行业在整个知识产权领域，乃至整个国民经济中的作用也日渐突出，专利代理行业必将得到社会更多关注。因此，为了更好地发挥专利代理人在专利事业发展中的重要作用，应适当提高专利代理人的社会认可度，并给予专利代理人在职业晋升、职称评定、奖励评选方面与其他人员同等甚至更优惠的机会，重视专利代理人的长期激励，而且长期激励的重点在于使专利代理人明确在适当的时候他们将会晋升到更高的位置，或他们可以得到更多的学习机会。

2. 加强专利代理人精神激励

目前，由于国家缺乏对专利代理人的精神激励，使得专利代理人对于专利代理这一行业缺少荣誉感，导致专利代理到素质人才选拔和培养难度较大。因此，对于优秀的专利代理人除了给予物质奖励外，还要加强精神激励，建立完善的以经济报酬为基本激励手段、辅以可使专利代理人获得成就感、荣誉感、归属感等精神需求满足的敬业精神教育和培养的制度。例如，每年可举办内部技能竞赛，设置专利代理先进个人奖、专利检索先进个人奖、专利技能先进个人奖等，并在行业内部进行大力宣传，以此增加优秀代理人的行业声誉和影响力。

（四）丰富专利代理人培训内容

1. 拓展专利代理业务的培训内容

随着知识产权服务业的发展，专利代理人的服务内容已扩展诸多业务领域之中。因此，对于专利代理人培训不能仅限于当前专利代理人资格培训的内容，而应当以服务标准为指导依据，并结合专利代理扩展的业务领域，不断完善专利代理业务的培训内容，增加对专利代理人在专利权的确权、维权、诉讼、许可、投资以及运用等方面的培训，确保培训的内容覆盖到知识产权的创造、运用、保护和管理全过程中的每个重要环节，进而全面提升专利代理人的自身专业素质和职业能力，提高专利代理服务能力。

2. 丰富培训课程的多样性

根据专利代理人的工作业务内容，并结合专利代理人的职业发展规划，丰富培训课程的多样性。其中，实务培训课程内容分为基础班和提高班，基础班课程内容主要涉及专利代理的基本业务能力，包括专利文本撰写、专利咨询等，提升班的课程内容是建立在基础班的基础之上，旨在进一步提升专利代理人的代理服务能力，能够为专利委托人提供全方位的专利代理服务，包括专利预警、专利评估、专利许可等；职业能力培训课程内容包括沟通与表达、能力素质拓展、问题解决技巧、时间管理等；个性发展培训课程包括自我发展、人文素养等内容。在此基础上，要增加专利代理人职业道德相关课程。

3. 设计适合个人的针对性培训内容

现阶段，我国对专利代理人培训主要集中在专利法、专利法实施细则、专利审批程序以及专利申请文本撰写、专利信息检索等实务内容，这些都是对知识结构、技能经验的储备和更新，培训内容缺乏一定的针对性。根据实证研究结果，职业能力和个人品质对战略指导质量具有较强的影响，技能经验对文本撰写质量具有一定的影响，这表明不同的培训内容对个人的职业能力的提升具有不同作用。因此在对专利代理人进行培训时，不能一味地提高专利代理的从业技能，更应该针对每个代理人的职能短板，制订计划，有针对性地进行培训。

（五）加强专利代理人能力建设

1. 全面界定专利代理人的职业能力

目前，专利代理人的主要职能包括提供是否申请专利的咨询、撰写各种专利文件和办理各种专利手续等。根据实证研究结果，专利代理人的胜任特征结构对战略指导质量和文本撰写质量具有一定的影响，因此，对于专利代理人的职业能力的界定要具有全面性，包括提供专利申请咨询、撰写专利文件、办理专利手续、制定专利战略、评估专利价值、预警专利分析、提升国际专利布局数量等。总之，对于专利代理人职能的要求，要适应国家以及国际大环境的发展变化，全面加强专利代理人的职能建设，提升专利代理人的职业能力，不断完善专利代理人在知识产权的创造、运用、保护和管理全过程的作用。

2. 增强专利代理人的服务理念

首先，专利代理人应当熟知专利代理行业所涉及的各项法律法规，如《专利法》《商标法》《著作权法》，并在严格遵守法律法规的前提下提供专利代理服务。其次，专利代理人应具备委托人利益最大化的服务理念，对于委托人申请专利的发明创造，专利代理人应当站在委托人的角度上，在充分考虑到本件发明的价值的基础上，利用自己的专业知识，进行周密的准备工作，在合理的范围内为委托人争取最大的利益。此外，在后续的答复审查意见阶段，也应当详细分析审查员所提出的意见并妥善进行应对，根据委托人的意愿和实际情况提出最适当的应对策略，以便缩短审查程序。

3. 培养专利代理人的社会责任感

培养专利代理人的社会责任感，需要法制建设与行业自律共同引导。一方面，要建设一支高度社会责任感的高素质专利代理人队伍，就必须要有法律保障，从制度的创新上规范和引导，通过制定科学合理的行业发展规划和服务指导标准，在行业内建立健康发展的规制和保障，形成一个价值导向，促进行业内的公平竞争；另一方面，专利代理行业要自律，在行业内部建立专利代理人的诚信体系，将专利代理人代理过的案件等信息都进行备案并可以检索，最后将这些信息产生的行业影响归结到企业和个人的诚信，促使代理人产生一种荣誉感和耻辱感，在专利代理服务中自觉承担社会责任。

（六）完善专利代理人管理机制

1. 加强专利代理人的职能划分

专利代理人的工作职能不同，工作能力也不尽相同，因此不能使用同一指标对专利代理人进行评价。2015 年 5 月 1 日，国家知识产权局正式实施新的《专利代理管理办法》，加强了专利代理人的职能划分。因此，应对专利代理人进行分级管理，并把专利代理人分为四级，专利代理人根据自身所处的等级开展相关业务内容。通过对专利代理人进行等级划分管理，可以明确专利代理人在代理机构的职位、工作职责，以及能有助于帮助专利代理人明确自己的努力方向，做好个人职业规划。同时，通过分级管理，不同级别的专利代理人具有不同奖励措施，以激励专利代理人更好地提供专利代理服务。

2. 健全专利代理人的教育培训机制

首先，将知识产权内容全面纳入国家普法教育和全民科学素养提升工作。引导高校开设知识产权相关领域辅修课程，鼓励和支持高校自主设置知识产权本科专业，建立若干知识产权宣传教育示范学校。再次，建设国家知识产权人才培养基地，为专利代理人在获得资格后能够更好地接受相关事务培训提供机会，提高专利代理人在实际代理工作中的服务能力。最后，建立专利代理人继续教育机制，由专利代理人协会负责组织，培训可聘请国家知识产权局的专家，以及优秀的专利事务工作者组成师资力量，强制要职专利代理人每年必须完成一定量的继续教育学分，并将其纳入专利代理机构年检的一项重要内容。

小微企业展会知识产权保护研究*

徐　平　王少文　赵逸宸　商宇科

一、研究背景和意义

小微企业是2011年才从中小企业中划分出来的新概念。目前，我国约有1 170万家小微企业，占企业总数的77%左右。据国家知识产权局数据统计，我国小微企业完成了65%的发明专利以及80%以上的新产品开发。由此可见，小微企业的研发能力以及知识产权拥有量在国家知识产权战略发展中占有非常重要的地位。2014年9月，国务院出台六项新政扶持小微企业，推动大众创业万众创新。为了落实国家支持小微企业创业创新的政策，财政部等五部门2015年还联手推出了15个小微企业“两创示范”基地城市。

值得注意的是，虽然小微企业知识产权拥有量增长迅猛，但是由于受资金、人员等因素的限制，较之大中型企业，小微企业在产品开发、生产、销售等各个环节的知识产权更易受到侵害。近年来，为企业迅速发展带来无限商机的各种展会愈来愈受到小微企业的重视，也因此，展会已经成为小微企业自主知识产权遭受侵害的高频发生地。

小微企业面临的展会知识产权保护境遇，严重阻碍了小微企业的创新创业和发展。为此，国家知识产权局2014年专门出台了《关于知识产权支持小微企业发展的若干意见》，在第4条第（13）款中指出：积极开展电子商务领域、展会、重点行业和市场执法维权工作，着力打击专利侵权假冒行为，切实维护小微企业产品开发、生产、销售等各环节的合法权益。

---

* 本文获第九届全国知识产权（专利）优秀调查研究报告暨优秀软科学研究成果评选三等奖。

本课题研究，通过对小微企业展会知识产权保护现状的调研，提出小微企业展会知识产权保护凸显的问题，供政府和相关立法和行政执法部门参考，使国家对小微企业创新创业发展的扶持政策落在实处。针对小微企业在展会所遭遇的知识产权保护的常见问题，为小微企业提供出实用性强的应对策略。同时，也引导知识产权维权机构和服务机构给小微企业的展会知识产权保护提供更有效的服务。总之，帮助小微企业“在公平竞争中搏击壮大”，通过创业创新，更好地发挥其“促进经济稳定增长和民生改善”的作用。

二、研究方法

本课题研究是通过国内外展会知识产权保护信息检索、企业调研、展会现场调研等方式进行信息搜集，再经信息整合分析，得出初步研究结果，最后经专家以及实践论证得出成果。

国内外展会知识产权保护信息检索主要包括国内外现行法律法规以及保护现状信息的收集，例如国际公约、条约或协定、国内法律、行政法规、部门规章或地方性法规、部分城市发布的展会知识产权保护指导性文件等。

企业调研主要采用问卷调查、电话访谈和企业走访的方式了解收集小微企业展会知识产权保护的现状、问题和需求。本次企业调研共筛选小微企业 521 家，有效答复的企业为 308 家，有效率 59.1%。有效答复的企业中：邮件和纸质问卷调查 78 家，电话随机访谈 198 家、企业走访 32 家。

展会现场调研采用以知识产权纠纷指导专家的角色协同小微企业参展的方式，深入了解并协助解决小微企业在参展中遇到的各种知识产权问题。展会现场侧重在国内的展会一、二线城市，例如上海、深圳、西安等。

信息整合分析包括趋势分析、分类统计、占比分析、相关性分析、热点分析、加工分析等方式。

成果论证的专家主要包括北京、成都、厦门、济南、西安等地的展会知识产权保护维权经验丰富的专家学者，还包括日本、美国等地的一些知识产权法律专家学者。成果的实践论证主要是小微企业较多参加的国内展会。

三、小微企业展会知识产权现状调研

（一）小微企业发展现状

据 2014 年 3 月国家工商行政管理总局发布的《全国小微企业发展报告》显示：截至 2013 年年底，全国小微企业共有 1 170 万家，占企业总数的 77%；若将个体工商户纳入统计，小型微型企业所占比重将达到 94%。2015 年全国政协十二届三次会议的新闻发言人吕新华谈到小微企业时表示：中小微企业对 GDP 的贡献超过了 65%，税收贡占到了 50%以上，出口超过了 68%，吸收了 75%以上的就业（见图 1），其在国民经济中的支撑作用越来越大。

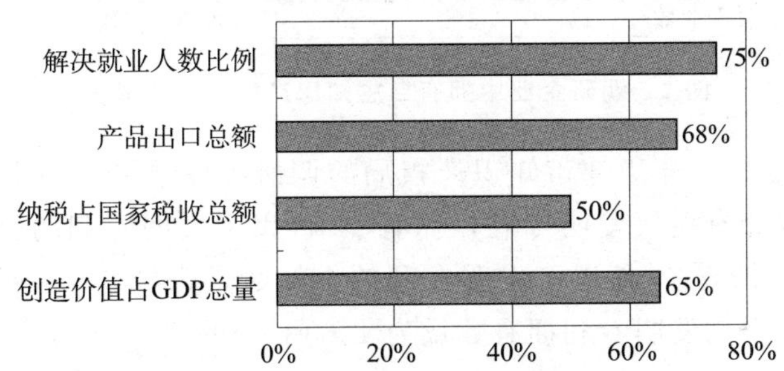

图 1　2014 年中小微企业社会贡献情况

小微企业的创新能力相对于大企业来说更具开发性，对市场变化更敏感灵活，而展会即是小微企业关注的一种市场推广模式。展会相比传统市场的优势：（1）展会是生产商、经销商、贸易商及最终用户交流的商业促进的平台；（2）展会即可以展示产品技术，又可以展示品牌；（3）展会是市场调研重要机会；（4）成本低廉。然而，随着越来越多的小微企业参展，展会中涉及的知识产权保护问题日益凸显。

（二）小微企业知识产权现状

自 2012 年 4 月国务院出台《关于进一步支持小型微型企业健康发展的意见》以来，小微企业的创新发展速度异常迅猛。2014

年10月8日，国家知识产权局颁布《关于知识产权支持小微企业发展的若干意见》，以知识产权公共服务的形式支持小微企业创新发展。据企业调研分析发现，近一半被访企业拥有专利权（见图2），70%的企业同时拥有全部类型的自主知识产权。

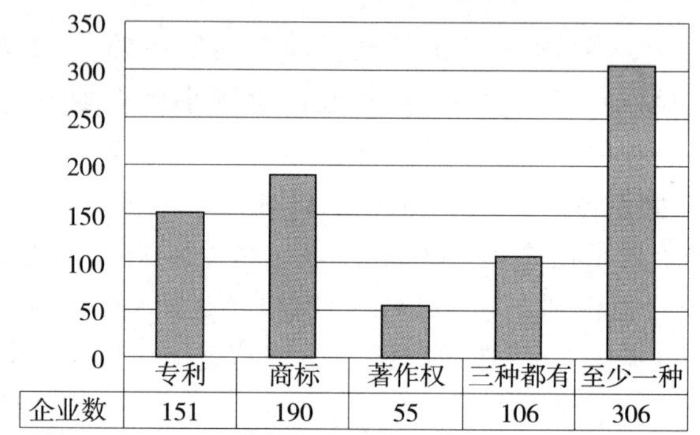

图2 调研企业中拥有自主知识产权类型柱形图

根据2014年天津市知识产权局的调研统计结果，约50%的中小微企业拥有授权发明专利，拥有10件以上发明专利的企业数量占12%，拥有20件以上发明专利的企业数量占3.9%。所有中小微企业的平均发明专利拥有数量为4.60件（见图3）。

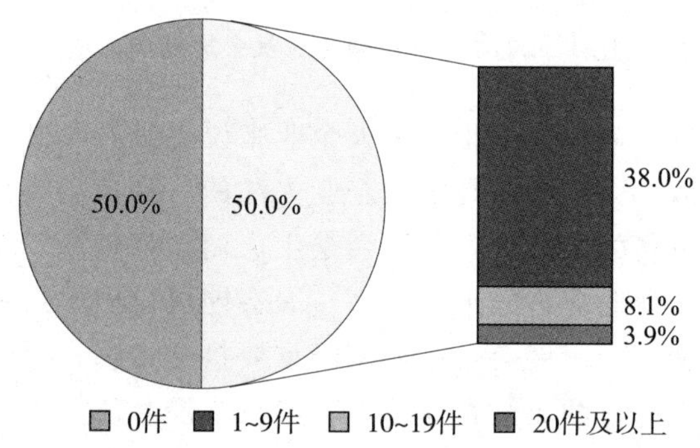

图3 2014年天津市中小微企业发明专利授权情况

随着小微企业知识产权拥有量的不断提升，侵权案件也随之增加，最高人民法院2012年发布的《中国法院知识产权司法保护状况（2011年）》显示，涉及自主知识产权的专利侵权案件逐年上升，严重影响到企业创新机制的形成和发展。根据2014年中国知识产权研究会提供的数据（见表1），小微企业既想借助于知识产权保护自身研发成果，又必须面对侵权行为泛滥、维权成本高的尴尬局面。

表1　知识产权政策体系及执行中存在的问题

主要问题	出现频次
市场上知识产权侵权行为泛滥	49%
扶持政策的兑现周期长，程序多	47%
支持产权政策缺乏系统性，变更频繁	43%
企业知识产权战略与实施脱节	42%
知识产权管理人才的培养力度不够	38%
专利技术的产业化、市场化程度低	34%
发明专利审查周期过长	33%
企业研发风险大，资金链不稳固	29%
知识产权侵权纠纷的行政处理及司法诉讼周期过长	25%

（三）小微企业展会知识产权保护现状

本节从展会维权、人员配置、保护意识三个角度出发，结合小微企业实际参展案例，对小微企业展会知识产权保护现状进行说明。

1. 展会维权情况调研

调研数据（见图4）显示，有约7%的小微企业在参展时发现

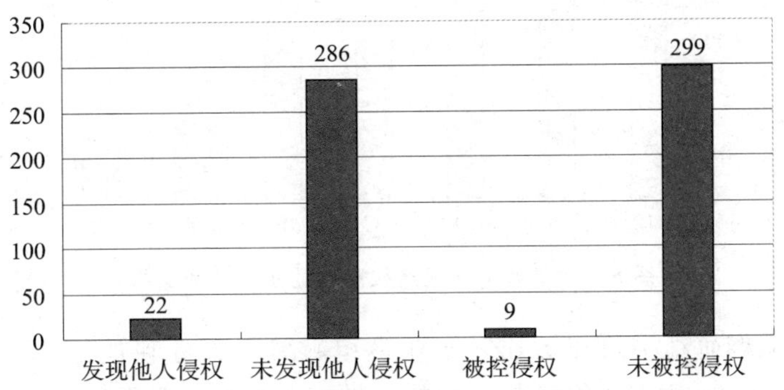

图4　关于展会维权情况的企业调研结果

了侵权行为，而仅有3%的小微企业采取了维权措施。进一步调查发现，未采取维权措施的企业，在展会现场仅仅对涉嫌侵权产品的展台进行了拍照，并未进行现场维权，后续也来提起诉讼。

2. 企业展会知识产权意识情况调研

本部分的企业调研内容是多选题，调研结果见图5，调研内容包括：

贵单位最担心参展时出现下列哪些情况？

A. 新产品先行参展，之后申请专利时因丧失新颖性专利被驳回（20%）

B. 参展新产品新技术被观众或同行抢注专利（24%）

C. 展会上发现与自己商标、包装、外形相似的产品（13%）

D. 产品宣传资料中的文字和图片被他人模仿借鉴（20%）

E. 海外参展时，遭遇主办国海关突袭查抄、海关边境扣押、参展代表被扣押、参展产品被没收、刑事查抄、警告函（律师函）（12%）

F. 因专利侵权或假冒专利而被承办方要求撤换宣传页或展板、产品撤展（6%）

G. 因专利侵权或假冒专利而被当地知识产权管理部门行政处罚（5%）

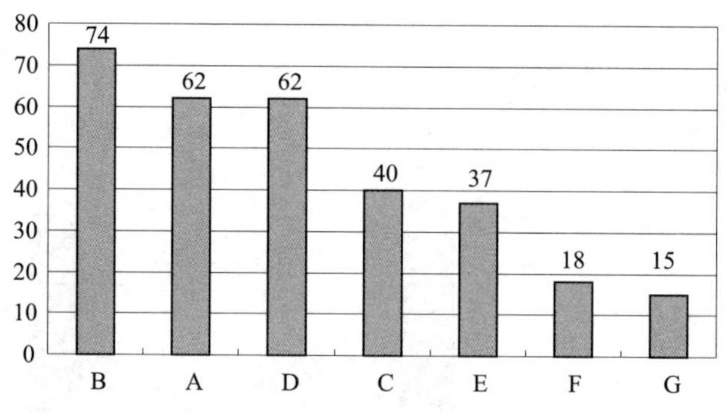

图5 关于展会知识产权意识的企业调研结果

从调研结果可以看出，企业最担心展会中专利被抢注、模仿（占77%），而对展会被控侵权的后果（占23%）并不关注。可见，大多数企业对成为展会中的被控侵权方的可能性认识严重不足。本次调研中同时还提出问题：若下次参加展会，是否考虑提前做好知识产权保护工作？例如对侵权的初步调查、评估侵权风险、准备好权利证书、了解参展企业名录等。展会知识产权意识调研结果见图6，可以看出仅有很少量企业（2%）在展会之前完全未虑及知识产权保护问题，可见小微企业对展会中涉及的知识产权保护意识在不断增强。

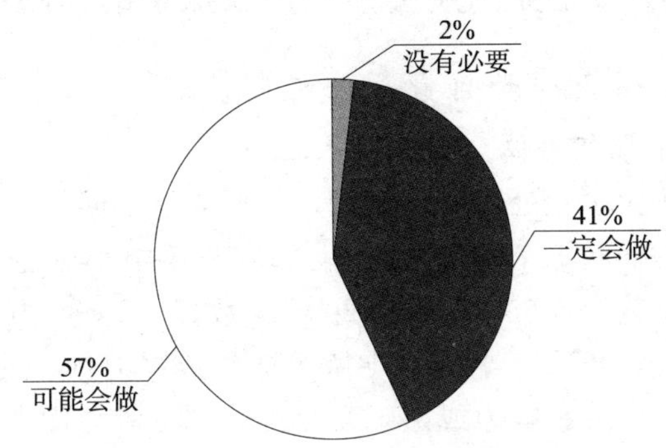

图6　关于展会知识产权意识的企业调研结果

3. 展会现场维权实例

某小微企业A是本课题组的调研服务客户。在2013年厦门第70届中国国际医疗器械博览会（以下简称“医博会”）上发现竞争对手B企业展出侵犯A企业专利的侵权产品，但未发现宣传资料。A企业工作人员拿到了侵权产品样品，并对展台进行了拍照，但不知如何进一步处理。展会结束后，A企业发现竞争对手B企业还将参加深圳第71届医博会，于是在咨询本课题组后决定进行展会现场维权。

本课题组指派专员进行了充分的展前准备工作，并于展会第一天上午就完成了证据收集工作，随后立即向展会知识产权办公室进行书面投诉，办公室工作人员送达后责令竞争对手B企业务必于第二天上午9时前答复。B企业虽然按时答复，坦承自己的产品没有专利权，但同时认定未侵犯A企业的专利权。针对B企业的答复，本课题组专员进行了相应的意见陈述，指出B企业认定不侵权的认知有误，并指出B企业的展览行为构成许诺销售。本课题组专员经过和展会知识产权办公室工作人员多次交流磨合，与B企业工作人员多次交涉，迫使B企业业务员接受了专利代理人的分析观点。最终，B企业出具了书面答复：同意撤下宣传册和遮挡宣传展板。本课题组还指派专员在上海第73届医博会中针对三家侵权参展商进行了展会维权调研论证。

四、小微企业的展会知识产权保护的问题成因

（一）小微企业受自身条件限制

1. 参展的弱势群体

小微企业大多数处于初创阶段，具有成立时间短、规模小的特点。据国家工商行政管理总局统计，2012年中小微企业（包括个体工商户）总数为5 651万，是2005年数量（2 386万）的两倍还多，也就是说，几乎一半的中小微企业的成立时间不足10年。展会主办方为了扩大影响力或出于商业目的，一般会优先选择知名度较高的大中型企业参展，小微企业的弱小使得它很难求得参展资格。由图7、图8可以看出，超过1/5（21%）的小微企业属于展会空白企业，这部分小微企业一旦外出参展，遭遇知识产权纠纷的机遇会比较高。

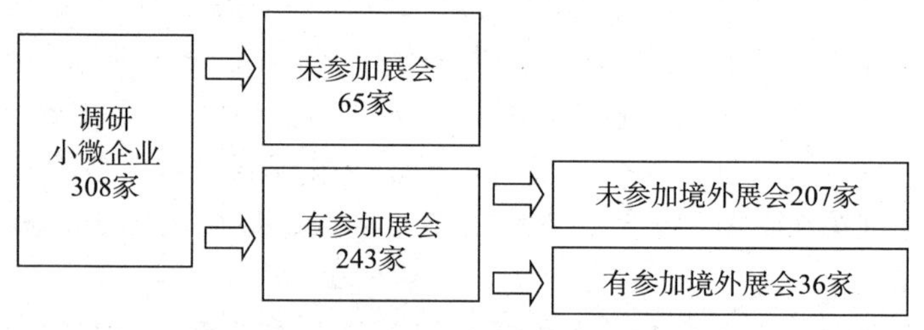

图7　小微企业参展调研数据

2. 知识产权保护的基础意识淡薄

虽然小微企业知识产权意识在不断增强，但知识产权保护意识依然薄弱，在展会上常常陷入知识产权的侵权纠纷困境中。小微企业因自身实力较弱，因此寄希望于展会现场维权投诉通道，对于聘

请法务人员的费用有所担忧，对于“展会知识产权保护联盟”接受度比较高。综合分析图 9 可以看出，小微企业的展会知识产权保护意识依然相对薄弱。

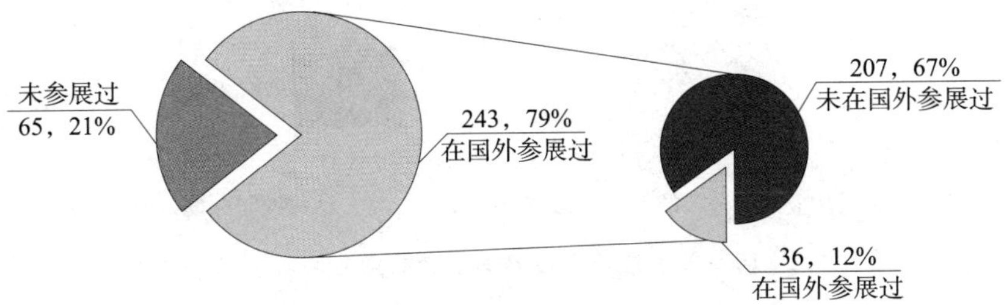

图 8　小微企业参展调研占比结果

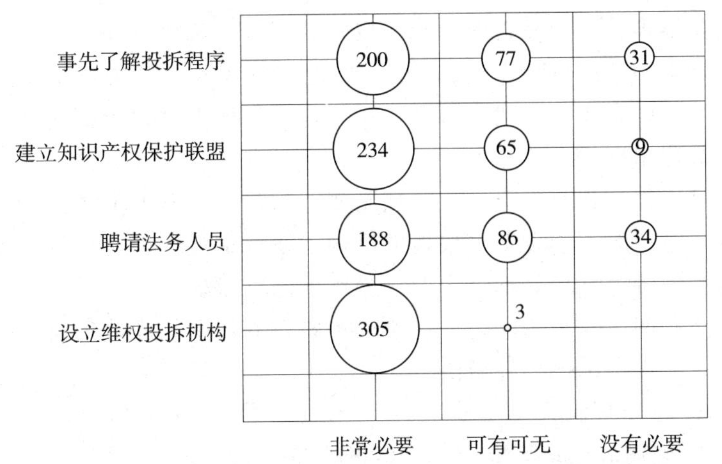

图 9　关于展会维权投诉认知情况的企业调研结果

3. 知识产权人才匮乏

针对法务人员介入展会知识产权保护的企业调研结果显示，参加过展会的企业中近 3/4 在参展时没有法务人员介入，其余 1/4 的企业中仅有个别企业有专利代理人介入，见图 10。人才严重匮乏是小微企业难以应对展会知识产权纠纷的重要因素。

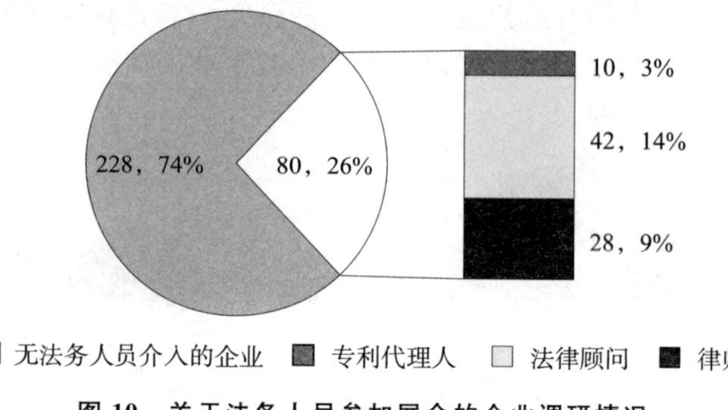

图 10　关于法务人员参加展会的企业调研情况

4. 知识产权管理制度欠缺，维权障碍大

小微企业的知识产权保护基础薄弱，水平偏低，人才欠缺，导致企业很难建立起完善的知识产权管理制度。调研发现，除了少数的不足 1/10 的专业性较强、有国际进出口业务或经历过知识产权纠纷的小微企业，一般小微企业均未建立甚至未意识到要建立知识产权管理制度。

另外，在各类展会中，未强制要求的，主办方出于法律责任和商业利益一般不会设置维权援助机构。设有维权援助机构的，若需要现场撤展等维权处理，主办方操作也比较困难。

企业调研的相关问题是：如果在展会上发现他人侵犯自己的知识产权，你会选择哪种做法？

A. 不予理睬

B. 现场取证，等展会结束后再处理

C. 直接向展会承办方、当地知识产权管理部门投诉

D. 委托知识产权代理机构投诉

E. 弃选

结果统计见图 11，分析结果表明：选择现场取证、会后处理的企业高达占 41%，说明企业对当场维权的信心不足。

5. 参展及展会知识产权保护成本高

国内知名的大型展会，例如“中国进出口商品交易会”（广交会）、“中国国际高新技术成果交易会”（高交会）等的标准展位官

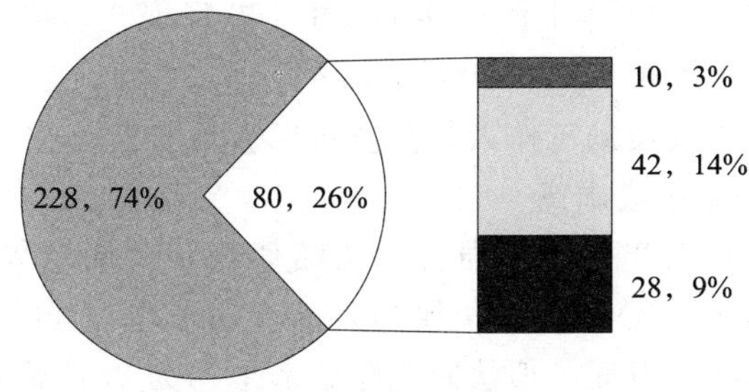

图 11　在展会上发现他人侵权时处理态度的企业调研结果

方价位大多数为两万元左右。中小型展会的标准展位价一般也在3 000至一万多元，加之企业参展人员、布展、展会宣传等费用，参展自身成本就很高，使得一些小微企业无力参展。考虑展会知识产权保护问题，还需要展前、展中及展后的咨询、准备、收集、备案公证、跟进等，尤其是需要知识产权专业法律服务人员接入时费用支出会更高。这也是小微企业因展会知识产权保护费用投入不够而易卷入纠纷的原因之一。

（二）政策、法律、管理制度不完善

1. 政策法规过于宽泛

2006 年商务部联合国家工商行政管理总局、国家版权局、国家知识产权局审议通过的《展会知识产权保护办法》适用于所有国内展会外，但是该办法对展会的特点考虑不够充分，例如展会主体的权利义务、维权的可操作性、执法力度等，导致维权操作困难。也因此，展会一、二线城市基本都出台了地方性展会知识产权保护条例，推出了不同的具体执行办法。但是，小微企业受限于人员及资金，难以全方位了解各地不同的规定，更增加了展会维权的难度，延误维权时机等情况常常发生。

2. 维权援助和执法资源的不足

很多展会的举办是在周末或节假日，这与展会监管方（主要是知识产权行政管理部门及行业自律组织）的工作时间产生了偏差，加之展会监管方人员编制的限制，导致驻会维权援助和执法的概率偏小。例如，2014 年上海市共举办了 769 场展会，按每场展会 3 天时间计算，上海市平均每天要同时举行 6.32 场展会，当地现有的行政执法和维权援助工作人员数量难以满足需求。

3. 司法维权成本高

据有关知识产权侵权损害司法赔偿现状调研结果，2008 年到 2011 年的专利诉讼案件中，权利人诉求额平均为 39.3 万元，诉讼成本平均为 4.5 万元，但法院判赔金额平均为 8.1 万，权利人诉讼投入与获赔的性价比过低。还要耗费大量的人力物力，对于小微企业，如此高的维权成本迫使其大多放弃了通过司法渠道维权的选择。

4. 维权时效性和稳定性较差

展会时间一般在 2～7 天，从发现侵权，到投诉送达，再到答辩、再到处理结果，一般需要 2 天到 2 天半时间。从各地的立法条文可以看出，一类是程序规定过于简单，不具有可操作性，带来后续隐患；还有一类是程序规定过于繁杂，无法在短短数天时间内走完全流程，导致草草收尾。

5. 维权程序存在瑕疵

根据各地的展会知识产权保护办法无法从根本上保证被投诉方的合法抗辩权，由此带来现场处理结果的不稳定性。另外，《展会知识产权保护办法》没有对展会设立投诉机构进行强制规定，导致各地在执行过程中有很大的灵活性，许多展会都未设立投诉机构。

6. 展会主办方执法不力

展会知识产权办公室的设置非强制要求，目前，国内举办的各类展会，北上广等一、二线展会城市举办的中大型展会，一般都专门设置有知识产权办公室。而其他城市的各类展会，主办方很多都不设置知识产权办公室。设有展会知识产权办公室的，往往会因主办方的商业目的而执法不力，小微企业的展会现场维权遭遇维权受阻、不及时、取证难等诸多困难。

五、展会知识产权保护的应对策略及建议

（一）小微企业展会知识产权保护的应对策略

1. 小微企业展前知识产权保护的预防

就展前知识产权保护的预防工作而言，小微企业应集中有限的人力物力从展前调查和展会准备两个方面开展工作。

展前知识产权调查工作目的是提前做好信息收集和分析，从而做到有的放矢。具体内容包括：

（1）展会信息，包括展会日期、展会平面图、展会组织者的查处措施、投诉办法、投诉流程、投诉表格等；

（2）侵权方信息，包括侵权方的展位号、经营范围、授权专利公告文本等；

（3）技术秘密保护分析；

（4）知识产权预警分析，包括展会举办地有关的法律法规、地方法规规章、展会规程及合同、展会知识产权纠纷案例、举办地技术领域及参展竞争对手分析等。

以知识产权预警分析中涉及举办地技术领域及参展竞争对手分析为例，具体可采用防御性分析结合进攻性分析的方式进行：

（1）防御性分析。

就举办地该技术领域内以及参展竞争对手知识产权进行检索，然后结合展会举办地知识产权规则进行预警分析，以市场份额大、侵权风险小或风险可以承担的产品作为参展展品，规避侵权风险，防患于未然。若必须参展的产品存在可能侵权的风险，可采取的防范措施包括：预先协商获得知识产权许可、宣告权利人权利无效、通过外围知识产权方案形成交叉许可、规避设计等。

（2）进攻性分析。

审查自身知识产权情况，若参展展品或参展技术获得知识产权授权，应携带证书或相关证明，做好进攻准备。若参展前发现有参展企业存在侵权行为，可采取的措施包括：向涉嫌侵权的参展企业发送警告函逼其放弃参展、向展会组织者投诉、提前做好诉讼准

备、收集现场销售证据等等。展会知识产权准备工作主要是以准备展会纠纷涉及的资料为主，包括身份证明类，权利归属类，法律文书类，投诉信息类，抗辩类文件。对于已申请专利的产品，需要依法标注知识产权标记。

2. 小微企业展中知识产权纠纷应对

（1）遭遇侵权时的应对。

权利人在展会现场发现侵权行为的，可以采取协商或投诉两种处理方式。

若选择与侵权方协商处理相关事宜，则应根据侵权行为的具体情况判断，若侵权方能够积极配合处理并消除影响给予赔偿，并承诺不再侵权，则可以不进行现场投诉或向监管部门投诉，但协商处理前应做好证据采集工作。

若选择投诉方式处理侵权行为，则可以向展会现场设立的投诉机构投诉、要求当地监管部门处理或向法院提起诉讼。由于展会周期较短，一般多为 1～7 天不等，依据传统的诉讼时间进行充分准备，可能无法及时制止不良影响，所以建议小微企业先收集侵权证据并向展会现场设立的投诉机构投诉，视投诉处理结果决定是否在展会结束后再要求当地监管部门处理或向法院提起诉讼。

如果展会组织者只重视招商，而对权利人的投诉置之不理，权利人最好以书面方式告知展会组织者，某参展企业可能侵犯知识产权，希望组织者撤下其展品或制止其参展。如果展会组织者明知有参展企业侵权却不采取行动，则组织者也将承担侵权责任。

由于侵权判定的关键在于证据，考虑到展会的流动性与临时性特点，小微企业在选择自行采集证据进行证据保全时应注意固化证据、证据销毁、紧急应对等问题。

（2）被诉侵权时的应对。

基于侵权应对方式来分析，被诉侵权相应包括接到警告函和遭遇现场执法两种情况。

接到警告函后，首先判断是否侵权，若确定已经构成侵权且证据充分，则应积极应对协商解决，争取将损失减到最小，同时避免逼迫权利人进入投诉程序或诉讼程序，从而导致撤展等其他情况发生，影响企业形象。若事实证据不充分，则可提出不侵权的理由及证据，或与权利人进行沟通，就事实进行沟通说明，避免影响扩大。

遭遇现场执法时，应积极配合现场执法部门进行处理，避免妨碍执法；必要时，寻求专业机构和政府部门的帮助，选择提出异议、申诉、上诉等处理方式。若确定已经够成侵权且证据充分，则应依据展会投诉机构的相关规定，配合撤下展品或直接撤展等，或积极向被侵权方沟通，正确协商处理；若确定已经够成侵权，但被侵权方证据不充分，则应进行答辩，并同时撤下展品或直接撤展；若侵权理由较为牵强，侵权证据不充分，则应积极准备应诉材料，向展会投诉机构提交答辩意见。

被诉侵权时对证据的风险评估包括知识产权的有效、证据的客观充分以及侵权理由等。

3. 小微企业展后知识产权维权保护的跟进处理

(1) 遭遇侵权时的展后应对。

被侵权人展后应进行的工作包括：向相关职能管理部门投诉，向各地知识产权管理部门提出行政调处请求，向有管辖权的人民法院提起民事诉讼，向公安部门报案，启动刑事诉讼程序以及提请仲裁等。

由于小微企业资金实力受限，应优先考虑和解，尤其是针对目标市场和被侵权人市场存在差异时，诉讼成本高、周期长，被侵权人更应考虑通过谈判以达成专利许可等方式进行。

(2) 被诉侵权时的展后应对。

涉嫌侵权人展后应进行的工作包括：再次就涉嫌侵权产品或技术进行深入系统分析，判断是否侵权。

若侵权，可以采用以下两种方式进行：

① 积极寻求和解，获得权利人许可，以降低损失；

② 收集证据，采取无效诉讼等其他方式为在后参展或销售扫清障碍。

若不侵权，可在诉讼时效内向当地法院起诉，要求赔偿。

诉讼结束后，应就本次参加展会时自身遭遇的知识产权问题，以及展会过程中发现的知识产权问题进行整理归纳，总结参展的经验和教训，进一步加强企业知识产权风险管控能力，提升企业知识产权问题的处理能力，为在后参展提供更加优秀的展会知识产权应对方案。

（3）涉及专利技术展览公开的展后应对。

《专利法》第24条规定：申请专利的发明创造在申请日以前六个月内，在中国政府主办或者承认的国际展览会上首次展出的不丧失新颖性。

为防止新产品新技术在展会中公开从而影响在后专利的新颖性，对于未申请专利的产品和未上市新产品，除了展前必须向展会组织者进行详细备案外，还必须要求展会组织者对该展品出具相关事实证明。当然，也可以自己对参展过程拍照摄像。

（二）小微企业展会知识产权保护的建议

随着行业分布极为广泛的小微企业数量的飞速增长，加之政府各项政策的大力支持，小微企业的创新能力也逐渐被激发。但如何将创新成果快速转化为小微企业的利润，并为创新成果提供良好的知识产权保护环境，正成为当务之急。展会，作为一种助推小微企业快速扩大市场的营销途径，如果能够提高知识产权意识，完善知识产权保护，也将成为小微企业搏击壮大的重要途径。

与此同时，国家知识产权局2013年制定并推广了《企业知识产权管理规范》，截至目前，符合该管理规范的小微企业数量极为有限。由于管理制度的缺失，目前大多小微企业的知识产权管理工作相对较为混乱，尤其是小微企业涉及的知识产权侵权纠纷也在不断增多，因此，基于本次报告的调研分析，对小微企业展会知识产权保护做如下建议。

1. 进一步完善法律、政策、管理制度

在展会知识产权保护立法方面，建议在统一执法的前提下对不同的知识产权类型区别对待；并从立法层面建立展会知识产权侵权纠纷的快速处置机制以应对展会的临时性和流动性特点，同时还可为后续行政或司法维权提供便捷。

展会知识产权相关政策制定时建议考虑以下四点：

（1）展会承办方有展前告知义务，以明确包括展会承办方在内的纠纷各方的权利义务关系；

（2）被控侵权方的答辩时间应灵活指定，以适应展会的办展时间；

（3）展会承办方的主要职责是出具侵权证明材料；

（4）展会知识产权侵权纠纷应主动在当地知识产权管理机构动备案，为行政或司法救济提供证据。

展会知识产权保护的管理制度建议将工作重点放在展前预防，避免纠纷上。例如，知识产权行政管理机构出台展会知识产权保护协议模板，供参展方与承办方签署，以明确各方的主体职责，预防参展方或承办方不执行约定或出现不合理行为；知识产权行政管理机构应出台应对展会知识产权侵权各种复杂状况的预案，供执法人员、维权援助人员、侵权纠纷各方参照执行；知识产权行政管理机构应明确要求展会承办方设立知识产权办公室，至少包括组委会一名专职工作人员和聘请的一名专利代理人或律师；知识产权行政管理机构出面，定期举办面向参展商、展会承办方、知识产权服务人员的展会知识产权知识保护培训班，培养一批展会知识产权维权专家，加强展会主体的知识产权保护意识和水平。

2. 成立保护联盟

由于小微企业资金实力受限，单独就展会聘请律师或专利代理人成本较高，因此，建议行业内同等规模或存在合作关系等愿意联盟的小微企业共同组建展会知识产权保护联盟，通过联盟进行律师或专利代理人的聘请，服务于联盟内所有成员单位，例如开展展前调查、展中应对和展后跟进等工作，从而达到降低成本、提高知识产权保护力度的目的。

3. 法律援助

有别于保护联盟的建立，法律援助应以政府为主导并推动建设，用于向小微企业提供展会知识产权保护的法律援助，通过政府资助的方式降低小微企业展会知识产权的相关成本，提高小微企业进行展会知识产权维权积极性，从而使小微企业能够加强相关的知识产权人才储备，不断提高自身知识产权保护意识。

京津冀三地专利资源分布与产业技术协同发展研究* ** ***

陈　燕　孙全亮　孙　玮　寿晶晶
徐　慧　王　淇　陈泽欣

一、京津冀专利资源的产业竞争格局和特点

1. 京津冀专利资源总量丰富，具有较强的技术创新能力和专利资源实力

整体来看，京津冀是我国专利资源量十分丰富的地区。从总量上看，如图1所示，截至2013年年底，北京、天津、河北三地用

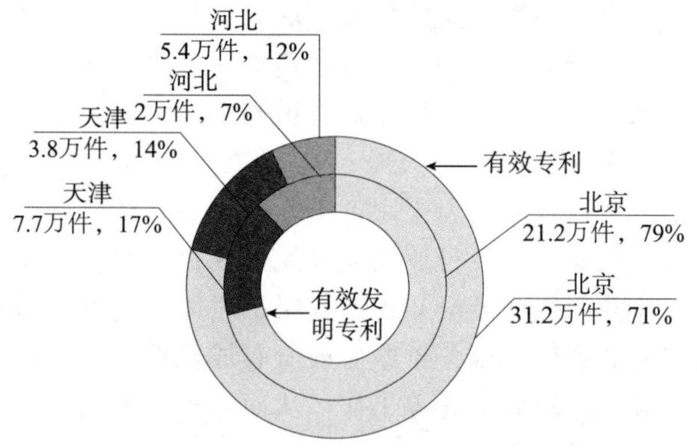

图1　京津冀专利资源数量的地域分布

* 本文获第九届全国知识产权（专利）优秀调查研究报告暨优秀软科学研究成果评选三等奖。

** 本文节选于国家知识产权局知识产权发展研究中心《专利工作促进京津冀三地产业协同发展研究报告》。本节选报告执笔人：孙玮。

*** 本文专利资源特指与产业技术研发相关度较高的发明有效专利和实用新型有效专利；数据范围为截至2013年12月31日的中国有效专利。

不到3%的国土面积创造了10.9%的国内生产总值，汇集了29.9%的有效专利量（44.3万件）和46%的有效发明专利（27.1万件）。此外，京津冀地区专利的技术含量和专利密度明显高于全国平均水平。从有效专利的技术含量看，京津冀三地技术含量较高的发明专利占比为61.2%，显著高于全国40%的平均水平。从专利资源密度看，京津冀每亿元生产总值的有效专利量达7件，显著高于全国1.5件的平均水平。

2. 京津冀专利资源地区分布不均衡，北京强、津冀弱，专利资源的实力差距远大于其经济差距

京津冀三地专利资源的地区分布不均衡，具体表现为：

一是京津冀专利资源在空间上高度聚集于北京，多个重点行业专利资源优势显著。如图1所示，北京的有效专利占京津冀有效专利总量的七成，高达31.2万件，是京津冀三地专利资源实力的领头羊，主导着京津冀整体专利资源分布的基本格局。

二是北京专利的技术含量和专利密度明显优于天津、河北。从有效专利的技术含量看，北京的有效专利中，技术含量较高的发明专利的占比为68%，显著高于天津和河北的50%和37%，此外，从专利资源密度看，北京每亿元有效专利量达16件，明显高于天津（5.4件）和河北（1.9件）。

三是北京不仅企业的有效专利总量大，而且与天津、河北相比，北京高校及科研院所的优势也较显著。一方面，北京企业的有效专利总量高达20.6万件，是天津和河北两地企业的3.6倍和6.4倍；其中，北京企业的有效发明专利总量高达13.3万件，是天津和河北两地企业的5.3倍和12.2倍；另一方面，北京高校及科研院所的技术创新能力和专利资源实力显著强于天津、河北。例如，北京市医药制造业、通用设备制造业等14个行业（占行业总数的28%）的专利主要由高校及科研院所拥有，而天津、河北高校及科研院所拥有的有效专利则少得多，详见表1。

此外，数据显示，在经济层面上，无论是经济资源总量还是人均量，京津和京冀的差距均远远小于其专利资源的差距。2013年，北京、天津、河北三地地区生产总值分别为2.0万亿元、1.4万亿元、2.8万亿元，从总量上看呈现出大河北小京津的现象，但整体差距并不大。这类差距的落差表明，相比于常被提及的三地经济发展的隔阂，三地在专利资源层面的不均衡性更加突出，可能存在更大的割裂。

表1 2013年京津冀三地专利资源拥有量

指标项	北京	天津	河北
有效专利量（万件）	31.2	7.7	5.4
有效发明专利量（万件）	21.2	3.8	2.0
地区生产总值（万亿元）	2.0	1.4	2.8
人均地区生产总值（万元）	9.5	10	4

3. 京津冀三地专利资源主要聚集在少数资本技术密集的行业，产业重点相似

京津冀的专利资源均高度集中于少数资本技术密集的行业。如图2所示，50个大类行业[1]中，北京市81%的有效专利集中在专利资源量排名前九的行业中，天津市76%的有效专利集中在专利资源量排名前十的行业中，河北省81%的有效专利集中在专利资源量排名前十的行业中。

同时，三地上述专利资源规模较大的行业具有很高的重合度。其中，通信设备计算机及其他电子设备制造业、仪器仪表制造业、专用设备制造业、化学原料和化学制品制造业、电气机械及器材制造业、金属制品业、医药制造业和电力热力生产供应业最为典型。上述八个行业在京津冀三地均属排名前十的专利资源优势行业，分别占京津冀专利资源总量的67.1%、55.8%、50.4%，共集聚了三地54%的专利资源。

[1] 此处的50个大类行业是指中国国民经济产业ISIP分类中第一产业、第二产业（包括建筑业、制造业、生产供应业）的所有大类行业，这些行业也是本文研究的行业范围。

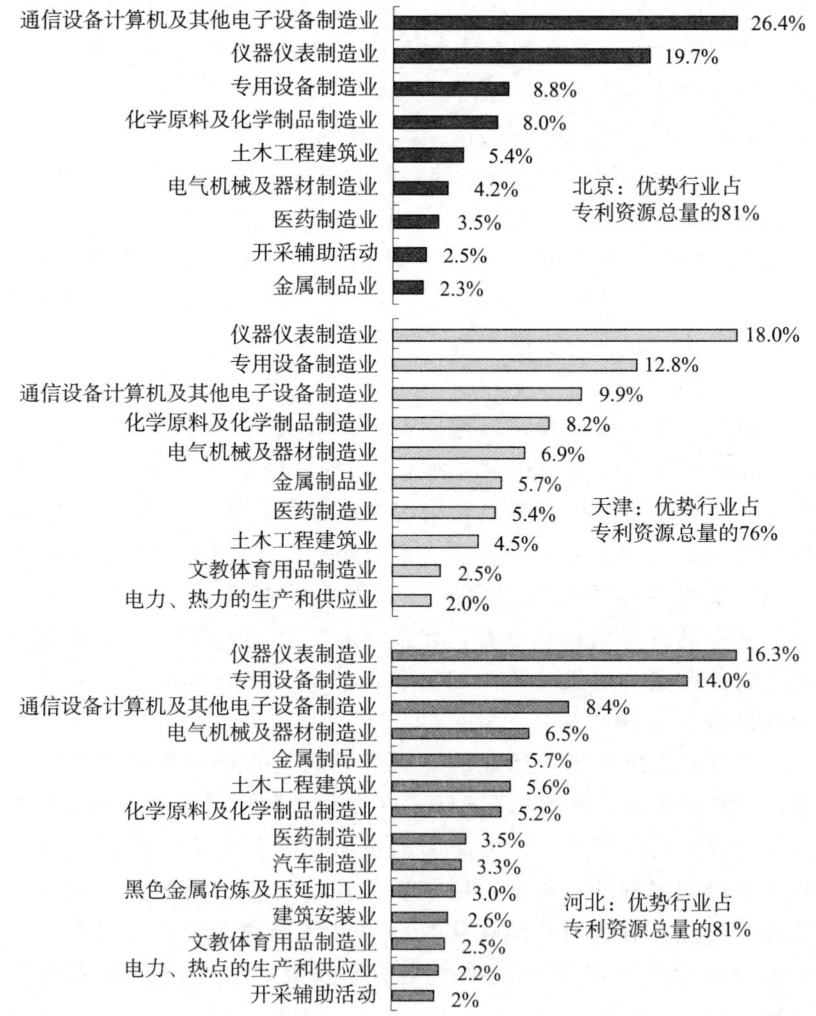

图 2　京津冀专利资源优势行业组成及其占比

4. 京津冀三地优势行业技术互补，具备技术协同创新、产业协同发展的基础

从技术层面分析发现，三地多数行业内的技术关注点存在较大差异。在三地专利资源规模均排名靠前的八大行业中，除电力热力生产供应业因公共服务属性使得三地的技术关注点和关注趋势具有较大的相似性外，其余行业最为关注的 IPC 小类和最为活跃的 IPC 大类均存在较为明显的差异，详见表 2。以化学原料和化学制品制造业为例，从技术关注点看，北京专利申请最为集中的 IPC 为 B01J——催化作用、胶体化学等一般的物理或化学方法，天津专利申请最为集中的 IPC 为 C07C——无环或碳环化合物，河北专利申请最为集中的 IPC 为 C07D——杂环化合物；从技术热点看，北京专利申请最活跃的 IPC 为 G01——测量、测试，天津专利申请最活跃的 IPC 为 C05——肥料制造，而河北专利申请最活跃的 IPC 为 C12——生物化学。

更进一步分析发现，三地同一产业在技术上还具有一定互补性，存在产业纵向协同和横向协同的可能。以电气机械和器材制造业为例，北京的专利资源主要集中在电池组、供电或配电电路装置等领域，天津主要集中在基本电气元件和信号装置等领域，河北主要集中在基本电气元件、变压器和非便携式照明装置等领域；从专利资源增长热点看，北京已开始转向光学、石油等专业化器材的制造和研发，天津和河北仍注重于强化基本电气元件的专利储备。

可见，京津冀相关产业的专利资源既具有协同发展的内在需要，又具备协同发展的先天基础。在专利已经深深渗透到当今产业竞争方方面面的背景下，为促进创新驱动产业发展，在谋划京津冀产业协同发展的过程中，应密切关注三地专利资源的产业分布状况及特点，有针对性地优化京津冀创新资源配置、强化专利资源整合利用，为促进京津冀产业协同发展、优化升级提供有力支撑。

表 2　2013 年京津冀三地共同专利优势行业的技术关注点和活跃点分布

	最关注的 IPC			最活跃的 IPC		
指标项	北京	天津	河北	北京	天津	河北
通信设备、计算机及其他电子设备制造业	G06F H04L H04W H01L H04N	G06F H04N H04L H01L	H01F H01L G06F H04L G08B	F16 G07 E21	H04 G01 G06	H01 G08
仪器仪表制造业	G01N H01L G01R G06F	G01N H01M G01R G01B	G01R H01F H01L G01N	H04 H02 G05	H04 G05 G09	H02 H01 G01
专用设备制造业	E21B A61B A61M	E21B B21D A61B	E21B A61B B21D	H02 F16 E04	B21 E04 H02	H01 H02 B21
化学原料和化学制品制造业	B01J C07C C01B	C07C C07D C01B	C07D C07C C01B	G01 C12 H01	C05 C09 C12	C12 C08 C07
电气机械及器材制造业	H01M F21S H02J F24J G08B	H01M H02K F21S H02J	H01F F21S H01M F24J H02K	G02 C10 G03	H01 A47 G08	F21 H01 H02
金属制品业	B23K B65D B23B	B23K B23B	B23K B23B B23D	H01 B65 B23	C25 B65 B23	B24 B23 B21
医药制造业	A61K C07K C07D	A61K C07D A61F	A61K C07D	C01 C07 C12	A61 C07	C07 A61
电力热力生产供应业	H02J H02B F24D H02M	H02J H02B F24D F03B	H02J H02B F24D F03B	H02 H04 G21	H02 F24 F03	H02 F24 F03

注：此处最关注的 IPC 是指有效专利量分布最多的 IPC 小类，最活跃 IPC 是指增速最快的 IPC 大类，为了便于统计和说明，此处专利的 IPC 分类仅仅考虑一项专利的主分类号。

二、解析专利比较优势，助力京津冀产业协同

为更准确地反映上述京津冀要素禀赋中专利和资本的相对丰富程度，本节以专利资源和行业规模两个指标作为参照系，把京津冀地区 41 个大类行业❶分为具有不同比较优势的四类产业：第Ⅰ类是专利资源和产业规模均高于均值的行业，同时具有专利资源优势和规模优势；第Ⅱ类是专利资源高于均值，行业规模小于均值行业，仅具有专利资源优势；第Ⅲ类是专利资源小于均值，行业规模高于均值的行业，仅具有规模优势；第Ⅳ类是两类资源均小于均值的行业。通过分析上述四类产业的行业类型、贡献等，将有助于了解和掌握京津冀当前产业的要素禀赋特点和比较优势，以及北京、天津、河北三地协同中各自角色和产业定位。

1. 三地优势行业多为重化工业，产业协同发展需要与生态环境改善并行推进

从行业类型上看，如图 3 所示，北京共有四个大类行业属于Ⅰ类产业，除医药制造业外，其余行业均为装备制造业；Ⅱ类、Ⅲ类几乎均为原材料产业。

天津有五个大类行业属于Ⅰ类，产业类型多样，既有电气机械及器材制造等装备制造业，也有化学原料及化学制品制造业等化工类产业；而Ⅱ类、Ⅲ类产业除农副食品加工业外，多为有色金属冶炼及压延加工业、黑色金属冶炼及压延加工业等冶金业以及精炼石油产品制造等化工业。河北的Ⅰ类、Ⅱ类产业数量最多，且全部为装备制造业和冶金业；Ⅲ类产业中部分涉及农业、纺织业、畜牧业。

2. 三地优势行业数量少，贡献大，对地方经济发展和产业结构调整具有较大影响

如图 4 所示，北京、天津和河北分别有四个、五个、六个行业的专利资源和行业规模均高于当地均值，数量不多，占分析行

❶ 此处的 41 个大类行业是指中国国民经济产业 ISIP 分类中第一产业、第二产业（包括采矿业、制造业、生产供应业）的所有大类行业。

业总数的比例不足 15%。其中，仅电气机械及器材制造业一个行业的专利资源和产业规模在三地均较强，同时具有专利资源优势和规模优势。

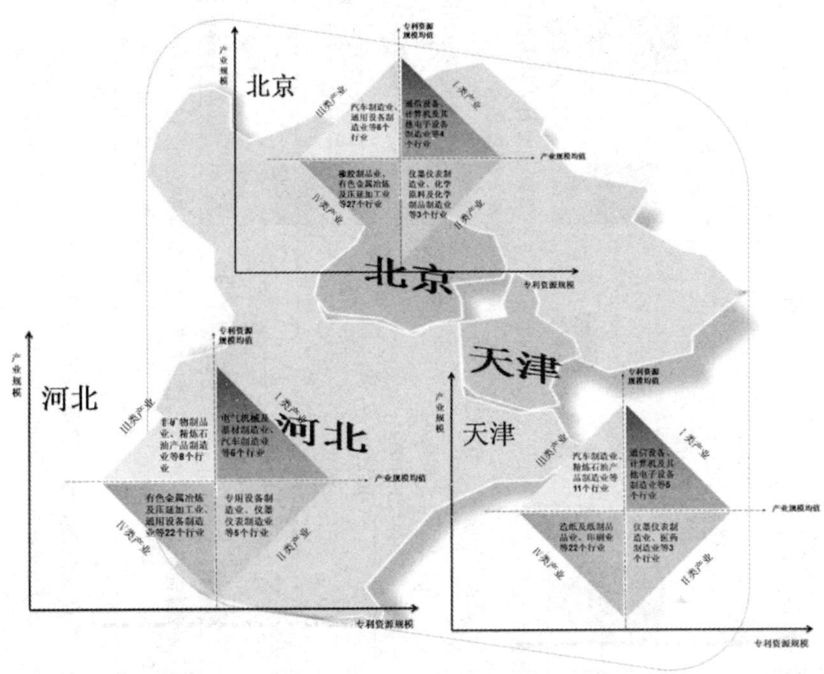

图 3　京津冀四种类型产业的行业类型情况

整体而言，北京前三类产业共有 13 个大类行业，拥有 72%的专利资源，贡献了 79%的产值❶；天津前三类产业共有 19 个大类行业，拥有 85%的专利资源，贡献了 89%的产值；河北前三类产业共有 19 个大类行业，拥有 87%的专利资源，贡献了 84%的产值。

❶ 该产值占比是相对于本报告所研究的各个产业的总产值而言。

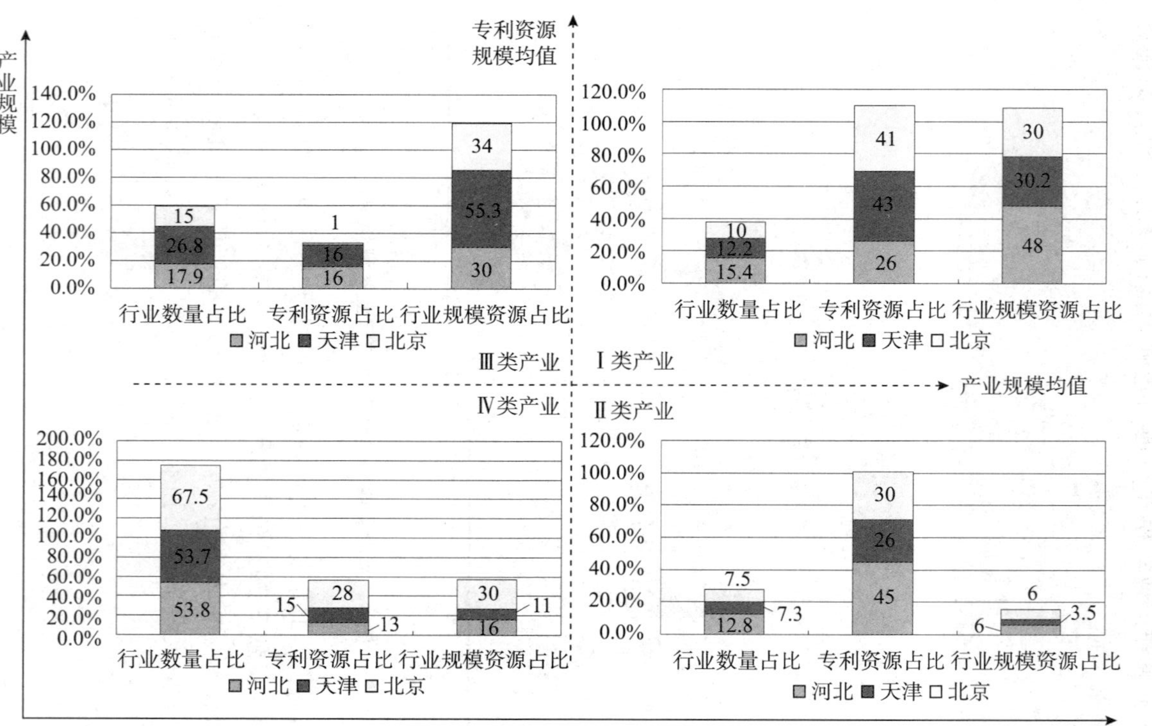

图4 京津冀四类产业数量、专利资源和行业规模情况

说明：图中占比的比较对象为当地所分析的行业数量和当地资源总量，因此总和有超过100%的现象，下同。

3. 北京市多个行业专利资源优势突出，但未充分转化为产业竞争优势，对周边地区的产业辐射带动效应不显著

如图 5 所示，北京专用设备制造业、化学原料及化学制品制造业等行业专利资源优势突出，拥有有效专利 2.7 万件和 2.5 万件，是天津的 2.8 倍和 3.9 倍，是河北的 3.6 倍和 8.8 倍，但行业产值却不足天津、河北同行业产值的一半，差距较大。同时，北京部分行业的技术创新及专利资源优势并未有效辐射带动周边地区产业技术发展。例如，北京通信设备计算机及其他电子设备制造业有效专利多达 8.2 万件，且产值规模大；而在相邻的河北，有效专利仅 0.5 万件，且产值规模仅为北京同行业的 17%，两地相比差距显著。

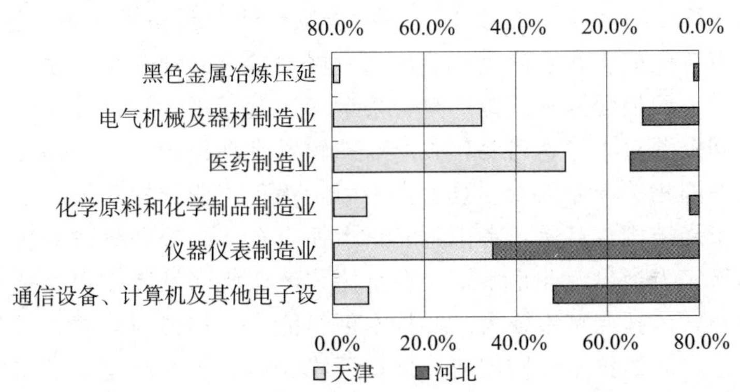

图 5　天津河北部分支柱行业专利密度与北京的差距

此处专利密度差距的计算办法为用天津、河北的专利密度除以北京同一行业的专利密度。

4. 河北、天津多个支柱行业处于技术创新洼地，专利资源积累相对薄弱，支撑产业升级乏力

河北、天津多个支柱行业虽然在当地经济地位较高，但技术创新水平相对较低。一是行业专利密度偏低。天津通用设备制造业等产值规模排名前四位的支柱行业每亿元产值有效专利量不足 1 件；河北各大支柱行业每亿元产值有效专利量大多在 2 件以下，与北京（平均 18 件）相比差距显著。即便是亿元产值有效专利量相对较高的电气机械及器材制造业，天津、河北亦仅为 6.2 件/亿元和 2.4

件/亿元，远低于北京19.4件/亿元的水平。二是高校及科研院所实力弱。从高校及科研院所在当地34个行业中的有效发明专利量及占比看，天津和河北均明显低于北京。尤其是通信设备计算机及其他电子设备制造业、仪器仪表制造业、化学原料和化学制品制造业、医药制造业、土木工程建筑业和电气机械及器材制造业，天津、河北的劣势更加明显。

三、京津冀三地产业协同发展的基本思路和整体定位

1. 京津冀三地产业协同发展的整体定位

北京市在专利密集型产业上专利资源实力显著强于天津市和河北省，尤其是在通信设备计算机及其他电子设备制造业和仪器仪表制造业两个行业上，北京市的专利资源优势更是格外显著，因此，北京市首先应当在京津冀产业协同发展中作为专利资源集聚运用中心，一方面加强专利资源的整合集聚和运营运用，另一方面发挥优势专利资源对天津、河北相关产业的辐射带动作用，整体提升京津冀经济圈相关产业的专利技术竞争力，优化产业结构、技术结构和专利布局结构。其次，考虑到北京市拥有众多高校和科研院所，技术创新实力突出，北京市应当在京津冀产业协同发展中作为技术创新中心，依托北京市强大产业技术创新能力，加强与天津、河北相关产业之间的技术协同创新，推动天津、河北相关产业技术结构的改善和技术水平的提升。最后，北京市应当立足在相关专利密集型产业尤其是相关战略性新兴产业已经形成的产业基础、技术基础和专利资源，在京津冀产业协同发展中作为战略性新兴产业基地，引领京津冀经济圈战略性新兴产业的前瞻发展。

天津市在京津冀产业协同发展中，可以结合在特定产业领域兼具专利资源、技术创新和产业基础的比较优势，在京津冀产业协同发展中作为区域高技术产品研发制造中心，着力培育发展天津市在专用设备制造业、电气机械及器材制造业、化学原料及化学制品制造业、金属制品业、通信设备计算机及其他电子设备制造业、仪器仪表制造业、黑色金属冶炼及压延加工业等行业的细分领域中技术和产业的差异化竞争优势。

河北省依托其环北京和环天津的地缘优势，一方面，可以适度承接北京天津向外转移的相关产业，尤其是在紧邻北京的香河、固安、涿州等地，可以紧紧抓住北京大力发展战略性新兴产业的契机，积极打造若干为北京战略性新兴产业提供辅助、补充、配套、承接的战略性新兴产业的外围产业集群；另一方面，可以在技术协同创新、专利资源协同运用等方面主动加强与北京、天津的对接和协作，鼓励相关产业大力发展与北京、天津的骨干创新主体建立多种形态和模式的技术创新协作关系或专利协同运用关系，有效借助外部智力资源和专利资源提升自身产业技术内涵品质。

2. 京津冀三地产业协同发展的基本思路

专利工作促进京津冀产业协同发展的基本思路可以被概括为："强化优势、优化结构、环保高效、协作互补"。其具体含义为：

（1）强化优势。京津冀产业协同发展的一个重要着眼点，就是要围绕产业竞争优势的培育、巩固和强化来促进和实现产业协同。在宏观上，要进一步巩固和强化京津冀基础较好的行业，促使产业基础较好的行业拥有更强的专利技术竞争力、专利资源实力和技术创新能力更优的行业更加有效地依托专利技术优势转推动行业做大做强；在微观上，要鼓励引导京津冀三地立足于自身优势，重点培育发展特色鲜明、优势突出的特定产业环节或细分行业。

（2）优化结构。在宏观上，重点做好京津冀三地大类行业组成结构的调整优化，在区内保留和培育发展产业基础较好、技术创新能力较强、相对高端的优势行业，向外转移区内不具备竞争优势的低端行业；在微观上，对于京津冀需要重点发展的优势行业，着力培育发展其中产业基础较好、技术创新能力较强、产业附加值较高的细分行业或关键产业环节，促进和实现行业的内部产业结构的优化升级。

（3）环保高效。京津冀产业协同发展的第三个重要着眼点，在于集中精力培育发展环保、清洁、高效的产业。对于区内不具备竞争优势、环境污染较重的产业，应当逐步向外转移，或者逐步淘汰；对于区内具有竞争优势的污染型产业，可以适度保留竞争优势明显、污染相对可控的细分行业，并着力加强污染控制和治理。同时，大力鼓励培育发展清洁高效、环境友好的新兴产业。

（4）协作互补。首先，京津冀三地产业在发展方向和发展重点上要避免重复布局、同质竞争，要注重结合自身产业特色和比较优势，采取差异化战略实现差异化发展；其次，京津冀三地产业发展要打破三地地域界限，树立三地产业一体化发展观念，在相关产业的技术协同创新、专利协同运用等方面积极开放协作；最后，京津冀三地产业发展要注重依托各自的比较优势促进三地产业的优势互补。

四、京津冀三地产业协同发展的产业结合点和主要方式

在上述思路的指导下，专利工作促进三地产业的协同发展可采用强强联合、对接协作和承接转移三类协同方式，如图6所示。

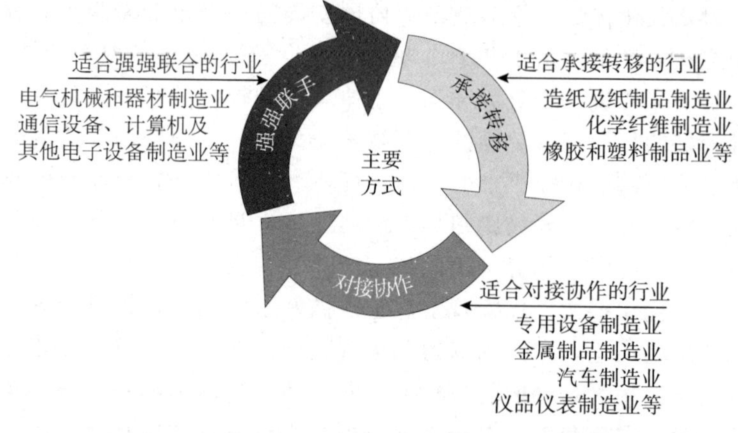

图6　专利工作促进京津冀产业协同发展的主要方式

（1）强强联合。强强联合是指可对三地中至少两地同时具有专利资源和行业规模比较优势的行业，并在技术上具有相应的一致性，可以整合三地或两地的专利资源和技术创新资源开展联合研发，并依托三地或两地的行业基础实现产业集聚的规模效应。

据此，通过比较三地产业专利资源要素禀赋比较优势发现，京津冀三地应重点支持电气机械和器材制造业的强强联合。京津两地应重点支持通信设备、计算机及其他电子设备制造业和专用设备制

造业的强强联合。津冀应重点支持金属制品业和化学原料及化学制品制造业的强强联合。

（2）对接协作。对接协作更关注同一行业内部由于技术基础差异所产生的不同分工，即同一行业在不同领域的分工协作，目标为通过行业内部的分工合作实现行业的互补互促。

据此，通过比较三地产业专利资源要素禀赋比较优势和产业技术动向发现，京津冀三地应优先开展专用设备制造业、金属制品制造业、汽车制造业和仪器仪表制造业等四个行业的对接协作。

（3）承接转移。承接转移是通过行业在一定区域范围内的重新布局，实现资源更为合理的配置，进而提升产业效率。根据公开报道，北京新的城市战略定位是政治、文化、国际交往和科技四大中心，天津的定位为全国先进制造研发基地等，而河北的定位最有可能为科技成果转化以及承载产业转移基地。据此，对京津冀地区而言，所谓的承接转移更多的是北京的产业疏解，天津对先进制造研发和河北对产业制造的承接。此外，由于近年来持续重度雾霾不断侵袭京津冀地区，作为地缘相接、地域一体的经济区，在产业转移承接过程中还需要把生态、民生和经济放在同等重要的位置上，加以统筹规划。

据此，在比较三地产业专利资源要素禀赋比较优势的基础上，结合北京功能疏解和津冀生态补偿的需要，天津应着力承接北京仪器仪表制造业、专用设备制造业等行业研发和生产的转移。而河北应着力承接北京化学原料及化学制品制造业、开采辅助活动和医药制造业中生产的转移，这些行业可采用研发在北京和天津，生产基地建在河北的产业布局。

五、相关措施建议

一是配合相关部门在产业规划决策及实施过程中建立服务于京津冀产业协同发展的专利导航工作机制。着力引导三地产业合理选择产业技术发展路径、优化产业技术创新资源配置、有效规避防范重大项目的产业专利风险，培育提升产业专利技术竞争优势。

二是引导三地加强专利资源的运营，有效发挥专利资源优势产业和区域的辐射带动作用。面向京津冀经济圈建立专利运营公共服务平台，鼓励建立优势互补、具有较强专利风险防御能力的产业专利联盟；引导三地以专利资源利益共享为纽带深化产学研协作，加强产业转移接续过程中产业链与创新链之间的衔接配合，为相关产业提供技术创新支持和专利资源支撑。

创新驱动发展中的最优专利制度研究*

毛　昊

专利制度是实现创新资源市场化配置的基础，为创新驱动发展提供了有效的制度保障。改革开放以来，我国开始全面建设现代专利制度。中共十四大首次提出“完善保护知识产权的制度”，中共十七大提出“实施知识产权国家战略”，中共十八大正式提出“实施创新驱动发展战略”，并将知识产权战略作为支撑国家创新驱动发展的重要构成。动态发展、不断调整的专利制度对社会整体福利、国家创新体系、消费者利益均产生重要影响。❶ 面对新的时代背景，专利制度构建需要在考虑法律移植和一般性规则基础上，考虑中国创新驱动发展战略的内生需要，从制度运行和市场规律运行层面提出完善制度实践的科学方法。在此基础上，本文试图提出并阐释创新驱动发展中的最优专利制度，其既讨论专利在制度适应与发展过程中法律框架构建，更侧重从经济学的角度解释制度实践运行中的具体规律；既讨论政策具体实施过程中与法律衔接的可行性，更强调从经济学角度探索政策实施的科学选择。在最优专利制度的理论框架下，法律是制度的基础，政策是法律精神的体现，而经济是制度运行规律和政策实施效果的检验。最优专利制度立足中国国情，准确把握国家战略环境，旨在提升专利制度运行效率和市场使用专利能力，实现国家利益和社会福利最大化。期待本研究能够为国家创新驱动发展战略和中国特色知识产权理论体系提出有益

---

* 本文获第九届全国知识产权（专利）优秀调查研究报告暨优秀软科学研究成果评选三等奖。

❶ Eichera，Cecilia Garcia－Penalosa. The Endogenous strength of intellectual property rights：Implications for economic development and growth［J］. European Economic Review，2008，52：237－258.

参考，同时为实施可能的专利改革举措提供思路借鉴。

一、最优专利制度的理论基础

理论经济学中最优专利制度研究基于专利保护范围与社会效用的最大化。而现实运行中的专利制度则必须结合专利运行赖以生存的社会制度与宏观政策环境。从最优经济理论出发，寻找最大创新激励效用的现实基点，需要参考创新驱动发展的宏观政策环境，考虑最优专利制度运行的外部挑战。

（一）专利长度和宽度是最优专利制度研究的理论起点

专利制度是赋予创新者市场力量的制度安排，对于社会福利水平具有双重效应，一方面专利制度使厂商能够获得知识创新的垄断利润，从而促进知识的生产和社会福利水平的提高，但与此同时专利制度赋予创新者的市场垄断力量，扭曲了资源配置，从而导致社会福利的降低。从经济学原理出发，最优的专利制度重在讨论专利长度和宽度的理论模型设计。专利长度意味着获得技术垄断期限，长度增加会促进创新，但也可能因为市场扭曲而降低福利。专利宽度意味着技术垄断范围，有效的宽度需要实现在先技术和后续模仿的平衡，既要保障模仿产品能够对专利产品形成潜在威胁，又要保证专利产品能够通过取得垄断激励后续创新。

（二）创新激励效用最大化是最优专利制度的现实基点

当从最优制度的模型理论转向制度实践时，我们发现专利制度具备“积累”而非“激变”的特点，专利制度运行效率具有缓慢发展的自适应性，其效用发挥受到经济发展、技术积累、国家战略等制度生长环境的综合作用。因此，同样的专利法律制度框架在不同的经济体和产业技术领域表现出差异性的制度效用。作为一个后发追赶的国家，经济、社会转型期需要发挥专利制度的创新激励作用。然而，制度效用在转型经济体中并不像制度设计所描述的那般完美，这主要受到来自两个方面的挑战：

第一，表现为制度和政策性替代。现实生活中存在除了专利制度外的其他激励机制，这些替代机制既包括商业秘密、市场先动优势和互补性资产等企业行为选择[1]；也包括政府补贴、公共基金、政府奖励和政府采购等其他正式制度安排[2]。

第二，是资源和要素性的替代。后发国家需要承担由劳动、资本转向知识驱动的必要成本。目前我国很多行业依然由垄断资源、传统商业模式和人力成本等要素驱动，专利制度效用远未发挥。在强政策的刺激下，专利制度可能会丧失创新激励的应有效果，甚至可能成为部分行业发展中的资源消耗与社会成本。对此，我们必须在现有专利制度的框架之下，借鉴专利经济学的研究方法，在专利质量与价值、专利技术的溢出效用、专利技术的激励保障等方面开展研究，反思专利制度是否已经成为促进国家实现技术追赶的核心要素。上述过程注重经济规律发现与政府作用反思，体现了最优国家专利制度研究的基本出发点。

（三）创新驱动发展构成最优专利制度运行的战略环境

目前我国市场主体力量和社会大众创新迅速崛起，国家已经拥有了专利数量优势，正在实施内部结构优化，政府使用政策工具引导经济结构转型升级的意愿强烈。在经济发展过程中，我国曾先后颁布了《国家中长期科学和技术发展规划纲要》（2006）和《国家知识产权战略纲要》（2008），并将人才强国战略、科教兴国战略（国家中长期科技规划）与国家知识产权战略作为国家发展的三大战略，构成我国建设创新型国家的行动纲领。其中，科技中长期规划强调国家如何集中力量，进行科学技术领域的战略部署；知识产权战略则主要从如何完善相关激励技术创新产生和应用的制度环境着手，激励市场主体和社会大众积极进行创新[3]。2015 年《中共中央、国务院关于深化体制机制改革加快实施创新驱动发展战略的若

---

[1] Teece D. Profiting from technological innovation：implications for integration，collaboration，licensing and public policy [J]. Research Policy，1986，15：285-294.

[2] Gallini Scotchmer. Intellectual property：When is it the best incentive system? [C]. //A Jaffe，J Lerner，S Stern. Innovation Policy and the Economy，V. 2. MIT Press，2002：51-78.

[3] 董涛．“国家知识产权战略”与中国经济发展 [J]．科学学研究，2009（5）：641-652.

干意见》中，全面阐释了加快实施创新驱动发展战略的总体思路、主要目标，提出“让知识产权制度成为激励创新的基本保障”。从科技驱动、知识产权驱动发展到创新驱动，实际上就是科技与知识产权向社会经济全面转化的进程。创新驱动发展战略既强调了技术变革，又突出了知识产权的制度性因素和商业化应用，明确了技术变革后技术成果的产权界定与价值实现，是三大国家战略的高度凝练与传承。

（四）互联网、创新动机异化和多要素融合的制度挑战

在创新驱动发展的背景下，新兴技术与社会发展的力量已经突破了法律规定的界限，互联网与新技术的结合、创新动机的异化以及多元融合的创新要素均对制度发展形成了新的挑战。

首先是新兴技术和互联网对专利制度的挑战。世界范围内，产业发展中生产力和生产方式的每一次历史性变革，都促进着专利制度进行与时俱进的适应性调整。❶ 新技术革命的发展使得专利保护范畴得到扩展，生物技术、商业方法、标准等新兴保护客体影响着制度的管理机能，电子信息技术领域中的专利丛林也对制度效用产生了影响。互联网与信息时代为知识产权发展注入了活力：受网络虚拟性、开放性、线上线下交织等因素影响，互联网领域面临着“知识产权权利人、网络提供者、社会公众利益平衡”“网络信息传播跨国界”“信息传播速度快、侵权证据易灭失、保护难度增大”等新的挑战。❷

其次是创新动机异化对专利制度的挑战。创新驱动着技术与市场，在市场环境中，专利已经不是传统的保护研发成果的防卫性手

---

❶ 人类产业革命的发展史是科学与产业技术交织推动的历史：第一次技术革命源于天文、航海、力学等近代科学发展，纺织机和海上贸易随之兴起。近代物理科学和电磁科学分别推动了第二次蒸汽与机械产业革命和第三次内燃机与电力产业革命的发展。第四次能源、汽车、生物产业革命则源于进化论、相对论、量子论的大科学发展。电子与信息技术科学的发展引发了电子计算机与信息网络第五次产业革命的浪潮。具体参见：马一德．创新驱动发展与知识产权制度变革［J］．现代法学，2014（5）．

❷ 第九届夏季达沃斯中国家知识产权局申长雨局长的讲话［EB/OL］．［2017-06-02］．http：//www.sipo.gov.cn/jldzz/scy/zyhd/201509/t20150916_1176693.html.

段，专利从一种防御性权利变成了一种商业性工具。企业申请专利的目的远远超出了促进专利产品商业化和专利许可获利的范围。多途径的运用方式加速了专利流动，但是过度的专利运用和专利集中，则可能降低专利的研发激励效果，传统专利保护平衡已被越来越多的专利丛林和创新动机异化所打破。

最后是创新要素融合对专利制度的挑战。在新的创新驱动发展背景下，国家经济增长一方面突出了技术创新与知识产权制度的作用，但同时也实现了创新要素统筹融合。新的增长方式需要提升劳动、信息、知识、技术、管理、资本的效率和效益，积极面对学习型社会、创新型社会、信息社会和全球化社会的挑战。我们必须促进多元化创新要素的融合与管理，借鉴发达国家在互联网创新、金融模式创新、商业方法创新以及制造业品质管理与产品累积创新中的成功要素，实现创新驱动要素的协同发展；建立以专利为核心要素的创新驱动发展战略，为专利制度走向与政策实施提供了新的历史选择。

二、最优专利制度的经验借鉴

我国的专利制度运行与国家技术追赶同步，是由低质量专利向高质量专利转化，离散式创新向累积创新发展的过程，更是最大程度发挥专利制度效用，有效支撑创新驱动发展的必要条件。对此，我们需要从国家专利制度、市场规律和政策有效性三个方面寻找最优的制度实践路径。

（一）国家层面最优专利制度的运行经验

加强符合国情的专利制度设计。我国的专利制度由发明专利、实用新型和外观设计共同构成。英国知识产权委员会认为，实用新型更适合于许多发展中国家的经济条件。[1] 对比世界其他主要国家实用新型数量的下降趋势，中国实用新型专利数量近年来得到了异

---

[1] 英国知识产权委员会：知识产权与发展政策相结合［EB/OL］.（2015-05-23）［2015-07-01］英国知识产权委员会网站，http：//www.iprcommission.org/graphic/Chinese_Intro.htm.

常显著的增长。Kim 等指出，实用新型制度是技术追赶过程中有效的学习进程。❶ Maskus 和 McDaniel 的历史研究也发现，在日本技术追赶过程中，实用新型制度带来的技术溢出作用显著。❷ 对此，我们关心中国的实用新型制度是否是国家由低质量专利向高质量专利跃升的不可避免的学习过程，是否可以借助实用新型实现专利制度的加速学习。与世界很多国家不同，我国的外观设计数据巨大，但是庞大的外观设计数量积累未能转化为实际的工业竞争力，外观设计保护客体领域正在酝酿着可能的制度变革，产业在对图形用户界面（GUI）❸ 和产品中局部外观设计保护❹的需求旺盛，社会对外观设计单独立法的社会声音强烈。❺ 在发明制度中，国外研究表明商业方法和软件专利中的专利质量问题较为集中，增加了制度的成本与负担，但同时也正在为 ICT 和新兴技术行业提供着市场发展的巨大机遇。❻ 国家选择专利的保护范围应与国情和时代发展契合，对于商业方法，特别是互联网商业模式的授权标准，需要密切关注发达国家最新的司法判例。此外，如何解决我国发明专利研发投入成本低、诉讼赔偿低、商业转化效能低等实际问题，❼ 也应成为制

---

❶ Kim Y K，Lee K，Park W G，et al. Appropriate intellectual property protection and economic growth in countries at different levels of development [J]. Research Policy，2012，41 (2)：358 - 375.

❷ Maskus K，Mc Daniel. C Impacts of the Japanese patent system on productivity growth [J]. Japan and the World Economy，1999 (11)：557 - 574.

❸ 随着中国软件行业的迅猛发展，国内腾讯等 IT 企业在图形用户界面（GUI）方面具有大量的知识产权诉求，而现行外观制度却未能对这些诉求给予及时应对，制约了产业发展的实际需要。

❹ 为顺应国际外观设计制度的发展趋势，我国已经考虑将产品中的局部外观设计纳入专利法保护范围。具体参见：国家知识产权局网站，http：//www. sipo. gov. cn/ztzl/ywzt/zlfjqssxzdscxg/xylzlfxg/201504/t20150424_1107544. html.

❺ 郭禾 . 外观设计与专利法的分野 [J]. 知识产权，2015 (4)：9 - 13.

❻ Hall B H，Harhoff D. Recent research on the economics of patents [R]. National Bureau of Economic Research，2012.

❼ 国家知识产权局年度开展的《中国专利调查》显示，我国发明专利的研发成本在 10 万元之下的比例长期超过 60%，发明实施后取得的经济效益显著不足。而尹志锋和梁正 2015 年的工作论文《探析我国专利侵权诉讼赔偿：专利类型、诉讼主体及诉讼策略的作用效果分析》的研究内容表明，我国发明专利判赔金额与实用新型并无显著差异。

度设计的重要考虑。

加强专利制度运行绩效的讨论。我们需要从提升社会福利和促进制度效用的角度讨论专利官费❶、专利审查周期❷、专利无效程序❸、专利加速与延迟审查❹等制度性因素影响。近期，德国学者结合实际司法判例，分析了“无效专利仍可用于专利侵权判定”❺，此类制度冲突造成了社会资源浪费，影响了企业专利行为，而类似情况在我国的专利制度体系中同样大量存在。❻ 应如何从专利制度设计角度出发消除劣质专利，怎样通过专利授予前更为严格的审查控制（如审查员行为分析）实现改进专利质量的目的。❼ 与我国的制度设计不同，美、日、欧的专利制度体系中均设有“授权后异议程序”，其设置初衷是提升专利质量、减少专利诉讼。美国最新的经验证据还显示这一程序有效促进了专利的投资和转让。❽ 我国是否需要进一步考虑其制度设置的合理性，借助制度框架下的专利经济学研究将为中国专利制度改革提供更多学习参考。

（二）市场层面最优专利制度的运行规律

专利制度的市场运行表现为战略性专利使用、专利与金融资本、专利最优规模控制、市场专利诉讼策略等实践议题。在规律层

---

❶ Dietmar Harhoff. Patent validation at the country level - The role of fees and translation costs [J]. Research Policy，2009，38：1423 - 1437.

❷ Dietmar Harhoff，Stefan Wagner. The duration of patent examination at the European patent office，2006 [R]. Discussion Paper，2006，No. 170.

❸ Harhoff D，Scherer F M，Vopel K. Citations，family size，opposition and the value of patent rights [J]. Research Policy，2003，32：1343 - 1363.

❹ Harhoff D. Deferred patent examination [Z]. München，Germany：Ludwig - Maximilians - Universität München，manuscript，2011.

❺ Henkel J. Why most patents are invalid - Extent，reasons，and potential remedies of patent invalidity [Z]. 2014.

❻ 实际上，我国存在“专利复审委对涉案专利作出无效决定后，侵权案件的审理法院是否应当中止民事诉讼以等待无效宣告决定的司法审查结果”的法律实践难题。

❼ Lemley M A. Can the patent office be fixed? [J]. Marquette Intellectual Property Law Review，2011，15：295.

❽ Sarah. Changing Patent litigation in the U. S. - The impact of the America Invents Act and other developments [Z]. MIPLC Lecture Series，May 20，2015.

面，中国企业需要学习如何战略性使用专利制度，尊重专利的技术、市场、信息和制度属性，学会在密集专利产业与专利丛林中控制专利数量规模，理性投入企业的创新资源。Graevenitz 指出，专利丛林对不同企业的行为方式存在着显著影响，尽管技术成功概率较低，但专利丛林确实增加了复杂技术领域中的专利行为[1]。中国企业是否能够在进入专利丛林中实施理性选择？金融资本与专利的结合促进了企业专利活动与市场价值实现。我们也可以参考 Hochberg 等[2]和 Haeussler 等[3]的研究，讨论专利金融在初创企业融资中的作用机理，进行中国专利金融研究的理论探索。延续着国家层面对实用新型制度使用的讨论，Kim 等的研究同时表明，企业若想达到更高的技术能力，则需要依赖于发明专利而并非是实用新型。当制度学习在具备专利积累的市场主体内部发生时，企业内生能力是否遵循数量增长与质量转化的路径变迁？从专利诉讼制度的市场实践角度看，专利诉讼制度在专利制度运行中的效率较低，法定赔偿占全部侵权赔偿方式的比重极高，专利价值未能得到充分体现。我国企业战略性专利诉讼动机明显，严重削弱了研发创新激励效果。讨论产业专利诉讼的异质性与产生概率，[4] 研究专利权利人对于专利法院的选择及其对创新的影响，[5] 也构成了市场中专利诉讼学习的主要内容。

随着企业战略性动机强化和对制度与市场规则的学习使用，专利价值已经突破了原有的认知藩篱。除了财产和技术属性外，专利

---

[1] Graevenitz G, Wagner S, Harhoff D. How to measure patent thickets: A novel approach [J]. Economics letters, 2011, 111 (1): 6-9.

[2] Yael V Hochberg, Carlos J Serrano, Rosemarie H Ziedonis. Patent collateral, investor commitment, and the market for venture lending [Z]. Working Paper, October 7, 2014.

[3] Haeussler C, Harhoff D, Mueller E. To be financed or not - The role of patents for venture capital financing [Z]. 2009: 7115.

[4] Lanjouw J O, Schankerman M. Protecting Intellectual property rights: are small firms handicapped? [J]. Journal of Law and Economics, 2004, 47 (1): 45-74.

[5] Moore K A. Forum shopping in patent cases: Does geographic choice affect innovation [J]. Patent & Trademark, 2001, 83: 558.

还具备法律与制度功能。[1] 通常的社会认知多从专利技术和财产角度出发，通过高水平研发后的高质量专利文书撰写，取得技术垄断权力，实现生产力转化及财富增值，表现出专利的市场价值。而专利在信息和制度属性角度同时为多重实施方式提供了有效选择：生产专利产品、取得垄断利润已经不是专利价值实现的唯一手段，专利储备、防御性公开等诸多专利战略性实践被广泛运用于实现专利价值的增值。[2] 但这些价值往往不能以货币价值衡量，而内蕴在企业的生产实践经营活动之中。基于以上认知，需要结合企业行为提升对中国专利价值演化进程的了解。第一是制度学习和技术积累。企业对于专利制度的理解，以及对市场规则和技术方法的灵活运用。很多企业从没有专利，到掌握实用新型专利，到申请发明和PCT专利保护全球市场，专利累计以及学习效用本身发挥了重要的参考价值。第二是专利的市场控制。我们可以在企业专利战略、中介服务购买，申请动机、战略性工具使用等行为方面拓展专利价值研究视角。第三是专利研发的调查证据。尽管为研发而申请专利还是为专利而研发仍然存在争论，[3] 但是我们仍可尝试将专利研发周期和研发投入作为研究变量，寻求中国企业专利质量变化的经验解释。第四我们也需要从发明人角度考虑怎样的团队能够有效支撑高价值专利产生，重点关注发明人的教育经历与工作流动性、发明人的地理空间距离、合作发明与关键发明者特征、发明人发明奖励制度的创新影响等。

我们也需要加强市场发展专利异质性路径的讨论。Eberhardt等认为，中国专利激增主要由一小部分相对年轻、规模大、R&D强度高的出口导向型企业所推动，尤其以ICT设备制造企业为代表

---

[1] 吴汉东．科技、经济、法律协调机制中的知识产权法［J］．法学研究，2011(6)：128-148.

[2] 毛昊．我国专利实施和产业化的理论与政策研究［J］．研究与发展管理，2015(4)：100-109.

[3] 刘林青，谭力文．为研发而申请专利还是为专利申请而研发［J］．中国工业经济，2006(7)：86-93.

的企业所推动。[1] Li则认为，从国家层面对中国的专利与创新活动进行分析并不恰当，需要考虑区域和产业中的差异。[2] 但是不容否认，国家在特定技术领域已经实现了关键技术突破，逐步拥有专利优势。国家技术发展也逐步由模仿转向引进与自主研发相结合的战略阶段，随之开启了从被动应对转向主动保护，从激励创造转向注重运用的新模式。对此，我们需要寻找企业如何有效适应并充分利用中国的制度优势和专利体系特点，发现中央企业、外资企业、高技术企业、规模以上工业企业的市场学习与发展路径；发现资源垄断企业、代工企业、技术创新企业学习模式的异同；发现专利创造、运用、保护、管理环节中的学习差异与问题。进而从专利制度使用者、政策制定者和市场竞争者多维度提出有益参考。

（三）审视国家政策对市场规律的影响

国家政策既是政府干预性的引导，也是市场自主选择的结果。专利政策协同的根本驱动在于市场主体、地缘政治、社会大众和技术发展，[3] 政府作用只在于合理规制这些力量的集成和边界。这必然要求重新思考制度和环境建设的价值取向。在新的发展形势下，专利工作的专业性增强、重要性提升，但要真正成为国家创新的基础性资源，核心在于提供优质的知识产权资源和制度环境保障。对此，审视专利政策对市场规律影响需重点关注两方面内容：

第一个方面是寻找专利政策实施的制度基础。从制度理论层面而言，专利制度的核心是激励创造，而专利运用的核心是实现市场价值。当专利没有转化为价值时，市场端的知识产权对于社会和制度而言仅是成本，只有权力变现后才能转化为真正的社会福利和财产。然而当传统的以高质量专利实现后续技术激励被强大的市场战略性的功能替代时，专利制度异化的进程不可避免，传统的专利技

---

[1] Eberhardt M，Christian H. Is the dragon learning to fly? An analysis of the Chinese patent explosion [Z]. 2011.

[2] Li X. China's regional innovation capacity in transition：An empirical approach [J]. Research Policy，2009，38 (2)：338-357.

[3] EPO. Scenarios for the future [Z]，Munich：April，2007.

术激励效用则可能削弱。近期有学者提出，过强的战略性专利使用和市场价值实现可能冲淡创造活动强度，对于以“新产品产值”衡量的企业创新绩效而言，专利运用活动越强，创新绩效则对应降低。[1] 在制度框架下专利产业化以及专利的转让许可或许是专利运用活动的范畴，并且这一活动具备制度层面的保障；技术层面体现在“通过对在先技术的许可”使得后续创新者实现技术改良；在市场层面表现为垄断收益和社会福利增长。问题是传统框架中专利产业化以及专利的转让许可与目前市场实践中的专利运用（专利运营）的关系是什么？前者在制度框架下产生，而专利运用（专利运营）是否可以使在先专利技术得以改进？政府必须从专利制度角度寻找专利运用的理论依据，用以论证专利运用活动和创造活动间的关系，进而为理性的政策制定提供有效支撑。

第二个方面是审视政策激励可能产生的负面效果。专利是一个兼具竞争产品和公共物品特征的领域。在专利具体政策层面，政府行政力量在某些领域过度干预，往往弱化了市场主体的自觉意识。[2] 对此，我们迫切希望知道：我国现有环境下的专利政策是否对市场存在着扭曲，创新质量是否受到影响？专利资助、研发补贴、市场招投标、政府考核等政策是否影响了企业的专利活动？我们将试图在制度与市场运行基础上，为合理使用政策激励提供研究探索，进而提出政策学习的思考：政策激励在多大程度上能够转化为企业技术的内生能力？如何实施专利资助的结构性改变？专利行为是否因为高企认定周期而发生周期性波动，高企认定政策是否真正提升了企业核心创造力？进一步延展视角，我们能够作出更多政策选择的思索：是经济驱动了专利还是专利驱动着经济发展？传统的专利制度依然有效吗？专利政策能够有效支撑企业创新吗？专利考核摊派对县域经济有多大的负向影响？专利服务市场源于政府驱动还是企业的内生需求？这些问题将使我们对专利制度和政策的认识真正深

---

[1] 毛昊，陈大鹏．中国企业专利行为与政府最优标准化政策［Z］．北京，2015.

[2] 薛澜，毛昊．入世十年与中国的知识产权［C］//王洛林．加入 WTO 十年后的中国．北京：中国发展出版社，2012.

入到市场规律运行和对政策执行真实效果的论证层面。

三、最优专利制度的改革应对

作为公共政策手段，专利政策在制度框架内运行，以实现社会福利最大化为基本目标，具有对市场进行干预的特权。然而，专利制度的内生缺陷同时在于其政策效果不但受到市场技术和社会发展的影响，更受制于国家体制机制、传统观念等深层次因素制约。因此，政策工具化属性的最大化效用需要在专利制度的基础上通过改革得以实现。

（一）建立以专利为核心要素的创新驱动战略

纵观世界科技发展的历史，越来越多的证据将国家兴衰、技术革命与专利制度联系在一起。专利对创新的激励源于对在先技术的使用，后续发明者支付许可费用后取得在先技术使用权，进而通过技术改进实现二次利润。[1] Bessen 和 Maskin 指出，高质量的在先技术将持续收到来自后续创新的外溢效应，并以垄断利润方式推进技术进步。[2] 专利诉讼机制保障了在先技术不受侵权，为后续发明者提供产品生产和技术改进的空间。[3] 对此，寇宗来指出，近代中国与欧洲国家的一种重要区别就是缺乏有效的专利技术保护，而社会中的技术进步主要是由商业机密推动的。[4] 人们的技术知识无法共享，不但降低了社会的整体创新效率，也提高了技术失传的风险，专利制度在鼓励信息披露、提高技术知识累积中发挥了不可替代的作用。

随着专利制度的确立，我国更面临着如何在更高层次中构建创

---

[1] Scotchmer S. Protecting early innovators: Should accessory products, bundled improvements and applications be patentable? [R]. GSPP Working Paper #183, University of California, Berkeley, 1990.

[2] James Bessen, Eric Maskin. Sequential innovation, patents, and imitation [J]. The RAND Journal of Economics, 2009, 40 (4): 611-635.

[3] Lemley, Mark A. Rational ignorance at the Patent Office [R]. Boalt Working Papers in Public Law, 2001.

[4] 寇宗来．机密还是专利．[J]. 经济学季刊，2011 (10)：115-134.

新体系的时代要求。这必然需要发挥专利制度对产业创新资源、产业运行效益的支撑，发挥专利资源在产业发展格局中的影响，在实现产业价值增长的同时打造产业的竞争优势。对此，我们提出建立以专利为核心的创新驱动发展战略。专利是链接技术和市场的纽带，也是市场实践中利益分享、商业模式、创新创业、组织重构的核心。经济与科技发展离不开专利制度，技术的核心往往以专利的形式体现。专利具有产业与创新要素全覆盖的特性，在国家金融投资贸易、文化价值重构、社会信用体系、国民素质教育、科技体制改革、市场监督监管等重要工作中，专利的作用及其必要性将愈发重要。因此，必须强化专利与产业、金融、科技、贸易发展的深度融合，将专利融入产业技术创新、产品创新、组织创新和商业模式创新全过程，进一步释放专利制度红利，把产业创新能力转化为市场竞争力，把传统资源优势转化为产业市场竞争优势，充分实现市场价值，提升产业整体素质和竞争力。在以专利为核心的创新驱动发展模式下，只有遵循技术和制度创新理论与实践的互动，才能使政府决策更加科学，创新驱动更具实效。

（二）从独立专利政策到协同发展的创新政策

专利制度在公共政策体系中表现为专利政策，即政府以国家的名义，通过制度配置和政策安排对于知识资源的创造、归属、利用以及管理等进行指导和规制，宗旨在于维护知识产权的正义秩序，实施知识产权传播的效益目标。❶ 但是我们也必须反思以下几点基本问题：

第一是专利公共政策独立性问题。在国家知识产权战略研究制定阶段，部分学者认为知识产权政策是同科技政策并列的，构成能够推进技术创新、促进经济发展的独立力量。❷ 近期还有学者参考国家创新体系、产业政策体系、贸易强国政策体系的经验，提出了

❶ 吴汉东．中国应建立以知识产权为导向的公共政策体系［J］．中国发展观察，2007（5）：04－06.

❷ 董涛．国家知识产权战略与中国经济发展［J］．科学学研究，2009（5）：641－652.

我国知识产权公共政策体系的理论框架。❶ 与环保、土地、就业、教育等强制性的政策不同，专利具有较强预期性特点，❷ 单纯的知识产权政策不可能解决企业发展所必须的金融资本、技术人才和税收政策。在复杂市场环境中实施专利运用、实现专利价值，一定要涉及信息、知识产权、技术、管理和资本等多重要素安排。知识产权政策必须顺应创新驱动发展战略的大势要求，与教育政策、科技政策、产业政策、对外贸易政策相互配合。只有在协同发展的公共政策体系下，制度作用才能得到有效发挥。

第二是法律形态与非法律形态的公共政策问题。专利公共政策的作用发挥还取决于非法律形态下的公共政策。总体来看，目前我国知识产权领域已经形成了相对完整的法律形态中的公共政策，但是非法律形态的知识产权公共政策发展缓慢，特别是与知识产权有关的文化、教育、信用、公民素养方面的公共政策严重滞后。对此，吴汉东指出，与知识产权有关的私权意识、创新意识、法治意识、市场竞争意识、诚信意识等严重滞后，使得我国知识产权制度的效用大打折扣，制约了知识产权制度使用效率与价值效用。❸ 而如何干预非法律形态中的文化与意识形态恰恰成为公共政策所应重点调节的主要环节。

综合以上分析，国家专利公共政策实施的效率主要体现在促进专利的创造和运用的“国家意志”变成“创新的内生动力”，使企业真正成为知识产权创造和运用的主体。我们认为在影响市场过程中，专利政策具有预期性特点，但不具备能够促使发挥最大价值的独立公共政策属性，更需要多重政策间的协同。对此，政策思路应当作出以下三方面调整：一是将为创新主战场提供优质的专利资

---

❶ 张鹏．知识产权公共政策体系的理论框架、构成要素和建设方向研究［J］．知识产权，2014（12）：69－73．

❷ 这种预期性主要体现在国家旨在通过非强制性的政策引导，促进市场主体由传统贸易和代工发展的路径依赖，转而取向技术与创新驱动。在企业内生能力生长过程中，政府的作用积极但有限。

❸ 吴汉东．知识产权理论的体系化与中国化问题研究．［J］．社会与法制，2014（6）：107－117．

源，促进社会福利最大化，构建良好的制度环境保障作为部门角色的应有之义。继续强化专业性，做好专利审查、保护和服务，为创新主战场提供优质的专利资源和制度环境保障。二是使金融、税收等市场和政策资源向专利集聚，建立以专利为核心的政策体系，实现创新政策兼容；进而使专利政策方向从倚重资源分配供给端向影响市场主体行为需求端转化。❶ 三是提升非法律形态的公共政策，在全社会建立尊重知识产权文化道德的新观念，有重点、有层次地在年轻一代中普及知识产权文化教育模式，加强知识产权文化教育功能，明确中小学的知识产权教育定位。逐步改变社会习俗、伦理道德、团体约定等非正式制度，使之成为知识产权制度的有效补充。

（三）酝酿与创新驱动相适应的体制机制改革

与世界绝大多数国家不同，我国知识产权管理条块分割严重。近年来尽管新的管理模式在实践层面均得到了发展，但专利、商标、版权“三权分立”仍然是制度体系中存在的突出难题。在新技术和市场实践发展背景下，专利已经成为市场中的战略性资产，渗透到国民经济的各环节。而现行的专利行政管理体制仅局限于专利审查、行政保护和基础信息服务，远不能满足专利价值最大化等公共政策目标实现。此外，我国专利与科技的工作系统以及管理思路高度重合，在“深化科技体制改革”中提出“加强知识产权运用和保护”，便是按照、技管理的思维方式来认识知识产权的政策延续。专利连接着技术与市场，具有财产、技术、制度、信息等多重属性，涉及复杂的专利审查技术与专利的市场价值实现。专利既是科技成果、科技计划项目和市场组织模式的核心要素，也是在以知识共享为利益纽带的市场环境下取得成功的重要基础。❷

对此，我们需要从国家创新资源最优配置的高度，思考知识产

---

❶ 惯有的专利工作手段与传统科技管理方式趋同，多采用项目资助和平台支持的方式为主，增强了市场供给，但未能真正影响到市场主体的需求和市场行为方式。

❷ Phelps M，Kline D. Burning the ships：Intellectual property and the transformation of Microsoft［M］. Hoboken：Wiley，2009.

权体制机制改革，使专利政策向知识产权政策及协同发展的创新政策积极转化，解决知识产权类型分散管理问题，围绕知识产权功能整合，最大限度地发挥创新成果的市场价值。我们迫切需要破除制约知识产权价值实现的深层次体制机制障碍，改变传统科技管理的体制弊端与项目计划分配模式。反思由国家传统科技组织实施模式，探索以专利为核心的新型市场组织和政府管理，更好地贴近大众创新崛起中的利益诉求与新兴创新模式。我们也必须关注文化对专利政策实施的影响。尽管中华民族文化中具有崇尚发明创造的传统和包容特性，但社会鼓励竞争的意识不足，国家对于个体创造力的重视不够。如何以历史的目光深刻反思西方在文艺复兴和工业革命后的国家强盛，学习借鉴现美国在互联网创新、金融模式创新、商业方法创新以及德国在制造业品质管理与产品累积创新中的成功要素，更是一项重要议题。

国家创新与知识产权体制机制改革根植于社会系统，要重点打破部门利益分割局面，根源在破除利益共享模式和传统观念文化。从改革方向和最优政策目标看，知识产权体系建设需要与国家创新和科技体系融合发展，与国家产业和工业化进程融合发展，与国家海外竞争力提升和国内市场经济秩序整顿规范融合发展，与国家知识产权公民文化素养和下一代知识产权教育融合发展，与国家产业转型升级和重大项目投资与基础设施建设融合发展。知识产权的功能优化、资源整合任重而道远。知识产权的体制机制改革需要考虑制度性和非制度性因素的协同发展，将知识产权体制机制改革和创新体系改革、社会改革同步进行。在具体思路上，可以考虑首先实现专利与商标行政管理体制融合，进而考虑科技与知识产权资源的深度融合，从创新驱动的高度思考知识产权价值实现的最大化。

四、结　　语

最优专利制度注重实践基础上的经验积累与行为改良，扎根于专利制度的中国化进程，探究了专利制度运行和市场使用规律，动态总结检讨了中国专利制度法律和政策实践。我们迫切需要从专利制度、市场和政策三个层面寻找专利制度的有效路径。其中，国家制度层面集中在掌握、活用专利制度本身，既包括了专利的制度、法律、政策，也包括了文化等非法律制度因素。市场规律研究则需在尊重专利制度属性前提下回归制度激励基础，考虑专利价值的市场实现。而专利政策研究的核心在于专利制度建设、保护环境建设和优质专利产出，关键是提升正向创新激励效能，消除专利政策对于市场可能的负面影响。专利制度能否充分发挥其推动社会发展、促进知识创新的功能，不仅取决于立法完善，更决定于政策成效。在这一过程中，我们需要从国家创新驱动发展的高度，重新审视知识产权战略走向，确立协同发展的创新政策；理清政府与市场边界，回归技术激励的制度属性；以国家创新效率和激励效用最大化为基本出发点，谋划知识产权体制机制改革。

专利制度研究的过程与国家创新发展的过程同步，是国家知识产权强国建设的根本要求，是中国特色知识知识产权理论体系的基础。创新驱动发展中的专利制度研究是法律、政策、经济学科的交融，应当在制度和法律框架下进行，体现了法学与经济学研究的重要性。我们完全有能力做好对于专利制度的研究工作：国家快速发展的经济和巨大市场为我们提供了多维研究视角；强有力的政府提供了潜在的、能够高度整合的数据资源；中国特色知识产权制度发展的反思，大量经济规律与源源不断的新政策议题的出现，为理论的深化和拓展提供了重大机遇。相信我们一定能从学习角度发现更多的经济规律与制度规律，而这些将为我们在不远的将来引领世界专利制度走向，建立强大的创新型国家提供基础保障。

东北区域知识产权战略实施情况调查报告*

孙玉涛　马荣康　刘凤朝　张志成　崔海瑛　李　伟

2003年，国家实施振兴东北地区等老工业基地战略，经过十年的振兴发展，东北老工业基地振兴已跨越了脱贫解困的起步阶段，进入到创新驱动、转型发展的关键时期。因此，站在我国经济转型发展的战略高度，面向东北老工业基地未来发展的实践需求，研究促进东北老工业基地全面振兴的知识产权政策体系建设方案与推进政策，对于推动东北老工业基地全面振兴和探索转型发展条件下政府政策机制创新的实现路径均具有极其重要的战略意义。

一、东北地区知识产权发展现状分析

1. 东北地区知识产权创造、运用及保护管理现状

第一，知识产权创造方面，东北地区在基础研究成果方面优势突出，尤其是国际论文合作突出，而在专利申请、国际PCT专利、行业标准以及商标等创新后端环节创造能力不强。

第二，知识产权运用方面，东北地区的知识产权运用主要限于区域内部，有必要增强对外部区域的输出。东北三省对外部技术的运用比较局限，主要集中在地理邻近的几个地区。

第三，知识产权保护和管理方面，东北三省中黑龙江中针对专利侵权的执法力度最高，辽宁的执法力度正在逐步增强，而吉林则有所下降。东北地区商标违法和查处案件数虽然不断增加，但与全国其他地区相比仍处于较低的水平。

2. 东北地区知识产权服务体系建设现状

第一，知识产权代理服务体系建设方面，东北地区辽宁、吉林

* 本文获第九届全国知识产权（专利）优秀调查研究报告暨优秀软科学研究成果评选三等奖。

以及黑龙江等省知识产权中介服务企业明显偏少，且大多只是从事一般性的知识产权咨询和代理服务，而对企业急需的知识产权价值评估、知识产权战略规划、知识产权战略顾问等高端知识产权业务提供较少。

第二，知识产权法律服务体系建设方面，东北地区共有九家知识产权维权援助中心，其中辽宁五家、吉林两家、黑龙江两家，实现了省级和省会城市的覆盖。

第三，知识产权信息咨询服务体系建设方面，东北地区知识产权公共信息咨询服务处于全国中上水平，其中辽宁省在知识产权公共信息咨询服务方面尤为突出。

第四，知识产权商用化服务体系建设方面，东北地区目前主要有国家专利技术（沈阳）展示交易中心和国家专利技术（吉林）展示交易中心两家国家级知识产权产业化转化平台。黑龙江、吉林、辽宁三省每年都会举办十余场小型的专利展销会，促进专利项目供需双方的对接。

第五，知识产权培训服务体系建设方面，东北地区对知识产权培训服务的重视程度有待提升。目前，辽宁省侧重偏重实践的高技术知识产权服务和战略性新兴产业企业知识产权实务培训，吉林省侧重知识产权管理人才的培训，黑龙江则侧重基础知识产权的管理培训。

二、知识产权促进东北老工业基地振兴的机理分析

基于表1的区域经济发展和知识产权分析指标，运用灰色关联分析和计量回归分析方法，比较东北地区、东部沿海地区和长江中游地区知识产权与经济发展关系，得到以下结论。

第一，东北地区、东部沿海地区和长江中游地区知识产权创造、运用对经济发展均起到显著的促进作用，但不同知识产权活动的促进作用存在明显差异。东北地区对经济发展促进最显著的是商标注册数与专利申请，基础研究成果国际国内论文数也比较突出；东部沿海地区对经济发展促进最显著的是商标注册与专利申请，国际国内论文虽然关联较高，但对东部沿海地区经济发展促进作用较弱；长江中游地区对经济发展促进最显著的指标比较离散，长江中游地区专利申请与经济发展相关，但对经济发展促进作用较弱。

表1　区域经济发展与知识产权分析指标

一级指标	二级指标	三级指标	指标代号
经济发展	综合经济实力	地区生产总值（亿元）	Y1
	经济结构	第三产业增加值（亿元）	Y2
	对外开放程度	进出口总额（亿美元）	Y3
知识产权	知识产权创造	国际国内论文总数（篇）	X1
		专利申请量（项）	X2
		商标核准注册数（个）	X3
		形成国家或行业标准数（项）	X4
	知识产权运用	专利所有权转让及许可收入（万元）	X5
		技术市场成交合同金额（万元）	X6
		新产品销售收入（万元）	X7

第二，就东北地区与东部沿海地区比较，东北地区知识产权创造中的基础研究、应用研究和品牌培育都在经济发展中发挥重要作用，可以认为东北地区知识产权创造与经济发展初步建立了内在关联。东部沿海地区集中于创新价值链的后端环节，包括专利申请、品牌培育以及技术市场交易，侧重于知识产权转化为市场价值，从而发挥在经济发展中的作用。

第三，就东北地区与长江中游地区比较，二者都为老工业基地，在知识产权对经济发展的促进方面存在一定相似之处，即创新价值链前端环节知识产权创造中的国际国内论文和商标注册的作用比较突出；但长江中游地区知识产权商业化对经济发展的作用也有所显现。新产品销售收入既可以通过自主研发，也可以通过引进技术、市场转化来实现，表明长江中游地区在努力提升自主知识产权的基础上，也积极利用外部知识产权，推动区域经济发展。

三、促进东北老工业基地振兴政策演化分析

1. 促进东北老工业基地振兴政策目标演化分析结果

东北三省政府紧密围绕国家战略的实施制定适合本省的区域政策，使国家战略目标转化为区域发展的具体目标。2008 年以后，自主知识创新产权创造、运用、转化成为东北地区区域政策的新着

力点，振兴东北老工业基地政策体系具有了更加明确的知识产权导向和权属内涵。

2. 促进东北老工业基地振兴政策工具演化分析结果

东北地区区域政策类型由供给型政策向需求型政策转变，主要体现在市场环境建设政策的增多，通过良好环境建设使企业对创新产生内在需求，进而从整体上提升区域的知识产权创造、运用和转化能力。政策工具选择逐步从直接调控政策工具向间接调控的政策工具转变，政策工具组合则从以资源投入为主的直接政策工具向以环境建设为主的间接政策的方向转变。

3. 促进东北老工业基地政策工具效力等级的演化分析结果

中央促进东北老工业基地振兴政策工具效力等级呈上升趋势。国家层面的战略规划，不仅调动了中央政府的政策资源，同时还是促进地方政府制定相关政策的重要推动力量。

东北三省促进老工业基地振兴政策工具效力等级演化体现在政府规划、战略向地方法规的提升。东北三省促进老工业基地振兴政策工具效力等级演化体现在政策制定主体从各委、办、厅、局向省人民政府的提升。

4. 中央与地方知识产权政策关系演化分析结果

从政策发布及时度来看，2003～2007 年东北三省知识产权政策发布数量较少，2008～2012 年开始增多，但是在政策发布时间上除辽宁及时度较高外，吉林和黑龙江政策滞后期较长。

从政策内容相关度来看，2003～2007 年只有辽宁、吉林两省在知识产权保护方面政策实现了与中央的较好匹配。2008～2012 年，在知识产权保护政策方面东北三省的内容相对单一、薄弱，同上一阶段相比与中央政策相关度有所下降。

四、东北地区知识产权政策变动效果及趋势预测

本研究建立东北地区区域创新体系“政府政策驱动—创新主体行为—科技创新产业”的概念模型，并考虑数据可得性，选择适当的指标，绘制东北老工业基地区域创新体系运行的系统动力学流图，如图 1 所示。

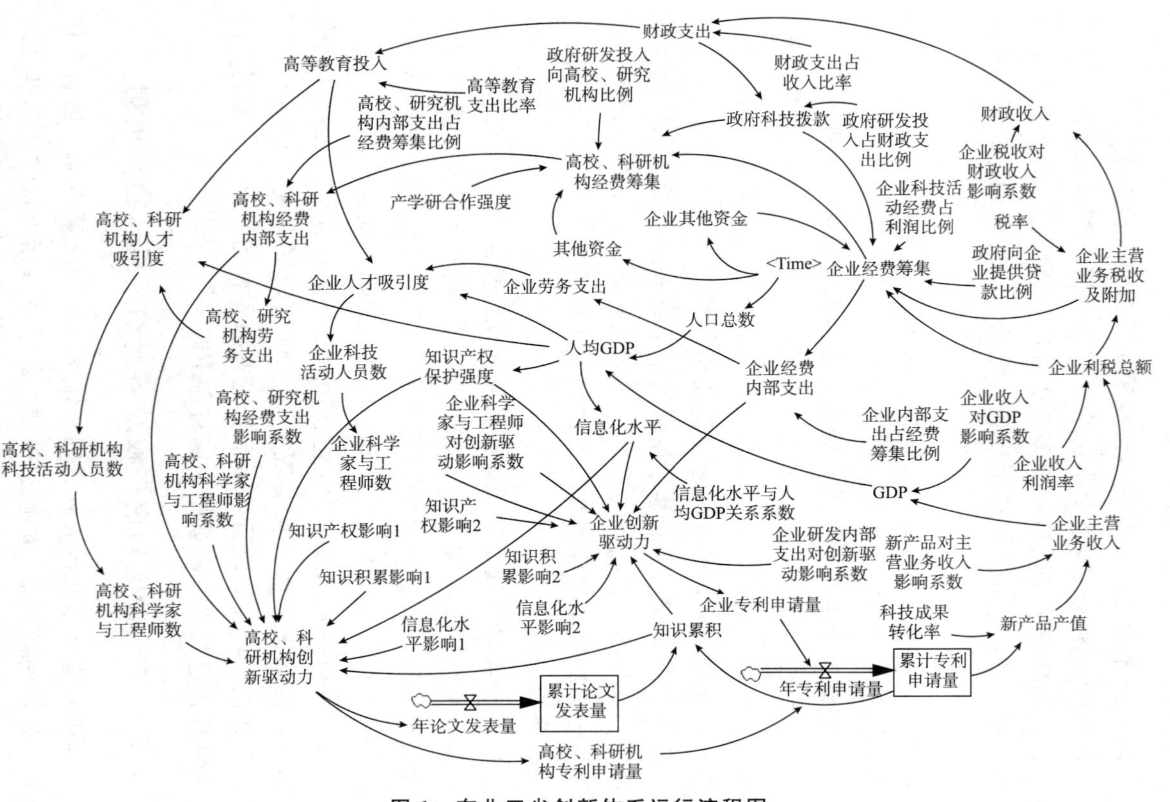

图 1　东北三省创新体系运行流程图

（一）东北地区区域创新体系的系统动力学模型

对知识产权政策中人才、资金政策的调整主要通过改变相关变量在企业和高校、研究机构之间的资源配比实现。以区域创新体系中直接的科学技术产出作为直接价值导向，将政策调整方案结果按其对创新体系中科学技术产出的拉动增幅排序，如表 2 至表 4 所示。

表 2　东北地区区域创新体系人才、资金政策调整方案结果

调整对象＼调整变量		人才政策	资金政策	
		科学家与工程师比例	政府科技拨款	企业资金
辽宁省	论文	④>①/③	①/④>③	③/④>①/②
	专利	④>③>①	①/④>③	③>②>④
吉林省	论文	④>①>③	④>③>②>①	①/④>③
	专利	④>③>①	③>②>④	①/④>③
黑龙江省	论文	④>③>①	①/④>③	④>①/③
	专利	④>①>③	①/④>③	③/④>①

注：①代表“高校、科研机构增加，企业减少”；②代表“高校、科研机构减少，企业增加”；③代表“高校、科研机构不变，企业增加”；④代表“高校、科研机构增加，企业不变”。

表 3　东北地区区域创新体系科技平台政策调整方案结果

调整对象＼调整变量		科技平台相关变量
辽宁省	论文	③>①>②
	专利	③>①>②
吉林省	论文	③>②>①
	专利	③>②>①
黑龙江省	论文	③>②>①
	专利	③>②>①

注：①代表“知识积累＋5％阶跃”；②代表“信息化水平＋5％阶跃”；③代表“知识产权保护强度＋5％阶跃”。

表 4　东北地区区域创新体系不同创新主体专利产出结果比较

调整变量 / 调整对象		科技平台相关变量
		整体
辽宁省	专利	⑥>⑤>②>①>③/④
吉林省	专利	⑥>⑤>③/④>②/①
黑龙江省	专利	⑤>⑥>③>①>④>②

注：①表示“知识积累＋5%阶跃（高校、科研机构）”；②表示“知识积累＋5%阶跃（企业）”；③表示“信息化水平＋5%阶跃（高校、科研机构）”；④表示“信息化水平＋5%阶跃（企业）”；⑤表示“知识产权保护强度＋5%阶跃（高校、科研机构）”；⑥表示“知识产权保护强度＋5%阶跃（企业）”。

（二）东北地区知识产权政策变动趋势预测

1. 单一知识产权政策变动趋势预测

以政策微调的预测产出为参照，按照不同政策变动方案结果将对系统科学、技术产出有正影响的方案列入表格，东北三省单一知识产权政策变动趋势结果如表 5 所示。

表 5　东北地区单一知识产权政策变动预测结果

调整变量 / 调整对象		人才政策	资金政策	
		科学家与工程师比例	政府科技拨款	企业资金
辽宁省	论文	—	①	②
	专利	—	①	②
吉林省	论文	①	—	③
	专利	①/②	—	②
黑龙江省	论文	③	—	①
	专利	③	—	

注：①代表“高校、科研机构比例增加，企业减少”；②代表“高校、科研机构比例减少，企业增加”；③代表“政策微调”。

2. 知识产权政策组合变动趋势预测

以东北地区区域创新体系的科学技术产出变动幅度为标准，不考虑对系统产出有负效应的方案，知识产权政策组合变动方案归纳排序如表 6 至表 8 所示。

表 6 东北地区人才政策组合变动预测结果

调整对象＼政策组合		人才政策组合
辽宁省	论文	②＞④＞③＞⑤＞①
	专利	③＞②＞⑤＞④＞①
吉林省	论文	②＞④＞③＞⑤＞①
	专利	②＞③＞④＞⑤＞①
黑龙江省	论文	②＞④＞③＞⑤＞①
	专利	②＞④＞③＞⑤＞①

注：①表示“高等教育投 5％脉冲”；②表示“科学家与工程师比（高校、科研机构）5％阶跃”；③表示“科学家与工程师比（企业）5％阶跃”；④表示“科技活动人员（高校、科研机构）5％阶跃”；⑤表示“科技活动人员（企业）5％阶跃”。

表 7 东北地区信息平台政策组合变动预测结果

调整对象＼政策组合		信息平台政策组合
辽宁省	论文	②/③/⑥＞①/④/⑤
	专利	③＞②/⑥＞①/④＞⑤
吉林省	论文	③＞②＞⑥＞①＞④＞⑤
	专利	③＞②＞⑥＞①＞④＞⑤
黑龙江省	论文	②/③/⑥＞①＞④＞⑤
	专利	②/③/⑥＞①＞④＞⑤

注：①表示“知识产权保护强度，信息化水平同时 5％阶跃”；②表示“科技成果转化率，信息化水平同时 5％阶跃”；③表示“科技成果转化率，知识产权保护强度同时 5％阶跃”；④表示“产学研合作强度，知识产权保护强度同时 5％阶跃”；⑤表示“产学研合作强度，信息化水平同时 5％阶跃”；⑥表示“产学研合作强度，科技成果转化率同时 5％阶跃”。

表 8　东北地区资金政策组合变动预测结果

调整对象＼政策组合		资金政策组合
辽宁省	论文	⑤/⑥>①/②
	专利	⑤/⑥>①/②
吉林省	论文	⑤/⑥
	专利	⑤/⑥
黑龙江省	论文	⑤>⑥>②
	专利	⑤>⑥>②

注：①表示“企业税率减 2013，政府科技拨款 2015”；②表示“政府科技拨款 2013，企业税率减 2015”；③表示“企业税率减 2013，高等教育投入 2015”；④表示“高等教育投入 2013，企业税率减 2015”；⑤表示“政府科技拨款 2013，高等教育投入 2015”；⑥表示“高等教育投入 2013，政府科技拨款 2015”。

五、东北老工业基地知识产权工作存在问题

1. 政府部门知识产权管理存在的问题

①地方政府知识产权工作缺乏有效的激励与约束机制；②地方政府知识产权管理部门的职能定位有待明确，资源配置亟须加强；③地方政府不同知识产权管理部门的工作协调机制尚需完善；④政府部门的知识产权服务意识与能力建设有待加强；⑤政府对企业创新活动过多干预，使企业的创新行为扭曲。

2. 企业知识产权工作存在的问题

①企业知识产权需求、创造、运用的市场驱动机制尚未建立；②知识产权创造、运用、保护能力不强；③知识产权管理基本制度建设滞后；④企业知识产权运行的社会环境有待完善。

3. 高校及科研机构知识产权工作存在的问题

①知识产权创造、转化的价值导向存在偏差；②知识产权创造、转化的利益驱动机制有待完善；③知识产权信息平台与服务体系建设滞后；④专业化的高校知识产权转化中介组织发育不良。

4. 知识产权中介机构发展存在的问题

①业务能力建设滞后于市场需求；②行业规范和标准亟须建

立；③无序竞争导致逆向淘汰；④市场化、国际化、集成化程度低；⑤后备人才匮乏。

5. 市场环境建设存在的主要问题

①行业进入限制严重，价格管制过多，导致知识产权创造、运用动力缺乏；②假冒、伪劣商品充斥于市，不正当竞争使企业知识产权需求不强；③中小民营企业与国企及外资企业的待遇不同，影响创新能力提升；④知识产权执法保护力度不够。

六、东北老工业基地全面振兴知识产权政策建议

1. 培育知识产权需求、创造和应用主体

①加强市场环境建设，使企业真正成为知识产权的需求主体、创造主体和应用主体。②探索创新驱动发展战略条件下产学研合作的新机制。③实施特色优势产业知识产权试点、示范工程。④建立以市场转化和应用绩效为导向的知识产权工作机制。⑤积极创造条件，切实做好重大经济活动的知识产权评议机制。⑥大力推进知识产权联盟和产业联盟建设。⑦建立以市场转化绩效为导向，按价值链成长和产业化程度进行滚动资助的动态资助机制。⑧积极创造条件，设立专利转化专项资金，促进知识产权转化。⑨设立专利技术标准化专项资金。⑩进一步加大对企业自主知识产权的高附加值产品的税收优惠力度。⑪积极推进中试基地建设。

2. 营造良好的区域知识产权发展环境

①启动并大力推进东北老工业基地知识产权智库建设，为政府和企业实施知识产权战略提供决策咨询。②探索多层次、跨学科的知识产权专业教育模式。③建立中心城市知识产权服务（运营）中心。④建立失效（或即将失效）专利的状态跟踪、价值评估、收购和再转让机制。⑤探索知识产权服务的跨国合作机制。⑥加强知识产权服务行业协会的组织和制度建设，完善知识产权行业自律机制。⑦进一步加强知识产权保护力度，切实提高各地专利执法能力。⑧构建公平竞争的市场环境。⑨实施知识产权人才培育工程，优化知识产权人才激励政策。

3. 探索政府知识产权工作新机制

①加强地方知识产权行政部门能力建设。②建立国家知识产权职能部门对东北老工业基地知识产权工作的指导与协调机制。③逐步减少并最终取消政府主导的知识产权奖励和认定机制，建立市场导向的知识产权价值评价机制。④设立东北老工业基地知识产权促进办公室。

知识产权密集型企业认定标准研究*

温　明　李　丹　唐　恒　王　浩　何　英　龙兴乐　赫英淇

一、绪　论

（一）研究背景

进入新常态以后，发展创新型经济已成为我国亟待完成的任务。知识产权密集型产业和企业，具有附加值高、能源消耗低、环境友好，对高学历人才吸引力大等特征，对经济的驱动作用日益突出，是未来重要的战略性资源。但在我国，知识产权密集型企业尚未引起充分重视，尽管部分地方进行了一些探索工作，其成效仍在观察中。

（二）相关研究述评

目前国内外尚未有成体系的相关成果发表，仅形成零散、少量的积累：美国的 Stephen E. Siwek 将知识产权产业定义为以版权、专利等知识产权特征作为核心生产要素的产业。美国经济统计局（ESA）和专利与商标局（USPTO）使用标准的统计方法来识别美国的专利、商标等的密集程度，并在 2012 年联合发布《知识产权和美国经济：聚焦产业》报告。2013 年，欧盟内部市场协调局（OHIM）和欧洲专利局（EPO）共同发布《知识产权密集型产业：对欧洲经济表现与就业的贡献》报告。

国内的相关研究主要集中在：一是基于知识产权产业或集中的定性研究，单晓光、孙一鸣等阐释了知识产权密集型产业对经济发展的推动作用。工业和信息化部提出，知识产权密集型企业是指知识产权数与就业量之比高于行业整体平均值的企业。二是定量地设

---

* 本文获第九届全国知识产权（专利）优秀调查研究报告暨优秀软科学研究成果评选三等奖。

定出知识产权密集型产业的评价指标，如复旦大学张强、高汝熹等设计了四级若干指标来评价知识密集型产业。

（三）拟解决的关键问题

①分析知识产权密集型企业的特征。②设计知识产权密集型企业认定指标体系。③提出江苏省知识产权密集型企业认定方案。

二、知识产权密集型企业研究

（一）知识产权密集型企业的概念

知识产权密集型企业是指知识产权数量相对高于行业整体平均值，并且对企业的业务形成重要支撑的企业。具体指：第一，知识产权数量要密集；第二，所拥有的自主知识产权一定是高质量的产权，能够为企业创造出相应的效益；第三，知识产权密集型企业涉及的知识产权往往是复合型的。

（二）知识产权密集涉及的知识产权类型

根据所涉及知识产权的内容和性质不同，知识产权密集型企业一般可包括专利权密集、版权密集、集成电路布图设计权密集等。其中，版权密集型企业集中于核心版权产业，如报纸、广播电视等行业，以及一些新兴的行业如动漫、游戏行业。植物品种权是农业、林业单位的重要的知识产权形式，涉及的企业包括种子培育、园林、花卉、农业公司等。

三、江苏企业知识产权发展状况及特征分析

（一）江苏企业知识产权发展状况分析

至 2013 年年底，江苏拥有 989 921 家企业。江苏包括各企业在内的知识产权发展现状如下。

1. 专利

根据《2013 年江苏省知识产权发展与保护状况》，2013 年，江苏全省企业专利申请量 325 090 件，授权量 172 787 件，新产品销售收入 15 486.97 亿元，详见图 1。

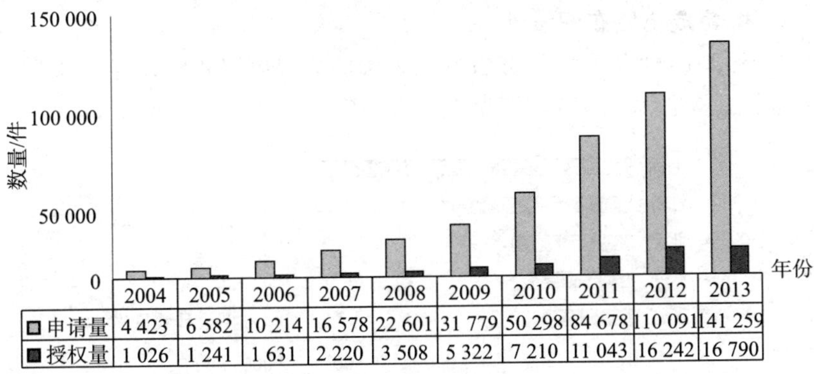

图 1　江苏省年度发明专利申请量授权量（含企业）

2. 商标

经统计，2013 年江苏全省申请商标注册超 11 万件，新注册商标六万余件，全省共有国内有效注册商标 45.91 万件；2013 年，新增马德里体系国际注册商标 200 件；全省新增著名商标 419 件，著名商标达 3 451 件；新增驰名商标 83 件，驰名商标总数达 508 件。

3. 版权

根据统计资料，2013 年一般作品登记量 32 488 件，同比增长 56.3%，著作权合同登记 1632 份。至 2013 年年底，江苏共 1 764 家企业登记了计算机软件产品 4 419 件，全省软件产业业务收入达到 5 177 亿元，总量保持全国第一，占比约 1/6，详见图 2。

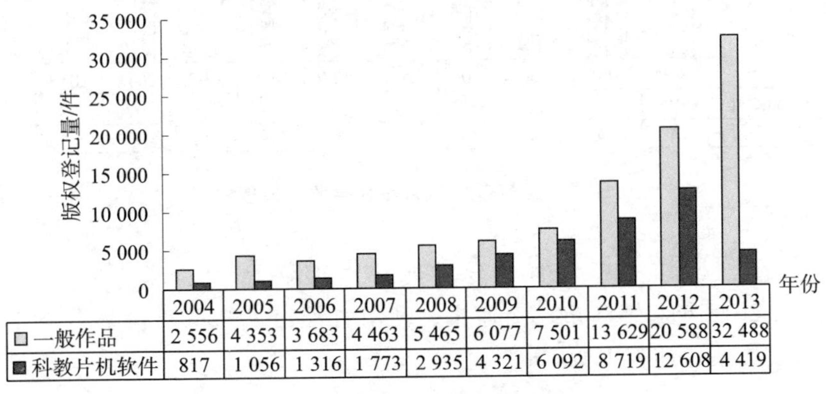

图 2　江苏省年度版权登记量

4. 集成电路布图设计

至2013年年底，江苏省登记公告的集成电路布图设计1 022件（占全国总量15.7%），领先于北京、广东、浙江，详见图3。

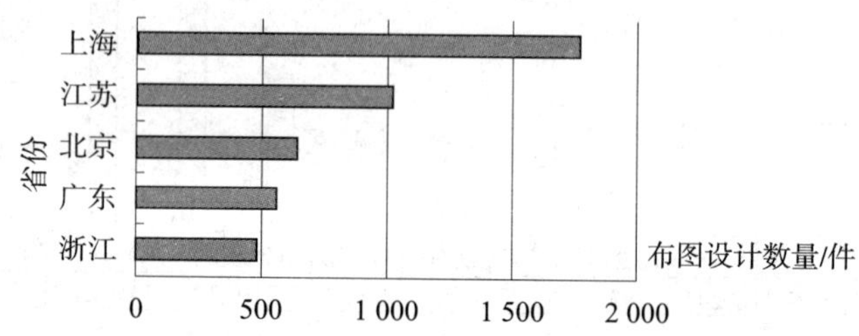

图3　截至2013年年底全国布图设计登记省市排名

5. 植物新品种

据统计，2013年江苏农业植物品种权申请量93件，授权量7件。全省累计农业植物品种权申请量828件，授权量306件，居全国第五位，详见图4。

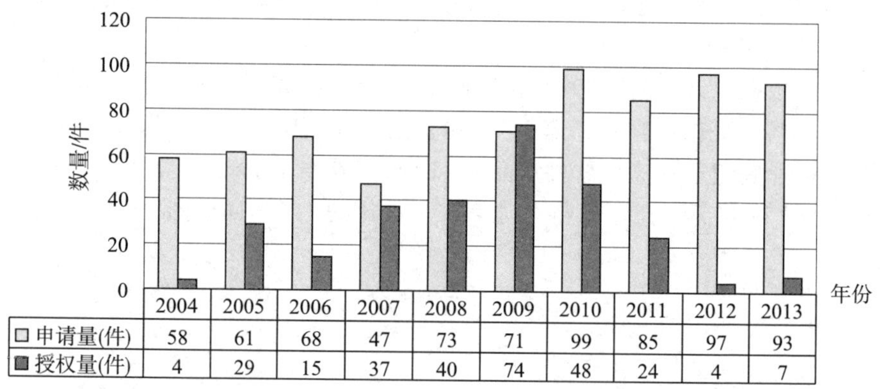

	2004	2005	2006	2007	2008	2009	2010	2011	2012	2013
□ 申请量(件)	58	61	68	47	73	71	99	85	97	93
■ 授权量(件)	4	29	15	37	40	74	48	24	4	7

图4　江苏省植物新品种申请及授权量

（二）知识产权密集型企业研究的探索

2012年起镇江市、南通市、湖南省推出了知识产权密集企业认定方案，如表1所示。

表 1　各地知识产权密集型企业认定方案的比较

南通方案	1. 企业制定并实施知识产权战略。 2. 企业建立知识产权管理机构和管理体系，是省企业知识产权管理标准化示范创建先进企业。 3. ……最近一个年度的知识产权费用占销售总额的比例达到 0.6%以上，……专业产品销售收入占企业总收入比例达到 60%以上…… 4. ……企业拥有有效发明专利 10 件以上。且年申请发明专利 4 件以上；企业商标总量 3 件以上，或拥有驰名商标、省著名商标、境外注册商标…… 5. 企业积极开展专利电子申请，近三年无非正常专利申请、无制造或销售假冒产品，无侵犯知识产权行为。 6. 企业建立相适合的专利信息利用机制…… 7. 企业每年开展形式多样的知识产权宣传培训活动不少于 4 次……企业建立了企业知识产权文化……
湖南方案	1. 管理制度完善，工作体系健全……，配备 1 名专职工作人员…… 2. ……科研院所专利申请量年增长率达到 30%以上，专利授权量年增长率达到 25%以上，其中发明专利年增长率不低于 20%。 3. 专利保护有力，运营效果凸显。通过培育，科研院所要建立主导产品的专利综合数据库；……要加强对专利信息的综合分析和利用……职务发明的实施率要达到 80%以上，具有自主知识产权的产品销售额产值要超过总产值的 60%。 4. 宣传培训深入，专利人才齐备。……培训率达 100%，进一步提高全体员工的知识产权意识和能力。……要培养 10～20 名能撰写专利申请文件……
镇江方案	1. ……具有较强的创新能力、较多的自主研发的专利技术和良好的知识产权工作基础，属于本地区规模骨干企业； 2. 企业领导层具有较强的主动运用知识产权战略谋求企业经营发展的意识，能够为本计划项目的实施提供配套经费和人员、物质保障； 3. 申报企业应为江苏省企业知识产权管理标准化示范创建单位，并拥有一定数量的贯标内审员； 4. 申报企业上年度研发投入占企业销售收入的比例以及企业研发人员的比例达到高新技术企业标准，经营管理状况良好

（三）对知识产权密集型产业的研究

与知识产权密集型企业研究不同，更多国家在积极地研究知识产权密集产业。

1. 美国的“NAICS 方案”

美国专利商标局发布的《知识产权和美国经济》报告，提出按照 NAICS 分类统计每五年的专利总数，除以产业的平均就业数，来计算专利密集度。并将专利密集度高于全行业平均水平的产业定义为专利密集型产业。

2. 欧洲的“相对专利强度”

据欧洲《知识产权密集型产业：对欧洲经济表现及就业的贡献》研究报告，2008～2010 年，欧盟约 40%的 GDP 由知识产权密集型产业产生，其中专利密集型产业贡献了 14%；知识产权密集型产业平均每年直接或间接提供约 7 700 万个工作岗位，占总数的 35%。

以上知识产权密集型企业（也包括产业）的相关认定标准都存在一些不足：

第一，大部分国内标准太过繁杂，内容涉及范围广，指标多，指向不明确。国外标准又太过单一，仅仅利用一项指标即确定是否为知识产权密集，与我们的国情不太符合。

第二，大部分知识产权密集评价所涉及的知识产权客体本身比较局限，很多地方以专利权代替知识产权，对商标权、版权涉及的不多，至于集成电路布图设计权、植物新品种权等知识产权类型就根本没有涉及。相反，部分地方反而考虑了一些比如知识产权文化、知识产权投入等非实质因素，重点没有很好地突出。

第三，缺乏具体、明确的量化标准，特别是涉及一些配套支持的理由证据时，缺乏足够的说服力，可操作性不够强。

第四，相关的定量标准缺乏动态指征性，难以准确、完整反映知识产权的密集程度、增长乃至对企业发展的影响。

四、知识产权密集型企业的认定标准研究

对“知识产权密集型企业”的认定所遵守的通用原则为：知识产权数量相对高于其他普通企业；专利的质量相对较高，即知识产权的运用产生的价值高于其他普通企业，甚至企业的主要收入来源

于知识产权。

（一）专利权密集型企业的认定

专利密集型企业的认定，具体可以考虑如下几个方面。

1. 专利数量

本研究对江苏八大主要制造行业189家企业的专利数据进行随机调研发现，其有效专利权的拥有量呈现一定的特征，具体见表2。

表2　江苏省主要制造业的企业有效专利均数

数量＼行业	机械、装备制造	电气电子	网络、通信	生物医药	食品	化工	冶金矿业	纺织服装
有效专利数量（件）	42.2	25.2	21.9	27.6	12.1	11.2	13.7	23.5
有效发明专利数量（件）	3.1	8.02	3.7	19.7	1.6	5.7	1.9	0.9
发明占比	7.2%	11.4%	16.9%	71.5%	13.4%	51.3%	14.9%	4%

由表2可知，在不同的行业，发明专利占比是不同的，而相应的知识产权密集型企业，有效专利以及发明数量都应当呈现一定的集中趋势，同时，参考国内如广东等地以及行业内典型企业的数据，可考虑将专利数量这一指标进行相应提高，并对专利质量有所控制。

表3　知识产权密集型企业专利数量

行　业	有效专利数量（件）	有效发明专利数量（件）
机械、装备制造	90	10
电气电子	55	12
网络、通信	35	10
生物医药	45	30
食品	35	4
化工	20	15
冶金矿业	18	6
纺织服装	25	2

2. 发明专利密集度

发明专利密集度＝企业三年发明专利授权总量/企业三年平均就业人员数（单位：件/万人）

我国第二产业规模以上企业每万人每年专利申请数为15.05件。经测算，江苏全行业发明专利密集度为27.38件/万人，高于全国平均水平。

3. 新产品销售收入占比

作为衡量专利成果的最直接指标，新产品销售收入占比是指新产品销售收入与主营业务收入的比率，即：

$$新产品销售收入占比重=\frac{新产品销售收入}{主营业务收入}\times 100\%$$

上述指标，在用于密集型企业认定时，其逻辑关系是“或”的关系，但必须在符合下述通用性指标的基础上进行。

（二）商标权密集型企业认定

实践中，可以商标一产值比，即商品或服务的商标数量与销售收入的比率测算：

商标一产值比＝商标数量/销售收入（单位：件/10万元）

这个指标如高于行业平均水平，就可以考虑评为商标密集型企业。该比值应当限于同行业进行比较。

（三）版权密集型企业认定

1. 版权业务收入占比

版权业务收入占比指企业近两年版权业务收入占业务总收入的比重。

版权业务收入占比＝（最近两年版权业务收入/企业最近两年业务总收入）×100％

由于版权密集型企业必须以版权业务为主营业务，所以该指标认定值应根据实际情况确定，可考虑在70％以上。

2. 软件著作权登记量

软件版权密集型企业在版权登记方面应当高于本省行业平均水平。故江苏软件版权密集型企业认定可以考虑软件著作权登记量的标准为10件。

（四）集成电路布图设计密集型企业认定

1. 集成电路布图设计权数量

经统计，至2014年年初，江苏平均每家集成电路企业拥有不到三件集成电路布图设计权。而集成电路布图设计密集型企业本身应当超出行业均值，所以将标准设置为五件以上。

2. 新产品销售收入占比

新产品销售收入占比是指新产品销售收入与主营业务收入的比率，即：

$$新产品销售收入占比重=\frac{新产品销售收入}{主营业务收入}\times 100\%$$

上述指标，在用于密集型企业认定时，其逻辑关系是“或”的关系。

（五）知识产权密集型企业认定标准——“4＋X”模式

具体讲，对知识产权密集型企业的认定采取“4＋X”的模式，首先入选企业须符合4个通用性指标才能考虑入围，接下来，根据每个企业的知识产权侧重点不同，可以考虑从前面证述中选取若干相应指标加以考察。

1. 知识产权数量

知识产权密集型企业，首先需要做到相应知识产权在数量的积累上达到一定程度。比如在医药行业，要求企业拥有30件以上的有效发明专利权才可考虑认定为知识产权密集型企业。而在纺织服装行业，则应聚焦于所有专利数目上。

2. 知识产权相对增长率

知识产权相对增长率是一个反映企业知识产权动态发展状况的指标，是指企业的知识产权数量的增长率相对于本省乃至全国行业的专利授权量的增长率，简言之是两个增长率的比值。

专利相对增长率＝（企业的专利授权增长率/行业的专利授权增长率）×100％

确定专利密集型企业，只有专利相对增长率＞1的企业，才算合格。江苏制造业近四年专利申请的增长率如表 4 所示。

表 4　江苏制造业专利申请增长率

行　业	专利申请增长率（%）
机械、装备制造	30.6
电气电子	14.5
网络、通信	44.5
生物医药	6.9
食品	37.2
化工	18.3
冶金矿业	10.3
纺织服装	12.2

如化工行业某企业，只有在其专利相对增长率在 1 以上，即该企业 2011～2013 年的专利申请增长率达到 18.38%以上，才考虑是否被认定为知识产权密集型企业。

3. 知识产权五年内维持率

该指标反映企业知识产权的密集性的稳定程度，一定程度上反映着企业知识产权是否对企业业务发展形成稳定的支持。具体指标为：

知识产权五年内维持率＝当前有效知识产权数量/（五年内失效知识产权数量＋当前有效知识产权数量）

这个指标是存在行业差异的，经对 189 份样本进行抽样调查，江苏制造业典型企业的五年内专利维持率可总结为表 5。

表 5　江苏省制造业五年内专利权维持率

行　业	专利五年内维持率（%）
机械、装备制造	27.9
电气电子	44
网络、通信	37.1
生物医药	43.5
食品	9.9
化工	10.2
冶金矿业	9.8
纺织服装	5.5

经研讨，在对知识产权密集型企业进行认定时，知识产权五年内维持率需要大于80%这一平均值才予以考虑，但是纺织服装业需要重新测度。

4. 每亿元营业收入的有效知识产权数量

根据美国学者 Vichyanond 于 2009 年用 NBER 专利数据库建构的美国产业的专利强度，每个产业的专利强度的计算方法是产业授予的专利数量除以该产业的总营业收入额。具体算法：

每亿元营业收入的有效知识产权数量 =

（企业有效知识产权数量/营业收入）×100 000 000

表 6　江苏部分制造业每亿元营业收入的有效发明专利数量

行　业	每亿元营业收入的有效发明专利数量（件/亿元）
机械、装备制造	1.2
电气电子	1.4
网络、通信	2.2
生物医药	4.1
食品	0.5
化工	1.5
冶金矿业	0.9
纺织服装	0.2

认定知识产权密集型企业，其每亿元营业收入的有效发明专利数量应高于行业均值，行业均值如表 7 所示。

表 7　江苏部分制造业的每亿元营业收入的有效发明专利数量（用于认定）

行　业	每亿元营业收入的有效发明专利数量（件/亿元）
机械、装备制造	1.6
电气电子	1.9
网络、通信	2.5
生物医药	5.0
食品	1.1
化工	2.1
冶金矿业	1.5
纺织服装	0.4
全行业值	1.9

五、江苏省知识产权密集型企业认定方案

（一）企业参评条件

可以根据具体情况设置。（略）

（二）知识产权密集型企业认定指标体系的应用

知识产权密集型企业认定采用“4＋X”指标模式，各指标须同时满足，才符合条件。

1. 四项通用性指标的应用

四项通用性指标为：知识产权数量、知识产权相对增长率、知识产权五年内维持率、每亿元营业收入的有效知识产权数量。

这四项指标可应用到上述所有的知识产权类型，操作时，将专利、软件著作权等知识产权相关数据代入，进而加以判断即可。

（1）知识产权数量。

就专利权而言，可参考表8所示数值。

表8 各行业有效专利数量

行　业	有效专利数量（件）	有效发明专利数量（件）
机械、装备制造	150	20
电气电子	55	12
网络、通信	35	10
生物医药	46	30
食品	35	2
化工	54	15
冶金矿业	18	6
纺织服装	20	2

表9 其他类型有效知识产权数量参考

知识产权类型	有效知识产权量（件）
软件著作权登记量	10
集成电路布图设计权数量	5

如某互联网企业拥有13件有效发明专利权，且拥有50件经登记的软件著作权，则该企业在知识产权数量这一指标是合格的。

（2）知识产权相对增长率。

企业的知识产权相对增长率就是，将企业的某类知识产权如专利申请的相对增长率与行业相对增长率相比，通过比值是否大于1加以判断。

表10　主要行业专利申请增长率（参考标准）

行　业	专利申请增长率（%）
机械、装备制造	30.6
电气电子	14.5
网络、通信	44.5
生物医药	6.9
食品	37.2
化工	18.3
冶金矿业	10.3
纺织服装	12.2

如某参选企业为玻璃制造企业，只有在其专利相对增长率在1以上，也就是，该企业2013年的专利申请增长率达到10.33%以上，才考虑是否可能被认定为知识产权密集型企业。

（3）知识产权五年内维持率。

专利权的五年内维持率，需按照表11进行判断。

表11　主要行业专利五年内维持率

行　业	专利五年内维持率（%）
机械、装备制造	27.9
电气电子	44.6
网络、通信	37.1
生物医药	43.5
食品	9.9
化工	10.2
冶金矿业	9.8
纺织服装	5.5

如某电气设备制造企业，其授权的专利五年内生存率为48.15%，该指标符合知识产权密集型企业的认定标准。

（4）每亿元营业收入的有效知识产权数量。

将参选企业的知识产权，如有效发明专利权数量以及企业的同期营业收入值进行比较，再参考表12加以确定。

表12　主要行业每亿元营业收入的有效发明专利数量（参考标准）

行　业	每亿元营业收入的有效发明专利数量（件/亿元）
机械、装备制造	1.6
电气电子	1.9
网络、通信	2.5
生物医药	5.0
食品	1.1
化工	2.1
冶金矿业	1.5
纺织服装	0.4

2. 外围认定指标的应用

除了上述四项通用指标外，一般在涉及部分专利以外的知识产权类型的前提下，还需要统筹考虑，从表13中的外围指标体系中确定X指标。

表13　用于知识产权密集型企业认定的外围指标

发明专利密集度	一个企业每3年的发明专利授权总数除以该企业3年的平均就业人员数	发明专利密度集＝企业3年发明专利授权总数/企业3年平均就业人员数
新产品销售收入占比	新产品销售收入占比是指新产品销售收入与主营业务收入的比率	新产品销售收入占比重＝$\frac{\text{新产品销售收入}}{\text{主营业务收入}}\times100\%$
版权业务收入占比	版权业务收入占比指企业最近两年版权业务收入占业务总收入的比重	版权业务收入占比＝（最近两年版权业务收入/企业最近两年业务总收入）×100%

（三）知识产权密集型企业认定结论

企业须符合“4＋X”模式中的4个通用性指标，也必须符合所选定的外围指标，才能被认定为知识产权密集型企业。

（四）以专利权为主的知识产权密集型企业认定指标体系

在实践中，由于大量面对的是专利为主的企业，所以我们整理出基于专利权的知识产权密集型企业认定指标及应用方法。

1. 授权（发明）专利数量

授权（发明）专利数量需大于行业平均值，方符合指标要求。

2. 发明专利密集度

发明专利密集度 ＝ 企业3年发明专利授权总量/企业3年平均就业人员数

再根据发明专利密集度数值对照各行业的发明专利密集度数值，加以判断。发明专利密集度需大于设定标准值。

3. 专利相对增长率

专利相对增长率＝（企业的专利授权增长率/行业的专利授权增长率）×100％

专利相对增长率在数值上大于1，方符合指标要求。

4. 专利权五年内维持率

专利权五年内维持率＝当前有效专利权数量/（五年内失效专利权数量＋当前有效专利权数量）

5. 每亿元营业收入的有效专利权数量

每亿元营业收入的有效专利权数量＝（企业有效专利权数量/营业收入）×100 000 000

仅当企业的每亿元营业收入的有效专利权数量高于参考值，方考虑其是否可认定为知识产权密集型企业。

专利导航产业发展战略研究*

——理论与实务

陆介平　胡军建　王宇航　饶波华

一、专利导航产业发展的基本概念

专利导航产业发展是国家知识产权局提出的概念，其目的是：为深化专利运用，通过专利分析明确发展方向和重点，形成对于产业发展的指引，以尽快将专利创造能力转化为产业发展的优势和市场的竞争能力，具有极强的战略意义。

1. 专利导航产业发展的定义

提出专利导航产业发展这一概念是由专利自身的特性所决定的。专利具有法律和技术双重特性。研究表明，人类社会的创新活动、最新科技成果中约90％以上会通过专利加以保护，这就使得通过专利分析可以获得科技进步和产业发展的轨迹，并可得出技术成果和产业发展的分布状况，预测未来发展趋势，规避侵权风险等。根据上述特性和理论，可以得出专利导航产业发展的定义为：以专利分析为基础，通过专利分析找出产业发展的薄弱环节和重点发展方向，结合本地区、本行业的技术、人才基础以及产业配套能力，对产业发展进行科学规划，使产业结构更加合理，实现产业发展从低端到高端的转变，产品从制造到创造与制造并举的转变。

从上述定义，可以看出专利导航产业发展有以下三个方面的特征：①导航的矢量特征。导航产业发展过程是有向的过程，产业发展过程中的引导特点明确。通过技术发展、法律分布给出明确的发展方向，减少了产业发展过程中的盲动性。②导航的技术特征。由

* 本文获第九届全国知识产权（专利）优秀调查报告暨优秀软科学研究成果三等奖。

于导航是以专利分析为基础，因此，导航的过程是将技术进步嫁接在产业发展的全过程中，通过技术进步反映产业发展的层次和方向，突出了科技创新对产业发展的作用。③导航的法律特征。专利分析过程中突出了知识产权的拥有和产业发展的关系，强调了技术壁垒和专利布局对产业发展的重要影响，突出了科技创新、核心技术专利和专利布局的对产业发展的重大影响。

2. 专利导航产业发展的战略意义

（1）体现了国家知识产权战略在我国经济建设和产业发展中的战略作用得到充分发挥。

专利导航产业发展是在我国经济增速趋缓、产业结构调整任务加大、市场环境制约因素增加的环境下所提出的战略举措，对引导企业突破技术瓶颈、专利壁垒，提高国际市场竞争力、转变发展方式意义重大。

（2）体现了专利运用在我国产业转型升级和高端发展过程中扮演着重要角色。

改革开放以来，以制造业为特征的我国产业经济得到了快速发展，对外开放、引进外资带来了先进的制造技术和工艺，以投资为主要推力的大项目也实现了制造能力快速增长。但高耗能、高成本、高污染成为中国制造的重要标志，制造能力远大于创造能力、产业竞争力不强、主要产业处于产业链低端等问题突出，资源、环境、劳动力成本压力已成为制约我国产业可持续发展的主要瓶颈，依靠技术创新实现产业的快速提升成为我国产业健康发展的必由之路。专利导航产业发展顺应了我国产业发展的重大需求，其方法和路径不仅有科学性，而且有可操作性，对产业发展的引导意义重大。

（3）体现了我国知识产权从数量到质量、从创造到运用的战略转型。

入世以来，我国专利申请数量实现了爆发性增长，但专利数量多、质量差、核心专利少以及专利的运用能力弱等问题同样十分突出。专利导航产业发展不仅体现了对产业发展的导向作用，而且标志着我国专利从单纯量增加向质量提升的转变，从关注创造向强调运用的转变，这一转变必将给知识产权工作带来深远的影响，因此导航试点工程不仅是产业发展的导航，也是知识产权工作的导航，其意义重大又深远。

二、专利运营体系的构建

（一）专利运营的定义

专利运营是指通过专利的引进、集中和专利价值分析，通过许可、转让、维权和投资等方法实现专利的市场价值并提高竞争对手准入门槛的过程。因此，专利运营可以定义为：把专利作为商品进行经营并获取商业利润或实现商业价值。其特征为经营他人的专利：买卖（许可与转让）、投资。通过交易和产业化实现盈利；经营自己的专利：实施、许可、转让以及入股等，并通过这些途径收益。

（二）专利运营的内容

1. 专利培育

专利培育是将科学研究和技术创新中有实施价值、商业潜力大，能形成基本专利、基础专利和核心专利的构思、技术和方案纳入专利培育计划，提高专利质量。

2. 专利布局

专利布局是指对于特定目标市场通过专利申请，形成未来产品和技术的保护网。通过对技术方法和路径的详细分析，将所有可能的技术、结构通过专利申请加以保护，并通过尽可能宽的保护范围和尽可能多的权利要求，实现专利保护全覆。

3. 专利价值分析

从专利的法律价值度、技术价值度和经济价值度三个维度对专利或专利组合进行价值分析，专利价值分析更多地聚焦专利的未来价值或潜力，因此专利价值分析是专利运营的重要手段，也是专利产业化投资、专利评级的主要技术基础。

4. 专利的许可与转让

（1）许可。是指专利权属不变，但允许他人实施的一种形式。

许可包括独占许可、排他许可、普通许可等形式，不同的形式其权利和义务不尽相同。

（2）转让。是指专利权属发生变化的的行为，转让分为商业购买和赠予等形式。

5. 二次开发

专利的二次开发是指对具有实施前景和商业价值的专利进行产业化研究，使其方法路线不断完善、技术工艺不断成熟，从而具备实施条件和基础的过程。

6. 构建“专利池”

通过专利的集中，形成所在领域的专利群，利用组合优势实现技术控制，通过向企业许可获得商业利润。

7. 专利产业化实施

专利产业化实施是专利由技术转化为产品的过程。专利产业化或专利实施并不一定通过专利运营才能实现产业化，专利运营是第三方机构通过运营由投资人或企业获得专利许可与转让后所实施的专利产业化项目。

8. 质押

质押是专利运营的常用模式。质押通常是企业在生产经营过程中，经营情况良好，但流动资金缺乏，作为科技型企业，又没有土地、厂房或设备抵押，或上述抵押不足以获得足够的资金用以生产。在这种情况下，企业通过将专利资产质押的方式获得短期流动资金。

9. 专利权入股

通过专利权入股的方式，作为企业注册资本的一部分，以获得企业的产权。

（三）专利运营的模式

1. 公益性（非营利性）专利运营

所谓公益性专利运营是指由财政出资对专利进行收储，并定向许可到企业的活动。公益性专利运营突出运营的非营利性，以下几种专利运营都可以归为非营性专利运营。①政府实施的专利收储；

②专利联盟内部的专利交叉许可；③以政府为背景的行业组织实施的专利收储和运营；④以非营性为目的展示交易服务等。

2. 政策性专利运营

政策性专利运营是指由政府主导，由政府财政支持，不以营利为主要目的而实施的专利运营方式。专利运营所获得的收益主要用于专利机构的维持和发展费用，因此政策性专利运营机构通过微利或者少量收费保障专利运营业务的开展。政策性专利运营机构体现了政策在技术推广和促进专利运用中所扮演的角色，也是各国政府所采取的普遍做法。

3. 专利的市场化运营

专利的市场化运营是专利运营的核心和关键。只有建立了符合市场需求的专利运营商业模式，专利作为商品的特性才能显现出来。市场化专利运营的特点是多样性，将专利运营按类型进行细分和分类，可总结出以下五种形式的专利运营企业，这些类型的实际运营中存在交叉，但主营业务应该是明确的。

（1）专利运营的基金模式。

通过建立专利运营基金的方法开展专利运营业务，投资方法主要有投资企业、投资项目和投资基金等，与风险投资相比，专利运营基金除具有一般投资基金的功能和特征外，还具有投资对象的知识产权属性明确，投资周期也因专利产业化过程的不确定性变长，此外基金的退出机制也变得更加多元化。其营利模式除与其他基金有相似之处外，还包括：①打包专利，收取专利许可费；②创办企业，将非常好的构想创办成企业；③专利证券化。

（2）以专利许可为主要业务的专利运营模式。以专利许可为特点的专利运营呈现多种业态：①发明人以拥有的核心专利为运营对象，通过所在领域对企业许可收费，这种情况比较普遍。②构建“专利池”并进行专利许可。③基于标准战略下的专利许可。

（3）以专利服务为特征的专利运营模式。①专利信息服务。根据用户需求，以企业产品、技术或主要竞争手为对象进行的专利信息检索服务专利信息服务是专利运营的基础性服务，也是企业最需要的服务内容之一。②专利布局服务。是指围绕关键技术的专利布局，形成有效的专利组合。③专利运用协同服务。一是以行业专利协同运用为目的，基于产业知识产权联盟开展的知识产权运营服务，二是龙头企业为对象，与产业研合作单位、配套企业以及中介服务机构共同实施的专利战略。

（4）以专利产业化投资为目的专利运营模式。专利产业化是指具有产品价值和市场前景的专利实施。专利运营中的专利产业化实施是以高校和科研机构为对象的专利产业化实施为主。专利运营就是通过对专利的分析，将有实施前景、技术相对成熟的专利进行运营，向企业或其他投资人推荐，使专利技术和资本有机结合并得到有效实施。

（四）专利运营体系建设

1. 城市专利运营体系

城市专利运营体系的作用是集合专利运营中的各类服务，形成较为完整的专利运营服务链。应有以下几个方面的内容：①制定推进专利储备运营的政策措施。通过政策措施的制定促进专利储备运营业的发展。②建设服务城市的专利储备运营综合服务平台。包括专利储备、托管、专利分析、专利价值分析、专利展示交易、专利产业化投融资服务等专业模块。③指导园区开展专利运营服务。园区是企业集聚、人才集中、信息资源汇聚的载体。专利运营的目的是为产业高端化提供支持和服务。④建立产学研合作的专利协同运用体系。促进高校、科研机构的专利向企业转移转化，有利于将企业的专利创造和运用需求挖掘出来，使高校、科研机构的研发活动更加贴近产业的发展和企业的需求。⑤引导企业开展专利储备运营和专利布局。引导企业进行核心专利储备，使企业掌握领域内的关键、核心知识产权，并针对现有和未来市场进行专利布局。⑥推进专利技术转移和专利产业化实施。建立与城市产业相匹配、与企业需求相一致的专利展示交易体系，实现优势产业、特色产业、支柱产业相关的专利集中，推进高校院所以及一般发明人的专利向市场主体转移和转化。⑦构建专利产业化的投融资服务体系。包括引导民营资本、风险投资机构投资专利产业化项目，鼓励金融机构通过专利质押等为科技型企业进行融资服务等内容。

2. 园区专利运营集聚区建设

园区在专利运用中也是最重要的载体，对专利运营服务有着更多的需求。在城市专利运营体系中，园区是专利产业化、专利运营服务的集中区域。由于专利运营涉及核心专利培育，需要有专业的代理机构，同时，专利信息服务、专利价值分析、专利交易服务、投融资服务等内容是专利运营各环节中重要的内容，这些服务形成上下配套和互补关系。因此，很多园区都会将上述服务通过园区专利运营的公共服务平台进行整合，为企业提供较为完整的服务。建设园区专利运营体系，对导航园区产业高端发展，加快产业结构转型与优化，实现从制造到创造的提升意义重大。

3. 高校、科研院所专利运营体建设

高校、科研院所集中了最优秀的人才和科研成果，是我国承担重大科技项目和主要核心技术的集中区。高校、科研院所的专利运营主要围绕重大科技项目、重点学科、重点实验室和重点科研团队展开。重点在以下几个方面：①围绕重大核心技术和科研项目培育优质专利。在项目研发的同时，对具有产业化前景的重点项目，制订专利计划、开展专利布局并申请相关专利，重点是发明专利。②加快专利转移转化，开展专利转让或许可工作。③对重要专利开展专利价值分析，通过专利价值分析，有目的、有针对性、有目标地寻找许可对象，充分发挥专利的商业价值。④建立高校和大型研究机构专职专利转移中心或专利运营机构，专职开展专利价值分析、专利转让和许可工作，通过政产学研合作及时进行专利的许可与转让。⑤建立高校、科研机构专利推介和交易平台。及时发布最新的研发成果和专利技术。

三、专利导航产业发展实验区建设

在专利导航产业发展战略中，专利导航产业发展实验区以园区为载体，作为专利导航产业发展、建设专利运营服务体系的最重要的载体和平台，发挥着其他区域不可替代的作用，在整个专利导航产业发展战略中扮演着极其重要的角色。

1. 专利导航产业发展在园区发展的作用

专利导航产业发展战略对园区发展的作用可以归纳为几个方面：①完善园区的产业规划。通过专利分析进一步完善园区的产业发展规划；通过规划，确定未来努力方向和重点发展的领域。②培育产业高端技术与产品。形成关键技术和核心专利的突破。不断拉长产业链，通过高端技术的研发和高端产品的设计制造，不断加快导航产业的高端发展。③健全园区专利运营和产业化服务。形成“政产学研金介用”专利运用和运营的综合服务体系，成为覆盖园区的完整服务链。④实现园区产业高端发展。通过专利导航战略的实施，形成更加科学的产业发展规划，引导企业有序地开展研发活动和专利布局，完善产业配套能力。

2. 专利运营集聚区建设

园区专利运营服务集聚区一般应包含以下几个方面的内容：①专利代理服务机构。根据专利申请需求以及专利技术所涉及领域，应鼓励多个专利代理机构入户并引导国内知名专利代理机构开展连锁经营服务。②专利信息服务机构。开展企业专利数据库建设、专利分析、预警等服务。③专利运营服务机构。开展专利价值分析、专利交易、帮助企业寻找和挖掘可供产业化或提高产品质量、优化工艺过程的专利，通过专利集中实施许可等业务。④知识产权咨询服务机构。开展企业知识产权标准化咨询认证服务，对小、微企业实施知识产权管理托管服务以及其他企业需要的知识产权服务。⑤专利运营金融服务机构。包括科技银行、风险投资以及围绕上述机构的服务内容，应对整个服务链进行布局和规划，通过建立园区专利运营服务平台，做到公共资源的共享和协同处理。⑥专利运营综合服务平台。包括专利信息服务平台、专利运营平台、知识产权托管服务平台、专利产业化融资平台等。

3. 专利导航产业发展实验区建设

专利导航产业发展实验区的主要目的是深化专利运用和专利的实施和产业化，专利产业化载体建设是实验区建设的重要内容，可以从三个方面加强载体建设：①以企业为载体实施专利产业化。以实验区现有企业为载体，通过“政产学研金介用”的协同合作，推进专利实施和产业化。②建立专利产业化的培育孵化区。孵化区可与园区内的创业中心相结合，提供专利产业化创业孵化服务，为专利权人、投资人提供专利产业化的平台。③在园区内设立专利产业化集中区。为有一定投资规模、能实现产品化生产的专利产业化项目在用地、标准厂房、投资等方面提供政策支持。

四、专利运用协同体建设

（一）专利协同运用和协同创新

1. 专利协同运用的概念

专利协同运用是指不同企业、不同组织依据专利创造、运用、保护和管理等方面的相同需要，通过有组织、有协议、有法律保障的形式进行互惠与联合的运用形式。专利协同运用的组织需要有产品和技术关联，因此主要存在于两种组织内部，一是同类产品的企业之间，协同组织内各成员间专利的交叉许可或相互配套。二是龙头企业与配套企业之间，共同的研发和协作，其专利创造的成果直接关联于龙头企业和配套企业之间。

2. 专利协同运用的目标和任务

专利协同运用在创造、运用、管理和保护各个过程有不同的目的和任务：

（1）协同创造：组织生产同类产品的企业与高校、科研机构围绕关键共性技术和配套装备技术进行协同攻关，共同突破核心技术，共享知识产权；组织行业大型企业集团与产业链上下游企业以及相关科研机构联合，围绕产业链中薄弱或缺位的关键共性技术进行集中突破，使产业链上下游企业共享知识产权。

（2）协同运用：推动建立市场化运作的专利运营机构，围绕核心产品、关键技术的系列专利，通过收储或托管等方式，实现专利集中管理和集成运营。

（3）协同管理：研究开发行业专利资源协同管理系统，开展法律、政策、技术、管理、市场等咨询服务；推动建立行业专利托管服务体系。

（4）协同防御：建立共同的专利预警机制，在一方受到可能的纠纷或侵权时，协同应对。

（二）基于行业协会的专利运用协同体

1. 行业协会在专利协同运用中的任务

①建立行业专利运用体系和机制；②以行业为对象开展专利导航服务；③建立行业专利运用协同体。

2. 行业专利协同运用的主要内容

① 专利布局，包括关键技术的专利布局和目标市场的专利布局；②涉及行业专利纠纷集体应对；③行业专利分析与规划，通过专利导航制定行业的创新发展规划；④行业专利预警与专利信息分析；⑤成员间专利的交叉许可；⑥行业标准的制定，包括标准中心要专利的运营；⑦专利运营，包括协同体内企业间的专利许可（非专利池性质）与转让，受协同体成员的委托开展专利运营，为协同体内企业实施基于产品的专利布局，专利的产业化开发（二次开发）以及实施专利产业化投资时的专利价值分析，专利交易平台的建设等。

3. 基于龙头企业的专利运用协同体

基于龙头企业的专利运用协同体是一种以产品配套以及围绕产品开发的产学研合作、企业合作的专利协同运用模式；是以一家大型龙头企业为核心，以产品为基础，以专利运用为纽带，形成由龙头企为主体，配套企业、技术合作方（高校、科研机构、合作研发企业等）、咨询服务机构（专利代理、咨询服务、律师事务所、专利运营公司、专利信息公司等）参加的专利运用协同体。通过专利协同运用，促进共同发展。

重大经济活动知识产权评议研究报告[*][**]

白林江　王淑卿　章锦安　薛合庸　肖　培　刘荣政　王苑祥

一、引　　言

《国家知识产权战略纲要》提出了“加强知识产权行政管理”，“建立健全重大经济活动知识产权审议制度”等战略措施，对充分发挥知识产权在推进科技创新和经济发展中的引领支撑作用，意义重大。我国许多省市积极推进知识产权管理制度创新，开展重大经济科技活动知识产权评议工作。本文在借鉴经验和实证调查的基础上，提出了我省加快建立重大经济活动知识产权评议制度，推进知识产权战略深入实施的对策措施建议。

二、重大经济活动知识产权评议的相关概念

1. 重大经济活动知识产权评议的定义

重大经济活动知识产权评议是综合运用情报分析和挖掘手段，有针对性地对所涉及的知识产权状况进行审议、分析、评估与综合研究，形成专业性咨询意见和对策建议，识别、防范知识产权风险，以保障重大经济活动实施质量，为政府的政策制定、产业规划、管理决策、项目引进和企业市场竞争提供参考依据，避免因知识产权问题导致重大损失，有效提高科学决策效率，维护产业经济安全和国家利益。

2. 重大经济活动知识产权评议的对象范围

重大经济活动知识产权评议的对象范围主要包括：①重大经济

---

* 本文获第九届全国知识产权（专利）优秀调查研究报告暨优秀软科学研究成果三等奖。

** 本文为河北省知识产权局“十三五”专利事业发展战略规划专题战略研究项目成果。

建设及产业化发展项目；②重大科技项目、重大自主创新项目、重大技术改造项目；③重大技术引进、出口项目和重大合资合作项目及重大进出口贸易活动；④拥有自主知识产权的国有及国有控股企业并购、重组、转让项目；⑤重要创新人才或团队引进活动；⑥企业上市审查、技术标准制定、展览展示活动及有需要组织知识产权评议的其他重大项目。

3. 重大经济活动知识产权评议的主要内容

重大经济活动知识产权评议的主要内容，包括以下事项：①项目所涉及的国内外知识产权状况及影响分析；②项目所涉及的知识产权主体拥有权利的真实性、合法性以及权属纠纷情况分析；③项目涉及的知识产权主体对其知识产权处置的合理性分析；④项目的知识产权风险诊断和预警分析；⑤引进人才团队的科技成果真实性、创新性分析；⑥有关合约是否存在违反法律、法规或国际规则的知识产权条款；⑦项目承担单位内部知识产权管理能力评估；⑧其他应当分析和评估的相关知识产权价值及注意事项。

4. 重大经济活动知识产权评议的组织实施

知识产权评议主体主要涉及重大经济活动的主管部门、项目承担单位、评议管理单位、评议服务机构和评议专家组（评议委员会）五类。国内实施的重大经济活动知识产权评议基本采用购买服务的方式，由重大经济活动的立项、审批主管部门或项目承担单位向评议组织管理单位提出评议申请，评议管理单位确定知识产权分析评议服务机构，组织评议专家对评议报告进行论证并出具知识产权评议意见，向评议申请者反馈作为项目实施相关决策的参考，评议组织管理单位跟踪监督评议项目评议意见的实施应用和项目效果，定期发布重大经济活动知识产权评议成果。政府实施知识产权评议要在法律、法规限定的范围之内决定相关经济和创新活动是否纳入审查评议程序，并指导和鼓励企业对重大经济活动进行知识产权分析评议。

三、国内知识产权评议现状

1. 政府部门实施重大经济活动知识产权评议工作开展情况

随着进入 21 世纪经济全球化和科技迅猛发展，我国在《国家中长期科学和技术发展规划纲要（2006—2020）》明确提出，“建立对企业并购、技术交易等重大经济活动知识产权特别审查机制，避免自主知识产权流失”。国务院《关于实施〈国家中长期科学和技术发展规划纲要（2006～2020）〉若干配套政策的通知》进一步明确了我国建立重大经济活动知识产权特别审查机制的基本要求，这为我国建立重大经济活动知识产权特别审查机制提供了政策依据。国家知识产权局于2009年安排软科学项目研究，从审查重点、审查方式以及组织领导、经费投入、中介体系和人才队伍等方面进行配套建设研究，从2011年开始组织指导各省市知识产权局开展知识产权评议试点工作。

广东、贵州、江苏、北京、陕西等省市政府也都启动了相应的知识产权审查措施，并在有关促进专利发展的条例中对专利审议和评审范围及评议法律责任等方面作出了具体规定，出台了评议范围、评议原则、评议流程、评议论证重点等操作性指导文件，推动了知识产权评议试点工作的有序开展。

2. 企业实施重大经济活动知识产权评议的实践探索

在国家知识产权局等部门提出的《关于加强对外贸易中的专利管理的意见》指导下，我国外贸企业较早开展对产品和技术进出口贸易中所涉及的专利相关事务进行管理及风险评估分析，建立健全相应的专利管理制度。广东电网公司充分发挥知识产权竞争优势，组织开展企业知识产权分析评价，提出了风险防范措施及有效的制度屏蔽。

河北省知识产权局于2009年开始为推动企业建立重大经济活动知识产权审议制度，在全省选择主导产业优势行业骨干企业，启动了专利战略引导计划，推进企业专利战略研究和风险预警分析及专利分析审议机制，推进了知识产权工作与重大经济活动的对接融合，促进了知识产权服务机构与资产评估咨询机构的协同联动，提高了企业知识产权战略运用能力，规避了知识产权潜在风险，减少了自主知识产权流失。建立健全重大经济活动知识产权评议机制，是推进企业实施知识产权战略支撑创新驱动发展、打造与提升核心竞争力的重要途径。

四、国外研究现状评述

国外将知识产权评议称作知识产权尽职调查，并已经从调查范围上达成共识：一是特定知识产权的所有权或对其实际控制程度；二是预期进行交易的知识产权价值和独占使用范围；三是潜在的责任风险。在其调查程序上也形成了如下模式：一是召集专业的尽职调查团队；二是与委托公司交流并获取调查数据及尽职调查的目的；三是制订详尽的知识产权调查计划；四是执行尽职调查计划，形成尽职调查报告。

国外专利事务所承担为政府投资项目进行知识产权尽职调查的职能。美国联邦政府对非营利性中介机构采取直接资助和税收优惠政策，对商业性中介机构重点采取法律、法规规制手段，为他们的发展创造良好的竞争环境。美国联邦政府注重通过同行评议方式对政府资助或补贴项目进行间接创新评议。韩国每年委托知识产权局对政府资助的创新项目进行事前的知识产权分析评议。日本经济产业省重视大型项目立项阶段的分析评议工作，依据项目评估报告进行裁定决策。国外专利审查和运用知识产权尽职调查报告，指导行业、企业、地区拟定知识产权发展战略，对我国知识产权评议活动具有借鉴意义。跨国公司在新产品开发前就对该产品进行了彻底的知识产权调查，围绕产品设计进行专利审查。跨国公司在投资过程中和企业并购前采取知识产权的情报调查制度，或委托中介机构对目标企业进行调查，为公司研发与投资决策提供分析评估咨询依据。

五、重大经济活动知识产权评议需求分析与瓶颈问题

1. 重大经济活动知识产权评议制度需求分析

（1）知识产权制度是推进创新和维护竞争优势的重要制度。世界未来的竞争，就是知识产权的竞争。知识产权制度是是维护市场经济有序健康运行、促进市场主体诚信经营和公平竞争的基本法律制度，建立健全知识产权评议制度成为全面深化管理改革，进一步完善社会主义市场经济体制的迫切要求。

（2）建立知识产权评议制度是实施知识产权战略的重要战略举措。面对世界新一轮科技革命和产业变革的挑战与机遇，深入实施国家知识产权战略的实践表明，加强知识产权管理、建立重大经济活动知识产权评议机制有着强烈战略需求。各地建立重大经济活动知识产权评议机制的实践证明，将知识产权审查和评议前置于重大经济活动项目立项审查之中，能有效识别和积极防范项目实施中存在的知识产权风险，明确相关知识产权策略和路径，保证重大经济科技活动的顺利进行。

（3）建立重大经济活动知识产权评议制度，是优化配置创新资源，提高科技创新产出效率的有效促进手段。党的十八大报告提出实施创新驱动发展战略，将科技创新摆在国家发展全局的核心位置。开展重大科技项目知识产权审查和评议，能够提供创新启示，明确研发方向路径，提高研发起点，避免重复研究，突破专利壁垒，推进重大科技成果转化，提高产业附加值，维护自身的竞争优势地位。

（4）建立重大经济活动知识产权评议制度对于保证和维护国家产业与经济安全意义重大。近年来，我国出口产品频繁地遭遇美国“337”调查和海关扣押，国际会展产品被没收等，企业为此付出了巨大代价。跨国公司完成知识产权的“跑马圈地”后以竞争对手威胁他们的市场地位为由，发动知识产权攻势，索取高额经济赔偿。针对我国企业知识产权储备不足、市场品牌意识不强的现状，外国企业趁虚而入，低价收购股权品牌或专有技术。我国大批骨干企业被外资收购，龙头企业的核心技术被跨国公司所控制，对我国产业乃至国家经济安全产生了不良影响。

（5）建立重大经济活动知识产权审议法律制度是促进政府依法行政，推进社会主义法治建设的必然趋势。面对经济发展新常态下的创新趋势变化和特点，贯彻落实中央“四个全面”战略布局，通过确立重大经济活动知识产权评议制度和法律责任等，对正确处理政府与市场的关系，把握好技术创新的市场规律，实行严格的知识产权保护制度，实现政府科技管理职能转变，完善重大项目评审与评估制度，提高行政效能，为创新驱动发展营造良好社会环境。

2. 河北省开展重大经济活动知识产权评议存在的主要瓶颈问题

目前，我省知识产权局和企业实施知识产权评议工作，还存在明显差距与瓶颈问题：

（1）地方知识产权审议制度立法缺失。在《河北省专利保护条例》中尚未在专利行政管理方面明确作出“建立重大经济活动专利审议机制”的规定，知识产权评议制度建设存在缺位。

（2）知识产权分析评议能力建设不足。在全省22家专利代理服务机构中，具备知识产权分析评议能力的中介机构仅2家，绝大多数都是提供专利申请代理的低端性服务，加强技术情报研究和专利分析人才培养任务紧迫。

（3）知识产权评议组织保障体系薄弱。重大经济活动知识产权评议需要建立多个相关部门的评议工作组织协调机制，共同研究制定知识产权评议办法和管理规范，并整合相关产业部门的行政资源，以解决能力、资源与制度之间的矛盾，还需要加快专利信息资源、科技情报资源和评议专家数据库等公共服务共享平台建设，形成我省重大经济活动知识产权评议和有效监督检查的保障体系。

六、河北省知识产权评议工作发展总体思路与目标任务

1. 发展总体思路

为深入贯彻落实党的十八大精神和党中央、国务院关于加快实施创新驱动发展战略、关于加快京津冀协同发展战略部署，以建设知识产权强省为目标，以培育发展知识产权密集型产业为核心，加强知识产权管理制度创新，建立健全重大经济活动知识产权评议机制，充分发挥知识产权制度和专利资源在配置创新资源、导航产业发展、优化创新管理、提升创新效率、保障创新权益中的重要作用，加快创新型河北建设步伐。

2. 到2020年的主要目标任务

（1）建立健全河北省重大经济活动知识产权审查、评议制度，纳入《河北省专利保护条例》地方法律法规和“十三五”发展规划，推动重大经济科技活动与知识产权工作紧密融合，实现创新驱

动发展重点建设项目知识产权全过程管理。

（2）强化政府服务职能，制定《重大经济活动知识产权评议办法》和知识产权评议操作指南，建立知识产权公共管理服务共享平台，规范评议报告制度，指导、规范知识产权评议活动的有序有效开展。

（3）完善知识产权评议主体知识产权管理体系，建立河北省重大科技经济活动知识产权审查评议委员会和完善配套政策体系及监督检查体系，加快培育知识产权评议市场，支持鼓励重点企业积极开展知识产权评议工作。

（4）培育扶持知识产权分析评议服务机构发展，规范知识产权的价值评估服务，提升专利代理服务机构和资产评估咨询服务机构的知识产权分析评议能力。培养和引进知识产权分析评议人才和管理团队。

七、推进重大经济活动知识产权评议的若干对策建议

1. 切实加强对知识产权评议工作的组织领导和经费投入

建立跨部门评议工作协调领导机制，成立河北省知识产权评议委员会，成员由省知识产权战略实施工作领导小组成员组成，办公室设在省知识产权局，负责组织制订《河北省重大经济活动知识产权评议推进计划》。知识产权评议工作经费及试点引导资金应纳入年度预算，由相关专项资金中列支，注重加强督导检查、认真落实责任制和考核验收制度，定期发布知识产权评议成果。对在实施重大经济活动时未及时开展知识产权评议审查而导致重大损失以及在知识产权评议过程中出现泄密或者发现虚假报告，违反法律法规的，应依法追究相关部门、机构、单位及相关人员的法律责任。

2. 组织制定《河北省企业知识产权评议工作指南》和明确分类评议重点

各类经济活动知识产权评议，紧扣需要、分类评议、讲求实效，遵循科学性、系统性、可行性、可量化性及操作性、保密性原则和责任原则进行综合研究评议，分类明确重大经济活动知识产权评议重点内容，注意项目知识产权分析评议报告所依据的知识产权

基础资料、数据的真实性、合法性、有效性：分析评议方法的适应性；侵权风险分析和知识产权资产评估的可靠性；分析评议结论的准确性。

3. 大力开展知识产权分析评议服务机构示范创建和信息化工作

加强河北省知识产权服务机构的基础条件建设和服务功能建设，加快实现与京津各类知识产权基础信息平台的互联互通，提升知识产权分析评议能力，建立科学评议业务流程及质量控制、保密制度、服务定价等制度和知识产权评议的管理制度。政府可通过购买服务的方式，建立政府采购知识产权审议服务的市场招标机制，吸引京津冀知识产权分析评议示范机构参与竞标，对先试先行、制度健全、成效显著的单位给予适当奖励。建立知识产权评议服务行业自律制度和知识产权分析评议质量标准，构建评议服务机构信用评价体系。

4. 着力培养知识产权分析评议高端领军人才和紧缺人才

河北省急需培养造就一支具有工程技术基础，熟悉知识产权法律制度，具有产业竞争情报综合分析能力和财务处理能力以及语言文字表达能力的复合型知识产权分析评议人才队伍。借力国家知识产权局专家和京津知识产权分析评议高端人才组成师资队伍，组织编写实用教材，并依托知识产权人才培养基地，创新人才培养模式，建立河北省知识产权评议专家库，为河北省推进知识产权评议工作，深入实施知识产权战略提供人才支撑。

知识产权综合行政执法机制可行性研究*

陈　燕　王　淇　武　伟　谢小勇　陈泽欣　刘淑华　刘　洋

加强行政执法不仅是解决大量知识产权纠纷的分流机制，也是保证专业性极强的案件处理质量的必要措施。

知识产权行政执法的理论与实践都证明：行政机关有必要介入知识产权纠纷的解决，并应根据我国国情加强知识产权行政执法。然而，我国知识产权行政执法还存在着执法权限弱化、执法资源不足、执法手段缺乏、执法能力欠缺等诸多问题，首先就要切实建立健全知识产权行政执法工作长效机制，整合执法主体，相对集中执法权，推进综合执法，着力解决权责交叉、多头执法问题，建立权责统一、权威高效的综合行政执法机制。

一、综合行政执法的基本理论

（一）综合行政执法的概念及特征

综合行政执法是指在行政执法过程中，当行政事项所归属的行政主体不明或需要调整的管理关系具有职能交叉的状况时，由相关机关转让一定职权，并形成一个新的具有独立法律地位的执法主体，对该事项进行处理的执法活动。其具有三个特征：综合行政执法主体是独立的行政执法主体；综合行政执法内容具有广泛性和综合性；综合行政执法活动具有长效性。

（二）综合行政执法的制度价值

1. 体现了精简、统一、效能原则，提高执法的效率

综合执法机制改革即是通过科学调配部门职能，合理设置行政

* 本文获第九届全国知识产权（专利）优秀调查研究报告暨优秀软科学研究成果评选三等奖。

机构，优化公务人员配置，以形成“权责一致、分工合理、决策科学、执行顺畅、监督有力”的行政执法体制，是对于精简、统一和效能原则的贯彻与落实。

2. 体现了法治原则，实现合理的权利制衡

综合行政执法将行政权力按照行政行为的基本特征予以配置，明确了行政机关之间的事权关系，加强了行政机关之间的互动，为行政行为的有效监督打下了权力基础。

3. 体现了一事不再罚原则，保护了行政相对人的合法权益

建立新的行政综合执法的机制，是“一事不再罚”原则得以落实的制度保障，有利于保护行政相对人的合法权益，真正做到权为民所用，利为民所谋。

二、我国现行知识产权行政执法机制及现实需要

（一）我国现行知识产权行政执法机制的问题

1. 标准不统一

各知识产权执法部门职权范围和管理方式不同，对知识产权保护客体的执法标准不同，体现在执法力度上也是不同的。如版权盗版案件，不仅国家版权局有权进行保护和处罚，文化机关和工商机关也都可以进行查处，不同机构有不同的处罚手段和标准，导致同案不同处理。因此，各部门不同的执法政策导致执法标准、执法力度不一，不利于树立知识产权行政执法工作的权威性和公信力。

2. 效率低

各知识产权执法部门职权交叉，分散了执法力量，加大了执法成本，致使行政保护的作用和效果没有得到全面发挥。由于执法主体多元化，造成部门之间的职权、职责混淆，出现执法不到位或执法越位、执法错位等现象，损害了行政执法机关的形象。

（二）我国现行知识产权行政执法机制面临的现实需求

1. 我国现行知识产权制度发展对创新行政执法机制的需求

知识产权制度的愈加体系化，对行政管理系统、行政执法系统的统一性要求更高，这无疑增加了现代知识产权管理的难度，更需

要有统一的知识产权行政执法机构进行综合执法。

2. 创新主体与市场主体对创新行政执法机制的需求

从市场主体和创新主体的需求出发，强化知识产权行政执法的力度，增加处罚手段，杜绝反复性、群体性侵权和假冒专利屡查屡犯等违法行为，有利于推动形成企业守法、创新的良好社会氛围，有利于健全健康发展的市场经济秩序。

3. 产业发展对创新行政执法机制的需求

我国产业的发展，离不开对其知识产权的保护。然而知识产权的保护很大程度上依赖于我国的行政体制。只有创新行政执法体制才可以更好地保护产权，进而推动我国产业的发展。

三、设立知识产权综合行政执法机制的必要性

（一）知识产权综合行政执法机制设立的外在趋势

目前，国际上对于知识产权的保护呈现出两个趋势：一是国际知识产权保护上升为贸易政策，二是知识产权保护有由法律范畴提升到基本国策的趋势。这就要求我国一方面制定自己的知识产权战略，对知识产权加强保护，另一方面也需要我国根据国情在对外贸易中积极应对西方发达国家的挑战，促进自身贸易的发展。而知识产权综合行政执法机制正是回应了两个趋势的发展，有利于践行我国的知识产权战略，也有利于在对外贸易中更好地应对发达国家的挑战。

（二）知识产权综合行政执法机制设立的内在需求

1. 加强国内知识产权保护的需求

（1）整合知识产权执法机构，加强行政执法。

我国政府各知识产权管理部门与各个执法机构条块分割，缺乏有效的沟通协调机制，执法队伍重复建设、执法主体不明确，难以对知识产权违法行为进行重拳打击。同时，与版权行政执法、商标行政执法和海关知识产权执法相比，我国专利行政执法没有国家层面的执法机构，这不利于加强对专利的保护。

（2）应对重大专利侵权案件。

按照我国《专利法》的规定，知识产权行政管理机关不能主动

对专利侵权行为进行查处，只能依据权利人的申请介入到侵权纠纷当中对案件进行处理，并且不能就赔偿数额进行裁定，只可以就赔偿数额进行调解。因此，专利行政执法缺乏必要的主动性，执法手段严重弱化，这为专利行政机关处理情节严重的反复性、群体性专利侵权案件带来较大困难。

（3）应对重大滥用权利案件。

我国目前处于经济转型和产业升级的重要时期，已经积累了相当数量的知识产权，但是与西方发达国家相比，在核心专利以及标准必要专利上还有一定的差距。拥有专利权的跨国公司，利用其市场支配地位，通过对专利许可设定过高价格、附加不合理条件等滥用权利的行为，严重损害了我国的市场秩序与产业利益，这不仅是我国知识产权保护面临的问题，也是全世界知识产权的前沿问题。

2. 应对对外贸易挑战，加强对外贸易知识产权保护的需求

（1）美国“337 条款”对我国对外贸易的挑战。

中国已经成为遭受“337 调查”最多的国家，而美国越来越多地利用“337 条款”保护其本国企业的知识产权和本土市场。其集中表现为：中国企业受到“337 调查”的涉案数量正逐年增加，涉案产品范围进一步扩大。中国已经成为世界第一大出口大国和美国第一大贸易伙伴国，中国企业的出口产品的技术含量越来越高，涉及的知识产权保护内容越来越多，而且与美国本土企业的竞争日益明显，因而美国企业已经越来越多地运用“337 条款”阻碍中国企业向美输出产品。由于美国频繁使用“337 调查”对中国企业产品出口美国进行阻碍，中国企业不仅遭受了重大经济损失，而且还要面临产品退出美国本土市场的威胁。美国国际贸易委员会一旦对受到调查的中国企业产品发出普遍排除令，那么即使美国进口商愿意承担加税的成本也不能进口中国企业的相关产品，而且其还可以以禁令的方式禁止已经进口到美国本土的中国企业相关商品进入美国本土市场。通过这些行之有效的产业救济措施，美国申诉方可以迅速阻止中国产品进口进而占领美国市场。

（2）我国对外贸易知识产权保护的现状。

我国对外贸易中知识产权的保护，已形成以《专利法》《商标法》《著作权法》《对外贸易法》《海关法》等为准则，《知识产权海关保护条例》《关于〈中华人民共和国知识产权海关保护条例〉的实施办法》等为具体操作指南的法律框架体系。但相较于美国对外贸易中对知识产权的系统、有效的保护，目前我国与贸易有关的知识产权的保护制度的缺陷仍较为明显，尚待完善。

（3）完善对外贸易知识产权保护需建立综合行政执法机制。

基于上述分析，我国应设立一个跨部门的对外贸易知识产权救济委员会，既有能力调查认定知识产权侵权，又可以作出贸易救济决定，还能自动让海关执行，基本享有美国 ITC 的职权。但是目前现有机构均不合适。

首先，商务部作为对外贸易管理机构，依照《对外贸易法》第 40 条的规定，有权采取适当的对外贸易救济措施，无权要求海关执行其关于知识产权的贸易救济措施；

其次，海关总署作为货物出入境管理机关，根据《海关法》第 44 条，有权对与进出境货物有关的知识产权实施保护，但缺乏能力认定侵权，且这种保护并非贸易救济手段；

最后，国家知识产权局、国家工商行政管理总局、新闻出版总署作为知识产权管理机关，根据《专利法》《商标法》《著作权法》分别对三种知识产权行使管理权，但它对于贸易救济和货物边境管理却没有发言权。

上述三类机构对我国与贸易有关的知识产权救济都是不可或缺的，但又都无法独立承担起该项权责，因此我们应建立一个综合行政执法的机制，将三者或者更多的机构统一协调起来，满足对外贸易中知识产权保护的需要。

四、国内反垄断领域综合行政执法机制及启示

知识产权综合行政执法机制的建立健全，应当置于整个行政执法体制机制的深化改革之中。反垄断执法与知识产权执法存在许多相似之处：首先，二者都具有高度的专业性，在执法过程中不仅需要法律知识，还涉及许多专业领域的科学知识；其次，二者都离不开司法这一重要的方面，在反垄断的过程中，有关主体可以就垄断

行为追究民事责任而依法向法院提起民事诉讼，而在知识产权法实施的过程中，私力救济构成更为重要的一部分；此外，二者都随着市场经济的发展和经济全球化的不断扩大，出现越来越多的新的保护需求；最后，二者不仅涉及相关主体的个人权利，在很多情形下，都涉及对市场竞争秩序的维护和对社会公众利益的保护。

在我国《反垄断法》出台之前的很长一段时间里，学者们对反垄断执法机构的设置进行了激烈而深刻的讨论，倾向于设立统一独立的反垄断执法机构。然而，考虑到反垄断法出台之前，相关部门对反垄断执法已经获得了许多经验，短时间内新设一个独立的执法机构难度较大等多种因素，最终选择了由国家发展和改革委员会、工商行政管理总局、商务部三部门共同负责反垄断执法。自2008年《反垄断法》出台以来已有六年之久，三部门在反垄断法的实施和执行过程中，积累了许多的经验，当然也暴露出一些需要改进的不足。这些在我们建立知识产权执法机制的过程中都具有十分需要的借鉴意义。

行政执法机构是在现有机构中指定，还是设立单独的知识产权执法机构？这在反垄断执法机构的设立时，也是争论非常激烈的问题之一。从现有机构中指定，有以下优点：现有机构经验充足，专业人员队伍较强大，有利于知识产权执法工作的顺利展开；不涉及相关部门大的利益变动，阻力小。对于我们日益增长的打击知识产权犯罪的需求而言，这是不可不考虑的因素。但我国知识产权立法一直采取单性立法模式，并根据国家机关的职能划分和任务平衡的原则规定一个主管机关。且针对不同的知识产权客体就设置了不同的行政管理部门，如国家知识产权局、国家工商行政管理总局、国家版权局、国家质量监督检验检疫总局等。在地方，知识产权行政管理机关的设置更为复杂。因此，对知识产权执法机构的设置而言，在现有机构中指定也并非易事。若选择设置单独的机构，首先，会面临和当时新设反垄断法执法机构同样的阻力，机构改革推行的难度不言而喻，即现存的执法机关是否愿意让渡已有的权力；其次，设置单独的机构，和现实如何有效衔接，直接从多部门管辖到专门部门管辖，改革力度和成本是否偏大；此外，随着经济和科技的发展，知识产权的范围不断扩张，单独的专门执法机构是否会“一家独大”而滋生腐败。这些都是我们在对知识产权执法机构进行选择时需要考虑的问题。

此外，多部门执法的语境下，部门之间职责范围的界限要清晰，此外部门之间的沟通协调是关键。良好的沟通协调以避免执法漏洞和重复执法为原则，以“服务行政”为核心，不仅可以节约行政成本，更有利于促进知识产权的行政保护。对此，可以借鉴反垄断执法机构的做法，设立类似“反垄断委员会”的机构，不实际处理知识产权的执法工作，而是作为宏观的协调、监管部门。

五、国外知识产权综合行政执法机制及启示

美国和韩国相关领域的知识产权综合行政执法机制，依据符合本国利益的国内法，力求通过知识产权行政执法，为本国产业提供有力的保护。这一典型的知识产权执法机制，值得我国学习和借鉴。

（一）美国国际贸易委员会（ITC）

1. 从宏观方面得到的启示

（1）以国家利益为核心。

美国国际贸易委员会的职能转型与美国自身产业发展结构的不断变化密切相关。对知识产权保护的需求是伴随着本国产业发展的不同阶段不断发生变化，而对于国家利益的维护是亘古不变的。“337条款”在设立之初就遭到颇多诟病。“337条款”在法理上的争论虽至今未休，但其对美国国家利益的维护确是毋庸置疑的。

（2）人员专业化。

在美国国际贸易委员会行使职能的过程中，专业人士发挥着不可或缺的作用。我国知识产权行政机构中不乏颇有建树的法律专业人士，但其他领域的人才却较为匮乏。将专业人士真正引入决策过程，赋予他们裁量处理问题的权力，是我国加强知识产权行政执法的必由之路。

（3）程序高效、机构设置合理。

在保证贸易委员会自身独立性的前提下，美国国家贸易委员会

下设多个行政、公关和专业职能办公室，它们相互配合、分工合作，共同承担着处理知识产权贸易纠纷调查、裁决和制裁等一系列工作。其机构设置和权能分配方面完全满足了美国国内对于知识产权保护的需要，从内部运行到外部呈现对解决我国知识产权行政机构分散、职能交叉的现状来讲非常具有借鉴意义。

（4）执法措施具威慑力。

强有力的行政执法措施造就了美国国际贸易委员会强大的影响力。与此形成对比的是，我国并没有这样一个知识产权行政执法机构。赋予专业的知识产权行政机构以特殊执法权，利用行政机关特有的优势处理知识产权侵权案件，对于加强我国知识产权执法是有重要意义。

2. 从微观角度得到的启示

（1）部门机构设置。

我国在设置知识产权有关机构时，可以参照美国国际贸易委员会的机构设置。既可以考虑设置功能整合的综合执法机构，也可以采取机构联合的方式来进行。本文将着重对这两种方式分别探讨。

各部门联合执法。我国可以选择一个部门居中调停、其他部门合作的方式实现国内的知识产权保护。就我国现在的行政结构来说，可以以国家知识产权局作为牵头部门，商务部、海关总署、国家发展和改革委员会等部委密切配合的方式达到保护知识产权的目的。但是不可否认的是，这种方式在实际操作中往往面临着各部门协调难的困境，这可能在无形中增加知识产权保护的难度。

综合执法机构。我国可以单独设立专门的委员会承担重大知识产权案件行政执法的职能，以此来解决国际贸易中知识产权被侵犯的问题。可以比照美国国际贸易委员会的职能划分，将认定侵权、初步裁定、终局裁定和救济措施的权力授予该机构。这样的安排可以尽可能地节约机构成本，避免在执法协调中不必要的麻烦，很有操作性。在这种体制下，其与海关、商务部等部门的关系也更加明晰，如可以在制度上确立海关执行委员会有关裁决的运行机制，避免了诸多机构相互斡旋导致执法混乱的情况。但是这一机构是否能融合我国现在的知识产权保护的格局设定、是否能够很好地在国际贸易中发挥作用，有待研究。

（2）执法针对对象与执法职能。

建议建立一个包括国际贸易在内的知识产权保护机构，将保护的重点从国内商品延伸到进口商品。这在经济全球化，国家间来往日益密切的今天具有极大的经济和战略意义，应当引起重视。

鉴于该机构的设立主要针对的是国内和国际贸易中出现的知识产权侵权案件，故该部门的执法职能应主要侧重于对于知识产权侵权的认定与保护，具体包括：调查是否涉及知识产权侵权，认定进口产品知识产权侵权，作出贸易救济决定，与海关等部门配合执行救济措施等。另外，由于这一机构是最贴近知识产权侵权保护的行政部门，所以建议将一些知识产权政策制定方面的权力下放到该部门。至于涉及国家战略的知识产权政策，也可以由该部门提出相应的建议，再交由国务院有关机构审查。

（3）行政执法程序。

建议借鉴美国国际贸易委员会对执法程序的规定，对我国知识产权行政执法程序进行明确的列举，同时授予知识产权执法机构和申诉方以调查程序发起权，申诉方可以在自身利益受到损害时申请发起程序，而知识产权执法机构则在有害国家利益时主动发起调查程序。这样既保证了行政机构的主动性，又全面地保护了公共利益。在具体实施调查过程中，是执法机构自己调查还是委托其他部门调查，还有待研究。但是调查结果为何，执法机构应当保留有一定的裁决权。建议借鉴美国国际贸易委员会的做法，召集各领域尤其是理工背景的人才，既便于相关知识产权保护政策的制定，也便于在知识产权纠纷中居中裁判，有的放矢。

（4）利害关系人在行政阶段的救济保障程序。

在“337调查”的实践中，几乎所有的案件都是基于申诉方申请而启动的，委员会主动发起调查的情况极为罕见。若是基于申诉方的申请而展开调查程序，那申诉方必须提交书面申请、申诉状。而且即便是行政法官作出初步裁定，任何一方当事人都可以在十日内要求委员会对初步裁定有关的问题进行审查。当事人可以直接申请委员会作出终裁决，委员会也可以主动要求对其进行审查并作出终裁决定。

概言之，这一设计类似于我国的行政复议制度。不同之处只在于将初审和复议的机构置于同一部门内。两种设计各有利弊，若要借鉴美国贸易委员会的设计，关键之处是做好内部部门的相互制衡。

(5) 利害关系人不服相关决定的司法救济保障程序。

我国同样可以借鉴行政司法双轨并行的方式，使得当事人在有关行政机构进行审查之后，可以再次向司法系统寻求救济。在构建知识产权相应执法机构的同时，可以以已经建成的知识产权法院为依托，形成行政——司法的完整知识产权保护链条。由于法院可以在一定程度上对行政决定进行监督，两种法律程序的侧重也有所不同，当事人往往会在具体案件中综合考虑上述因素，从而作出有利于己方案件利益的正确法律救济决策。

（二）韩国贸易委员会（KTC）

1. 关于专利海关执法的探讨

无论是美国还是韩国，在其海关执法中主要都侧重于商标与著作权，而很少涉及专利。但是在我国的海关执法中却有专门的专利执法这一项。韩国与美国之所以这样做的原因是，在 TRIPS 协议中有规定：成员方应依照有关程序，使有确凿根据怀疑仿冒商标商品或盗版商品的进口可能发生的权利人能够以书面形式向主管的行政或司法当局提出由海关当局中止放行该货物进入自由流通的申请。在符合相关条件下，成员方可使对含有其他侵犯知识产权行为货物的申请能够被提出。成员方还可以规定关于海关当局中止放行从其境内出口的侵权货物的相应程序。从这一规定我们看到的是，对假冒商标和盗版商品 TRIPS 协定有明确规定，但对有关可能侵害专利权的商品的进出口问题却没有规定。这一立法思路与美国、韩国两国的立法思路是相同的。但据数据显示，美国“337 调查”85%的为专利问题，可见在美国，各主体对于知识产权的保护方面还是有所侧重的。

就我国现在目前的海关执法现状来看，鉴于我国法律制度自身的特色，是否完全借鉴美、韩做法，还是应当慎重考虑。

2. 关于我国双轨制保护的探讨

建议借鉴韩国不公平贸易调查经验，建立适合我国国情的规制知识产权不公平贸易调查制度。支持理由有三：

一是韩国贸易委员会是一个带有准司法性质的行政机关，与美国国际贸易委员会相比，机构独立性不强，这与我国知识产权行政保护是相似的；

二是韩国不公平贸易制度的发展经历了从打击假冒伪劣产品的商标保护逐步进化到主要对专利的保护，韩国建立这一制度的背景原因包括专利产业不如美国发达与韩国本身有关知识产权的专业人才较为匮乏两方面，这与我国情况类似；

三是通过对我国专利结构的分析，我国专利申请量目前虽已位居世界首位，但是在三种专利中，实用新型专利和外观设计专利较多。韩国知识产权不公平贸易调查制度在实用新型专利和外观设计的保护方面发挥重要的作用。结合我国实际情况，KTC 的建立经验更值得我们借鉴。

六、建立我国知识产权综合行政执法机制的模式分析

（一）实现行政执法权在国务院知识产权行政部门的有效配置提升国务院专利行政部门的执法权

与国家工商行政管理总局商标局及国家版权局比较而言，国家知识产权局在行政执法方面的主导地位和关键作用明显没有得到充分发挥。近年来的执法实践也同样表明，专利行政执法权在国务院专利行政管理部门配置的缺失，将直接影响全国专利行政执法工作的效率和成效，削弱对专利侵权和不当使用的行政打击力度，在某种程度上甚至会对我国专利保护水平的提高、全国专利战略的实施以及创新驱动发展产生不良影响。欲改变此种状况，当务之急就是要在专利领域实现行政执法权在国务院知识产权行政部门的有效配置，即在一定的条件下赋予国家知识产权局打击专利侵权、规范专利实施的行政权力。

（二）建立知识产权综合行政执法委员会

鉴于知识产权保护工作的复杂性，应对相关公共部门之间的协调与配合提出新的要求。那么，当跨部门合作成为知识产权工作的一种常态时，当各个相关部门之间进行协调和联系的必要性和频繁性在不断增强时，[1] 就需要建立相应的常态化机构，使得各行政部门及非政府组织在公共管理过程中建立相互协作和主动配合的良好关系，从而有效利用各种资源实现共同预期目标。

（三）统一知识产权行政执法机构

统一知识产权行政执法机构，隶属于国家知识产权局，是针对知识产权侵权等一系列在国内贸易、进出口领域与知识产权相关的国家层面的不公平行为，所进行综合行政执法的专门机构。该机构按照“权责一致、分工合理、决策科学、执行顺畅、监督有力”的行政职权配置原则为指导而设立，旨在提高知识产权行政执法效率与公平性，保障国家与当事人等利害关系主体的合法权益。

（四）统一知识产权管理机构

统一知识产权管理机构方案是我国关于知识产权产生、取得、处分等与知识产权有关的一系列行为进行行政管理的统一最高机

---

[1] 以北京市为例。北京市由市版权局牵头，成立由市版权局、市互联网信息办公室、市公安局、市通信管理局、市文化执法总队等单位组成的“北京市打击网络侵权盗版专项行动领导小组”，通过狠抓落实，使版权监管、违法活动查处等各工作环节呈现出有法可依、有章可循、重点突出、分工明确、齐抓共管的工作格局。市版权局对 21 家重点监管网站实施网络主动监管任务，对 14 个音乐网站、28 个视频网站进行跟踪监测，共发下线剔除截图以及下线通知函 1 506 条，下线反馈率达到 100%。市公安局充分发挥打击侵权盗版违法犯罪主力军作用，完善了治安、网安、经侦、法制、情报、技侦、预审、便衣等部门参与的整体作战机制，破获侵权盗版类案件 34 起，抓获犯罪嫌疑人 73 名。市网信办督促各网站依法转载，及时删除违规稿件，先后对新浪、搜狐、网易、凤凰等知名网站存在的违法转载行为进行了行政处罚。市通信管理局共配合工信部、互联网各相关管理部门、外地通信管理局等单位处理各类违法违规网站问题 2 100 余个。继续做好网站备案数据库的基础性工作，已经审核通过网站 42 万多个。市文化执法总队从互联网侵权活动编辑上传、传播经营等关键环节入手，巡查网络版权领域网站 812 家，受理上级交办和群众举报 27 件，责令 36 家网站删除了侵权盗版信息 265 条。立案 8 起，罚没款 11.3 万元，协同相关部门关闭网站 5 家。

构。统一知识产权管理机构是国务院的直属机构，受国务院领导。其设立旨在统一全国范围内的知识产权管理工作，解决目前知识产权的“碎片化”管理模式。

统一知识产权管理机构是负责全国范围内的知识产权行政管理的独立行政机构，集行政管理与执法权等行政职能于一身，全方位指导全国知识产权工作，并为建成有中国特色的知识产权管理与保护体系而努力。

统一知识产权管理机构负责全国范围内的一切与知识产权有关的事项的管理，具体包括如下领域：著作权、专利权、商标权、商业秘密、集成电路布图设计、原产地标记、农林业植物品种权，以及其他方面与知识产权有关的事项，包括国际贸易、文化科技、边境安全、技术标准方面等。

青年实审审查员的法律思维养成途径调查研究* **

张伟波　许　妍　费　嘉　冯　洁
朱　凌　邱福恩　沙　磊　王　淇

专利审查中的法律思维是指专利审查员从法律价值出发，运用各种法律方法，通过合理的法律推理和论证，认定事实、解释适用法律并最终得出审查结论的一种思维方式。专利审查中的法律思维过程包含了一整套完整的价值体系、概念体系、逻辑推理方式和责任分配体系。专利审查思维是一种专业性思维，思维主体是经过专业训练的专利审查员，其核心在于专利审查相关法律的适用与解释，贯穿于阅读申请文件、检索对比文件、认定事实、适用法条、撰写通知书并最终得出审查结论的全过程。

一、青年审查员法律思维现状

为准确把握国家知识产权局青年实审审查员法律思维现状，本报告收集整理了近两年来的《中国发明专利审查质量评价报告》《中国专利审查质量社会公众满意度调查报告》，收集了部分复审请求决定（涉及撤销驳回）和无效请求宣告决定，并向国家知识产权局专利局实审部门和审查协作中心的实审审查员发放调查问卷，从外部客观评价（实审质量评价、复审无效案件、社会满意度调查）

---

* 本文获第九届全国知识产权（专利）优秀调查研究报告暨优秀软科学研究成果评选三等奖。

** 本文节选于2014年度国家知识产权局“青春求索”课题研究项目“青年实审审查员的法律思维养成途径研究”。该项目是在国家知识产权局专利局审查业务管理部组织下，由国家知识产权局专利局化学发明审查部完成，被评为当年度优秀课题。本文统稿人张伟波、冯洁。

和审查员自身主观认识（调查问卷）两个角度切入，对青年实审审查员的法律思维现状进行实证研究，为后续提出切实有效的解决方案提供事实依据。

（一）外部视角中的审查员法律思维现状

从质量评价结果以及复审撤驳案件看，审查员在法律思维运用方面存在的问题主要表现如表1所示。

表1 实审审查中存在的法律思维问题及原因

问题类型	审查中的表现	原 因
法律适用错误（讲法律）	条款适用错误、法律位阶不当等	1. 立法精神认识较浅 2. 法律规则意识不足 3. 专利法逻辑结构认识不清
举证不足或不当（讲论证）	漏检、对比文件事实认定错误、申请文件事实认定错误等	1. 法律意识不足 2. 检索能力欠缺 3. 技术理解偏差
推理不足（讲论证）	说理不充分、通知书片面僵化教条、机械套用法条	运用法律推理和论证的能力不足
违反程序（讲程序）	违反听证原则、“无效”的通知书，未对当事人的意见进行回应等	1. 忽视程序正当的重要性 2. 对行政程序的认识不足

（二）审查员自我认识视角中的法律思维现状

在对国家知识产权局青年审查员队伍法律思维状况进行问卷调查后发现，国家知识产权局无论是部门还是个人，对于法律思维的培养都是高度重视的，在被调查人员中，54%的人认为所在部门十分重视法律思维的培养，取得了一定的成效，但还需要加深学习领会；74%的人认同部门在法律思维培训方面发挥了较大作用，但在总体思维现状上仍有欠缺：（1）审查员法律知识掌握不足。被调查人员中，没有参加过任何法律知识学习的人员比例占到了50%，接受过三个月内短期培训的占41%，国家知识产权局虽然在后期培养中提供了一些法律学习的机会，但仍有50%的人表示没有学习过法律知识，而参加过学习的人中有41%是短期学习，接受过法律学历教育的占极少数。(2)审查员法律运用能力不足。54%的人表示需要在法条理解能力培养方面进行强化；19%的人认为法条理解能力、逻辑推理能力、法律理论基础知识、论证审查意见能力、法律表达能力五个方面均需要进行培养。(3)法律思维养成存在困难。在审查中构建法律思维的困难有多种，法律知识欠缺、推理方法难以掌握、思维逻辑难以掌握等都是大家所实际面临的问题。关于法律思维培养遇到的最大障碍，大多数人认为在于工作压力所带来的学习时间不足。(4)法律思维培养存在广泛需求。大部分受访者表示对参加法律思维培训有兴趣，比较受欢迎的学习形式包括自学结合集中讨论、听报告等。

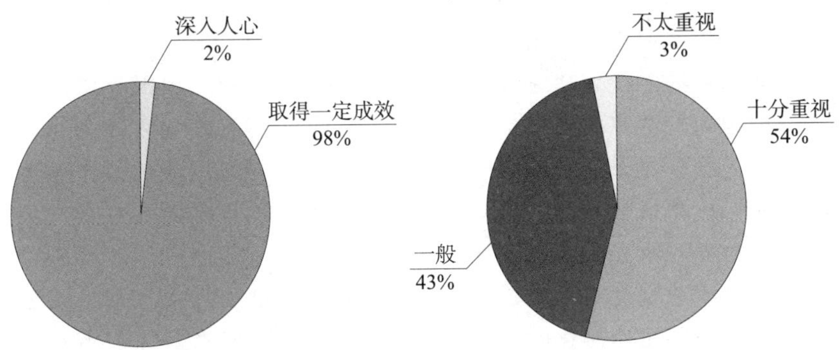

图1　法律思维培养受到高度重视

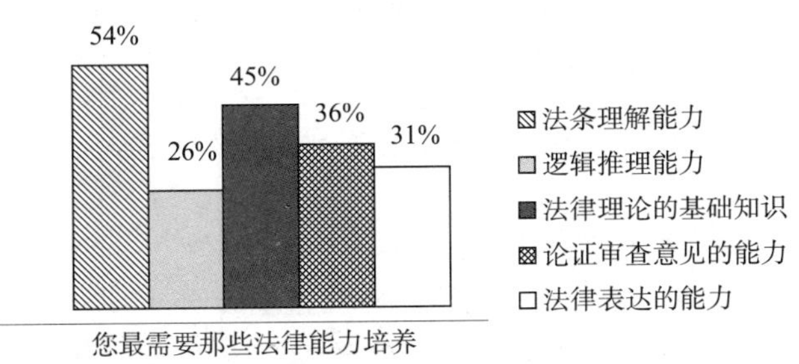

图2　法律思维能力培养需求

（三）法律思维现状中的问题及成因

从外部评价的情况及审查员的自我认识来看，当前审查员的法律思维水平仍较为欠缺。分析其原因，主要在于以下方面：

一是审查员知识结构偏重理工科。国家知识产权局审查员大部分来自理工科院校，知识背景以理工科为主，因而审查员具有强烈的技术思维定式，而技术思维中的确定性、唯一性的价值标准与法律思维中合理性、关注社会效果的价值标准存在明显冲突。由此导致审查员容易从技术人员的视角出发得出有偏差的审查结论，或者在技术思维与法律思维之间犹豫徘徊、忽左忽右得出前后矛盾的审查意见。

二是知识灌输较多，能力训练较少。无论是各类法律讲座还是在职研究生课程均多采用“教师讲课、学生听课”的教学方式，侧重于知识点的传授，缺乏各种实践教学环节。然而，根据思维形成的一般规律，法律思维应当是在理论学习与能力实践反复冲突与互动中养成的。此外，受到课时等客观条件以及在职审查员工作压力的限制，入职培训时实践教学往往难以开展，这也是影响审查员法律思维培养的重要因素。

三是审查制度对审查行为的约束引导性不够。加强审查员的法律思维，需要法治文化的渗透、引导和感染。尤其在具体的审查工作中，需要制定细化、明确的审查标准，从制度方面对审查行为予以约束和引导，强化审查行为的规范性，避免审查过程中滥用公知常识、举证不足、程序不当等问题。

二、国内外法律思维培养模式

（一）国内“法律人”的教育培养

我国的政法学院和大学法学院培养主要分为四种模式：法学本科教育、法学硕士学位教育、法学博士学位教育和脱产法律硕士专业学位教育。考虑到专利审查工作的性质和审查员知识背景以理工科为主，对于法律知识的掌握与刚进入本科学习的大学一年级学生和攻读法律硕士专业学位的人员更为接近，因此，应用型法律人才的培养方式更适用于审查员的法律培训，在对审查员进行法律思维培养时，我们可以参考其专业课程设置以及培养模式（见图 3）。

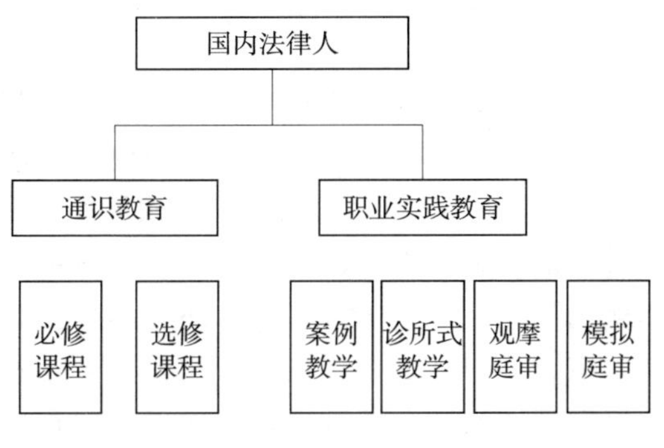

图 3　国内法律人培养模式

（二）外国专利局审查员法律培养模式

美国专利局设有五类法律相关在职培训，包括新审查员培训、法学院辅助课程培训、攻读大学法学硕士学位、法律讲座、在职业余培训。较有特点的是，美国专利局自己设立了三所学校，其中一所是用于培训新审查员的专利学校（Patent Academy），从 1996 年开始着手进行在职法律硕士学位教育。

欧洲专利局有专门针对想要通过“欧洲资格考试（The European qualifying examination，EQE）”的培训，通过该资格考试就能够在欧洲专利局登记成为一名欧洲专利律师。但是该培训并非由欧洲专利局直接进行培训，而是由一些公立机构，例如，大学、院所或专业组织，进行专利法等课程的授课。现在 EQE 培训由 The Center d'Etudes Internationales de la Propriété Intellectuelle（CEIPI）和 EPI 联合在欧洲数个城市组织有关专利法等课程的基础培训，一般通过定期举办讲座或者研讨会的形式来进行培训。

日本专利局的培训是由培训委员会制订培训措施和培训计划，该部门将其想法和建议提供给培训计划专家会议，由其制定基本培训政策、培训实施指南、培训计划，并与培训部门进行探讨或合作，由培训部门制订年度实施计划和培训实施指南，确定是由外包还是内部委托对审查员进行培训。日本专利局审查员的法律培训包括：邀请法律专家进行讲座，作为学生进入大学学习、去律所实习等。

韩国知识产权局下设国际知识产权培训研究所（IIPTI），该研究所于 1987 年 7 月在汉城建立，到 2003 年为止共培训五万人次，设有 44 种课程。IIPTI 还担负着韩国知识产权局的新审查员培训工作，以及老审查员的进修培训。课程包括审查案例的研究，关于审判（复审）案例的研究，宣告无效审判，防止不正当竞争和保护商业秘密的法律，审查实习；民事诉讼法，审判制度和程序，诉讼的程序和审判程序取消的实务，审判决定案例研究概论，对判决文的理解；无效、复审；对复审决定不服而向法院的诉讼、民事及行政诉讼，专利纠纷案例，贸易与裁判。

纵观国外专利局法律培训的课程内容、培养方式、教学主体，有以下特点：①审查实务类：审查案例的研究、审查实习；②复审无效和行政诉讼：无效、复审、关于审判（复审）案例的研究、宣告无效审判、对复审决定不服而向法院的诉讼；③民事诉讼类。

三、青年实审审查员法律思维培养途径

（一）以传授理论知识为基础，以训练使用技能为突破

在对审查中法律思维的特点进行的分析研究中，我们发现为构建完整的法律思维，应当树立法律价值理念，掌握法律概念体系，具备法律逻辑推理能力，了解责任分配体系。为此，本报告针对法律零基础的青年审查员设计了一系列法律核心课程，如表 2 所示。

表 2　法律思维培养课程内容和形式

序号	课程名称	涉及概念	培训内容	教学方式
1	法理学基础	法的特征	明确法律的规范性	讲座或自学，推荐书目《法理学教科书》
		法的价值	比较法的一般价值与专利法的价值之间的联系，以及价值冲突时的解决原则	
		法的要素	法律规则、法律原则、权利与义务的基本概念和内涵；专利审查中涉及的规则、原则，以及权利与义务的关系	
		法的渊源	法的正式渊源与非正式渊源，正式法的渊源的效力原则；专利审查中涉及的法的正式渊源与非正式渊源以及之间的效力原则	
		法的效力	法的效力的含义、根据、范围，对人的效力、空间效力、时间效力，专利法的效力	
		法律关系	法律关系的概念、主体、内容、客体，法律关系的产生、变更与消灭，专利法中的法律关系	
		法律责任	法律责任与权力、权利、义务的关系，法律责任的竞合，归责与免责，法律制裁；专利行为中涉及的法律责任	
2	法理学实践	法理学基本概念的理解与运用	以时事热点分析代入法理学的基本概念。例如，里阳电子蜡烛引起的专利纠纷，此案中法律关系的主体、内容、客体分别是什么，法的效力有哪些，时间、空间、对人的效力分别是什么，法律责任的归责与免责，以及法律制裁分别是什么，纠纷中涉及的法律哪些是原则，哪些是规则，裁决结果中涉及法的价值冲突的解决原则是什么等	学习小组讨论或案例教学

续表

序号	课程名称	涉及概念	培训内容	教学方式
3	法学方法论	法适用的一般原理	法适用的目标、步骤、内部证成与外部证成的关系；专利审查中相对应的表现形式	讲座或自学，推荐书目：《法学方法论》
		法律推理	概念、种类包括演绎推理、归纳推理、类比推理，设证推理，形式法律推理与实质法律推理之间的关系；专利审查中的表现形式	
		法律解释	概念、种类、法律解释的位阶，专利法的法律解释，如《专利法详解》的位阶、解释方法等	
		法律事实	案件事实的形成于法律判断，包括作为事件以及作为陈述的案件事实，选择形成案件事实的基础法条，必要的判断，实际发生的案件事实	
4	法学方法实践	法学方法的理解与运用	选择专利审查中比较有代表性的案例（参见附录），比较实审通知书、复审决定书、法院判决书中使用的法律事实是什么，相关的法律解释，使用何种推理方式以及运用了何种法律适用的原理	学习小组讨论或案例教学
		法律推理的使用	选择无效案例，给予双方不同的证据（对比文件），分别从无效请求人和专利权人的角度进行争辩	辩论方式或模拟法庭
5	行政法与行政诉讼法基础	行政法的基本概念	行政和行政法的概念，行政法的法律渊源，行政规则的使用	讲座或自学，推荐书目：《行政法与行政诉讼法》（第3版）
		行政法的基本原则	合法行政、合理行政、程序正当、高效便民、诚实守信，权责统一原则的概念和内涵，专利审查相关的行政行为	

续表

序号	课程名称	涉及概念	培训内容	教学方式
5	行政法与行政诉讼法基础	行政复议与行政诉讼	行政复议与行政诉讼中的相关概念、程序，专利审查程序中与之相关的概念	讲座或自学,推荐书目:《行政法与行政诉讼法》(第3版)
		行政程序	行政程序法的基本概念和内涵，行政决定的一般程序以及相应的法律责任，专利实质审查程序	
6	行政法实践	行政法的基本概念	以小组讨论的形式，列举专利审查中的行政行为分别应当符合何种行政法原则，专利法法条中哪些属于行政法的范畴，专利行为中哪些与行政复议和行政诉讼相关	学习小组形式
		行政程序	以模拟法庭的形式，加深对程序正义的理解	模拟法庭，法院庭审观摩
7	证据法学	证据法基础	证据法中涉及的认识论、价值论，证据法的基本原则的概念、内涵，专利审查中对证据运用相应概念	讲座或自学，推荐书目：《证据法学》（修订版）
		证据与证明	证据的概念、种类、分类和规则，证明的概念、构成、分类、对象、责任、标准以及证明过程，专利审查中的证据与证明	
8	证据运用实践	证据与证明的使用	选择恰当案例，依次增加不同的证据，分别进行评述，体会证据的作用	学习小组讨论或案例教学

（二）以法律思维教学案例库为支撑

1. 案例的来源

主要来源应当是将实审、复审、行政诉讼的真实案例进行加工的案例，从法律视角出发研究专利审查中的法律适用、论证推理、程序等问题，避免法律培训与审查工作脱节。作为有益补充，可以少量引入其他类型的案例，例如，专利侵权的民事案件、社会热点或有重大影响的民事案件等，通过关注专利侵权纠纷中权利范围的认定，加深对专利法立法宗旨的理解，以及从法治的角度对社会问题的思考，加深对法律价值的理解。

2. 案例管理机制

（1）入库标准：一是经典性；二是时效性；三是实用性；四是难易程度。入库流程：设置相应的电子平台，对案例进行分类、编号、整理，加工后的案例以多媒体形式呈现，供审查员自主查阅学习。（2）评审制度：对收集到的案例，应组织专家进行评审，分别评出等次，分门别类入库，并及时将优秀案例汇编成册，供教学和研究使用。（3）激励制度：对采编的优秀案例给予一定形式的奖励，对优秀案例进行发表。（4）反馈制度：通过对已使用案例的反馈，可以促使案例库中的案例进行更新和优化。对使用效果好的案例予以保留，对没有使用价值的案例及时予以剔除。

3. 案例内容

案例内容应当包括背景介绍，说明发生的原因或条件，对案例进行多角度的解读和评析，能够引发深层次的思索。

（三）以建立法律思维教学师资为保障

以培养国家知识产权局内部师资为主，充分发挥国家知识产权局公职律师和各部门法律联络员，以及具备法律专业学历学位的审查员的积极作用。选拔既具有扎实法律基础又有审查实践经验的人员作为教研和授课师资，通过理论培训和实务锻炼等多种渠道培养一支高水平的师资队伍。

以聘请外部专家为辅。加强与法学院、法院、律所、专利代理机构等相关单位的交流与合作，建立联合培养机制，聘请具有高水平的理论和实践经验的专家担任教师，拓展学员法律知识结构。

（四）完善审查质量监督体系

国家知识产权局目前的质量监督体系主要是局部处三级质检体系，主要针对所选案件中存在的具体问题进行分析评价，并形成指导性意见。但是，国家知识产权局质量评价体系中并不存在对审查员法律思维能力的评价。在本报告第一部分[1]，我们根据质评报告中的客观结论进行了归纳整理，从法律思维的四个原则分析其产生原因，同样，国家知识产权局质检体系也可以纳入相应的分析评价方法，通过对审查员案件的质检，对审查员法律思维能力进行相应的评价，从而指导审查员学习和前进的方向。

本报告从法律适用、证据认定、审查程序以及说理论证等四个维度分别设定评价指标，反映审查员在审查中运用法律思维的水平，用于评价审查过程、教学中法律思维运用的能力。一方面，通过对审查通知书的分析，来反映审查员审查过程中运用法律思维的能力；另一方面，通过在教学中对学员分析案例的能力进行评估，检测教学效果。

一是法律适用与评价标准。在具体审查中，往往会出现法条竞合的情况，法律原则、规则的适用需要符合相应的原则。在进行审查时应当尽量符合专利法的立法宗旨，防止法条不恰当的使用。其评价标准可分为三档：第一档，法条使用有理有据，充分体现立法宗旨，思路清晰，事实陈述客观公正；第二档，法条使用合理，没有主观意见陈述，技术方案理解正确；第三档，未从整体上客观认定事实，法律适用存在严重偏差，论述不充分，条款适用机械化。

二是事实认定与评价标准。在审查过程中的事实认定分为两个部分，一方面是对本申请记载的技术方案的事实认定，另一方面是对比文件的选择与事实认定。在进行审查时，首先应当正确理解技术方案，其次应当充分检索，在了解申请技术方案的技术背景条件下，选择合适的对比文件进行客观陈述。其评价标准可分为三档：第一档，申请技术方案理解充分，对比文件选择恰当，证据使用合理，评述客观公正；第二档，申请技术方案理解正确，对比文件选择到位，评述有据，分析有理；第三档，申请技术方案理解错误，对比文件选择不当或漏检，评述不充分。

三是程序正当与评价标准。程序正义是结论合法的有力保障，在审查过程中应当遵守法律所规定的程序原则。其评价标准可分为

[1] 限于篇幅，本文未收入——编辑注。

三档：第一档，结案时机合理，并无“无效”通知书，对驳回决定所依据的事实和理由进行了详细评述；第二档，结案时机正当，对驳回决定所依据的事实和理由进行了评述；第三档，结案时机不当，有多次“无效”通知书，未对驳回决定所依据的事实和理由进行详细评述。

四是说理逻辑与评价标准。通知书的说理是审查员思维过程的外在表现，对专利申请的审查不仅仅要获得结论，还应当为法律责任提供充分的法律论证与理由，并通过论述来支持所获得的结论。其评价标准可分为三档：第一档，说理充分，逻辑清楚，论证具有说服力，结构合理；第二档，根据事实评述，有说理，符合论证的形式逻辑；第三档，说理不充分，论证片面、僵化、教条，未根据事实进行论述。

四、小　　结

法律思维的养成途径，包括通过学习培训构建法律思维和通过审查实践养成法律思维习惯。通过培训来完成思维构建主要包括牢固树立法治观念、奠定良好法律知识的基础以及加强法律技能的训练；通过实践养成法律思维习惯则更加侧重在审查实务中磨炼技能，通过完善的制度保障规范的行为模式，从而养成正确的思维习惯，通过案例和判例集固化审查经验，对审查行为给予正向引导，通过完善质量评价体系对审查员的法律思维进行评定，发现问题，及时改进。

对于新审查员而言，建议在集中培训阶段通过课堂的知识灌输，以及案例或小组讨论等实践教学模式，加强对知识的理解以及初步形成法律思维。在这一阶段以法律思维理念的形成为重点，具体考察知识点的掌握。对于在岗审查员而言，首先要遵循审查实务的具体规则；其次对于知识的获取主要采用自学的方式，通过质量评价查缺补漏，而对运用能力的培养，则主要由部门、处室组织实际案例的交流与宣讲，或是对案例或判例集进行学习与查询；最后在培训模式上，则更多采用比较灵活多样的形式进行，如辩论、模拟法庭或诊所式教学等。

下　篇

专利分析与预警类调查研究报告

面向信息安全的高性能处理器关键技术专利分析* **

李永红　陈　燕　孙全亮　马　克　田　冰　骆素芳
邓　鹏　王海涛　王宇锋　顾雯雯　曲凤丽　章　放
饶　俊　唐文森　吴　荻　王　强　彭齐治

近年来，受到“棱镜门”“Windows 黑屏”等重大事件的影响，信息安全已经成为全球各国瞩目的焦点。诸多的安全事件也表明，互联网基础设施及计算设备存在后门，掌握信息技术的国家能够轻松通过后门窃取他国信息。解决信息安全问题的关键在于核心部件实现自主可控。高性能处理器（以下简称 CPU）作为核心部件，其产业化过程中的知识产权问题始终困扰着我国信息产业的发展。

一、知识产权在 CPU 产业中的作用

1. 技术许可已成为 CPU 产业的主流商业模式

全球逾 600 亿美元的 CPU 芯片市场中，约 270 亿美元市场是基于“IP 核”技术许可模式，对应 94 亿颗 CPU 芯片。技术许可已覆盖 CPU 产业 45％的市场份额，以及超过 78％的 CPU 芯片销

---

* 本文获第九届全国知识产权（专利）优秀调查研究报告暨优秀软科学研究成果评选一等奖。

** 本文节选自 2014 年度国家知识产权局专利分析和预警项目——“面向信息安全的高性能处理器关键技术专利分析和预警”研究报告。(1) 项目课题组成员：李永红（负责人）、陈燕（负责人）、骆素芳（组长）、孙全亮（组长）、邓鹏（副组长）、马克（副组长）、田冰（副组长）、王宇锋、顾雯雯、王海涛、曲凤丽、章放、饶俊、唐文森、吴荻、王强、彭齐治。(2) 政策研究指导：孟海燕。(3) 研究组织与质量控制：李永红、陈燕、骆素芳、孙全亮。(4) 项目主要统稿人：李永红、陈燕、孙全亮、马克、骆素芳、田冰。(5) 审稿人：李永红、陈燕。(6) 课题组秘书：邓鹏。(7) 本节选报告执笔人：田冰、邓鹏。

售量。

在CPU产业四大主流架构中，ARM与MIPS均是基于技术授权的商业模式（见图1），IBM主导的Power架构逐步转向这一模式，2014年Intel也通过许可的方式将X86 CPU内核授权给清华紫光。

通过技术许可，实现年度技术使用费收入约5.3亿美元，占基于许可模式的CPU芯片270亿美元市场规模的2%。CPU芯片技术许可使用费约为每颗芯片0.05美元。同集成电路设计所付出的研发成本相比，0.05美元是非常低廉的价格。

技术许可模式已经超越传统的产品销售模式，成为CPU产业中的主流商业模式，并得到CPU产业内的广泛认可。基于传统产品销售模式的CPU企业也在逐步转向技术许可模式。

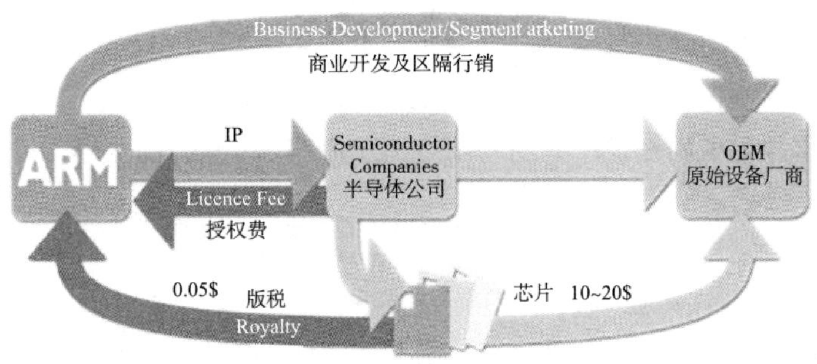

图1 ARM公司“IP核”授权商业模式

2. 知识产权是支撑CPU技术许可商业模式的核心要素

CPU产业中的许可主要分为内核许可和架构许可。在内核许可中，CPU技术许可的直接对象是CPU内核，而其间接对象则是CPU内核中承载的专利、商标、版权等知识产权。专利保护CPU的指令功能、电路部件、外围接口，操作系统中的技术方案；编程接口以及操作系统等软件；集成电路布图设计保护CPU芯片的电路设计版图；商标保护在CPU企业或CPU架构在产业链生态中积累的商誉。

在架构许可中，架构许可的间接对象来源于指令集所蕴含的知识产权。主要包括指令集相应的专利、指令集手册著作权以及指令集架构所积累的商誉。

为支持技术许可，提供许可的各CPU架构主导企业均拥有大量专利，这些专利的使用权成为技术许可的重要内容（见表1)。在CPU产业早期的许可中，专利是许可的主要对象。而随着商业模式的转变，CPU内核或架构是当前CPU产业需要的主要对象。知识产权就成为许可方约束被许可方的重要手段。正是得益于知识产权制度，才支撑起CPU技术商业模式。

表1　主流CPU架构许可实例表

年份	地点	被许可方	许可方	涉及产品	许可类型
1982	美国	AMD	Intel	X86 CPU	专利许可
2003	中国台湾地区/美国	VIA/Intel	VIA/lntel	X86 CPU	专利许可
2005	中国	北大众志	AMD	X86 CPU	技术转让
2007～2008	美国	htel	Transmeta	x86 CPU	专利许可
2009	美国	Nvidia	Intel	CPU以外技术	专利许可
2013	中国	上海兆芯	威盛	X86 CPU	技术转让
2014	中国	清华紫光	Intel	XS6 CPU	内核许可
2010	中国	苏州国芯	IBM	Power PC CPU	架构许可
2014	中国	中晟宏芯	lBM	Power 8 CPU	架构许可
2009	中国	龙芯	MIPS	CPU	架构许可
2011	中国	君正	MIPS	CPU	架构许可
2006	美国	高通	ARM	手机SoC	架构许可
2009	美国	苹果	ARM	手机SoC	架构许可
2013	中国	联发科	ARM	手机SoC	内核许可
2013	中国	威盛	ARM	芯片组	内核许可
2013	中国	华为	ARM	手机SoC	架构许可
2014	美国	AMD	ARM	双指令集CPU	架构许可

3. 专利是CPU行业竞争的重要手段

分析表明，X86架构中，主导企业Intel通过专利限制竞争对手进入X86架构CPU市场，并将自身的市场份额保持在80%。历史上威盛、Transmeta、NVidia先后尝试研发X86架构CPU芯片与芯片组。Intel通过专利诉讼将后两者彻底挤出，而威盛只剩下不到0.3%的市场份额。目前全球仅有3家X86架构CPU供应商，其中的AMD与威盛都是受益于美国联邦贸易委员会的反垄断调查，才保留了X86架构CPU市场的准入权。

通过向ARM转让专利，MIPS公司相当于向ARM阵营的所有企业收取了相当于ARM内核CPU使用费4%的专利许可费。MIPS架构的主导企业也曾利用专利诉讼将Lexra等公司挤出市场，并威胁其他试图自主设计MIPS架构CPU芯片的公司。按4%专利许可费率以及当前的MIPS架构CPU市场规模计算，Imagination所保留的MIPS核心专利在2015年的价值约为1520万美元。

ARM架构的主导企业通过消除其客户所面临的知识产权风险方式来保持自身的市场地位。

4. 标准组织降低了专利使用费，促进了技术传播

在CPU接口技术上已成立多家全球化的标准组织。这些标准组织都规定遵循FRAND（公平合理无歧视）原则要求标准组织成员之间彼此提供专利许可，从而大幅降低了组织成员在接口技术上的专利使用成本。

CPU领域内的专利许可费率约为销售价格的4%，而在FRAND规制下，接口标准必要专利的许可费率约为0.02%。标准组织的FRAND规则在一定程度上缓解了接口标准必要专利造成的垄断，使缺乏专利积累的后加入CPU产业的企业能够以较低成本获得通用技术，促进了产业发展。

二、CPU产业总体专利态势分析结论

1. 移动互联网产业的兴起成为CPU芯片产业创新活动的新方向

CPU芯片是信息技术产业的核心部件，全球市场规模超过

3 600亿元，约占整个集成电路产品的20%。我国信息产业中对CPU芯片的需求还主要依赖进口来满足，既制约我国信息技术产业总体发展，又对网络信息安全造成巨大的隐患。

影响我国自主CPU芯片发展的根源在于国外竞争对手对CPU芯片技术专利的控制。研究表明，全球CPU芯片技术专利总量已超过35万件，而在中国布局的专利申请总量超过1.6万件。中国专利申请中，国外企业原创的申请占总量的57%（见表2）。

表2　CPU技术全球专利申请概况

<table>
<tr><td rowspan="6">全球范围专利情况</td><td rowspan="2">发展态势</td><td colspan="4">总申请量：353 856件，峰值2004年14 049件</td></tr>
<tr><td colspan="4">20世纪80～90年代，日本引领了一波全球CPU专利快速增长，由于“五代机”项目失败，并未对产业产生影响。
90年代后期美国企业主导了新一轮CPU专利申请的增长，于2004年到达顶峰，随后平稳下滑。
2010年起受到智能移动终端市场兴起的影响，出现新一轮增长</td></tr>
<tr><td>主要国家/地区专利申请（近五年占比）</td><td>日本118 584
（3.5%）</td><td>美国114 508
（13.2%）</td><td>中国16 166
（35.3%）</td><td>欧洲18 272
（9.5%）</td></tr>
<tr><td>主要专利申请人（近五年占比）</td><td colspan="4">Intel：17 031（16.8%）、IBM：12 084（15.8%）、高通：1 560（28.5%）、飞思卡尔：1 519（10.7%）、ARM：2 761（32.6%）、AMD：1 226（32.8%）</td></tr>
<tr><td>主要技术领域（近五年占比）</td><td>X86架构
21 238
（20%）</td><td>ARM架构
7 948
（49%）</td><td>MIPS架构
762
（49%）</td><td>Power架构
19 788
（21%）</td></tr>
</table>

2010年之后，CPU技术专利申请量出现新一轮上涨（见图2）。与之相伴的是移动互联网的发展给移动终端CPU带来新的市场与市场需求。

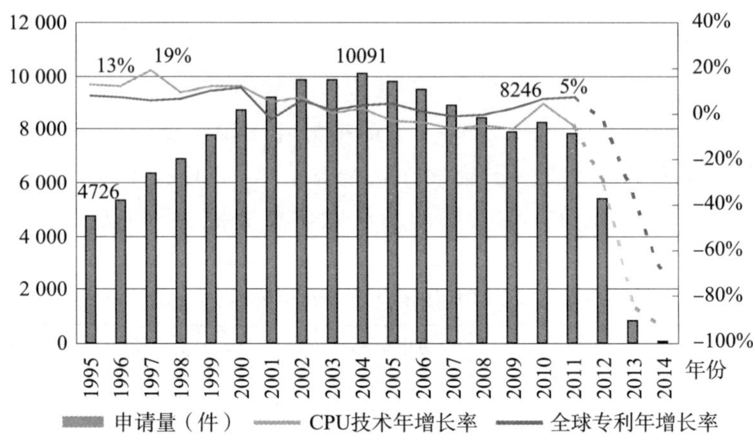

图 2　CPU 技术全球专利年度申请量与增长率

2. CPU 技术研发活动已开始向中国转移

CPU 技术在 2002 年以前的增长率要高出全球总体专利增长，在这个阶段 CPU 技术属于热点研发领域。而在 2002 年以后，CPU 技术专利申请的年增长率已经开始低于年度总体其他技术的专利增

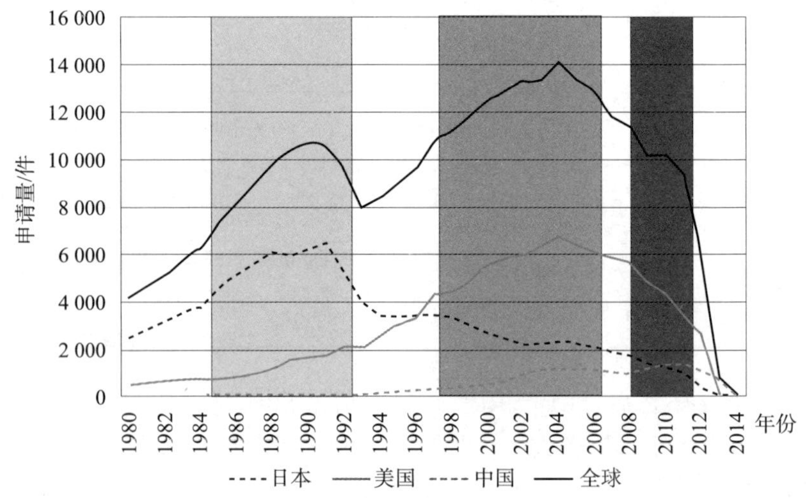

图 3　主要专利申请国历年申请量对比

长（见图3）。类似地，CPU技术中国专利申请的年增长率在2003年后增长率也出现回落。可见，全球对CPU技术的研发关注度已经逐步降低。在此情况下，CPU技术研发将难以吸引社会资本进入，我国要发展CPU技术需要国家层面提供充足的政策与资金投入。

由于国内企业以及产业政策对CPU技术的持续关注，2009年，中国CPU技术的专利申请中，来自国内申请人的专利申请量已经超过国外申请人，表明CPU技术研发活动已开始向中国转移（见图4）。

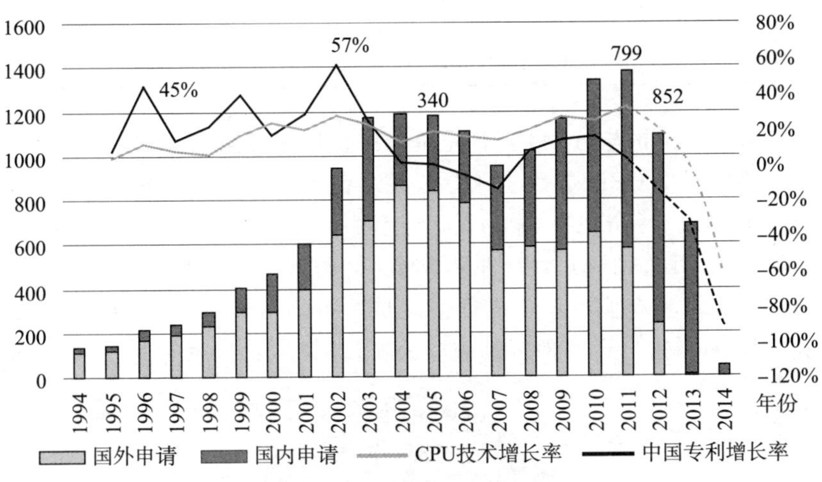

图4 CPU技术中国专利年度申请量与增长率

3. 美欧CPU芯片企业借助专利优势垄断全球市场发展

数据显示，CPU芯片专利申请量排名靠前的企业中，美国企业占主导地位。在研发活跃度方面，老牌CPU企业如Intel、IBM等近五年申请量占比在17%左右，而新兴的CPU企业如苹果、高通等达到30%甚至40%（见表3）。这些研发活跃的企业均属于ARM架构阵营，表明ARM架构CPU研发正成为行业热点。

表 3　CPU 技术主要竞争对手专利布局与活跃度

申请人	数量（件）	主要布局国家	近五年占比
Intel	17 031	US [6 548]；CN [1 974]；WO [1 853]；EP [1 045]	17%
IBM	12 084	US [7 967]；EP [1 535]；JP [1 304]；CN [1 090]	16%
ARM	2 761	US [1 039]；GB [396]；JP [374]；CN [213]	33%
威盛	2 531	US [1 077]；TW [613]；CN [539]；EP [144]	16%
高通	1 560	US [282]；WO [231]；JP [229]；CN [203]	29%
AMD	1 226	US [410]；WO [157]；JP [124]；EP [125]	27%
博通	1 161	US [573]；EP [168]；WO [30]；CN [33]	13%
苹果	714	US [350]；WO [84]；EP [44]；JP [31]	42%
MIPS	553	US [256]；WO [67]；EP [43]；CN [32]	10%

4. X86 架构与 ARM 架构是近年来全球研发重点

X86 架构 CPU 芯片全球专利大约有 2.1 万件（见图 5、图 6），源自美国的专利最多，占 94%，专利申请量排名前列的多是美国企业，如 Intel 公司（1.7 万件）、AMD 公司（1 225 件）等，表明美国在该领域具有无可争议的霸主地位。中国 X86 架构 CPU 芯片专利申请 94%来自台湾地区的威盛公司。

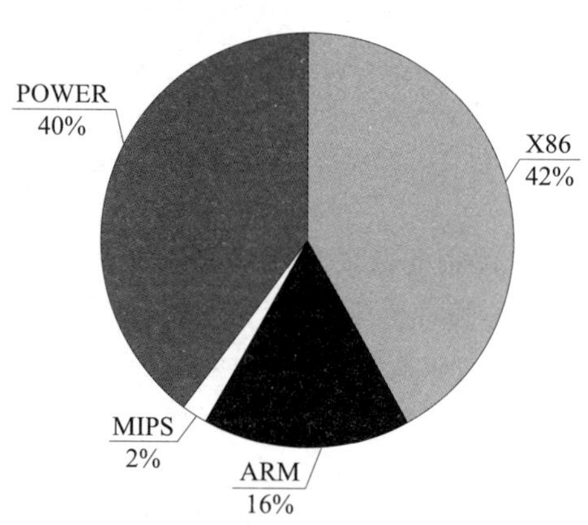

图 5　四大主流 CPU 架构专利申请量比重

ARM 架构 CPU 芯片专利布局中，ARM 公司与高通公司两强相争。ARM公司是ARM架构CPU技术的原创与主导企业，拥有专利2 761件，而高通公司正强势赶上，已在全球范围布局专利1 560件。来自中国的申请人的专利数量相对较少，且主要集中在外围专利。

MIPS架构CPU芯片全球专利中，MIPS公司的申请活跃度已经不及我国龙芯公司。龙芯公司近5年在该领域申请专利70件，远超MIPS公司的21件。

Power处理器架构下CPU芯片全球专利大约有19 788件，IBM在Power架构的研发上牢牢占据主导地位，拥有该领域专利12 084件，占全球总量的76.3%。我国企业的申请量还非常少(21件)，处于起步阶段。

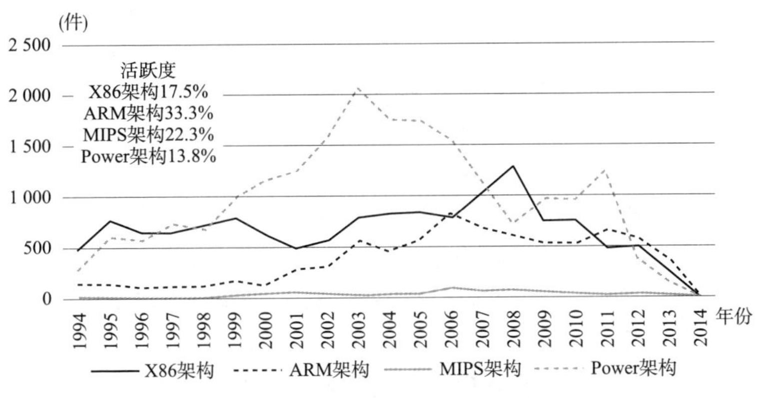

图6　四大架构历年专利申请趋势

5. 国外指令系统专利布局严密、产业控制力强

截至2014年7月，全球CPU芯片指令系统专利申请量已达25 055件。在国家知识产权局受理的1 375件专利中，国外在华专利申请892件（占65%），国内专利申请483件（占35%）。国外在华申请主要来自美国（78%）、日本（11%）和英国（6%），核心专利也主要掌握在Intel（122件）、IBM（94件）、高通（85件）、ARM（52件）和MIPS（14件）等国外大公司手中。

Intel公司凭借893件全球专利申请以及308件在华专利申请，

成为在指令系统技术上全球和中国专利布局最多的申请人，自1995年起Intel公司已经依次完成对MMX（多媒体扩展指令集）、SSE（数据流单指令序列扩展指令集）和AVX（高级矢量扩展指令集）等核心指令集的专利布局，有效地构筑了指令系统事实标准的地位。

而ARM公司和MIPS公司则凭借“IP核”授权和知识产权保护相结合的商业模式，通过对指令系统关键核心技术的专利布局，有效地维护了其指令架构授权的发展模式，从而占据以智能手机为代表的嵌入式芯片产业的绝大部分市场份额。在跨国公司严密的专利保护网下，我国每年不得不为获得国外厂商的指令系统授权，而付出大量许可费用。

6. 中国CPU研发正在加紧追赶

我国的CPU技术专利申请已公开16 166件，其中源自国外的有8 839件。虽然在总量上源自国内的CPU技术专利还少于国外，但2005年起源自国内的CPU技术专利年增长率已超过国外申请，至2009年，源自国内的CPU技术专利年申请量593件，已超过源自国外的申请量570件（见表4）。

而美国的CPU技术专利申请在2005年后已呈现明显的下降趋势，欧洲、日本、韩国等国家和地区的申请量也未见增长，仅有源自中国的CPU技术专利近年来保持增长，意味着中国CPU研发正在加紧追赶行业领先者。

表4　CPU技术中国专利申请概况

<table>
<tr><td rowspan="2">发展态势
及申请量</td><td colspan="4">中国16 166件，峰值2011年1 375件</td></tr>
<tr><td colspan="4">1999年起中国CPU技术专利申请开始快速增长，并在2003年左右达到一个高峰；2007年申请量稍有回落后，随后出现新一轮增长，在2011年达到最高值1 375件</td></tr>
<tr><td></td><td>国外来华申请</td><td>8839件</td><td>国内申请</td><td>6940件</td></tr>
<tr><td>区域占比</td><td colspan="2">美国66%，日本17%，
欧洲4.5%，韩国3.8%</td><td colspan="2">台湾30%，北京29%，
上海13.5%，广东9%</td></tr>
<tr><td rowspan="2">主要技术领域
（活跃度）</td><td>X86架构</td><td>ARM架构</td><td>MIPS架构</td><td>POWER架构</td></tr>
<tr><td>2 674（20%）</td><td>808（49%）</td><td>210（49%）</td><td>1 329（21%）</td></tr>
</table>

续表

主要申请人（近 5 年）	Intel 1974 件（23%）	威盛 610 件（3.5%）
	IBM 571 件（15.2%）	华为 214 件（70%）
	ARM 213 件（50%）	龙芯 174 件（42%）
	高通 203 件（22%）	北大众志 36 件（80%）
	AMD 113 件（29%）	苏州国芯 21 件（43%）
	MIPS 32 件（25%）	国防科大 126 件（62%）

7. 我国 CPU 研发呈现百花齐放局面

对比四种主流 CPU 架构在华的专利申请，X86 架构下的原创申请占到 57%，明显高于其他架构，POWER 架构和 ARM 架构分别占 28%和 14%，MIPS 架构仅占 1%。不同于国外申请人在华申请，国内申请人中，X86，POWER，ARM 以及 MIPS 的占比较为接近，X86 架构的 32%的占比，与 ARM 架构的 27%，MIPS 架构 25%以及 Power 架构 16%的占比悬殊不大。在绝对数量上，在四种主流 CPU 架构上国内原创的专利申请量规模均在 100～200 件，在 ARM 与 MIPS 上，国内企业的专利活跃度已超过 40%，表明在重大专项等支持下，我国已经积累了一批主流 CPU 技术专利，拥有了一定的 CPU 研发力量（见图 7）。

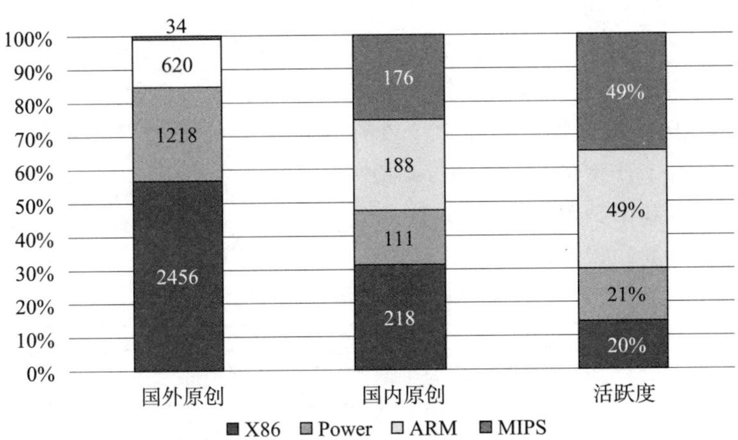

图 7　主流 CPU 架构中国专利申请量与活跃度对比

三、我国发展 CPU 产业面临的专利问题

1. Intel 公司主导了 X86 架构的事实标准

Intel 公司掌握着 X86 架构发展的主导权，依靠 X86 指令积累的丰富软件生态资源成为 X86 架构的事实标准以及对产业的控制，并且通过严密而有持续性的专利布局，尤其是对 X86 指令集的强大专利保护，完成了对 X86 架构事实标准的控制（见图 8）。

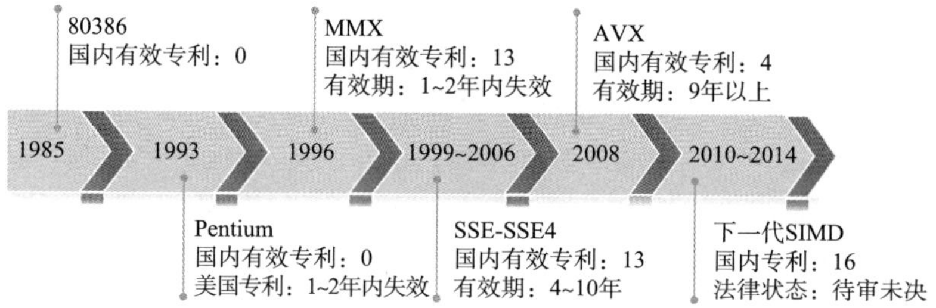

图 8　Intel 指令技术发展路线及其在华专利布局情况

研究发现，针对每次技术升级和指令集扩展，Intel 公司都会提前 1～2 年进行专利组合的设置和部署，此外，还对已有专利通过分案或改变撰写形式的方式进行重新申请，以试图扩大保护范围和延展保护时间。

因此，X86 阵营中其他企业若直接使用 X86 指令集，特别是其新推出的 SSE1 - 4 等 X86 指令集扩展，几乎必然会侵犯 Intel 公司部署的指令集专利。针对这些核心专利，Intel 公司已在世界主要国家进行了严密的专利部署，其中我国就至少有 308 件 Intel 公司的指令专利申请（见表 5）。这一点是我国发展 X86 架构处理器必须要直面的知识产权风险。

表 5　X86 指令集专利布局情况

技术引入时间	指令集扩展名称	国内有效专利量	剩余有效期
1978～1985	8086 - 80386	0	已失效
1989～1993	80486 - Pentium	0	绝大多数已失效 少数美国专利 1～2 年

续表

技术引入时间	指令集扩展名称	国内有效专利量	剩余有效期
1996	MMX	16	中国专利1～2年 美国专利1～5年
1999～2006	SSE	17	4～10年
2008	AVX	4	9年以上
2010～至今	下一代SIMD指令	14	处于专利审批环节

2. 我国X86架构的专利缺乏交叉许可谈判的筹码

我国在X86架构方面的专利储备严重不足，目前有效的专利只有513件，且专利质量不高，技术点分散，无法形成合力。与国外跨国公司动辄上千件甚至上万件的专利积累差距明显。因此，在发展X86架构方面，我国和国外存在专利储备严重不对称的问题，极大地限制了我国在发展X86架构方面与国外技术拥有者的谈判筹码。

3. 我国企业拥有MIPS架构CPU授权

我国的龙芯、君正先后获得MIPS架构授权，自主研发了支持MIPS指令的CPU，可以自主使用并修改MIPS指令集，有再许可MIPS架构CPU芯片技术的权利。而且MIPS基础指令在中国目前不存在有效专利，使用MIPS架构的企业所面临的风险并不会来自MIPS及其所持有的公司，相反，这些公司反而会为采用MIPS架构的许可人创造良好的知识产权环境，以利于MIPS产业生态的发展。

4. 我国ARM阵营企业需关注许可期限及内容

我国的华为海思公司已于2013年获得ARM的架构许可，国防科大也获得了ARM的架构许可。这些研究机构均可合法对ARM架构CPU进行自主改进。但是如果这些架构许可并不是永久许可，则上述单位要面临到期后与ARM公司再进行谈判的风险。这在一定程度上会绑架在ARM架构上已经发展壮大的国内企业。尤其是像华为海思未来如果仿照高通公司模式，试图摆脱ARM产业生态系统控制，通过核心专利的布局，进行自主生态体系建立时，将会面临 ARM 公司后续架构许可谈判的威胁。

已经发生的诉讼案例表明，NPE 公司所拥有的接口标准以及 CPU 技术专利对 ARM 阵营的 CPU 构成威胁值得加以关注。

5. 我国 POWER 阵营企业可借助 IBM 来应对第三方专利挑战

我国中晟宏芯已获得 POWER8 CPU 以及尚未完成设计的 POWER9 CPU 的许可，许可的期限没有限制，基于 CPU 产品的服务器的销售范围也没有限制，并有权改进现有设计以及获得知识产权。

但是在生产能力方面，我国发展 Power 架构 CPU 或依然受到限制。IBM 已将其芯片业务出售给格罗方德（GLOBALFOUNDRIES），并约定未来 10 年内格罗方德是 IBM 的 22 纳米、14 纳米以及 10 纳米服务器 CPU 的独家供应商。如若我国 CPU 芯片制造商不能获得 22 纳米以下的 Power 架构 CPU 的制造权，我国企业设计制造的 Power 架构 CPU 或将只能在格罗方德制造，而没有其他可选择的供应商。

6. 我国 CPU 企业在专利创造环节普遍存在质量与规划问题

存在的质量与规划问题包括：（1）专利量质不高，缺乏统筹设计；（2）专利侧重防御，缺乏牵制思维；（3）专利技巧单一，缺乏核心维护；（4）专利举证困难，缺乏应用价值。

7. 我国企业的专利运用相对较封闭，缺少国际化经验

这方面问题主要表现在：（1）核心专利收储意识不强；（2）专利运营管理经验欠缺。

工业机器人关键技术专利分析* **

郭　雯　陈　燕　朱　宁　孙全亮　崔尚科　陈　蓬　彭齐治
李　岩　马　克　卜冬泉　张　宇　郑　明　张　青　丰　茂
周万琳　何　麟　李　麟　纪海燕　万　莎

工业机器人是第三次工业革命的重要代表产业，美国将其视为“再工业化”制造业回归的重要机会，德国则将其作为“工业 4.0”和“智能工厂”计划的重要载体，日本将工业机器人产业视为重振制造业的重要契机。

在此背景下，国务院和各部委陆续出台战略规划和支持政策，加大力度发展战略性新型产业，提高我国经济核心竞争力。特别是，2014 年 6 月习近平主席在两院院士讲话中特别指出：要提高机器人的技术和制造能力，尽可能多占领市场。

中国作为制造业大国，未来随着人力成本和人口老龄化不断加剧，对工业机器人的需求将呈现快速上升的趋势，工业自动化的转型与升级也是中国发展的必然之路，而技术革新和创新发展是工业机器人产业实现转型的关键，有效实施专利战略，将有效促进我国

---

* 本文获第九届全国知识产权（专利）优秀调查研究报告暨优秀软科学研究成果评选二等奖。

** 本文节选自 2014 年度国家知识产权局专利分析和预警项目——“工业机器人关键技术专利分析和预警”研究报告。(1) 项目课题组成员：郭雯（负责人）、陈燕（负责人）、朱宁（组长）、孙全亮（组长）、崔尚科（副组长）、李岩（副组长）、陈蓬、郑明、张青、丰茂、卜冬泉、何麟、周万琳、张宇、李麟、纪海燕、万莎、彭齐治、马克。(2) 项目研究报告主要撰稿人：崔尚科、陈蓬、郑明、周万琳、张青、丰茂、卜冬泉、何麟、张宇、李麟、纪海燕、万莎、李岩、彭齐治、马克。(3) 政策研究指导：邓英俊。(4) 研究组织与质量控制：郭雯、陈燕、朱宁、孙全亮。(5) 项目主要统稿人：崔尚科、彭齐治、陈蓬、周万琳、李岩。(6) 审稿人：郭雯、陈燕。(7) 课题组秘书：彭齐治。(8) 本节选报告执笔人：崔尚科、彭齐治、马克、卜冬泉。

工业机器人产业完成跨越式发展。

一、工业机器人领域专利总体态势

（一）中国市场和专利增速高于全球

数据统计显示，全球范围内涉及工业机器人技术的专利申请共121 531件，其中在美、欧、中、日、韩五大专利局受理的专利申请合计109 721项，占总量的90%。其中，中国国家知识产权局（SIPO）受理的工业机器人技术直接或间接相关的专利申请量共有23 938件。其中国内专利申请18 815件，占全部申请总量的78.6%，国外来华专利申请5 123件，占全部申请总量的21.4%。在中国专利申请中，发明专利申请为11 700件，占专利申请总数的49%；国内申请人申请的发明专利有9 384件，占发明专利总量的80%。

表1 全球及中国工业机器人技术领域专利基本状况

<table>
<tr><td colspan="2" rowspan="2">全球（件）
（同族121 531件）</td><td>中国（23 938件）</td><td rowspan="2">国外来华（5 123件）</td></tr>
<tr><td>国内（18 815件）</td></tr>
<tr><td>时间范围</td><td>1954.1.1～2014.7.31</td><td colspan="2">1985.1.1～2014.7.31</td></tr>
<tr><td>发展趋势</td><td>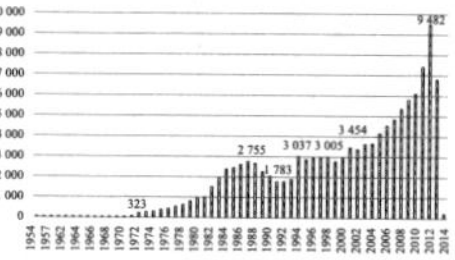</td><td colspan="2">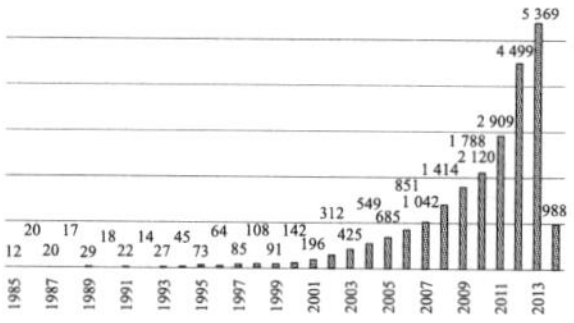</td></tr>
<tr><td>发展趋势</td><td>1954～1971年起步期；1972～1987年技术准备期；1988～1994年低迷期；1994年至今加速增长期，2012年达到峰值9 482件</td><td colspan="2">1985～2000年稳步发展期；2000年之后呈现快速增长趋势，2013年达到峰值5369件</td></tr>
</table>

续表

全球（件）（同族121 531件）		中国（23 938件）国内（18 815件）	国外来华（5 123件）
区域分布	日本：38 044件（30%） 中国：21 571件（18%） 美国：11 698件（10%） 苏联：9 928件（8%） 德国：9 726件（8%）	中国：18 815件（78.6%） 日本：3 371件（14.1%） 美国：386件（1.6%） 德国：348件（1.5%） 韩国：251件（1.0%） 瑞士：231件（1.0%） 瑞典：153件（0.6%）	
主要申请人	安川：5 823件（4.8%） 发那科：4 512件（3.7%） ABB：2 231件（1.8%） 三星：2 016件（1.7%） 日立：1 907件（1.6%）	上交大：299件（1.2%） 哈工大：265件（1.1%） 新松：126件（2.5%） 清华：244件（1.0%）	发那科：1 199件（5.0%） 安川：806件（3.4%） ABB：445件（1.9%）
主要技术领域	控制器：20 444件（16.8%） 电机：3 144件（2.6%） 减速器：1 560件（1.3%）	控制器：2 133件（8.9%） 电机：471件（2.0%） 减速器：246件（1.0%）	控制器：1 350件（5.6%） 电机：75件（0.3%） 减速器：210件（0.9%）

产业数据显示，2013年中国共购买了36 560台工业机器人，占全球销量总数的20%，使中国超越日本成为了工业机器人全球第一大市场。自2005年到2013年，中国工业机器人销量年平均复合增长率达25%，据预测在未来几年中这种趋势还将持续。

在巨大的市场预期作用下，可以预见以ABB（来华申请445件）、库卡（KUKA，来华申请114件）、发那科（FANUC，来华申请1 199件）和安川电机（Yaskawa，来华申请806件）等为代表的国外产业巨头势必会继续加大针对中国市场的产品和技术研发投入力度，从而带来持续的专利产出。

我国已经拥有了一定量的技术创新以及专利技术的储备，尤其是近几年，工业机器人领域的专利申请量实现了跨越式增长。中国国内企业也将不断加大专利申请力度。从目前中国专利申请的构成来看，国外来华申请的数量增速（27.5%）低于我国国内专利申请增速（37.9%）。这说明在国内技术快速发展的同时，国内申请人对专利的重视程度也在不断加强。但是在我国国内专利申请量的增长中，实用新型专利仍占较大比例（49.4%），这表明我国国内申请人拥有的专利权仍以实用新型为主，技术含量还有待进一步提升。

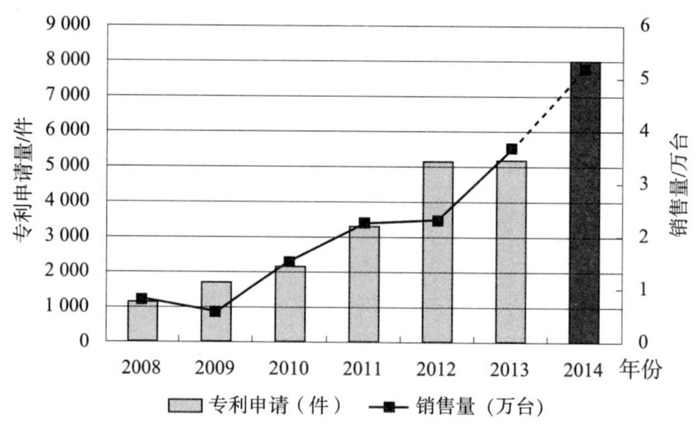

图 1　工业机器人中国销售量和专利申请量

图中 2013 年中国专利申请量是截至检索日已公开数据，实际专利申请量应大于图中所示 2013 年数量。图中 2014 年中国专利申请量和销售量是本文撰写时的预测数据。

（二）五大国家或地区引领专利创新

在工业机器人领域，专利申请量处于领先地位的国家/地区包括日本（38 044 件）、美国（11 698 件）、以德国（9 726 件）为代表的欧洲，以及韩国（8 028 件）等，见图 2。

数据显示，在国外来华申请相关专利的国家和地区中，日本（3 371件）遥遥当先，这与日本工业机器人巨头纷纷瞄准中国市场在中国建厂，以及日本在工业机器人领域先进的技术水平相匹配。其他来华进行专利布局的国家还有美国（386 件）、德国（348 件）、韩国（251 件）、瑞士（231 件）、瑞典（153 件）等。

国内工业机器人发展迅速，专利申请量靠前的五个省份依次为江苏（3 168 件）、北京（2 013 件）、浙江（1 827 件）、上海（1 721

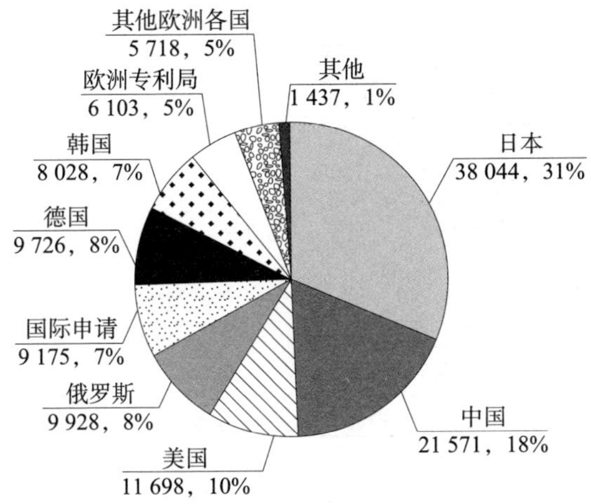

图 2　全球专利申请国家/地区分布（件）

件）和广东（1 234 件），与上海、常州、昆山、苏州、徐州、青岛等地大力建设工业机器人产业园区的情况相吻合，由此可见，目前我国地方政府设立工业机器人产业园的发展模式对相关技术的发展起到了良好的促进作用，但是各地的产业园如何实现差异化发展，避免重复投入和恶性竞争，是需要各地方政府关注的问题。

（三）四大跨国公司掌握关键专利技术

在工业机器人产业全球重要专利申请人中，日本企业占据了 11 席，这反映出目前日本在工业机器人领域具备雄厚的研发实力，在专利技术方面的竞争优势明显。全球相关专利申请量 Top15 的排名中，中国国内专利申请人无一上榜，这表明目前中国国内企业与国际巨头之间的技术实力差距明显，见图 3。

在国外来华专利申请方面，四大龙头企业中的三家，即发那科（1 199 件）、安川（806 件）、ABB（445 件）占据着中国排名的前三位，见表 2。

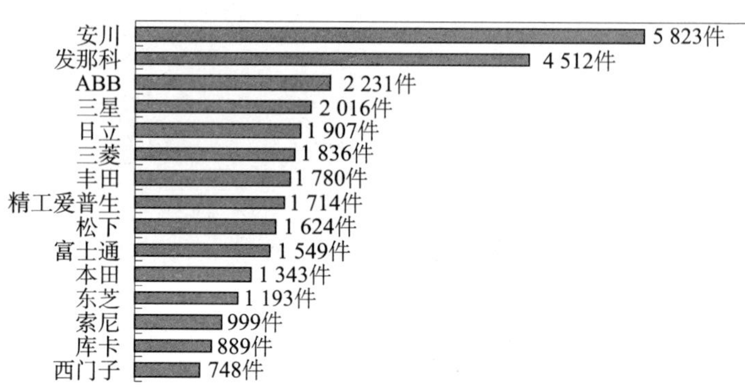

图3　工业机器人产业全球专利申请重要申请人对比

表2　工业机器人产业中国专利申请重要申请人对比

申请人名称	专利申请量（件）	2000～2009年平均申请量	2010～2012年平均申请量	活跃指数
发那科	1 199	92.4	87.7	0.95
安川	806	22.3	148	6.65
ABB	445	24.7	36.7	1.48
上海交通大学	299	18.2	19.7	1.08
哈尔滨工业大学	265	13.8	19	1.38
沈阳新松	259	9.56	81	8.48
清华大学	244	11.2	31.7	2.83
中科院沈阳自动化所	214	14.9	18.3	1.23
北京航空航天大学	198	9.1	21	2.31
浙江大学	189	6.75	27.7	4.1
东南大学	173	6.38	28	4.39
鸿富锦	173	13.8	30	2.17

虽然在工业机器人产业中国专利申请排名前十名中，中国国内申请人占据七个席位，但是这七位国内申请人的总量之和（1 668件）比排名前三的国外公司的专利申请总量（2 450件）还少46%。而且这些国内申请人基本上为国内大学院校和科研院所，企

业仅有新松公司（259 件）和鸿富锦（173 件）两家，而新松公司为中科院沈阳自动化所（214 件）控股，有着浓厚的中科院背景，这一方面说明了国内的工业机器人企业的技术研发实力还有待提高，而且在专利保护方面暂时比较薄弱；另一方面也可以看出我国在产学研结合上还具有巨大的发展潜力，如果可以挖掘出大量高校专利中蕴含的价值，将对中国工业机器人产业的发展产生重大推动作用。

（四）三大关键零部件成为创新焦点

通过对国内外工业机器人进行成本分析发现，三大关键零部件减速器、运动控制器和电机占工业机器人整体成本的 65%～75%，而包括关节、机械臂、末端执行器等在内的其他本体成本仅占25%～35%，由于相关关键零部件技术受制于国外企业，导致我国工业机器人本体制造企业的相关零部件采购成本远高于国外同行，见图 4。因此，目前我国工业机器人产业急需突破制约关键零部件发展的关键技术，尤其是减速器相关的技术。

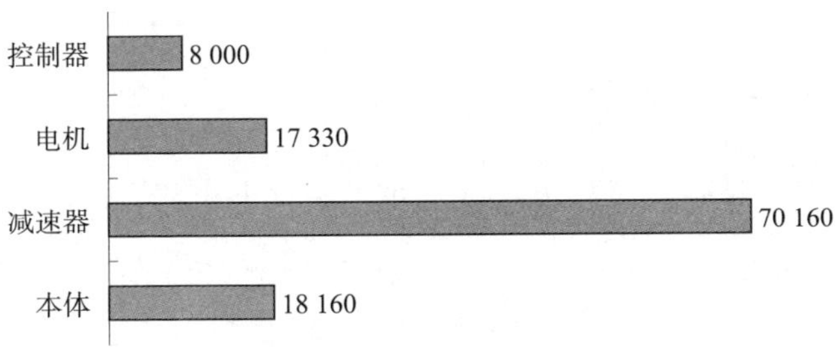

图 4　工业机器人零部件中外企业采购价格价差（元/台）

在上述三大关键零部件中，减速器的成本占比最高，而其专利申请量却最小，全球仅涉及 1 560 件，而日本企业具有垄断性优势，见图 5。

以三家国外来华龙头企业和三家国内龙头企业的关键零部件专利申请量进行对比，安川和 ABB 的技术优势在于电机（227 件，137 件）和控制器（175 件，78 件）两方面，库卡的技术优势在控制器（114 件）方面。国内申请人中新松公司在控制器（53 件）方

面、广州数控在电机（32 件）方面有一定专利积累，见图 6。

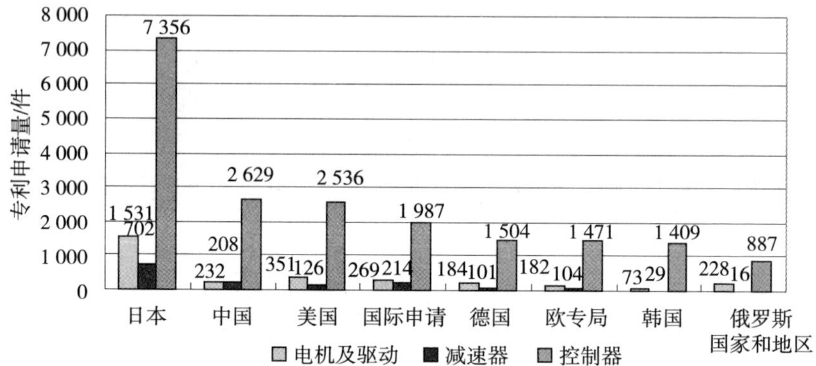

图 5　工业机器人三大核心零部件全球专利申请的国家和地区

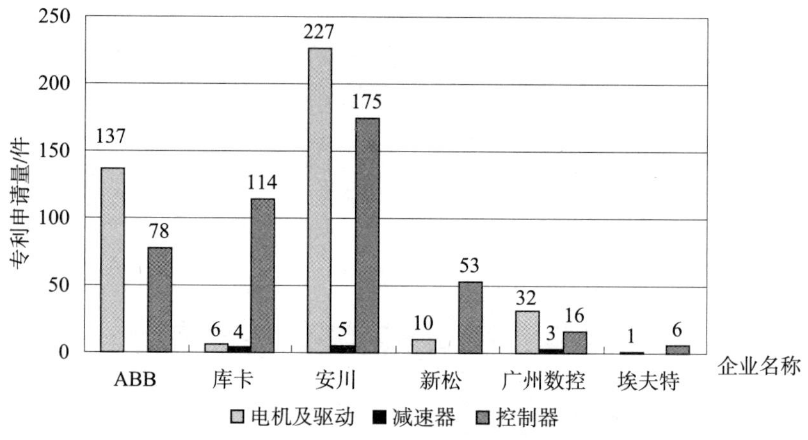

图 6　工业机器人三大核心零部件中国专利重要申请人

二、工业机器人关键技术专利态势

（一）减速器核心专利为日本垄断

在减速器领域全球专利申请量排名中，日本住友公司以 544 件排名第一，日本纳博公司（413 件）、谐波传动公司[1]（233 件）分列

[1] 谐波传动公司总部位于美国，但是其产品在日本、德国研发和制造。

第二位和第三位，遥遥领先其他公司，充分体现了全球三大机器人减速器公司在该领域的主导地位。

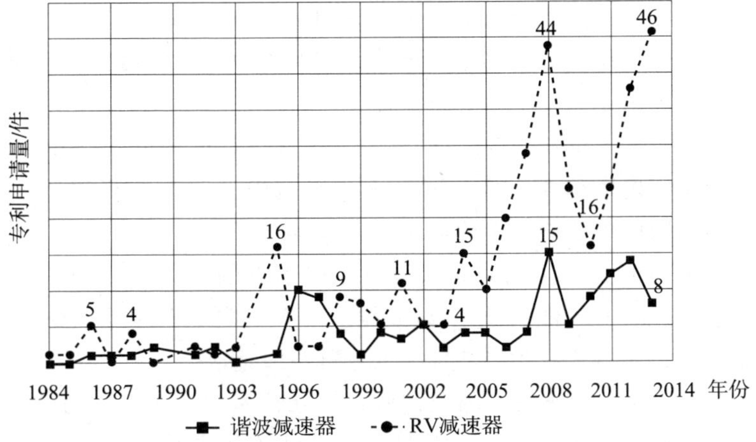

图 7　工业机器人减速器技术全球专利申请技术趋势

在工业机器人减速器领域，日本企业的整体实力较强，基本处于垄断格局。

20 世纪 80～90 年代以来，RV（Rot-Vector）减速器和谐波减速器逐步替代摆线针轮减速器成为精密减速器中最重要的两种减速器。

对于工业机器人减速器领域而言，谐波减速器的中国专利申请主要以国内申请为主（82 件 vs. 23 件），结合市场来看，国内谐波减速器技术已基本赶超国外主流技术水平。相对而言，目前在 RV 减速器技术上，国内专利申请则远落后于国外（37 件 vs. 74 件），仍然处于起步阶段，与国外尤其是日本企业的差距非常明显。从相关专利申请量的趋势来看，2002 年以后国内申请的增长速度明显高于国外来华申请。因此，虽然国内申请人起步较晚，但是目前表现出强劲的追赶势头。

（二）电机核心专利技术竞争激烈

至检索截止日，工业机器人电机的全球专利申请量累计达 3 144件，来自于日本的专利申请量最多（1 531 件），远超排名其后的欧洲（903 件）、美国（358 件）、中国（232 件），表明日本在工业机器人电机技术领域具有明显的专利技术优势。

工业机器人电机全球专利申请人的排名也表明，日本企业占据着主导地位，排名靠前的重要申请人来源为国际电气巨头、汽车整车或部件生产企业、机器人供应商。

工业机器人电机中国专利申请 546 件，其中国外来华申请 75 件，中国国内申请 471 件。国外来华申请中发明占比高达 95%以上，而在国内申请中，发明申请仅占 48%。

从国内申请的区域分布来看，排名前五的江苏（66 件）、北京（58 件）、上海（58 件）、浙江（31 件）、广东（24 件）主要是集中了产业优势、科研背景和经济实力的东部沿海地区。

从技术层面上来看，国产伺服系统在技术与性能上与国外品牌仍有较大的差距，并且产品质量与稳定性也不能同国外品牌相比，但国产伺服系统厂商为中小型制造加工企业提供了价格低廉的伺服产品与快捷迅速的售后服务，很好地满足了经济型企业用户的需求。

（三）控制器创新差距相对不显著

至检索截止日，工业机器人控制器的全球专利申请量累计达 20 437件，其中日本企业占有绝对优势，排名前五的企业为安川电机（762 件）、发那科（647 件）、本田（346 件）、三星（306 件）、丰田（305 件），除三星外全部为日本企业。

工业机器人控制器领域的中国专利申请共 3 483 件，其中国外来华申请 1 350 件，中国国内申请 2 133 件。但在国内申请中，有 882 件实用新型，仅有一件 PCT 申请，说明国内工业机器人控制器相关企业在海外专利布局力度很弱。从技术角度上来看，中国国内专利申请量虽然在数量上略占优势，但缺少核心专利，影响力较弱。

从国内专利申请区域分布来看，工业机器人专利申请排名前五位的地区为江苏（343 件）、广东（289 件）、北京（270 件）、上海（227 件）、浙江（151 件）。对国内的申请人排名进行分析可以得出，发那科（125 件）、安川电机（107 件）、精工爱普生（70 件）、松下电器（125 件）等日本企业排名前列，欧洲库卡（57 件）排名第五。国内排名靠前的专利申请人为上海交通大学（49 件）、中科院自动化所（45 件）、北京航空航天大学（35 件）、东南大学（33 件）等高校和研究所，这表明中国国内工业机器人控制器领域的先进技术多还处在基础研发阶段，还需要一定时间进行产业转化。

相对于工业机器人电机和减速器技术领域而言，控制器领域的国内企业与国外企业的差距相对较小，在控制系统的核心算法、软件控制系统等软件方面，国产工业机器人在控制器上总体问题不是很大。

三、工业机器人关键技术——RV 减速器专利深度解析

至检索截止日，在 WPI 数据库中检索到涉及 RV 减速器的专利申请为 346 件。日本的纳博公司（228 件）和住友公司（82 件）作为全球知名的 RV 减速器生产企业，目前已形成事实上的市场垄断，见表 3。

日本纳博公司是 RV 减速器技术的首倡者，且每年保持较高申请水平，在 RV 减速器技术上具有绝对优势；欧美虽然在摆线减速器的研究上先于日本，但在 RV 减速器的研究上相对迟缓且未形成气候，其工业机器人本体制造企业多以采购日本 RV 减速器产品为主，对 RV 减速器研制缺乏重视；中国虽然有发展 RV 减速器技术的规划和努力，但技术高度和专利权稳定度较之日本和欧洲申请还有一定差距。

表 3　RV 减速器全球主要申请人专利申请布局

申请量	名称	国家	占比	布局国家/地区专利申请量（件）	布局热点
228	纳博	日本	66%	JP［194］ CN［49］ US［40］ KR［29］ DE［13］	组装/工艺［160］ 核心部件［83］ 输入端［74］ 齿形/啮合［66］
82	住友	日本	24%	JP［76］ DE［33］ CN［31］ KR［24］ US［14］	组装/工艺［31］ 核心部件［17］ 轴承［14］ 齿形/啮合［10］

纳博公司重点在组装/工艺、核心部件、输入端、齿形/啮合、轴承以及输出端技术分支进行专利布局，尤其是在组装/工艺与核心部件这两个技术分支上，纳博公司分别有160件与83件专利申请，住友公司分别有31件与17件专利申请，这显示出核心部件与组装/工艺是RV减速器的核心技术和研发重点。除此之外，纳博公司还在输入端技术分支进行了重点布局，住友公司还在轴承技术分支进行了重点布局，这说明这两家公司在RV减速器领域已经具有各自的技术特色。

RV减速器领域的中国专利申请为144件，其中国外来华申请107件（74件发明和33件外观设计），中国国内申请37件（24件发明和13件实用新型）。值得注意的是，国外来华申请人在使用发明专利保护其产品技术方案的同时，还通过外观设计专利保护其产品外观，防范其产品外观被仿制和假冒，此举值得国内企业参考借鉴。

表4　RV减速器中国专利主要申请人的专利状态

国外来华申请	排名	公司名称	申请（件）	有效（件）	无效（件）	未决（件）	发明占比
	1	纳博	75	53	0	22	63%
	2	住友	32	12	4	16	84%
总计/平均			107	65	4	38	73.5%
国内申请	排名	公司名称	申请（件）	有效（件）	无效（件）	未决（件）	发明占比
	1	南通振康	7	6	0	1	57%
	2	山东帅克	4	2	0	2	50%
	3	江苏泰来	4	2	0	2	50%
	4	陕西秦川	4	1	0	3	100%
	5	浙江恒丰泰	4	3	0	1	75%
总计/平均			23	14	0	9	66.4%

整体来看，RV减速器领域国外来华申请已初步形成纳博公司一家独大、住友公司积极跟随的局面，目前国外来华专利申请在数量和质量上已经占据绝对优势，对国内企业进入该领域形成了一定的专利壁垒。

对于RV减速器领域中国国内专利申请人而言，研究起步较早的是陕西秦川，目前南通振康申请量最多，而山东帅克、浙江恒丰泰虽然在该技术上的研究起步较晚，但都在积极跟进，见表4。从产品层面来说，中国的RV减速器技术尚未进入成熟阶段，基本结构和部件尚未成型，核心部件和组装/工艺的持续改进是目前首要解决的问题。

（一）日本纳博公司以专利获取市场竞争优势

日本纳博公司是世界上最大的RV减速器制造商，其生产的RV减速器具有高扭矩、高刚性和高耐过载冲击荷载能力的同时，兼有高精密和非常低的回程间隙，因此其产品占领了全球工业机器人精密减速机市场的近70%。

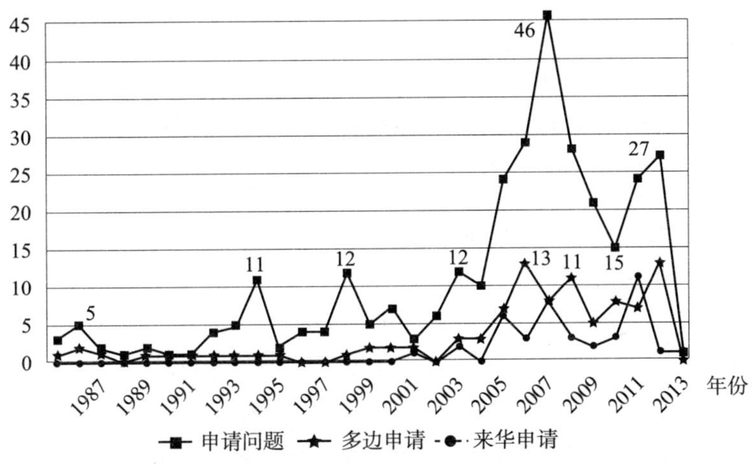

图8　纳博公司RV减速器的专利申请量趋势

日本纳博公司于1986年开始进行RV减速器技术的专利申请，于2002年开始在中国进行RV减速器技术的专利申请。虽然2012年其全球申请量出现下降，但是反而增加了在中国的专利申请，这说明其近年来加强了对中国市场的重视，见图8。

从RV减速器专利的全球地域分布来看，日本纳博公司在所有国家和地区都十分注重在组装/工艺、核心部件上的专利布局。纳博公司在中国重点布局齿形/啮合（13件）、输入端（10件）；纳博公司在欧洲重点布局输入端（10件）、齿形/啮合（9件）；纳博公司

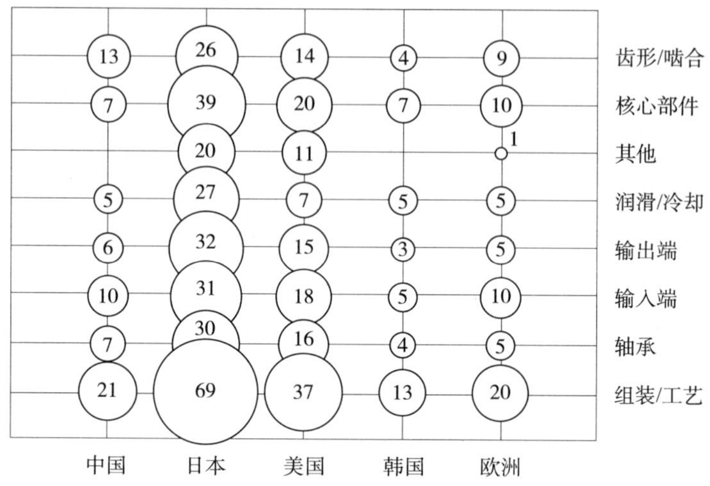

图9 日本纳博公司RV减速器专利的技术地域分布（件）

在美国重点布局输入端（18件）、轴承（16件）；纳博公司在韩国重点布局润滑/冷却（5件）、输入端（5件），见图9。

值得注意的是，核心部件作为RV减速器技术中最重要的技术分支，纳博公司在中国对该技术的专利布局反而相对较少，因此中国RV减速器企业可以抓住机遇在国内重点布局该技术分支专利。

（二）日本纳博公司专利信息披露未来市场战略

通过对日本纳博公司在全球申请的315件RV减速器专利申请的相关技术进行研究可以发现，日本纳博公司RV系列减速器新产品在上市的同年或者前一年就会申请与该产品对应的发明专利申请。

通过将2012年至今日本纳博公司在全球申请的39件RV减速器发明专利进行分析，发现其中有五件新类型的RV减速器专利申请，涉及三个方面的技术改进点，第一个技术改进点（定义为RV-X）是RV减速器轴向尺寸更小化，第二个技术改进点（定义为RV-Y）是RV减速器电机集成化，第三个技术改进点（定义为RV-Z）是将轴承替换为推力轴承。其中第二个技术改进点RV-Y涉及三件发明专利申请，这表明日本纳博公司对该技术改进方向更加重视。因此，RV－Y所涉及的RV减速器与电机集成化的产品将是日本纳博公司最有可能在近期上市的新产品。应该引起中国相关企业足够的关注，中国企业需要提前关注电机集成化RV减速器技术的影响，提前对电机集成化RV减速器进行专利布局，以期实现弯道超车。

四、中国工业机器人产业创新模式和专利路线图探索

（一）四大跨国公司发展模式及专利布局比较

1. ABB公司

ABB公司充分发挥了在控制器、电动部件方面的技术优势，占据了工业机器人行业的有利地位。

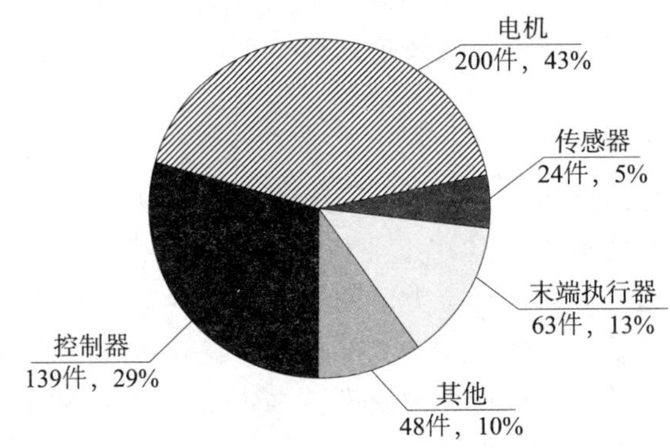

图10　ABB公司工业机器人中国专利申请技术分布

ABB公司从2005年开始重视全产业链的布局，利用自身技术优势、抓住高利润点、布局主要应用市场是ABB发展工业机器人的显著特点。国际市场是ABB参与全球竞争的主要战场，因此其在营销策略和专利布局上都非常重视本土化。

2. 库卡公司

库卡公司的专利申请从2009年才开始大量进入中国，目前正在加紧在中国的专利布局。库卡公司的专利申请与产品有较好的对应关系，能够起到良好的保护作用。在专利申请策略方面，库卡公司除了在中国申请发明专利以外，还进行了实用新型和外观设计的

专利申请，国内企业可以学习其经验，对产品进行多方面的专利保护。

库卡公司在中国也对其具有优势的机器人控制领域着重进行了专利布局。库卡公司获取关键零部件技术专利的途径除了自身研发，还注重与优势企业的合作，国内企业可借鉴这一方式，联合起来，取长补短，以在市场竞争中获得优势。

3. 发那科

发那科自 2003 年开始重视中国市场，有较多的申请涉及工业机器人的控制、视觉识别、焊接、加工和测量等领域。

发那科早年专注于数控机床并以此为基础开始工业机器人的研发，因此，其具有较强的基于伺服、数控领域的技术优势。除减速器外，发那科的控制器、驱动器、伺服电机均为研发生产自制，具有很强的技术研发能力，其发展路线对于广州数控公司有一定的借鉴意义。

4. 安川公司

安川公司的技术优势集中在电机领域，其从 2010 年开始加强了对中国市场的重视。其在工业机器人关键零部件、机器人本体、系统集成应用三方面进行全方位的研发与专利布局。

安川公司重视机器人关键零部件的研发，作为工业自动化的核心部件，电机及其相应的驱动部件是安川公司关注的关键技术点；同时，实现其控制的硬件以及软件也是工业机器人的重要部分，其对于工业机器人产业上游的关键零部件方面有较好的积累。其他申请量较大的技术分别是处于机器人产业中游的机器人本体和系统集成应用，也体现了安川对各种应用型机器人研发和专利保护的重视程度。

利用自身在电机、控制器方面的技术优势，抓高利润价值点是安川工业机器人产业发展的显著特点。安川公司的技术优势预示了中国相关企业在电机技术方面存在潜在风险。

（二）美日欧中产业发展模式及专利路线比较

1. 全球工业机器人产业优势区域专利情况对比

日本工业机器人产业的发展特点是从关键零部件入手，通过占领利润较高的产业链上游，向机器人本体和系统集成应用扩展。日本企业在工业机器人产业上的专利布局模式特点为：相关专利申请量大，非常重视向海外市场进行布局；在关键零部件上的专利申请量占比高。

		全球	日本	欧洲	美国	中国
五局发明专利申请量	件	12 174	6 141	3 392	1 914	67
	趋势					
	%		50.4%	27.9%	15.7%	0.6%
控制器	件	2 998	1 628	747	428	19
	趋势					
	%		54.3%	24.9%	14.3%	0.6%
电机及驱动器	件	504	281	105	84	1
	趋势					
	%		55.8%	20.8%	16.7%	0.2%
减速器	件	321	269	32	14	0
	趋势					
	%		83.8%	10.0%	4.4%	0
核心零部件合计	件	3 823	2 178	884	526	20
	%		57.0%	23.1%	13.8%	0.5%
核心零部件占比全产业链	%	31.4%	35.5%	26.1%	27.5%	29.9%

图 11　全球工业机器人关键零部件五局专利申请量对比

欧洲工业机器人产业的发展特点是从工业机器人应用和工业机器人本体出发，关注系统集成应用与工业机器人本体制造的互动，通过高端制造应用来逐步推动关键零部件的发展，从而走向全产业链整合。欧洲企业在工业机器人产业上的专利布局模式特点是：重视系统集成和应用专利申请，关键零部件相关专利申请占比不大，但是从技术市场控制力度上来看专利布局的效率较高。

美国工业机器人产业的发展特点是关注技术未来发展方向，走智能化、网络化道路，参与公司多而不强，小公司更加灵活，引领技术发展方向。美国企业在工业机器人产业上的专利布局模式特点是：专利布局早，但申请量相对稳定，专利申请集中度不高，关注

工业机器人产业信息	单位	全球	日本	欧洲	美国	中国
工业机器人产值*	亿美元	112	49	31	12	6
工业机器人市场份额*	%		52%	33%	4%	5%
2013年工业机器人销量	万台/年	17.9	2.6	4.2	2.4	3.7
	趋势					
工业机器人量	万台	137	33	43	18	12
	趋势					
工业机器人密度	台/万人	58	340	273**	146	23
产业概况						
核心零部件			极为突出	一般	一般	一般
机器人本体			极为突出	突出	一般	一般
系统集成			极为突出	一般	突出	一般

备注：
* 根据2012年产业数据进行估算得到。
** 以德国数据代表。

图 12　全球工业机器人产业信息对比

ITC 技术与工业机器人技术的融合。

综上所述，日本、欧洲、美国企业的专利布局特点服务于各自的产业发展模式，或者说美国、日本、欧洲的产业都非常重视通过专利布局实现对目标市场的控制。

2. 中国机器人概念上市公司专利情况现状

在中国证券市场的 54 家机器人概念上市公司中，41％的相关上市企业没有任何涉及工业机器人方面的专利申请，仅有 20％的相关上市企业拥有十件以上的专利技术。

对中国证券市场上涉及机器人概念的上市公司进行统计，共有 597 件相关中国专利申请，其中，有效专利 333 件，失效专利 55 件，未决专利 209 件；在有效专利中，实用新型约占 3/4，其专利价值还需经受市场检验，而发明仅占 14％，这表明这些上市公司所拥有的专利数量不足，技术高度有待提升，与国外来华企业的技术竞争中，难以获得足够的专利支撑。

在这些拥有工业机器人方面专利申请的上市公司中，经统计分析发现，70％的公司的业务集中在门槛较低的系统集成应用方面，涉及工业机器人关键零部件技术的公司仅占 23％，仅有新松机器人自动化股份有限公司与哈尔滨博实自动化设备有限责任公司这两家企业正在尝试对工业机器人产业进行全产业链布局。但是与国外来华专利相比，目前这两家企业专利的技术高度仍显不足，且相当一部分专利申请的动机并非是单纯是为了寻求知识产权保护。

（三）日本模式——RV减速器产业及其专利策略

日本纳博公司提交RV减速器最早的专利申请之后，引发了其与日本住友公司之间一系列的专利竞争：(1) 住友公司以RV减速器的组装工艺技术主题为突破点，时隔五年从纳博公司核心专利的外围申请了其RV减速器的首件专利。(2) 在核心专利被他人从外围突破进而丧失主动权的情况下，纳博公司绕过已被对手掌握的技术主题，从客户的技术需求出发对技术的改进，开发了全新的核心技术并产生了数件重要专利，同时还寻求到了对自身发展极为有利的合作伙伴——纳博克，使其精密减速器事业迎来了新的高潮。

日本RV减速器企业在全球的专利布局策略为：(1) 对中国市场重视，因此对每个技术分支上均进行了专利布局。(2) 进行专利布局时对各目的国的技术优势有所考量。(3) 关注与RV减速器相关其他技术主题发展，并进行了周密的专利布局，包括材料选择、编码器和马达重叠设置等。

（四）欧洲模式——德国库卡公司及其专利策略

库卡公司作为一家最初从事焊接业务的欧洲企业，其在焊钳等末端执行器上的专利申请量较多，在库卡公司分为两个市场上独立运作的公司，即库卡机器人有限公司及库卡焊接设备有限公司后，更有针对性地分别在机器人和控制器及控制方法上加大了研发投入，目前控制器及控制方法已成为库卡专利申请量最大的技术领域。上海新工厂的投产，是库卡全球战略中的重要一步，其目标就是占领中国的工业机器人的自动化解决方案市场，为了与市场相适应，库卡公司在中国，对机器人控制方法及控制器进行了大量的专利布局。

库卡公司注重全产业链专利技术合作，并且除了在其具有传统优势的汽车行业外，库卡还通过合作和收购的方式，在下游的太阳能和机床上下料等一般性行业中进行了专利布局。近年来，库卡公司在减速器、电机等核心零部件上，通过自主研发、专利合作和购买等多种方式，也进行了专利布局，显示出其正在加速机器人行业上游的投入，以形成上中下游全产业链发展。

更重要的是，从数据统计来看，库卡公司通过相对不多的全球专利布局（887件）实现了较大的全球市场份额（2013年库卡工业机器人约10亿美元销售额，占库卡公司总营收24亿美元中的41.7%），具有比较高的专利布局效力，值得我国相关企业学习和借鉴。

五、主要结论

（1）市场需求爆发性增长将持续推动工业机器人关键技术领域的研发投入和专利产出数量。

（2）日本是工业机器人产业的重要市场和主要专利技术创新来源地区。

（3）中国工业机器人相关企业的技术创新力不足，创新主体仍主要集中于高校和科研院所。

（4）以减速器为代表的关键零部件受制于国外企业，导致国产工业机器人的成本居高不下，严重阻碍中国工业机器人产业发展，而实现关键零部件的自主创新首先需要破解国外企业的专利布局。

（5）工业机器人产业的四大龙头企业ABB、库卡、发那科、安川所采取的瞄准目标市场、通过灵活策略进行专利布局的方式值得国内企业学习和借鉴。库卡公司进入中国市场较晚但非常重视专利布局质量。发那科公司在华专利布局重心正从核心零部件转向系统集成应用领域。安川公司偏重于核心零部件领域的专利布局。

（6）国内工业机器人领先企业如沈阳新松、广州数控、埃夫特、博实股份等在系统集成领域拥有一定专利技术，但是与国外企业相比仍然差距明显，尤其在关键零部件领域更是体现出专利布局数量不多、高质量申请不足、专利国际布局欠缺的问题。

（7）作为工业机器人关键零部件的RV减速器技术领域具有一定的技术壁垒和专利壁垒。

（8）日本主要减速器企业的发展历程表明专利是技术市场竞争中的有力武器。

（9）日本、欧洲、美国企业在工业机器人领域的专利布局特点表明：工业机器人产业发展非常依赖专利布局来实现对目标市场的控制。

（10）库卡公司在工业机器人领域的发展经验和专利布局策略值得中国工业机器人产业学习和借鉴。

抗抑郁药专利分析（西药篇）[*] [**]

陈　伟　陈　燕　沈丽鸽　孙全亮　刘庆琳　张玲玲　张贵峰
凌宇静　张志聪　张　颖　张　婷　寿晶晶　邓　鹏

据世界卫生组织2001年发表的《世界卫生报告》显示，抑郁症已成为世界第四大疾患。我国目前抑郁症的患病率为3％～5％，但对抑郁症的识别率不到20％，且只有10％的人接受了相关药物治疗。我国未来抗抑郁药市场的潜力将会很大，抗抑郁药在《国家中长期科学和技术发展规划纲要（2006－2020年）》中被确定为“重大新药创制”重大专项十类药物之一。

我国抗抑郁药市场目前90％被外资和合资企业占据，并且几乎所有的抗抑郁原研化学药专利都掌握在国外制药公司手中，我国技术力量相对薄弱。随着抗抑郁化学药重点品种帕罗西汀、西酞普兰等化合物专利的陆续到期，为国内企业提供了很多技术参考和再创新的机会。因此，对抗抑郁药专利进行分析研究，对于提高我国抗抑郁化学药的研发和应用水平，促进抗抑郁药产业的发展以及保障公共卫生健康意义非常重大。

---

* 本文获第九届全国知识产权（专利）优秀调查研究报告暨优秀软科学研究成果评选二等奖。

** 本文节选自2013年度国家知识产权局专利分析和预警项目——“抗抑郁药专利分析和预警”研究报告。(1) 项目课题组成员：陈伟（负责人）、陈燕（负责人）、沈丽鸽（组长）、孙全亮（副组长）、刘庆琳（副组长）、张玲玲、张贵峰、凌宇静、张志聪、张颖、张婷、寿晶晶、邓鹏。(2) 项目研究报告主要撰稿人：张玲玲、张贵峰、凌宇静、张志聪、张颖、张婷、沈丽鸽、孙全亮、孙广秀、刘庆琳、寿晶晶。(3) 专利分析指导：邓鹏。(4) 政策研究指导：徐海燕。(5) 研究组织与质量控制：陈伟、陈燕、孙全亮、沈丽鸽。(6) 项目主要统稿人：沈丽鸽、孙广秀、刘庆琳。(7) 审稿人：陈伟、毛金生、陈燕。(8) 课题组秘书：刘庆琳。

一、抗抑郁药产业状况

抑郁症是一种情感性精神病，以悲伤、绝望和沮丧等情绪为特征。按照抗抑郁药的发展过程可将抗抑郁药分为三代：第一代抗抑郁药（20世纪50～60年代），包括单胺氧化酶抑制剂（MAOIs）、三环类抗抑郁药（TCAs）；第二代抗抑郁药（20世纪80年代至2001年前后），包括选择性5-羟色胺再摄取抑制剂（SSRIs）、选择性去甲肾上腺素再摄取抑制剂（NARIs）、选择性5-羟色胺及去甲肾上腺素再摄取抑制剂（SNRIs）等；第三代抗抑郁药（2002年至今），包括褪黑素受体激动剂、神经激肽Ⅰ受体拮抗剂、磷酸二酯酶（PDE-4）抑制剂等。

1. 全球抗抑郁药产业状况

全球抑郁症与焦虑症药物销量合计占中枢神经药物市场份额的45%。2011年抗抑郁药物全球销售额204亿美元，同比增长0.49%，排在全球医药市场最畅销治疗类别的第11位，较2010年下降两位。2011年，抗抑郁全球用药市场前五位分别是帕罗西汀、西酞普兰、舍曲林、文拉法辛、氟西汀，占我国临床抗抑郁用药市场总额的82.6%。新旧药物的更替加速，市场份额分配可能发生变化。目前全球的抗抑郁药物开发呈现两个趋势，其一是进一步开发SSRIs产品针对新适应症的治疗，如强迫症和焦虑症；其二是开发新类型的产品，如NaSSAs，新类型的产品展示出未来良好的市场潜力，预计目前正在开发中的新抗抑郁药物的总销售额在2020年将达到总抗抑郁药物市场的约四成。

2. 中国抗抑郁药产业状况

2005～2011年，我国抗抑郁药市场规模逐年上升且增长率每年均持续在10%以上。2011年市场份额排名前20位的厂家中，前六位都是外资或合资企业。其中葛兰素史克公司以21.68%的市场份额排名第一位，主要代表品种为帕罗西汀；美国礼来公司以14.59%的市场份额排名第二位，代表品种为氟西汀。浙江华海药业股份有限公司和成都康弘制药有限公司是表现较好的国内企业，分别排在第七位和第八位；其他国内企业的市场份额均在2%以下。[1]

3. 中国抗抑郁药市场发展趋势

随着国家对医药产业的扶持、重大新药创制专项的实施，通过对新靶标（5－HT1A受体、AMPA受体）和结构（天然产物、前药研究等）的研究，我国抗抑郁创新药研究取得一批阶段性成果。基于我国医药行业的现状以及抗抑郁药领域的发展趋势，我国的抗抑郁药研发势必是再创新，一方面确保重大疾病用药的可及性；另一方面，对新靶标开展全新结构的深入研究以及基于传统中药及有效成分的研究，找到属于自主知识产权的新药物。

二、项目分解表及检索结果

本报告的研究对象为抗抑郁化学药和抗抑郁中药两个技术领域。本文主要汇报抗抑郁化学药部分。

通过中文专利数据库（CPRS）和全球专利数据库（COTELLIS数据库）中，在1993年1月1日至2013年6月30日的范围内进行检索，得到抗抑郁化学药全球专利技术共8 806件，抗抑郁化学药中国专利申请共5 460件。

三、专利整体分析与结论

1. 发展趋势分析

全球和中国的抗抑郁化学药专利申请量整体上都是呈先增后降趋势。

2. 区域分布分析

在全球范围内，作为技术来源区域，美国占第一位，中国占第七位；而作为目的地区域，美国占第一位，中国占第四位；在中国范围内，国外来华申请占80%，其中美国人申请最多。

3. 技术主题分析

全球抗抑郁化学药专利申请以化合物为主，化合物主题的专利

[1] 抗抑郁药物市场研究报告（2011年度）[R]. 广州：广州标点医药信息有限公司，2012.

申请占抗抑郁化学药技术领域专利的50%。

4. 主要申请人分析

全球抗抑郁化学药专利排名前十位的申请人全部为外国申请人，其中美国占四席。中国抗抑郁化学药专利排名前五位的申请人全部为外国申请人。

四、抗抑郁药专利申请中的靶标分析

本部分探索了对抗抑郁药研发具有参考价值的重要靶标。

1. 专利申请频度分析

在专利申请总量排名前20位的靶标中，数量最多的靶标是NK1受体拮抗剂，共450件专利申请中披露了该靶标，可见其是近20年来重点研究的靶标。

2. 交易次数分析

通过对交易中披露次数最多的十个靶标的靶标类型、交易类型、交易药物、交易时间、出让公司或受让公司进行分析，我们发现单胺类的5-HT/NE/DA三类靶标的研发仍然是当今抗抑郁药研发中的重点。

3. 重点药物关联度分析

对2008～2011年全球销售前20位药物所针对的靶标进行分析，发现这些重点药物共涉及93个靶标，靶标标记了132次，且在93个靶标中，标记超过两次的靶标共计21个。

4. 重点企业关注度分析

根据全球抗抑郁化学药专利申请量排名情况，选择辉瑞、葛兰素史克、默克、罗氏、赛洛菲为对象，研究了它们抗抑郁药专利中涉及的靶标。结果表明：重点企业关注度最高的三组靶标族是5-HT受体、钙通道和多巴胺受体相关的靶标。

5. 主要结论

通过上述四个维度的分析发现，5-HT2受体拮抗剂是四个维度均有涉及的药物靶标。三个维度均有涉及的靶标有三个，分别是5-HT2a受体拮抗剂、α2肾上腺素受体拮抗剂、多巴胺D2受体拮抗剂。5-HT、NE和DA类靶标均在其中，与产业发展相符合。

此外，还提供了重要靶标专利所对应的化学结构，可供研发人员用于功能性和结构性高通量筛选以获得有希望的活性成分。

五、中国上市抗抑郁化学药专利分析与预警

西酞普兰、文拉法辛和阿戈美拉汀是中国上市抗抑郁化学药专利布局重点品种，阿戈美拉汀是最近的研究热点。中国上市抗抑郁化学药品种各自专利布局侧重点不同。帕罗西汀、西酞普兰、舍曲林、文拉法辛和阿戈美拉汀的专利技术集中度高，主要集中于单一国外来华重要公司。

本报告中对帕罗西汀、度洛西汀和阿戈美拉汀这三个重点抗抑郁化学药品种的专利进行了分析和预警。在此，以帕罗西汀为例进行说明。

1. 中国专利布局情况

葛兰素史克公司针对帕罗西汀的专利申请在各个领域都有涉及，说明其很重视在中国的专利布局，且布局比较全面；然而该公司的大部分专利申请均已失效，有效专利申请主要集中在化合物、制剂和制备方法方面。国内申请人的申请量均在两件以下，且无化合物专利申请，其有效专利集中在制剂与制备方法方面。

2. 专利技术发展路线

帕罗西汀最早的中国专利是葛兰素史克公司申请的口服液剂型专利，该公司在此基础上继续申请了一系列制剂专利，包括固体剂型和控释剂型。国内申请人在此之后陆续申请了多个制剂专利。制备方法与化合物专利申请在第一件制剂专利申请后相继出现。化合物专利申请较少，葛兰素史克公司有两件，其中一件已经失效，另一件有效专利也即将到期；而国内申请人的一件化合物申请还在审查过程中。2009 年与 2011 年相继出现了联用与用途专利申请，但申请量都只有一件。由此可以看出，国内外申请人都较为重视帕罗西汀制剂与制备方法专利的申请，国内申请人在中间体制备方法专利申请方面占据一定优势。

3. 专利风险与研发机遇

对于帕罗西汀专利，我国制药企业在控缓释制剂领域和在制备

帕罗西汀盐酸盐无水合物领域的风险较大。为规避上述专利带来的风险，国内制药企业或药物研发机构可在国外来华申请专利权到期后进行再创新，或者积极开发新剂型与新制备方法。

六、重要申请人专利布局及专利保护策略分析

（一）国外重要申请人抗抑郁药创新途径和专利保护策略

报告中对辉瑞、葛兰素史克和礼来的专利布局及保护策略进行了分析。在此，以辉瑞为例进行说明。辉瑞全球抗抑郁化学药专利申请共685件，中国抗抑郁化学药专利申请共338件（包括分案申请）。从辉瑞公司抗抑郁化学药的创新途径和专利保护策略来看，可以分为外部途径和内部策略两部分，其中，外部途径主要是从企业发展的角度出发来寻求创新，包括企业或技术并购策略以及合作研发策略，而内部策略主要是指通过专利布局来实现有力专利保护。

1. 辉瑞公司企业或技术并购策略

辉瑞在制药领域的巨大成功，要归功于其对竞争对手的兼并收购、强劲的研发能力和终端营销能力。1992年，辉瑞公司的抗抑郁化学药舍曲林在美国上市，获得了较大成功。为了继续保持其在抗抑郁药市场的优势，辉瑞公司于2009年收购惠氏，通过并购惠氏，辉瑞公司获得了新的抗抑郁化学药文拉法辛。

2. 辉瑞公司合作研发策略

辉瑞抗抑郁药的全球专利技术以辉瑞本部和惠氏的专利申请为主。另外，共同申请的比重也较大，约占总申请量的12%。辉瑞公司的共同申请在1999～2006年较为密集，并且大多数合作项目以化合物为主。

3. 辉瑞公司专利布局情况

辉瑞拥有全球最多的抗抑郁化学药专利申请，其申请高峰期为1999～2007年，此后辉瑞的抗抑郁化学药专利申请量逐渐下降；辉瑞囊括了几乎所有能申请专利的技术主题，其中约73%的专利申请集中于核心的化合物技术，辉瑞早期抗抑郁化学药专利申请的发明多为化合物，1995年后逐渐加大了外围专利申请的比重，并且

专利技术主题趋于多样化，虽然所研发化合物的作用靶标集中于5-HT，但是药物结构的分布比较分散；辉瑞抗抑郁化学药专利申请量排在前三位的国家分别为美国、日本和澳大利亚，中国位居第六；辉瑞的子公司众多，研发机构庞大，其中辉瑞本部单独申请的申请量占有总申请量的39%，共同申请约占其抗抑郁化学药总申请量的12%。

4. 辉瑞公司对文拉法辛全球专利组合演进及专利保护策略

在全球范围内辉瑞公司关于文拉法辛的专利技术共23项，辉瑞对文拉法辛的专利保护策略包括以下几方面：

（1）不断提交新申请延长专利保护期限，拓宽专利布局。辉瑞的子公司惠氏在1983年提交了文拉法辛的化合物申请，在文拉法辛的专利到期之前，又分别提交了文拉法辛的用途和药物联用申请，以及文拉法辛盐酸盐和衍生物的制剂申请，之后获得了更加优化的文拉法辛晶型，2001～2005年，惠氏还分别对文拉法辛及其盐酸盐的制剂、文拉法辛中间体或异构体的制备方法等进一步提交申请，从而对文拉法辛作出更为全面的专利布局。

（2）研发替代产品，弥补专利到期后的空白。2001年，惠氏提交了去甲基文拉法辛琥珀酸盐的专利申请，该化合物的问世填补了文拉法辛专利到期后出现的市场空白，及时弥补了文拉法辛专利到期后仿制药大量涌现导致的市场份额下降。同样，惠氏在提交去甲基文拉法辛琥珀酸盐的专利申请后，一边继续研究去甲文拉法辛的其他活性衍生物，一边从制备方法、制剂、药物联用和用途等方面对去甲文拉法辛进行延展性研究。

（3）持续改进核心化合物结构和性能，发掘新的市场竞争力。从惠氏的专利技术发展沿革不难看出，惠氏对化合物的基础研究非常重视，其成果主要体现于文拉法辛的各种盐、晶型、中间体化合物、活性代谢产物等方面，这些化合物实质上是在文拉法辛的基础上所作出的选择或改进发明。

（4）对外围专利严密布局，减少专利风险。无论是对文拉法辛还是去甲文拉法辛，惠氏都针对相应的化合物专利继续提交了制剂、制备方法、药物联用和用途等外延专利申请，不仅进一步保护了研发中发现的优化方案，并且也有效阻止了他人对相关保护主题的专利申请。

（5）以市场需求为导向，重视新剂型专利的开发。惠氏提交了很多关于文拉法辛和去甲文拉法辛缓控释制剂的申请。惠氏的怡诺思分为常释和缓释两种剂型，其中缓释剂型在临床上更利于抑郁病人的服用，因此销量一直强于常释剂。

（二）国内重要申请人专利现状

报告中对中国抗抑郁药专利申请量较多的国内重要申请人进行了专利现状分析。在此，以华海药业为例进行说明。华海药业关于抗抑郁化学药专利布局特点如下：（1）华海药业于2004年开始申请抗抑郁药专利，此后呈逐年上升趋势；（2）总体上以外围专利如制备方法和制剂为主，并且化合物发明主要为新晶型；（3）授权率为44%，授权最多的为制备方法，授权的化合物为布南色林的新晶型；（4）多数申请为华海药业作为唯一申请人提交的发明专利申请，四件为华海药业与其他公司提交的共同申请；（5）华海药业对抗抑郁化学药的制剂非常重视。综上所述，华海药业在国内抗抑郁化学药市场份额中虽然具有一定优势，但抗抑郁药的专利品种少，保护较单一。

七、措施建议

近年来，全球仿制药市场发展变化迅速，由于全球经济低迷，导致大型制药企业开始渗透到仿制药领域。面对这些挑战，中国的制药企业不论是以原料药还是以制剂为重心，都需要不断提升自身的能力。

1. 积极布局抗抑郁化学药衍生专利，增强与国外来华企业交叉许可的能力

我国制药企业已经开始尝试利用衍生专利发明来寻找专利突破口，但是与全球其他知名制药企业相比，我国企业提交的衍生性专利申请数量较少，并且主题较单一。衍生性专利发明在今后一段时间内仍然是我国抗抑郁生产企业的再创新的重点，例如选择性发明、替代发明、新制备方法发明、新剂型、新适应症发明等。

2. 积极利用现有资源，加强企业合作，实现配置优化

从历史经验来看，只要一个企业在价值链上的某一环节比其他企业具有优势，就具备了参与中国乃至全球竞争的基本条件。以华海药业为例，其产品的质量认证体系已与国际接轨，高质量的原料药和先进的制剂研发水平为其敲开了美国市场的大门。因此，尽管我国制药企业目前的新药研发能力较为薄弱，但却可以集中力量加强自己的优势环节，若能通过兼并重组、构建企业战略联盟的方式扩大企业规模，增强企业竞争力，以及适当的技术改造和创新，不需要投入过多的资金，就可以提升企业整体的药物创新研发能力。

3. 防范重要抗抑郁化学药的专利风险，积极探索自主创新研发机会

仿制帕罗西汀和度洛西汀这两种药品的专利风险主要来源于国外来华专利涉及制剂和制备方法方面，而对我国阿戈美拉汀生产企业专利风险主要源于化合物晶型和用途方面。因此，国内抗抑郁制药企业可采取一定的防范措施规避专利风险，同时应增强再创新的力度。

4. 关注和研究热点靶标及其对应的化合物结构，加大新化合物研发投入

从对抗抑郁靶标专利及非专利文献的研究表明，5-HT、NE和DA受体靶标作为单胺类的重要靶标，对于今后抗郁药的研发和抑郁症的治疗中仍然具有重要意义。因此，我国企业应对5-HT、NE和DA等受体靶标的亚基单位的各种靶标类型加强深入研究，明确单胺类受体靶标之间的相互关系。

移动支付关键技术专利分析和预警研究[*][**]

卜　方　陈　燕　朱　琦　孙全亮　马　克
李　岩　王　雷　郑晓双　范文婧　李　凡
聂锦程　白晶心　武　伟

移动支付，是指消费者通过移动终端发出数字化指令为其消费的商品或服务进行账单支付的方式。移动支付是实现资金流移动信息化的重要途径，能够有效提升资金流动的效率，并降低资金流动的成本。数据研究公司 IDC 的报告显示，2017 年全球移动支付的金额将突破一万亿美元。移动支付跨越电信和金融两大行业，产业链涉及用户、服务商户、金融机构、电信运营商、第三方支付服务商、POS 接收机制造商、SIM 卡制造商、终端制造商、芯片制造商、系统服务提供商。

移动支付技术是我国迈向新的信息时代的重要环节，是涉及国家利益和行业发展的关键技术。但是，该技术的发展也遇到一些困难，主要体现在：(1) 国外主流公司在华的专利布局给产业和行业发展带来巨大的制约和专利风险；(2) 国内产业的发展缺乏足够数

---

* 本文获第九届全国知识产权（专利）优秀调查研究报告暨优秀软科学研究成果评选三等奖。

** 本文节选自 2013 年度国家知识产权局专利分析和预警项目——“移动支付关键技术专利分析和预警”研究报告。(1) 项目课题组成员：卜方（负责人）、陈燕（负责人）、朱琦（组长）、孙全亮（组长）、马克（副组长）、李岩（副组长）、王雷、郑晓双、范文婧、李凡、聂锦程、白晶心、武伟。(2) 项目研究报告主要撰稿人：朱琦、郑晓双、范文婧、李凡、聂锦程、白晶心、王雷、武伟。(3) 专利分析指导：马克。(4) 政策研究指导：沙开清。(5) 研究组织与质量控制：卜方、陈燕、朱琦、孙全亮。(6) 项目主要统稿人：卜方、朱琦、王雷。(7) 审稿人：卜方、毛金生、陈燕。(8) 课题组秘书：王雷。(9) 本节选报告执笔人：郑晓双、范文婧。

量的专利支撑；（3）国内远程支付业务相对成熟，已推出面向大众的成熟产品，但近场支付发展相对缓慢，仍处于商业试点阶段；（4）全球的移动支付存在多种商业模式，未来移动支付技术的发展究竟何去何从尚无定证。因此，本报告针对移动支付技术这一热点兼重点领域开展了专利态势和预警分析。

一、移动支付关键技术产业状况

智能手机的普及和移动互联网的发展，掀起了电子商务市场的移动革命，作为其中的一种支付方式，移动支付产业正呈现爆发式的增长态势。

巨大的市场潜力吸引着各大运营商不遗余力地加入到移动支付这一商战中。中国的移动支付市场起步较晚，但目前正呈现出迅猛发展的态势。支付宝的统计数据显示，2012 年下半年开始，使用移动设备团购生活服务商品的交易进入爆发期，增长幅度相比上半年达到四倍的规模，交易量占到全年的 80%。截至 2012 年年底，来自手机的生活服务商品团购交易同比激增 27 倍，移动支付业务占总体交易的比例已超过 15%。

2012 年年底，中国人民银行正式发布了中国金融移动支付系列技术标准，打破了长期以来困扰移动支付市场发展的瓶颈。广阔的移动支付市场前景吸引了各方进入这一领域，包括移动运营商、银行机构及第三方支付公司等。我国的三大运营商各自拥有独立的支付公司，中国电信的翼支付可实现公交卡、银行卡、校企一卡通等多卡合一的功能，中国联通支付公司开始大规模招兵买马，中国移动与中国银联结束标准之争签署合作协议，手机移动支付标准得以统一。而银行、第三方支付企业也不甘落后，中国人民银行宣布正式启动移动支付农村试点，进一步扩大应用范围；易宝支付推出“无卡支付”购机票服务等。

尽管移动支付优势明显，应用前景非常广阔，但据 Enfodesk 易观智库调研数据显示，对安全问题的担忧是移动用户和商户目前使用移动支付的最大顾虑。

二、研究内容及专利检索结果

本报告将研究重点放在尚未完全成熟且具有较高分析价值的重点领域，研究对象为近场移动支付技术、远程移动支付技术、安全技术以及移动支付应用这四个技术领域，共对三级 36 个技术分支的专利进行定量和定性分析。具体项目分解如图 1 所示。

表 1 列出了中文专利数据库（CNPAT）和全球专利数据库（EPOQUE 检索系统中的 WPI 数据库）中各主要技术方向的专利数据检索结果，其中全球专利检索和中国专利检索的截止日期均为 2013 年 8 月 16 日。

表 1　各技术领域中英文库检索结果

技术领域	全球专利申请（件）	中国专利申请（件）
近场移动支付技术	8 299	3 052
远程移动支付技术	8 200	2 382
安全技术	4 949	1 610
移动支付应用	12 500	4 237

三、总体专利态势分析

通过对移动支付关键技术相关专利申请进行分析，我们得出全球和中国移动支付相关专利申请的发展趋势、区域分布、主要申请人以及技术主题的状况，如表 2 所示。

移动支付技术领域，全球范围内已经公开的专利申请总量为 28 108 件。其中，来自中国的申请量为 6 374 件，排名仅落后于美国的 11 492 件。中国专利申请的总量为 10 116 件。其中，国内申请人的专利申请总量为 8 131 件，国外申请人的专利申请总量为 1 985 件。

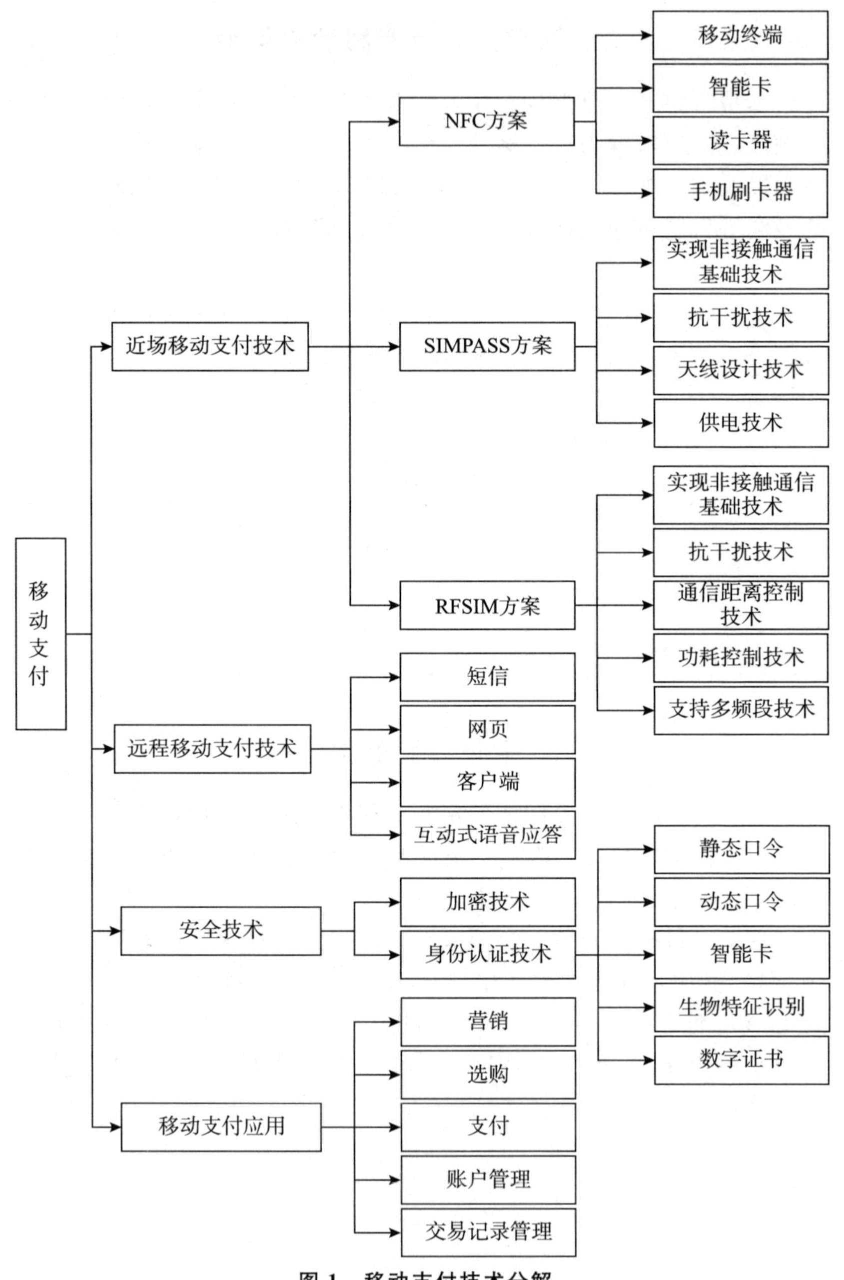
移动支付
近场移动支付技术
远程移动支付技术
安全技术
移动支付应用
NFC方案
SIMPASS方案
RFSIM方案
移动终端
智能卡
读卡器
手机刷卡器
实现非接触通信基础技术
抗干扰技术
天线设计技术
供电技术
实现非接触通信基础技术
抗干扰技术
通信距离控制技术
功耗控制技术
支持多频段技术
短信
网页
客户端
互动式语音应答
加密技术
身份认证技术
静态口令
动态口令
智能卡
生物特征识别
数字证书
营销
选购
支付
账户管理
交易记录管理

图 1　移动支付技术分解

表 2 全球及中国移动支付技术领域专利申请基本状况

	全球专利申请	中国专利申请
时间范围	1985～2013 年	1991～2013 年
总申请量	28 108 件 (3/5 局申请量：2 717 件)	10 116 件
申请量峰值	2011 年【3 897 件】	2012 年【1 616 件】
2009 ～ 2013 年申请量及占总量的比重	11 884 件 占全球申请总量的 42%	5 668 件 占中国申请总量的 56%
主要来源国家/地区（申请量及份额）	美国【11 492 件，42%】 中国【6 374 件，23%】 日本【4 008 件，12%】 欧洲【2 604 件，9%】 韩国【2 380 件，8%】	中国【8 131 件，80%】 美国【654 件，6%】 日本【492 件，5%】 韩国【202 件，2%】 瑞典【99 件，1%】
申请量排名前 5 位的申请人	微软【860 件】（美国） 三星【459 件】（韩国） 索尼【442 件】（日本） 松下【363 件】（日本） NEC【356 件】（日本）	中兴【240 件】（中国） 黄金富【150 件】（中国） 国民技术【134 件】（中国） 华为【120 件】（中国） 乐金【103 件】（韩国）
主要技术主题	近场移动支付【8 299 件，30%】 远程移动支付【8 200 件，29%】 安全【4 949 件，18%】 移动支付应用【12 500 件，44%】	近场移动支付【3 052 件，30%】 远程移动支付【2 382 件，24%】 安全【1 610 件，16%】 移动支付应用【4 237 件，42%】

（一）发展趋势分析

全球及中国相关专利申请量的变化如图 2 所示。2007～2010 年，全球专利申请处于调整期，而这一时期中，与全球专利申请趋势相比，中国专利申请仍然保持了快速的增长，两者的对比明显。虽然 2007～2010 年这一阶段的全球移动支付市场的产业实际投入力度有所降低，但中国的移动支付市场开始逐步发展，企业的研究力度加大，基于 SIMPASS 和 RFSIM 的研究进一步深入，相关的移动支付业务也被推出，相关的专利申请量保持快速增长。

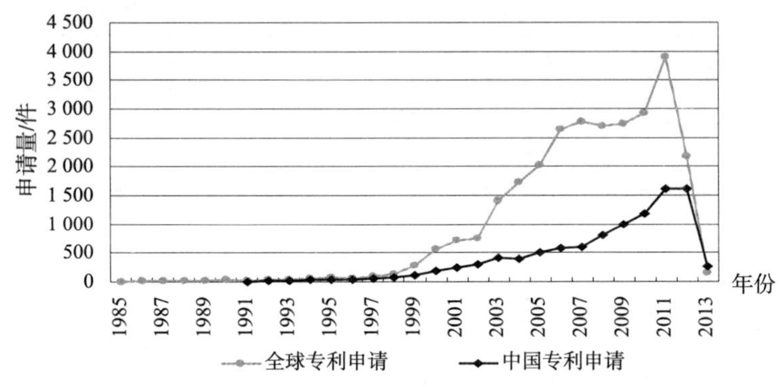

图 2　全球及中国专利申请发展趋势

中国相关专利申请量变化如图 3 所示，2002 年开始，国内申请人的年度申请量开始超过国外申请人的年度申请量。国内申请人的年度申请量始终保持增长，且增速加快。而与此形成鲜明对比的是，这一时期中，国外申请人的年度申请量则增长不明显，并在 2002 年、2004 年、2006～2008 年等年度均相比前一年度有所下降。特别是近年来，国内申请人的中国专利申请量优势地位得到进一步加强。

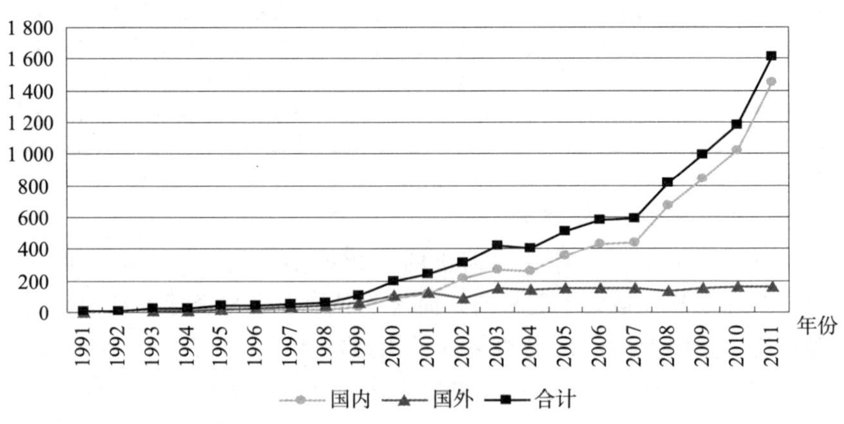

图 3　国内、国外来华专利申请发展趋势

（二）国家/区域分布分析

在移动支付技术领域，美国、中国、日本、欧洲、韩国是全球专利申请的主要来源国家/地区。

如图 4 所示，自 2000 年以来，中国、美国相关申请量仍在上升，欧洲、韩国保持平稳，日本进入下降通道。

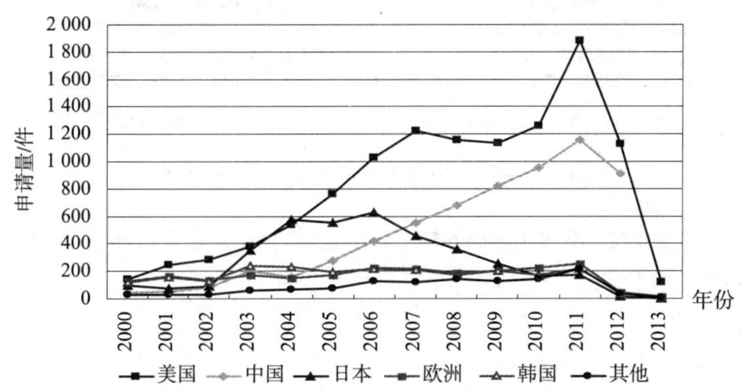

图 4　2000 年之后，主要国家/地区的全球专利申请趋势

（三）主要申请人分析

从全球专利申请量排名来看，美国微软公司、韩国三星公司、日本索尼公司等申请人排名靠前。申请量排名前十的申请人均为公司类型的申请人，来自中国的申请人仅有中兴公司。从中国专利的申请量排名来看，中兴公司、黄金富（个人）、国民技术公司、华为公司、韩国乐金公司、日本索尼公司等申请量较多。申请量排名前十位的申请人多为公司类型的申请人。图 5 给出了全球、中国申请量排名前十位的申请人。

四、重点技术领域专利态势分析

本节对全球与中国以及国内与国外来华申请在四个重点技术领域分别进行了对比分析。

（一）发展趋势分析

如图 6 所示，全球专利申请方面，近场移动支付和移动支付应

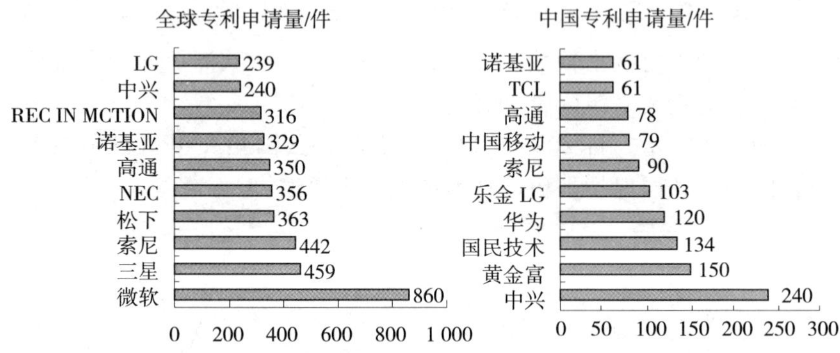

图 5　全球、中国专利申请前十位申请人

用近年来申请量超过其他技术主体；远程移动支付技术和安全技术的申请量增长较慢。

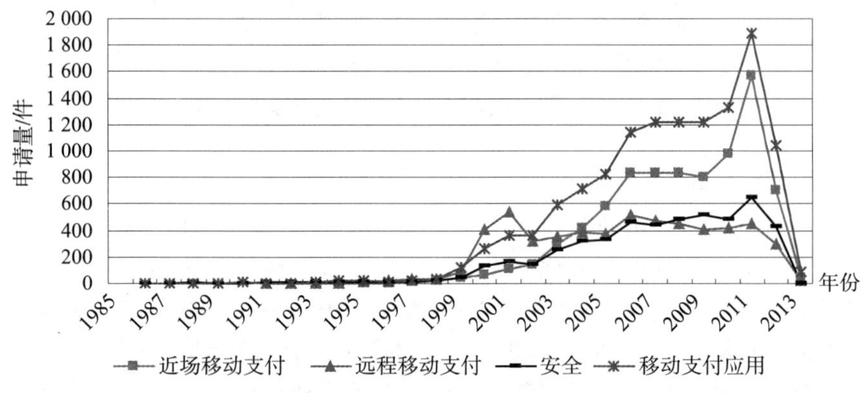

图 6　全球重点技术专利发展趋势

如图 7 所示，中国专利申请方面，近场移动支付、移动支付应用的年度申请量保持快速增长；安全技术的专利申请量增长较慢；远程移动支付技术的年度申请量处于下降状态。

（二）国家/区域分布分析

在图 8 中可以看到，全球专利申请方面，美国在各技术主题的申请量均最大，中国居于次席。在中国专利申请方面，中国申请人在各主要技术主题的申请量均领先。

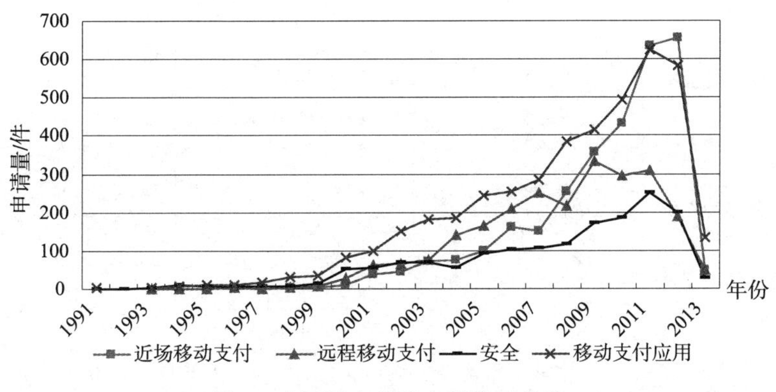

图 7　中国重点技术专利发展趋势

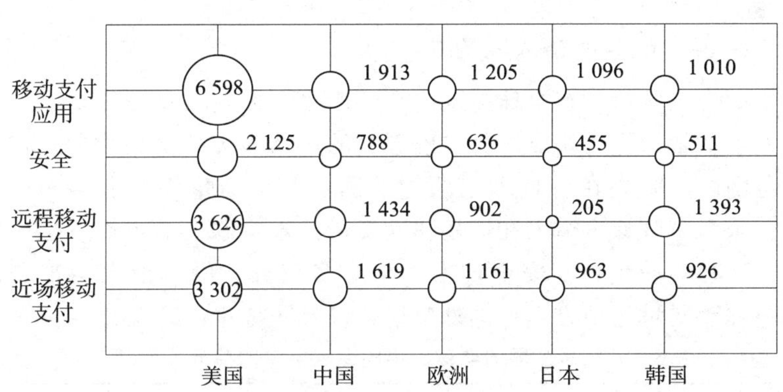

图 8　全球重点技术领域主要国家/区域专利申请分布

如图 9 所示，中国专利申请方面，中国申请人在各主要技术主题的申请量均领先于外国申请人；美国申请人申请的重要领域为移动支付应用，在近场、远程移动支付技术方面也有一定的申请；日本申请人申请的重要领域为移动支付应用和近场移动支付；韩国、瑞典、法国等的申请人申请重点为移动支付应用，但申请量均比较有限。

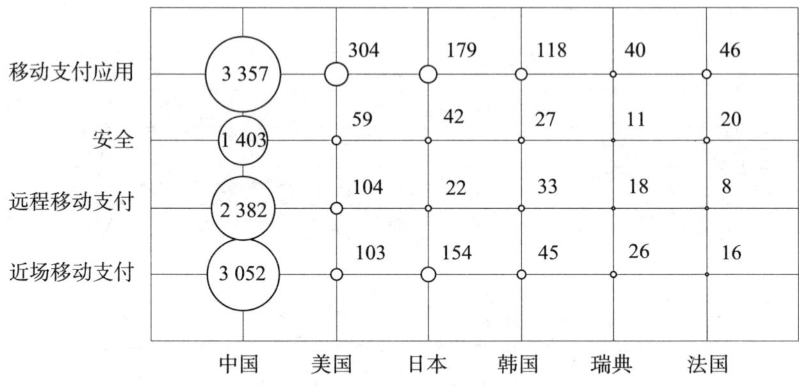

图 9　中国重点技术领域主要国家/区域专利申请分布

（三）主要申请人分析

如表 3 所示，在全球范围内全部四个主要技术主题中，国外申请人申请量均优势明显，排名前五位的申请人无一来自中国。在中国范围内，中兴在各技术主题的中国专利申请量均排名第一；索尼、乐金等日韩申请人在近场移动支付技术主题上的申请量也比较大；远程移动支付、安全技术主题排名前五位的申请人均来自国内；移动支付应用方面，国外申请人仅有乐金排名第五。

表 3　各技术主题的全球、中国专利申请的前五位申请人

技术主题	全球专利申请前五位申请人	中国专利申请前五位申请人
近场移动支付	三星【335 件】（韩国） 诺基亚【196 件】（瑞典） 索尼【188 件】（日本） RES IN MOTION【184 件】（加拿大） 博通【178 件】（美国）	中兴【95 件】（中国） 国民技术【85 件】（中国） 索尼【48 件】（日本） 乐金【44 件】（韩国） 深圳光启【38 件】（中国）
远程移动支付	SK 电讯【271 件】（韩国） AT&T【248 件】（美国） 诺基亚【221 件】（瑞典） LG【210 件】（韩国） IBM【205 件】（美国）	中兴【144 件】（中国） 中国移动【124 件】（中国） 华为【121 件】（中国） 阿里巴巴【108 件】（中国） 腾讯【51 件】（中国）

续表

技术主题	全球专利申请前五位申请人	中国专利申请前五位申请人
安全	微软【117件】（美国） 诺基亚【81件】（瑞典） 三星【68件】（韩国） Bizmodeline【68件】（韩国） 高通【62件】（美国）	中兴【38件】（中国） 黄金富【36件】（中国） 工商银行【20件】（中国） 国民技术【17件】（中国） 信大捷安【14件】（中国）
移动支付应用	微软【411件】（美国） 诺基亚【177件】（瑞典） 高通【175件】（美国） RES IN MOTION【175件】（加拿大） 三星【156件】（韩国）	中兴【113件】（中国） 华为【86件】（中国） 黄金富【73件】（中国） 中国移动【54件】（中国） 乐金【39件】（韩国）

五、重点技术领域专利技术发展路线分析

本节对移动支付技术各重要技术领域在全球和中国的产业现状和专利技术发展路线进行了分析和研究。

（一）近场移动支付技术发展路线

近场移动支付技术从兴起就受到了业界的极大重视，从产生以来，近场移动支付市场经历了以下三个阶段：初步发展阶段、商业模式探索阶段、快速发展阶段。

（1）初步发展阶段：全球范围内，从21世纪初期到2006年，近场移动支付技术领域的年度申请量开始缓慢增长，主要涉及蓝牙技术、红外线通信技术、非接触式芯片技术。由于日韩、欧美移动支付市场具有发展早、力度强的先天优势，专利布局也比较充分，这一时期的专利基本都集中在日韩、欧美等国家手中，而中国基本没有重点专利。NFC技术在这一阶段崭露头角，由于索尼、NXP和诺基亚等大公司一直是NFC技术的主导者，对NFC的专利布局工作进行得也很完善，因此，涉及NFC移动支付技术的重点专利大多掌握在这些大公司的手中。

（2）商业模式探索阶段：2006～2009年，产业上进入商业模式探索阶段。这一阶段，中国企业加大了对移动支付相关技术研究的投入。其中，北京握奇数据系统有限公司在SIMPASS方面具有良好的专利布局，国民技术和厦门盛华在RFSIM方面具有优势。

（3）快速发展阶段：对于这一阶段发展的手机刷卡器，美国Square公司具有绝对优势，其不仅读卡器产品销量火爆，也很注重专利布局。在基于超声波的移动支付技术上，Naratte公司在产品推出前申请了重要技术专利。为了能够研发出可以对抗NFC的近场通信技术，苹果公司在低功耗蓝牙传输技术上进行了专利布局。

（二）远程移动支付技术发展路线分析

1. 短信支付技术

短信支付技术最早起源于欧洲的银行金融机构，2000年之前分别由波赫尤拉银行和瑞士银行提出的基础专利申请首次将短信技术引入金融领域。

继上述基础之后的专利申请是韩国和美国申请人占主体，技术内容大多是对安全和具体方法流程的进一步限定和改进，其中包括：通过短信传送校验码、通过短信建立与服务提供者之间的对话、通过短信定购服务等多种技术内容。

随着短信支付技术的推广和相应研究项目的推进，中国大型通信与互联网企业也积极投入到该领域的研究中。阿里巴巴作为短信支付的主要申请人浮出水面，其研究内容涉及短信支付的各个方面，且通过同族专利实现在全球范围内的专利申请。

2. 网页支付技术

网页支付技术早期申请都是一些技术力量雄厚的科技公司提出的，2000年之前分别由诺基亚、摩托罗拉和西门子提出的基础专利申请首次将网页技术引入商业以及金融领域。另外，早期的申请多为欧美的大型科技公司提出，亚洲的基础专利较少。

之后，欧美的申请人仍然占据专利申请的主体，且对网页支付方式的应用的各个方面进行了进一步的改进，包括：传送的信息的特定格式、付款的方式、对电子银行的操作揖及确认账户。以LG、SK、VP为代表的韩国申请人开始进行网页支付技术的基础申请，对网页支付的安全以及认证作出了改进。

在此期间，以华为、中兴、中国移动为代表的中国申请人也申请了大量的相关专利，但这些专利大多涉及具体应用方法或流程上的改进，构成基础专利的比例较低。

3. 客户端应用支付技术

客户端支付技术上2000年之前分别由诺基亚、索尼以及ULTRA提出的基础专利申请将客户端技术与支付相结合，公开了能够进行支付的客户端应用程序。

之后的专利申请提出了针对于支付的不同方面或步骤提供的客户端应用程序，包括：数字移动电话交易和支付系统、进行安全结账的系统以及呈现商品和服务的电子账单的系统。

4. 互动式语音应答支付技术

从整体上来看，互动式语音应答支付技术在远程移动支付的四种方式中起步较早，而且近些年来其申请量呈现逐渐减少的趋势；另外，由于基础技术的改进空间较少，大多专利仅仅涉及应用方法或流程的改进，因此虽然申请量不低，但是能够构成基础专利或者重点专利的专利量较少。另外，早期的重点专利申请时间较早，都未进入中国，而中国申请人的专利构成重点专利的较少，且时间较晚。

（三）移动支付安全技术发展路线分析

移动支付安全技术的身份认证技术的发展经历了一个从静态口令到动态口令、从软件加密到硬件加密、从单因素认证到双因素认证再到多因素认证、从加密密钥到生物特征识别这样的发展趋势。现今占据重要地位的身份认证技术主要是动态口令身份认证、多因素身份认证、生物特征识别身份认证以及新出现的基于云端的身份认证技术。

基于对移动支付安全技术中身份认证技术重点专利的分析，得到全球和中国移动支付身份认证技术的发展路线图，如图10所示。

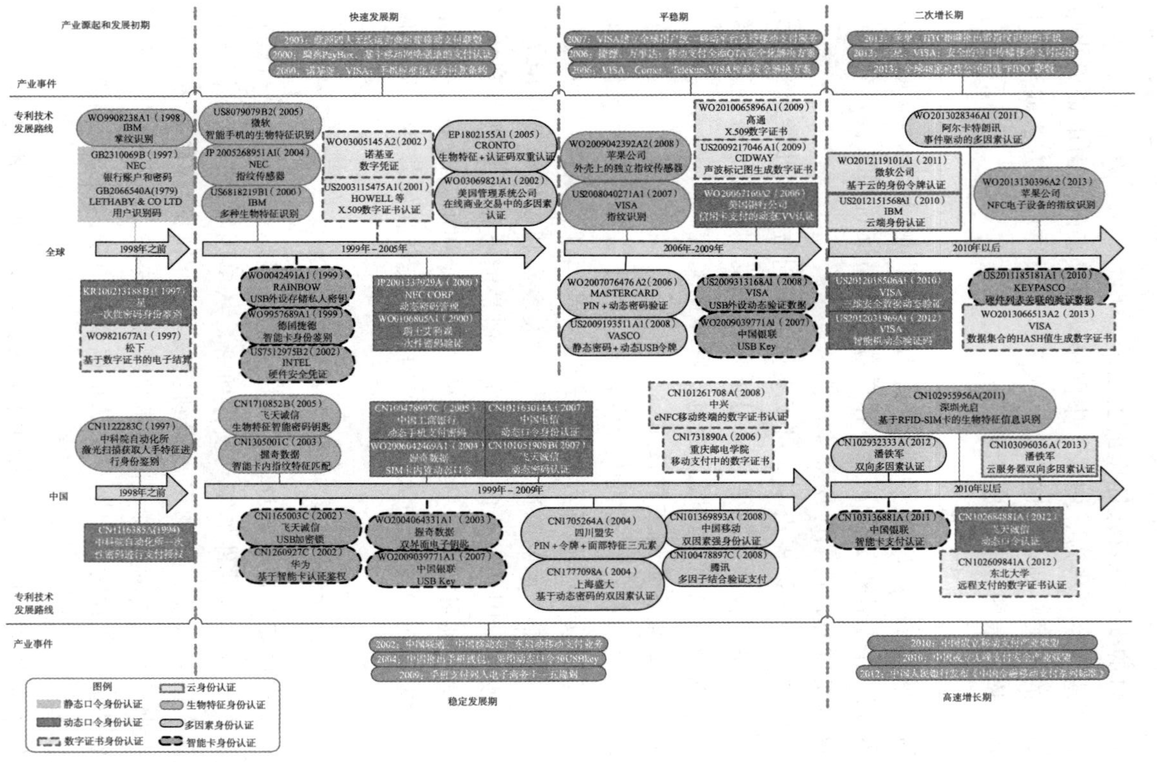

图 10　全球及中国移动支付身份认证技术发展路线

（四）移动支付应用技术发展路线分析

基于移动支付的实现步骤，可以将移动支付应用技术划分为以下主要的技术主题：营销；选购流程；支付流程；账户管理；交易记录管理。从移动支付产业中的重点申请人出发，分析移动支付应用领域的技术发展状况。可以发现：

（1）在全球申请量的萌芽期（1997 年之前），诺基亚等申请人在移动支付应用方面有专利布局。早期的申请多涉及的多为支付流程。这一时期中，没有国内申请人提交的重要专利申请。

（2）在全球申请量的增长期（1998～2007 年），SK、谷歌、索尼、亚马逊均有重要的专利申请。这一时期中，中国申请人的专利申请主要涉及：营销；支付流程；账户管理。中国移动、中国银联、中兴、华为、腾讯等产业巨头均有重要申请提交。

（3）2008～2009 年，虽然移动支付应用的全球专利申请量处于调整期，但是重要申请人仍然提交了大量重要的专利申请。这一时期，中国申请人也提交了较多的重要专利申请，涉及支付流程、账户管理和交易记录管理等主题。

（4）在全球专利申请的恢复期（2010 年之后），微软是较为重要的申请人，其在 2010 年、2011 年均提交涉及“选购流程”的专利申请。这一时期，中国移动支付市场的重要性进一步加强。特别是 2012 年，移动支付标准的推出，进一步增长了产业的信心。在这一时期，国内申请人提交了大量的申请。

六、重点技术领域专利风险及发展机遇分析

本节主要对四个重点技术领域在中国的专利状况进行分析，得出国内在各技术领域存在的专利风险和发展机遇。

（一）近场移动支付领域

近场移动支付领域，国外来华部分涉及 NFC、SIMPASS、RFSIM 等技术的重要专利技术水平普遍偏高，已对国内近场移动支付行业构成潜在的危险。NFC 方面，基础专利大多掌握在国外申请人手中，国内企业面临挑战；SIMPASS 和 RFSIM 方面，国内

企业面临风险相对较小。

NFC本身是一项成熟的技术，在该领域的专利布局已经规模化，但涉及将NFC技术应用到移动支付中，在完成并优化移动支付功能方面，相关技术一直在发展完善。因此，涉及这方面的专利布局尚未成熟，仍然存在专利空白。例如，移动终端和读卡器的重点专利基本都掌握在国外申请人手中，且大多进入了中国，但在智能卡、手机刷卡器领域的专利布局相对较少，进入中国的专利申请更少，在智能卡方面索尼公司在华申请只有两件，在手机刷卡器方面没有在华申请，国内申请人可重点关注这些方向，寻求突破口。在这方面，深圳盒子支付公司有成功的先例，他们基于在美国市场上盛行的通过外接读卡器将智能手机转换成POS终端的Square模式，自主研发“盒子支付模式”，该技术完全符合中国金融环境，通过内置安全芯片，磁道信息全程加密等技术防止黑客截取，弥补了国外企业因对中国市场不了解而出现的技术空白。建议我国企业借鉴上述成功的运营模式，通过学习国外先进技术，结合我国移动支付市场的特点与国情，积极寻求能够深入发展的机会。

（二）远程移动支付领域

远程移动支付领域，国外申请人很早就涉及远程移动支付，专利布局的范围广泛，国内申请人近年来的申请较多，已经获得授权的专利数量较低。

在我国，远程移动支付的主要实现形式是基于移动互联网，手机网民是实施远程移动支付的主力人群，他们构成了庞大的在线购买群体。现在正是移动支付行业的发展机遇期，建议我国相关企业紧跟时代的步伐，在以网页方式和客户端应用方式实现移动支付方面加大研发力度，加强专利布局，争取占据远程移动支付市场的主动权。例如，涉及采用短信或者互动式语音应答技术实现远程移动支付方案的基本框架和流程的专利基本都掌握在国外申请人手中，且大多进入了中国，但将这两种技术与其他远程移动支付技术相结合这个方向上，国外的相关申请较少，国内申请人可重点关注这个方向，寻求突破口。

（三）移动支付安全领域

移动支付安全领域，尽管全球范围内移动支付身份认证技术发展迅速，且涉及技术较广，但是许多重点专利在华尚未形成整体布局，国内产业发展总体来说风险不大。且有相当一部分重点专利未进入中国或者在中国并未获得保护，这种情况对于我国国内企业的发展是有利的，可以提供较好的技术参考。

国内在移动支付的身份认证方面的发展机遇主要体现在以下几个方面：①致力于发展具有优势的技术，如基于智能卡的身份认证、基于生物特征的身份认证和动态口令身份认证，同时重点关注对于新兴领域的身份认证技术，如云身份认证技术。②进一步在多技术主题的身份认证技术方面进行布局。③加强国内中小专利持有人的联合，促进专利技术合作。

（四）移动支付应用领域

移动支付应用领域，诺基亚等公司布局较早，掌握了该技术领域较多重要专利；苹果、微软等公司近年来申请量较大，专利布局范围广泛；国内存在专利布局薄弱环节。

国内在移动支付应用技术方面的发展机遇主要体现在以下几个方面：①在设计移动支付应用时，研究国外竞争对手的专利布局，合理进行规避，改善专利申请薄弱环节。②切合移动支付应用的使用场景，提交相关的应用类专利。③充分研究各国审查标准，积极推进全球专利布局。

七、措施建议

通过对移动支付产业及其各重点技术领域的专利分析和总结，提炼出适合我国企业和行业主管部门的措施建议，希望对我国未来发展移动支付产业，提升国内企业自主知识产权能力有所裨益。

（一）政府层面

（1）为整体发展移动支付产业提供推动力。

现阶段，我国发展移动支付业务的领域有限，多集中在公交、地铁以及网上购物等。建议我国行业主管部门在各领域推进移动支付的应用与发展，通过加强移动支付所需基本配套设施，如刷卡机和POS机的铺设，将其与市场中现有的业务相整合，从而推动移动支付成为一种大众应用，并对移动支付市场规模化发展提供保障。

（2）鼓励和支持具有自主知识产权的企业进一步拓展海外市场。

我国具有自主知识产权的SIMPASS和RFSIM技术，因其不需要更换手机的优势而具有较低的市场推广难度。作为RFSIM研发团队之一的国民技术，其生产的Zi1225安全芯片系统，成功解决了误支付的弊端，其性能、功耗指标都已超过目前的国际同类产品水平，而且性价比优异。在目前国内移动支付产业中普遍应用13.56Mhz的NFC技术的现状中，建议我国行业主管部门鼓励这些拥有自主知识产权的企业积极的投向海外市场，对于这些有竞争力的企业，行业主管部门应当在国际合作、贸易谈判、国家援建等项目中，为其搭建国际贸易平台，帮助这些企业进一步拓展海外市场，使其业务扩展到更多的国家和地区，从而最大化地发挥我国自主研发成果的优势。

（3）促进我国企业进行专利并购和国际合作。

专利并购和国际合作是快速提升专利竞争力的有效办法。由于我国的NFC技术起步较晚，在基础专利方面较为薄弱，通过专利并购的方式获取NFC的基础专利成为增强我国近场移动支付领域竞争力的重要方式。另外，在移动支付安全领域，技术集中度不高，专利分布比较分散，我国也有许多中小企业参与其中。在这种情况下，一方面可以促进有能力的大型企业通过并购的方式获取专利优势，另一方面也可以促进这些企业深入参加国际合作，加强这些企业在某一技术点上的深入研究和创新，从而获得更快更好的发展。

（4）积极推进专利成果的共享，建立自主知识产权专利池。

目前，国内申请涉及的技术主题及相应的技术路线都比较分散和多样化，专利布局较弱，还缺少官方组织的产业联盟。在这种情况下，行业主管部门可充分行使指导和服务职能，牵头组织在移动支付领域有较好专利布局或技术积累的企业，以及移动支付产业链上涉及的各个行业形成统一的产业联盟，共享专利成果，利用专利技术的共享或交叉许可等，共同组建具有我国自主知识产权的专利池，形成互惠互利的产业生态系统，共同发展壮大。

(5) 制定行业规范，加大监管力度，保障移动支付产业健康有序发展。

由于移动支付产业链涉及机构很广，产业的高速发展也带来了不同行业之间以及同行业不同企业之间的竞争和摩擦。作为行业主管部门，在这种情况下，需要充分发挥其监管的职能，联合行业协会，制订标准的行业规范，建立和完善行业规则，规范行业行为，维护良好的市场竞争秩序；同时制定相应的政策法规，加大监管力度，从而保障和推动我国移动支付产业健康有序地发展。

(6) 推进移动支付业务的发展，加强国内企业专利运用和专利政策的指导和服务。

研究中发现，我国企业在掌握重要专利以及应用知识产权的能力方面比较欠缺。主管政府部门、行业协会或产业联盟应积极沟通、相互协作，建立国家移动支付产业的知识产权服务体系，为我国企业提供专利运作和专利政策的指导和服务。加强企业对《专利法》、司法解释、专利申请文件撰写、实质审查程序流程、复审程序流程、公众意见、专利诉讼、专利许可、专利贸易等知识的培训，为企业提供全方位的咨询和指导服务，提高企业的知识产权运作能力。

（二）企业层面

(1) 选择有发展空间的技术领域，扬长避短，逐步完善专利布局。

研究发现，在将 NFC 技术应用到移动支付、优化移动支付、以及 SIMPASS 技术和 RFSIM 技术在抗干扰、天线设计等方面，相关技术一直在发展完善，涉及这方面的专利布局尚未成熟，存在一定专利空白。建议我国企业可以在这几个领域加大研发力度，加强专利布局。

（2）重视海外市场，尤其是欧美市场的专利布局，制定国际化的专利策略。

在移动支付产业中，技术发展在国家间的界限非常模糊，全球的技术更新几乎同步实现。我国企业可多关注行业内重要国外申请人的专利布局，在我国企业具有绝对优势的技术领域，提高基础技术和核心技术的专利保护意识，有计划地将专利布局扩展到全球范围，并通过专利合作或企业并购实现发展。

（3）关注最新技术发展，寻求技术突破口。

基于研究发现超声波支付技术、蓝牙技术及安全领域的云技术等均属于新兴技术，国内企业可以投入更多的力量在这种新技术上，不断创新和探索，将新技术结合到现有产业中来，争取在移动支付市场占据更重要的位置。

（4）切合移动支付应用的使用场景，提交以应用为主的专利申请。

随着移动支付应用的深入发展，在不同行业和环境中都可能使用移动支付技术。在不同的使用场景下，应用移动支付的表现形式也不同。建议国内申请人持续关注移动支付的应用性，提交相关的应用类专利申请，从而获得竞争中的优势地位。

（5）加强企业的知识产权意识，提高企业运用知识产权的能力。

企业在进行研发、生产和市场拓展的同时，要认识到专利分析与预警工作的重要性，重视专利文献信息的利用与整理，加强对相关专利在技术、法律等方面的评估，尽早明确利益和风险。从整体上提高企业运用知识产权的能力，避免重复研发，提高研发产出效率。

集成电路制造工艺关键技术专利分析和预警研究[*][**]

邱绛雯　陈　燕　王　燕　孙全亮　赵　哲
王　丹　徐　健　刘　沛　孙孟相　陈冠源
叶常茂　梁庆然　黎　欣　潘元真　李　岩

目前，国家已将推动芯片国产化上升至国家安全的高度，随着集成电路发展纲要及地方扶持政策的相继落地，集成电路产业将获得前所未有的发展机遇。因此，对集成电路制造关键技术中的图形光刻、晶圆减薄、金属互连技术三大关键技术领域的国内外专利情况开展专利分析研究，对提高我国集成电路关键技术的研发和产业利用水平，促进产业发展具有十分重要的意义。

一、研究内容及检索结果

本报告的研究对象为图形光刻、晶圆减薄、铜互连工艺等三项关键技术。具体的项目分解如图 1 所示。

表 1 列出了主要技术方向的专利数据检索结果，在此所使用的

---

* 本文获第九届全国知识产权（专利）优秀调查研究报告暨优秀软科学研究成果评选三等奖。

** 本文节选自 2014 年度国家知识产权局专利分析和预警项目——“集成电路制造工艺关键技术专利分析和预的警课题”研究报告。（1）项目课题组成员：邱绛雯（负责人）、陈燕（负责人）、王燕（组长）、孙全亮（组长）、赵哲（副组长）、王丹（副组长）、徐健、刘沛、孙孟相、陈冠源、叶常茂、梁庆然、黎欣、潘元真、李岩。（2）项目研究报告主要撰稿人：王燕、王丹、徐健、刘沛、孙孟相、陈冠源、叶常茂、梁庆然、黎欣、潘元真、李岩。（3）政策研究指导：沙开清。（4）研究组织与质量控制：邱绛雯、陈燕、王燕、孙全亮。（5）项目主要统稿人：王燕、王丹、刘沛。（6）审稿人：邱绛雯、陈燕。（7）课题组秘书：李岩。（8）本节选报告执笔人：王燕、王丹、刘沛、叶常茂、潘元真、李岩。

专利数据，其中中文检索结果从CPRS数据库中导出，而外文检索结果从DWPI数据库中导出，检索结果为截至2014年8月1日公开的所有实用新型和发明专利申请。

表1　各技术领域中英文库检索结果

<table>
<tr><th colspan="2" rowspan="2">关键技术</th><th colspan="2">中国</th><th colspan="2">全球</th></tr>
<tr><th>检索数据</th><th>标引数据</th><th>检索数据</th><th>标引数据</th></tr>
<tr><td colspan="2">检索日期</td><td colspan="4">截至2014.8.1</td></tr>
<tr><td rowspan="2">图形光刻</td><td>双重（多重）光刻技术（件）</td><td>998</td><td>436</td><td>3 007</td><td>1 406</td></tr>
<tr><td>EUV光刻技术（件）</td><td>774</td><td>272</td><td>4 012</td><td>1 806</td></tr>
<tr><td colspan="2">晶圆减薄技术（件）</td><td>2 002</td><td>938</td><td>10 036</td><td>6 618</td></tr>
<tr><td colspan="2">铜互连技术（件）</td><td>6 124</td><td>3 905</td><td>19 246</td><td>15 111</td></tr>
<tr><td colspan="2">总计（件）</td><td>9 898</td><td>5 551</td><td>36 301</td><td>24 941</td></tr>
</table>

二、图形光刻、晶圆减薄、铜互连专利态势分析

如表2所示，双重（多重）图形光刻技术全球的主要申请区域为美国、韩国和日本，表明上述国家在该技术具有优势。全球前三的申请人海力士、三星和东芝都是存储器厂商，专利技术和产业的关系非常密切；而中国区域排在前三的申请人分别是海力士、中芯国际和台积电。双重（多重）图形光刻技术全球和中国的主要申请方向均为SADP（自对准双重图形）分支，其次为LELE（光刻-刻蚀-光刻-刻蚀）、LPLE（光刻-处理-光刻-刻蚀）以及重复SADP等。

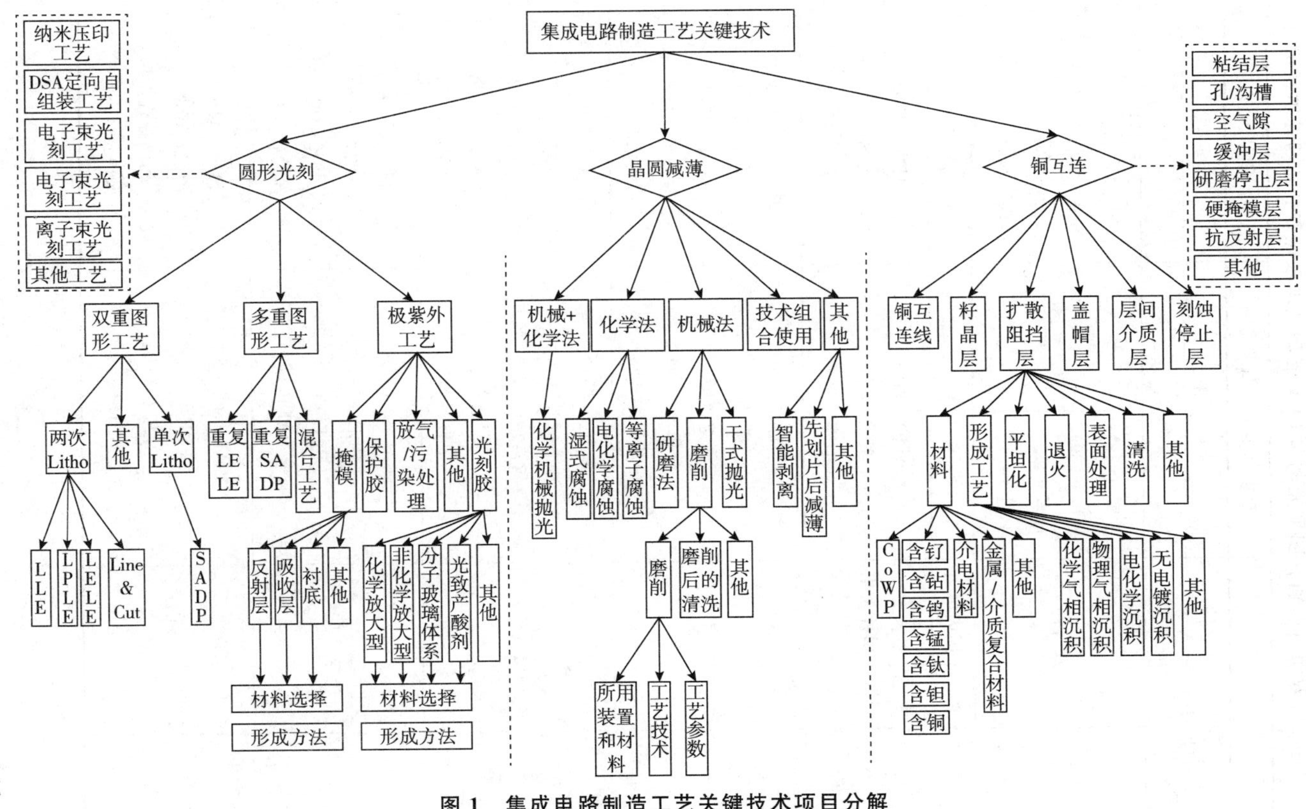

图 1 集成电路制造工艺关键技术项目分解

表 2　双重（多重）图形光刻和 EUV 光刻技术领域专利态势基本状况

<table>
<tr><th colspan="3"></th><th colspan="2">双重（多重）图形光刻</th><th colspan="2">EUV 光刻</th></tr>
<tr><td rowspan="2">申请量</td><td colspan="2">全球（件）</td><td colspan="2">1 406</td><td colspan="2">1 806</td></tr>
<tr><td colspan="2">中国（件）</td><td colspan="2">436</td><td colspan="2">272</td></tr>
<tr><td rowspan="3">主要申请区域</td><td colspan="2">全球（件）</td><td>美国（948）
韩国（689）
日本（449）
中国（431）</td><td>PCT（145）</td><td>日本（1165）
美国（946）
韩国（615）
中国（355）</td><td>PCT（358）</td></tr>
<tr><td rowspan="2">中国（件）</td><td>国内申请</td><td colspan="2">190</td><td colspan="2">30</td></tr>
<tr><td>国外来华</td><td colspan="2">韩国（115）
美国（72）
日本（39）</td><td colspan="2">日本（130）
美国（37）
韩国（25）</td></tr>
<tr><td rowspan="2">主要申请人</td><td colspan="2">全球（件）</td><td colspan="2">海力士（330）
三星（146）
东芝（97）
台积电（69）
中芯国际（68）</td><td colspan="2">住友化学（148）
富士（134）
三菱（134）
海力士（120）
信越化学（86）</td></tr>
<tr><td colspan="2">中国（件）</td><td colspan="2">海力士（85）
中芯国际（68）
台积电（37）
三星（28）
华力（22）</td><td colspan="2">住友化学（44）
三菱（37）
卡尔蔡司（22）
信越化学（19）
ASML（13）</td></tr>
<tr><td rowspan="2">技术分布</td><td colspan="2">全球（件）</td><td colspan="2">SADP（793）
LELE（268）
LPLE（141）
重复 SADP（49）</td><td colspan="2">掩模（840）
光刻胶（756）
放气、污染处理（116）
保护胶（94）</td></tr>
<tr><td colspan="2">中国（件）</td><td colspan="2">SADP（214）
LELE（92）
LPLE（41）
重复 SADP（20）</td><td colspan="2">掩模（110）
光刻胶（136）
放气、污染处理（165）
保护胶（11）</td></tr>
</table>

在全球EUV（极紫外）光刻工艺技术中，主要申请区域为日本，申请量排在前五位的申请人中，日本籍的占据了四位，可见日本在EUV技术占据优势地位；PCT申请占据总申请量的19.8%，可见都比较注重在全球范围进行专利布局，德国和荷兰也有一定的申请量，原因在于其具有与EUV技术密切相关的研发公司卡尔蔡司和阿斯麦（ASML）；在中国区域，前五位主要申请人有三位是日本籍申请人，中国申请人的专利申请很少，没有集中的申请人，只有科研院所和高校有少量申请，劣势明显。EUV技术全球和中国的主要申请方向均为掩模和光刻胶分支，其次为放气污染处理以及保护胶等。

如表3所示，全球专利申请的主要申请区域为日本、美国、韩国和中国，主要申请人为迪思科、信越、日东电工、琳得科、法国硅绝缘体技术有限公司（SOITEC）等，可见，日本在晶圆减薄技术领域具有明显的优势。中国专利申请中国外来华专利申请占比较大，主要申请人为迪思科、日东电工、中芯国际、信越、琳得科等。全球和中国专利申请在技术分布上的主要关注点较为一致，均为磨削法、智能剥离、化学机械抛光和湿法腐蚀。

表3　晶圆减薄技术领域专利态势基本状况表

<table>
<tr><td rowspan="2">申请量</td><td colspan="2">全球（件）</td><td colspan="2">6618</td></tr>
<tr><td colspan="2">中国（件）</td><td colspan="2">938</td></tr>
<tr><td rowspan="3">主要申请区域</td><td colspan="2">全球（件）</td><td>日本（5 022）
美国（2 904）
韩国（1 220）
中国（938）</td><td>PCT（961）</td></tr>
<tr><td rowspan="2">中国（件）</td><td>国内</td><td colspan="2">315</td></tr>
<tr><td>国外来华</td><td colspan="2">日本（487）
美国（56）
法国（44）</td></tr>
</table>

续表

申请量	全球（件）	6618
	中国（件）	938
主要申请人	全球（件）	迪思科（760） 信越（256） 日东电工（234） 琳得科（231） SOITEC（199）
	中国（件）	迪思科（124） 日东电工（89） 中芯国际（40） SOITEC（37） 信越（30）
技术分布	全球（件）	磨削法（3 469） 智能剥离（1 380） 化学机械抛光（1 087） 湿法腐蚀（274）
	中国（件）	磨削法（544） 智能剥离（130） 化学机械抛光（84） 湿法腐蚀（55）

如表 4 所示，铜互连技术领域技术来源国家/地区分布中，美国排名第一，其次是日本，中国排名第三，韩国位居第四，主要申请人为台积电、IBM、应用材料、海力士、东京电子和中芯国际，全球铜互连技术研究热点分布在扩散阻挡层、层间介质层、铜互连线和孔/沟槽，而中国铜互连技术研究热点分布情况与全球相同。

表 4　铜互连技术领域专利态势基本状况表

申请量	全球（件）		15 111	
	中国（件）		3 905	
主要技术来源国/区域	全球（件）		美国（5 672） 日本（3 581） 中国（3 361） 韩国（1 906）	
	中国（件）	国内	1 729	PCT（952）
		国外来华	日本（944） 美国（858） 韩国（206）	

续表

申请量	全球（件）	15 111
	中国（件）	3 905
主要申请人	全球（件）	台积电（1 038） IBM（758） 海力士（679） 联华电子（627） 应用材料（612） 中芯国际（592）
	中国（件）	中芯国际（580） 台积电（257） 上海华力（218） IBM（193） 联华电子（125） 东京电子（122）
技术分布	全球（件）	扩散阻挡层（3 698） 层间介质层（2 269） 铜互连线（1 954） 孔/沟槽（1 297） 盖帽层（827） 籽晶层（616） 刻蚀停止层（812）
	中国（件）	铜互连线（1 439） 孔/沟槽（611） 层间介质层（672） 扩散阻挡层（476） 盖帽层（220） 籽晶层（74） 刻蚀停止层（63）

三、双重（多重）图形光刻专利技术发展脉络分析

1. 双重（多重）图形光刻全球专利技术发展路线

如图 2 所示，虽然随着尺寸的不断缩小，产业对 EUV 光刻技术的期待越来越强烈，然而 EUV 光刻技术在产业应用过程中道路

曲折，故即使双重（多重）图形光刻技术随着尺寸的减小，其成本和难度都不断加大，但仍为目前产业中的主流技术。

接下来分析双重（多重）图形光刻全球专利技术的主要发展路线，明确双重（多重）图形光刻全球专利技术的主要发展阶段。如图 3 所示，SADP 技术发展主要经过三个阶段：1988～2003 年间属于 SADP 技术的前期研发阶段；2004～2010 年间研究重点在于如何将 SADP 技术应用于制备存储器产品；2010 年开始，研究重点开始转向于如何将 SADP 技术应用于制备逻辑产品。

将双重（多重）图形光刻技术全球产业发展路线图 2 和全球专利发展路线图 3 进行对比，可以分析得到双重（多重）图形光刻技术全球产业-专利的关系。

如图 4 所示，专利技术的出现总是早于该技术在产业界的使用。由于双重（多重）图形光刻技术的发展周期不长，并且其容易具体运用到产业，可方便地与现成的制造工艺结合，因此从专利申请转化到产业生产的时间并不漫长，大体上，从专利申请到产业上首次实现一般需要三年左右，而从专利申请到产业上量产则需要五年左右，呈现出专利先行、产业滞后的状况。

2. 双重（多重）图形光刻中国技术发展路线分析

由于中国目前尚无双重（多重）图形光刻的产业，本小节主要分析中国的双重（多重）图形光刻专利技术，以明确中国双重（多重）图形光刻技术的发展路线，为中国产业技术发展方向提供参考。

如图 5 所示，中国的双重（多重）图形光刻技术的初期发展阶段较不明显，在中国首次申请的双重（多重）图形光刻技术都是改进的方案，技术相对分散，发展呈现跳跃式。

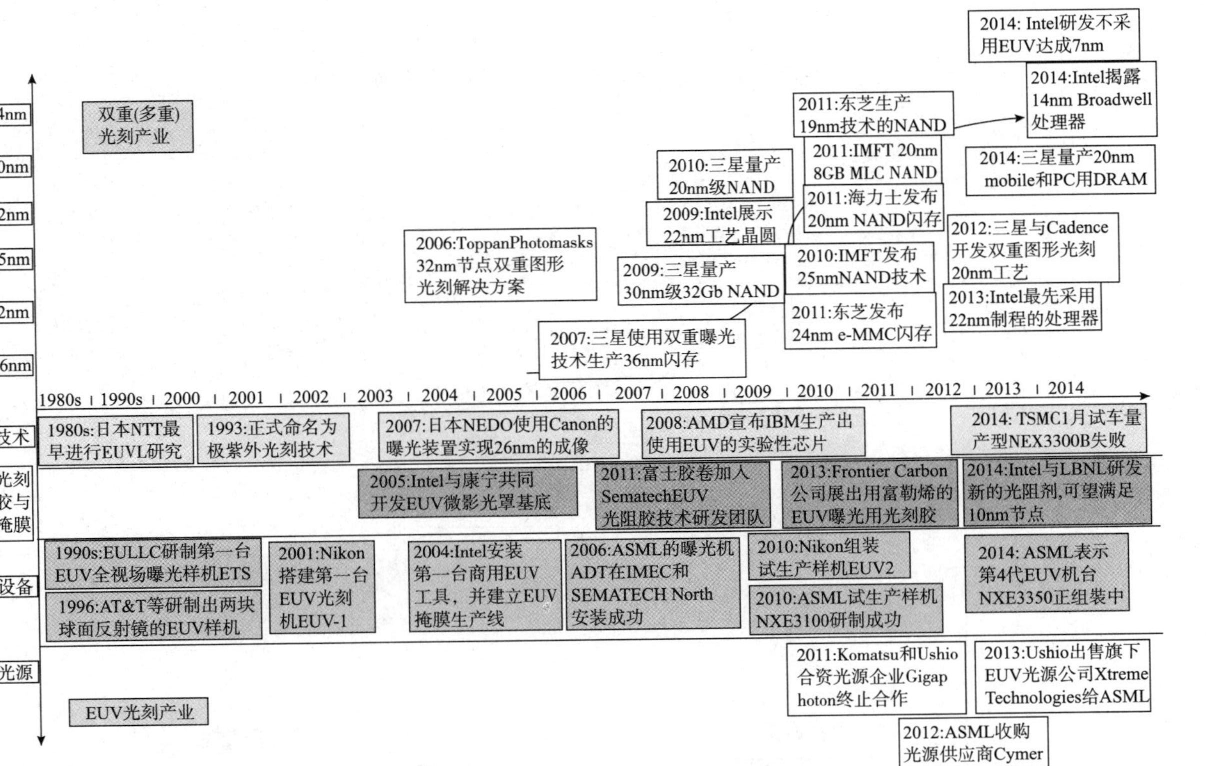

图 2　全球光刻产业发展路线

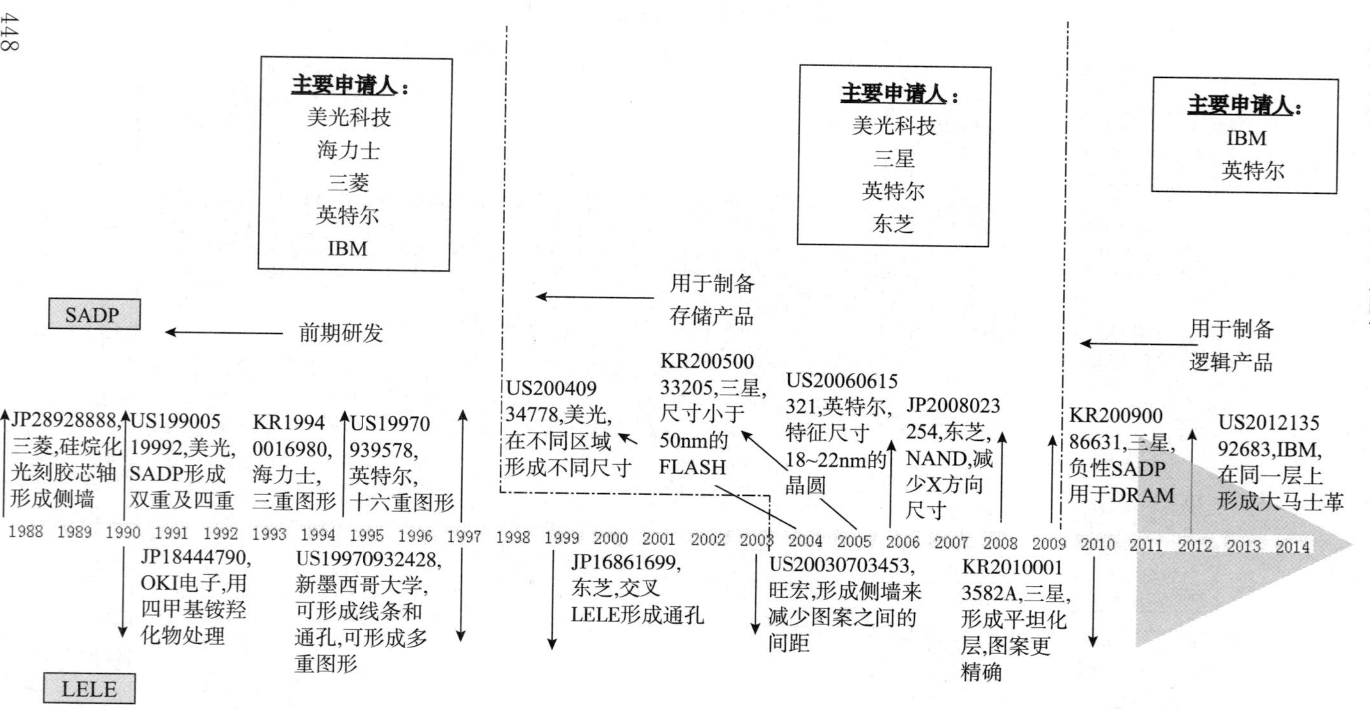

图 3 双重（多重）图形光刻全球专利技术发展路线

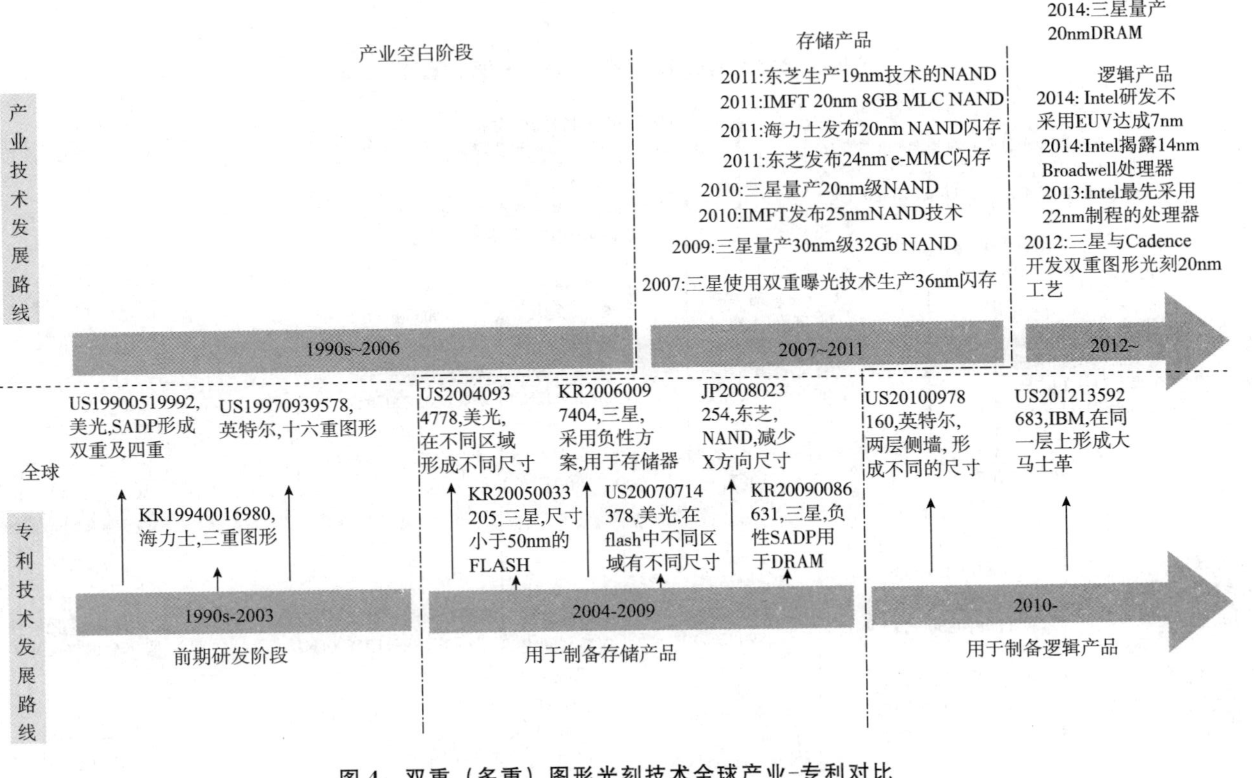

图4 双重（多重）图形光刻技术全球产业-专利对比

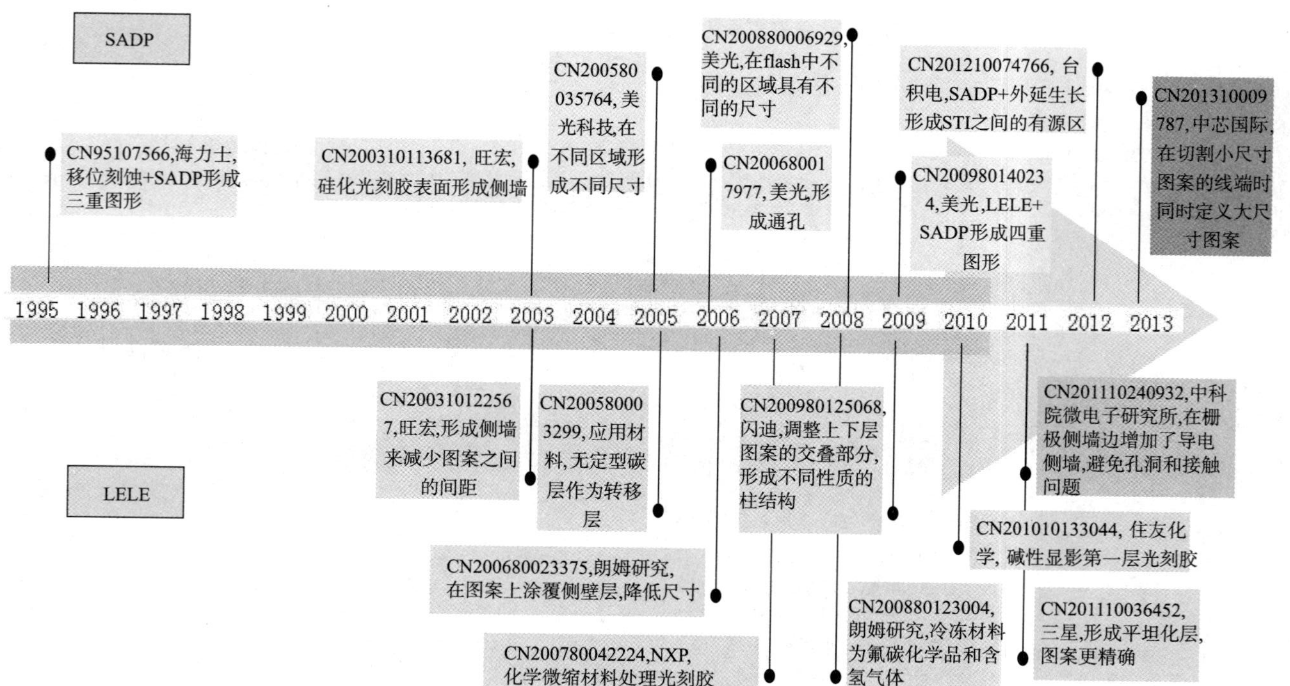

图5 双重（多重）图形光刻中国专利技术发展路线

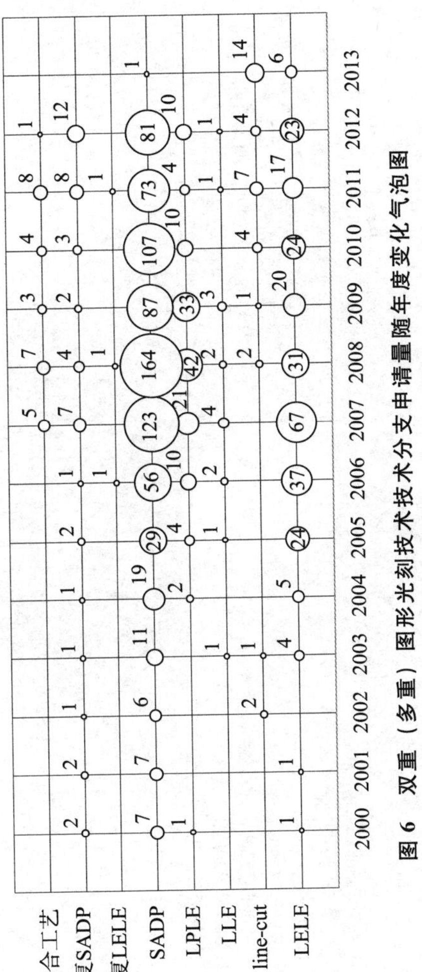

图 6 双重（多重）图形光刻技术技术分支申请量随年度变化气泡图

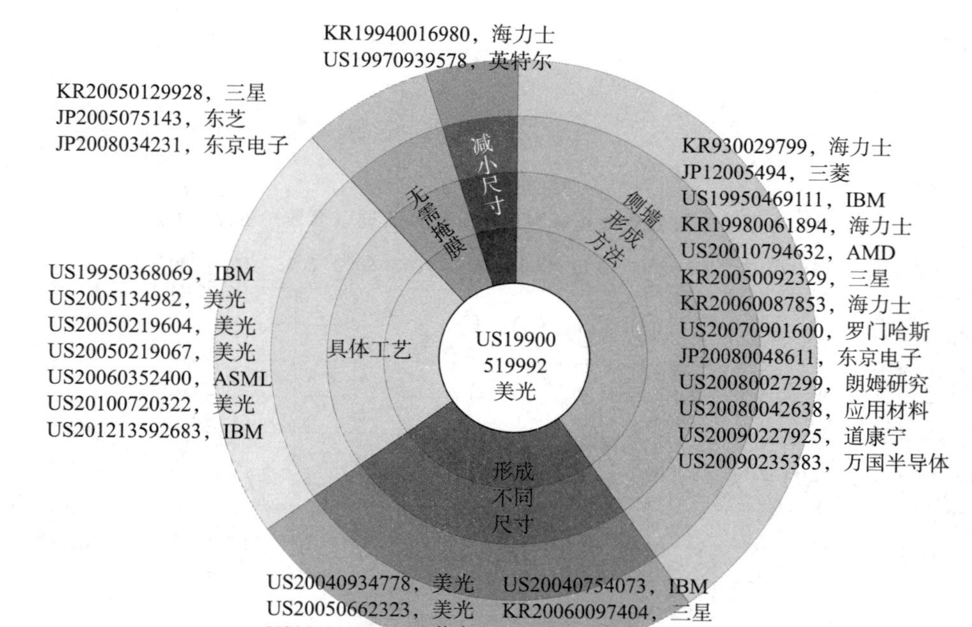

图 7　SADP 工艺的核心专利和外围专利

3. 双重（多重）图形光刻未来技术发展趋势分析

从图 6 可知，SADP 一直是光刻技术的热点和重点，且近年发展趋势仍较为平稳，而 LELE 则呈现较明显的下滑态势，预计在未来，由于尺寸缩小带来的成本差异加剧，使得业内将会将研究重点集中在 SADP 技术。此外，假如未来几年内 EUV 光刻技术没办法实现突破性进展，重复 SADP 技术可能是具有潜力的光刻技术。

如图 7 所示，美光科技的申请号为 US19900519992 的专利申请属于 SADP 技术中的核心专利和基础专利。分析可知，围绕该核心专利的重要改进方向为侧墙形成方法、不同尺寸器件的形成以及具体工艺三个方面。

表 5　SADP 技术近几年重要专利列

申请人	申请号	技术要点	功效改进
东京电子	JP20080048611	采用甲硅烷化的方法形成侧墙	提高侧墙稳定性、形貌均一性
道康宁	US20090227925	采用固化硅倍半氧烷树脂的方法形成侧墙	提高侧墙稳定性、形貌均一性
万国半导体	US20090235383	采用离子注入的方法形成侧墙	提高侧墙稳定性、形貌均一性
IBM	US20090509900	通过对硅芯部进行杂质引入以形成掺杂侧墙	提高侧墙稳定性、形貌均一性
朗姆研究	US20080027299	采用聚合物作为侧墙	提高侧墙稳定性、形貌均一性
应用材料	US20080042638	采用氮化硼作为侧墙	提高侧墙稳定性、形貌均一性
IBM	US201213592683	采用 SADP 技术在同一层中形成大马士革图形	形成特定形状和结构
IBM	US201113171868	通过 SADP 技术在 SOI 上形成 FINFET	形成特定形状和结构
IBM	US201314017488	通过 SADP 技术形成源漏极以及栅极	形成特定形状和结构

续表

申请人	申请号	技术要点	功效改进
三星	KR20080078519	采用SADP技术在NAND闪存中形成不同宽度的掩模图案	形成不同尺寸器件
英特尔	US20100978160	采用形成两层侧墙以形成三重图形以及不同尺寸的图形	形成不同尺寸器件
东芝	JP2011028660	采用增加某些图案的侧墙的层数的方法形成不同尺寸的图形	形成不同尺寸器件

同时从表5可以看出，近几年在SADP技术领域领先的大型企业和研究机构的专利布局方向与对核心专利以及外围专利的分析得到的SADP技术的发展方向相同。

根据上述分析，如图8所示，我们可以对全球双重（多重）图形光刻技术未来技术发展方向做出如下预测。

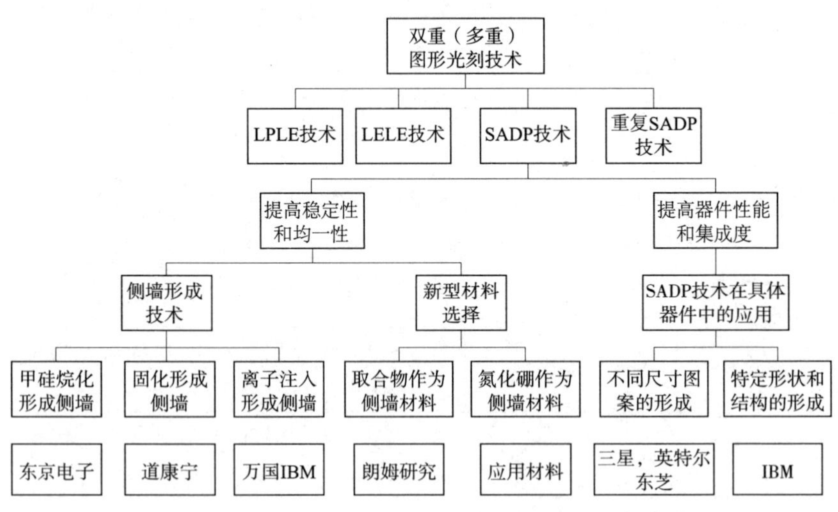

图8　双重（多重）图形光刻技术未来发展方向预测

4. 我国产业技术发展方向分析

课题组进一步对 SADP 技术的上述三个发展方向的专利风险进行具体的分析，并给出我国产业技术发展方向的相关建议。

结合前述分析可知，IBM、应用材料以及美光科技等大型企业较早前就在中国对侧墙形成技术领域进行了较多的重要专利布局，涉及有机膜、氮化物的形成方法等基础和外围专利，布局较为完整，而国内申请人布局较少较晚，需要重点关注此类知识产权情况。在新型的侧墙形成技术方面，如中芯国际提交的定性自组装技术形成侧墙的专利申请，该些技术可以替代目前传统沉积技术，且国外并未对该些形成技术形成完整的专利布局，需要关注此类知识产权情况。可通过技术合作、技术转让等方式获得该些核心专利的专利权，还可以通过对外围技术进行大量的专利布局，以对该核心专利进行包围。在新型侧墙形成方法技术领域，可以继续对新型侧墙形成方法进行专利布局，构建新型侧墙形成方法专利完整体系。

国外申请人如海力士、应用材料等在侧墙材料选择方面提交了少量的重要专利，涉及采用氮化物、氧化硅以及有机膜作为侧墙的基础性专利，且中芯国际、台积电等国内申请人仅具有少量外围专利，需要重点关注此类知识产权情况。建议主要通过对于氮化物、氧化硅以及有机膜作为侧墙材料的基础性专利进行大量外围专利布局或者通过技术合作、技术转让等方法获得专利权，也可投入一定精力研究新型侧墙材料以规避专利风险。

国外申请人如美光科技、三星以及 IBM 对具体器件应用技术领域布局较早，也较为完整，而国内申请人如中芯国际、中科院微电子所等仅具有少量外围有效专利，故在该技术领域，需要重点关注此类知识产权情况。可以通过技术合作、技术转让等方式获得该些核心专利的专利权，还可以通过对外围技术进行大量的专利布局，以对该核心专利进行包围。

另外，在 EUV 光刻技术发展还未取得突破性进展之前，重复 SADP 技术将会是未来缩小器件尺寸的主流图形光刻技术之一，国内企业和研究机构应抓住全球对重复 SADP 技术的相关专利申请较少且具有应用前景的特点，战略性地加强对重复 SADP 技术的专利布局，以争取未来在双重（多重）图形光刻技术领域占据一席之地。

四、措施建议

综合课题研究成果，按照图形光刻、晶圆减薄、金属互连三个技术领域中国专利分析、全球专利分析和国内外重点专利分析的实际情况，本报告从产业和技术层面分别提出以下应对措施。

1. 产业层面

（1）加强政府在产学研结合中发挥的积极引导作用，促进产业中面临的高难度技术的攻克以及科研院所技术成果的转化。

加大政府层面引导资源配置和支持产学研结合的力度，国内的科研院所已经取得了一定的成果，比如复旦大学、中科院微电子所和四川大学在铜互连技术领域中的阻挡层材料中的三元材料方向已经获得了一些保护范围较大的授权专利。政府可以加快成果转化的技术支撑平台建设，缩短科研院所与企业之间的距离。

（2）政府层面关注未来技术发展走向，加大对未来技术发展方向上的研发支持力度，选择对已在上述技术上开展相关研究的重点企业和科研院所予以支持，争取实现技术突破。

比如，用于EUV光刻掩模的新型多层反射膜方向以及分子玻璃体系光刻胶技术方向均为未来发展方向，并且国内的同济大学和中科院化学研究所分别在在新型多层反射膜方向和分子玻璃体系光刻胶方向上已经取得了一定的成果。

（3）建立集成电路制造工艺关键技术专利专题数据库和专利信息预警平台，积极探索光刻领域、晶圆减薄领域和铜互连领域的技术突破口，另辟蹊径，占领技术制高点。

政府层面可以以本课题研究数据为基础，建立集成电路制造工艺关键技术领域专题专利数据库，为企业提供信息服务和保障，同时动态跟踪研究国外重点企业的专利信息。

2. 技术层面

（1）国内企业和科研院所可密切关注主流技术发展趋势，准确制定发展方向。

表 6 列出集成电路制造领域可以关注的技术方向和相关企业，国内企业可以通过专利信息来密切关注产业发展动态，找准研发切入点，集中有限的人力、物力和财力资源有重点地进行投入。

表 6 可关注的技术方向及相关企业

领域	热点技术方向	可关注的相关企业
图形光刻	在双重（多重）图形光刻	海力士、IBM
	EUV 光刻技术	住友化学
晶圆减薄	磨削	迪思科、日东电工
	智能剥离	SOITEC
铜互连	铜互连线、扩散阻挡层和盖帽层	IBM、台积电

（2）国内企业和科研院所可根据各技术方向的风险程度高低采取针对性的技术发展策略。

根据上述分析，针对不同的技术领域，我们给出如下策略建议：

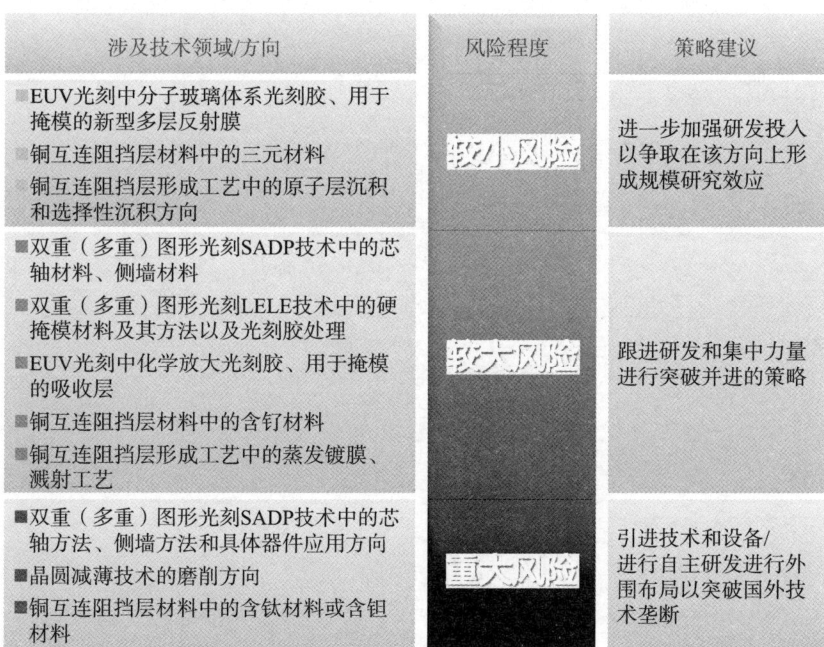

图 9 根据技术领域/方向的风险程度给出的技术发展策略建议

（3）结合图形光刻技术发展路线分析、具体的未来技术发展方向预测以及我国的现状，进行研发策略的调整。

本报告给出的是对图形光刻技术领域的具体的未来技术发展方向的预测，并给出了相关技术方向中处于领先地位的相关企业和科研院所（见图 8），建议研发人员对这些公司/科研院所予以密切关注。一方面避免进行重复研究造成研究资金和时间的浪费，另一方面对未来技术发展方向进行跟踪研究，加大投入力度，以期在外国申请人形成在华专利布局之前找到突破口抢占先机取得突破。

数字安防关键技术专利分析和预警研究[*] [**]

郑慧芬 陈 燕 茅 红 孙全亮 张 欣 马 克
王 剑 徐国亮 杨娇瑜 阎 澄 张仁杰 唐晓明
刘昕鑫 陈 思 罗 希 韩 盼 王 姣 李立功
刘艳鑫 彭齐治 李 慧 赵 哲 孙 玮 寿晶晶 王瑞阳

数字安防产业是物联网产业的重要组成部分，当前数字安防产业已经成为建设平安城市和智慧城市的核心产业，并为维护社会公共安全和加强社会综合管理提供支撑性保障，具有广阔的市场空间和发展前景。我国已经成为全球数字安防产业的优势区域，长三角、珠三角和京津冀三大安防产业集群快速成长，尤其是杭州高新区在视频监控安防领域，在国内具有领先优势，在国际上也具有较强竞争力。总体来看，国内数字安防产业既有良好的发展机遇也面临众多挑战，随着我国数字安防产业在全球市场的优势不断凸显，来自知识产权领域的战略竞争逐步加剧，这对国内数字安防产业的发展造成严重风险和影响。

---

* 本文获第九届全国知识产权（专利）优秀调查研究报告暨优秀软科学研究成果评选三等奖。

** 本文节选自2014年度国家知识产权局专利分析和预警项目——“数字安防关键技术专利分析和预警课题”研究报告。（1）课题组成员：郑慧芬（负责人）、陈燕（负责人）、茅红（组长）、孙全亮（组长）、张欣（副组长）、马克（副组长）、王剑（副组长）、徐国亮、杨娇瑜、阎澄、张仁杰、唐晓明、刘昕鑫、陈思、罗希、韩盼、王姣、李立功、刘艳鑫、彭齐治、李慧、赵哲、孙玮、寿晶晶、王瑞阳。（2）主要撰稿人：张欣、王剑、徐国亮、杨娇瑜、阎澄、张仁杰、唐晓明、刘昕鑫、陈思、罗希、韩盼、王姣、李立功、刘艳鑫、赵哲、彭齐治、李慧、孙玮。（3）政策研究指导：孙玮。（4）研究组织与质量控制：郑慧芬、陈燕、孙全亮、茅红。（5）主要统稿人：张欣、马克、王剑、赵哲。（6）审稿人：郑慧芬、陈燕。（7）课题秘书：赵哲。（8）本节选报告执笔人：赵哲、马克。

一、数字安防技术专利总体分析

1. 安防技术发展迅猛，中国引领作用明显

自 20 世纪 80 年代以来，数字安防技术领域的申请量开始呈现出稳定增长的态势，特别近年来全球数字安防技术领域的申请量增速加快，连续两年增速达到 15%，2012 年全球数字安防技术领域的专利年申请量达到 9 389 项的峰值，全球数字安防技术和产业蓬勃发展。从 2005 年起中国地区的专利申请开始迅速增长，并在 2009 年超过日本成为专利申请量全球第一的国家，截至 2012 年，全球 58%的专利申请来自中国地区（见图 1）。

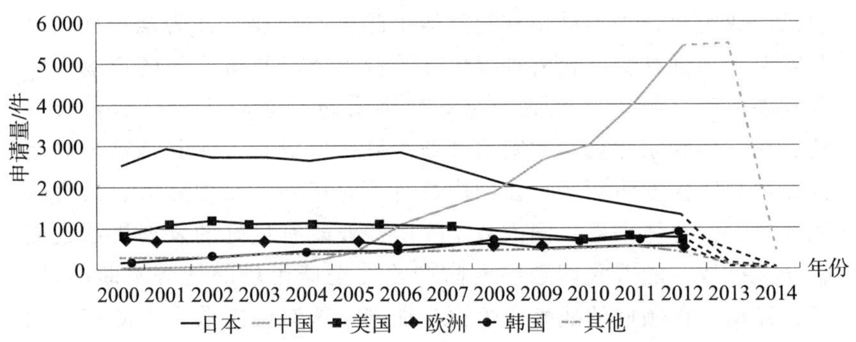

图 1　数字安防技术全球主要地区的专利申请趋势

中国地区的专利申请尽管起步较晚，但随着近年来国内政策的有力推动和安防市场的逐步成熟，国内数字安防产业迅速崛起并诞生很多重量级的龙头企业。随着企业对技术创新的重视和专利保护意识的增强，中国地区的专利申请量特别是国内申请的数量加速增长，到 2012 年，中国地区 95%的专利申请都是国内申请，国内数字安防产业的技术创新和专利布局持续走强。截至目前，国内专利申请量达到 38 654 件，国外来华专利申请量为 5 263 件，国内专利申请已经成为中国专利申请的主体，数量优势明显（见图 2）。

2. 日本占有优势，国内创新能力仍有差距

从申请区域分布来看，全球专利申请主要来源于日本（39%）、中国（21%）、美国（15%）、欧洲（12%）和韩国（6%）等地区，

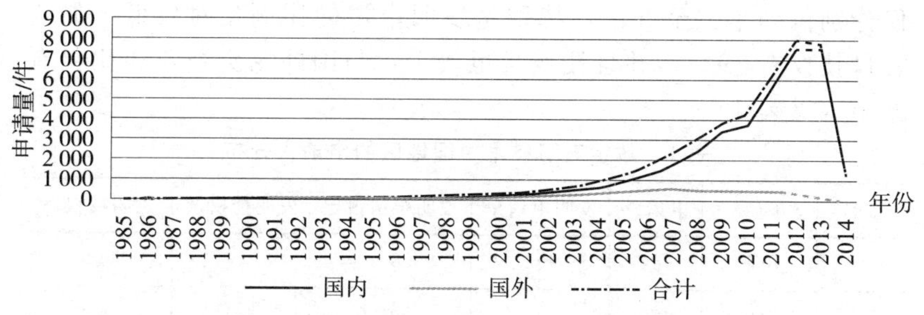

图 2　数字安防技术中国地区的专利申请趋势

这五个地区的专利申请量合计占全球申请量的93%，日本占比超过1/3（见图 3）。随着中国专利申请的快速增长以及其他地区的申请趋缓，预计中国申请量的占比有望继续提升。

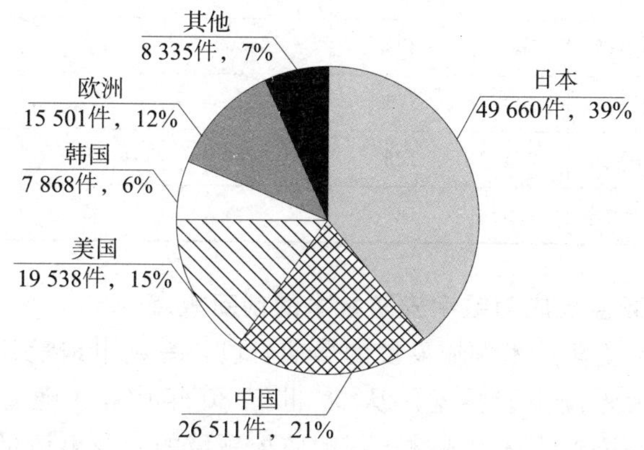

图 3　数字安防技术全球专利申请的来源分布

从全球主要申请人分布来看，基本上都是日中美欧韩的龙头企业，其中日本企业占据前十名中的 8 名，包括松下、三菱、东芝等，目前仍具有绝对优势。中国地区的申请量虽然已经排到世界第二位，但是中国申请量排名前十的申请人中仍以国外企业占优，比如松下、索尼、三星申请量分别为 442 件、420 件和 335 件，分别位列第一、二、六位，而国内龙头企业亚安科技、中兴通讯、海康威视的专利申请量分别为 377 件、371 件和 357 件，仅分别位列第三至五位，特别是发明申请的比例相对较低，如亚安科技仅有39%，并且授权量也较少，与国外龙头企业相比仍有差距（见表1）。

表1　数字安防技术中国地区的申请人分布

排名	申请人	申请量	发明申请量	发明申请占比	发明授权量	发明授权率
1	松下	442	434	98%	244	56%
2	索尼	420	417	99%	234	56%
3	亚安科技	377	148	39%	27	18%
4	中兴通讯	371	330	89%	121	37%
5	海康威视	357	259	73%	134	52%
6	三星	335	220	66%	107	49%
7	中星微	304	299	98%	167	56%
8	宇视科技	300	276	92%	50	18%
9	大华股份	234	126	54%	25	20%
10	浙江大学	215	187	87%	85	45%

3. 视频监控成为数字安防技术的创新重点

在数字安防技术领域发展的早期阶段，专利申请量领先的技术分支最早为入侵报警技术。从20世纪80年代起，随着成像、显示、传输等技术的日趋成熟，视频监控领域的专利申请量开始逐渐增长，成为数字安防技术专利申请的主要技术分支，进入20世纪90年代后，视频监控领域专利申请量持续保持高速增长，已经远远超过入侵报警和门禁对讲安防技术，目前其专利申请量已占全球申请总量的54%，视频监控安防技术越发成为数字安防领域的研究重点（见图4）。

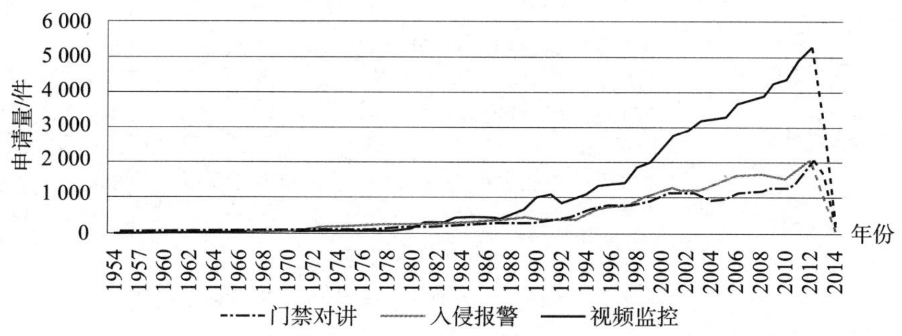

图4　数字安防各技术分支的全球申请趋势对比

在各主要技术分支上，日本的申请量基本上都超过其他国家/地区，特别是在视频监控技术方面上，日本的专利申请优势明显；中国在门禁对讲分支上排名第一，在其余两个技术分支上排名第二，且与除日本外的其他国家/地区相比优势也比较明显。与中美日韩等地区不同，欧洲申请量占优的技术分支是门禁对讲。

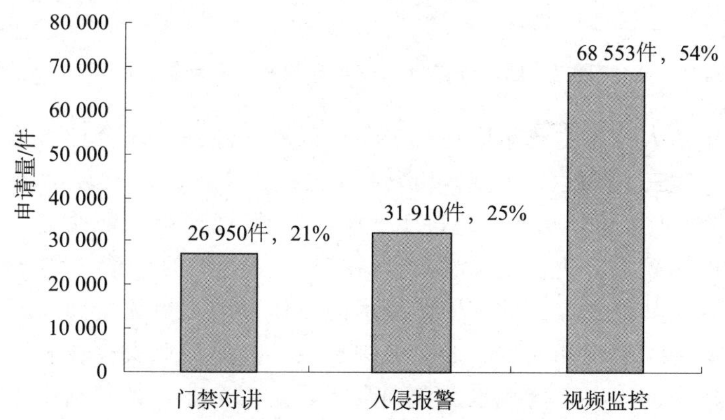

图5　数字安防技术各分支的全球申请数量占比

4. 国内数字安防产业集中度高，竞争激烈

国内专利申请主要分布在广东、北京、浙江、江苏、上海等数字安防产业发展具有优势的省市，上述五省市的专利申请量合计占国内专利申请总量的59%。从经济区域来看，国内数字安防技术领

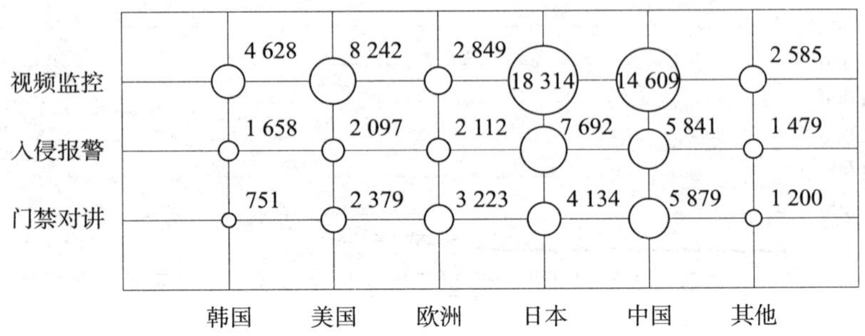

图 6　数字安防技术各分支的全球申请区域分布

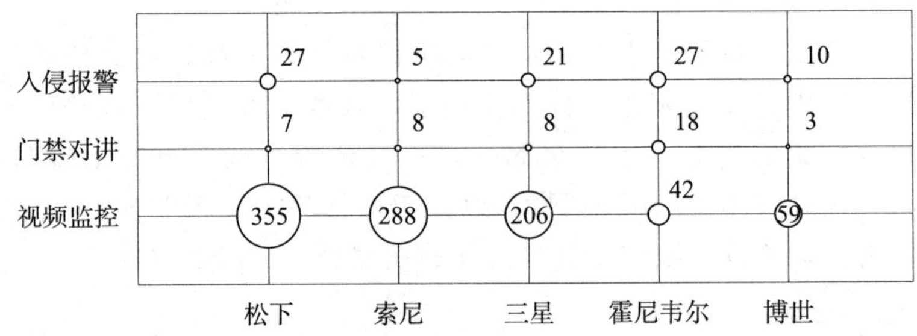

图 7　国外安防巨头在华专利技术布局情况

域的申请人分布主要集中在长三角地区（江浙沪三地合计占比接近1/3）、珠三角地区（广东申请量占比接近1/5）以及环渤海地区（京津鲁辽等地合计占比超过1/5），产业发展聚集特征明显，行业集中度比较高，尤其是广东省，在三个分支上的申请量均排名第一，相对其他省市在数字安防技术的整体发展上更为全面。浙江的海康威视、宇视和大华、北京的中星微、天津的亚安科技和天地伟业、广东的中兴、捷顺以及深圳豪恩等龙头企业，其专利申请量均位于国内专利申请量的前列，已基本形成安防几大家的稳定格局。

国外在华申请主要来自日本、美国、韩国、德国、荷兰等国，申请量排名前五位的国家的总申请量占据了全部国外申请人在华专利申请总量的86%，其中日本的占比更是达到44%，反映出日本申请人在华专利布局十分积极。虽然国内几大龙头企业的申请量与国外来华专利布局靠前的日本松下、索尼和韩国三星的专利申请量旗鼓相当，但是发明专利申请量占比和授权率与上述几家国外企业还具有一定差距，国内龙头企业的技术创新的成果数量和质量还需要改善和加强。

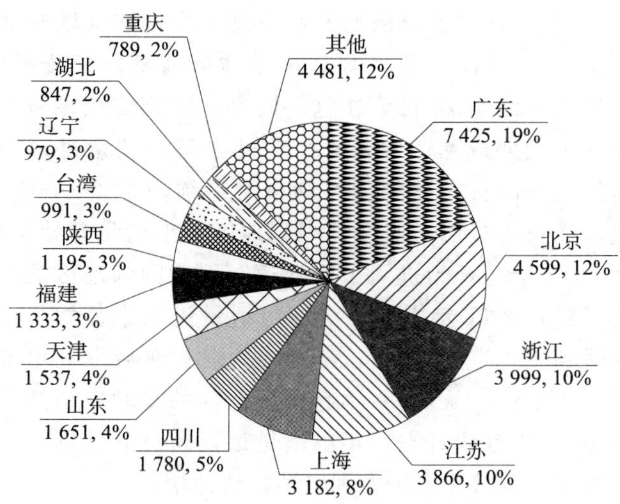

图 8 数字安防技术国内申请的省市分布

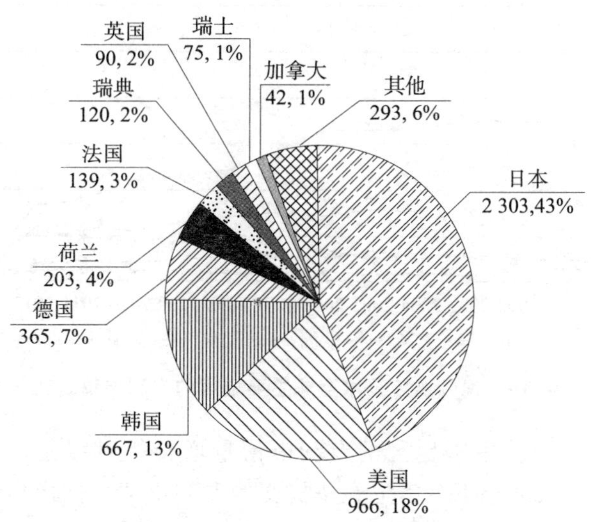

图 9 数字安防技术国外来华申请的国家分布

二、视频监控技术专利总体分析

1. 我国视频监控技术逆势上扬，创新活跃

从 1954 年视频监控领域的专利出现至今，该领域全球专利申请总量已达 68 553 件。1979 年以前全球申请量处于缓慢增长期，年度申请量长期低于 70 件，在这一时期，视频监控领域内的各技术分支都尚未发展成熟；1980～2000 年全球申请量进入快速增长期，这期间主要由日美欧韩的专利申请引领；2002～2010 年全球申请量进入增长放缓期，这期间中国地区的申请量开始迅速增长，但日本从 2006 年起开始进入下降通道，而美欧韩地区的专利申请基本保持平稳；2011 年之后，全球申请量进入恢复增长期，连续两年增幅达到 15%，2012 年，全球视频监控领域专利申请量达到峰值，为 5 224 件。从 2000 年起中国地区的专利申请开始迅速增长，并在 2009 年赶超日本，年申请量远远超过其他国家，全球专利申请增长主要源自于中国专利申请的快速增长。

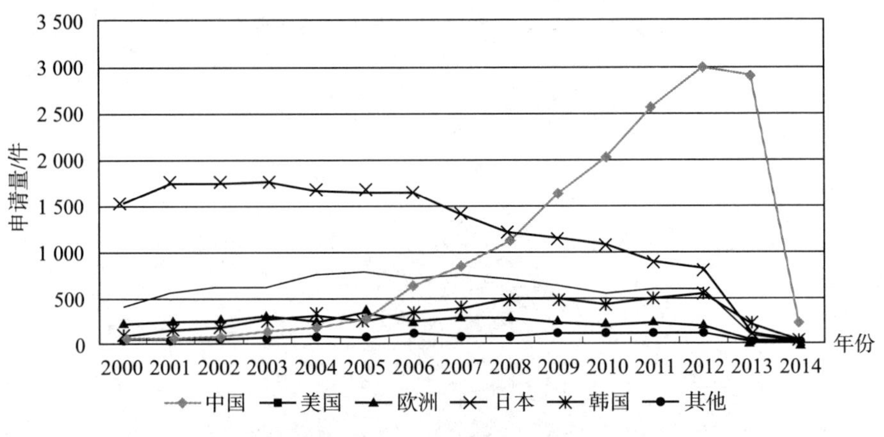

图 10　视频监控技术全球主要地区的专利申请趋势

1999 年以前中国地区的专利申请量增长相对缓慢，其中主要是国外申请人如松下、索尼在华提交的专利申请，国内申请人提交的专利申请量很少；2000 年以后中国地区的专利申请量快速增长，其中国内申请人提交的专利申请增长明显，国外申请人在华提交的专利申请量比较平稳，国内专利申请量已经远远超过国外来华专利申请量，国内申请人的技术创新积极性大幅提高。截至目前，国内专利申请量达到16 002件，国外来华专利申请量为2 337件。

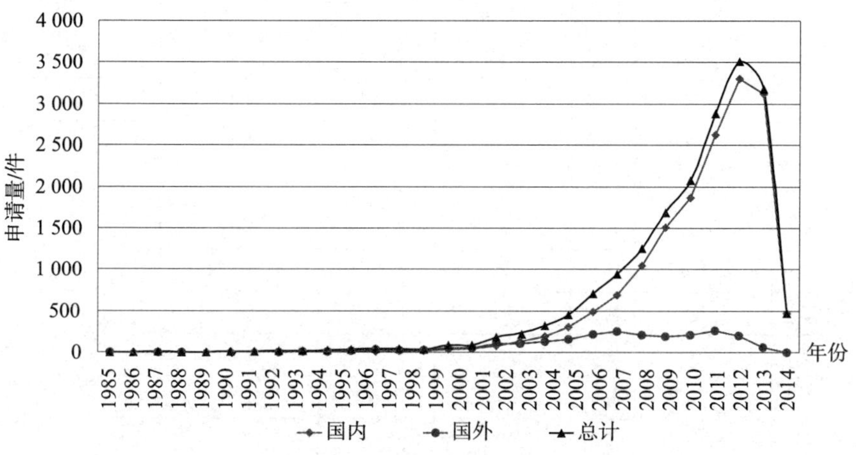

图11 视频监控技术中国地区的专利申请趋势

2. 日韩企业优势明显，国内企业差距缩小

日本、中国、美国、韩国及欧洲是提交视频监控专利申请的主要来源国家/地区。在全球专利申请中，来自日本的申请最多，占全球专利申请总量的42%；来自中国、美国、韩国和欧洲的专利申请占全球专利申请总量的比例依次为21%、14%、7%以及7%，来自其他国家的专利申请仅占9%，可见视频监控技术的发展由上述地区主导。

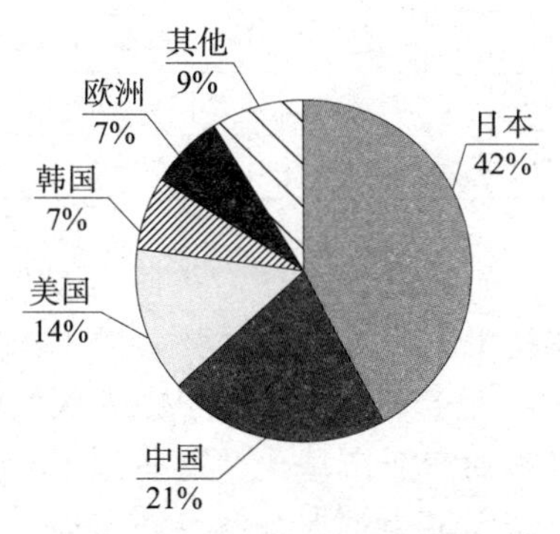

图12 视频监控技术全球专利申请的区域分布

全球主要申请人基本上是日中美欧韩的龙头企业，其中日本企业占据前20名中的18名，拥有绝对优势，美欧韩中主要以霍尼韦尔、博世、三星、海康威视等安防龙头为代表，可见日本地区的申请人优势明显。

表2　视频监控技术的全球主要申请人

排名	申请人	国家	全球申请量	申请占比	近五年申请量	近五年占比
1	松下	日本	2 994	4.37%	302	10.09%
2	三菱	日本	2 192	3.20%	237	10.81%
3	东芝	日本	1 842	2.69%	202	10.97%
4	佳能	日本	1 488	2.17%	329	22.11%
5	索尼	日本	1 368	2.0%	147	10.75%
6	日立	日本	1 309	1.91%	246	18.79%
7	富士通	日本	1 235	1.80%	177	14.33%
8	三星	韩国	884	1.29%	287	32.47%
9	NEC	日本	750	1.09%	112	14.93%
10	国产电机	日本	698	1.02%	183	26.22%
11	LG	韩国	628	0.92%	110	17.52%
12	尼桑	日本	571	0.83%	77	13.49%
13	三洋	日本	544	0.81%	43	7.90%
14	丰田	日本	522	0.76%	113	21.65%
15	奥林巴斯	日本	507	0.74%	38	7.50%
16	日本电装	日本	505	0.74%	122	24.16%
17	本田	日本	460	0.67%	132	28.70%
18	夏普	日本	427	0.62%	34	7.96%
19	西科姆	日本	378	0.55%	179	47.35%
20	维克多	日本	376	0.55%	30	7.98%

研究发现，日美欧韩的龙头企业进入视频监控领域的时间早，在技术上占有先发优势，而中国的龙头企业则是有后来者居上的态势，近年来在国际竞争中表现活跃。全球主要申请人十分重视中美日欧的产业市场，在这些国家和地区布局了大量专利。其中，日本申请人最为重视全球专利布局，在日本地区进行专利布局的前五位申请人均是日本企业，合计占比高达28.87%，除在本土大量布局外，松下和索尼在中美欧申请的专利数量均排在所在国家和地区的

前五位，反映出其雄厚的技术实力和国际化专利策略。

中国地区的专利申请量虽然已经排到世界第二位，但是申请量排名前十的申请人中，国外龙头企业如松下、索尼、三星申请量分别为352件、288件和204件，分别位列第二、四、八位，而虽然国内龙头企业亚安科技、海康威视、中星微的专利申请量分别为366件、330件和275件，分别位列第一、三、五位，在专利申请量上与国外龙头企业旗鼓相当，但发明专利申请的比例相对较低，如亚安科技仅有38.8%，并且授权量也较少，如亚安科技只有26件授权发明专利，而松下和索尼则分别有191和158件，与国外龙头企业相比技术创新和专利布局具有一定的差距。由此可见，国外龙头企业在华专利布局比较积极并已形成一定的优势。

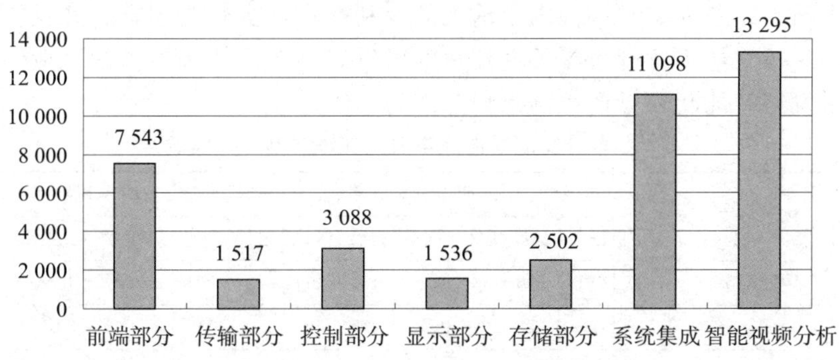

图13　视频监控技术全球专利申请的技术分布

3. 视频分析智能化引领安防产业发展方向

全球专利申请中，智能视频分析、系统集成和前端部分的申请量呈现快速增长趋势，这三个分支的专利申请量分别为13 295件、11 098件和7 543件，其他分支则发展比较平稳，申请量相对较少。前端部分主要是受益于摄像机相关技术的改进，另外中国申请人在云台、防护罩等方面的大量申请也起到一定的推动作用；系统集成方面则主要是因为大量申请人将视频监控技术应用到各行各业，从而申请量增长较快；而智能视频分析部分是所有分支中发展最为迅速的分支，其涉及技术面广、技术含量高、创新程度活跃，占比逐年增大，呈现引领视频监控产业向智能化发展的趋势。中国地区专利申请的技术分布情况类似，国内企业和高校科研院所在智能视频分析上投入了很多研究力量，技术创新愈发活跃，逐渐在赶超国外先进水平。

国内外申请人在各个主要技术分支上的中国专利申请量数据如表6所示。在申请量方面，在传输部分、存储部分、控制部分、前端部分、系统集成、显示部分、智能视频分析部分等分支上，国内申请人的申请量均超过国外申请人。在发明专利申请量方面，国内申请人的申请量仍然超过国外申请人。在发明专利授权量方面，在显示部分技术分支上，国外申请人的授权量与国内申请人的授权量相等；在其他各技术分支上，国内申请人的发明专利授权量均远远超出国外申请人，但国外申请人的发明专利申请授权率均高于国内申请人。总体来看，国内申请人的专利数量优势较为明显，并且更加注重智能视频分析等关键技术的研发和创新，体现了国内企业注重发展智能化视频监控的意识和能力。

表3　各分支的国内外申请人在华专利布局情况

技术分支	申请量			发明专利申请量			发明专利授权量			发明专利授权率	
	国内	国外	合计	国内	国外	合计	国内	国外	合计	国内	国外
传输部分	735	51	786	436	48	484	109	22	131	25.00%	45.83%
存储部分	616	112	728	376	97	473	94	59	153	25.00%	60.82%
控制部分	867	109	976	573	108	681	165	43	208	28.80%	39.81%
前端部分	4 372	591	4 963	1 530	527	2057	403	267	670	26.34%	28.51%
系统集成	3 826	213	4 039	1 620	210	1830	325	86	411	20.68%	50.66%
显示部分	276	93	369	159	93	252	52	52	104	32.70%	55.91%
智能视频分析	5 004	1 119	6 123	4 434	1 111	5 545	1 392	509	1 901	31.39%	45.81%

4. 国内企业格局稳定，国外挑战加剧竞争

在视频监控技术领域，来自长三角、环渤海、珠三角的申请总量和授权都大幅度超过了其他地区，长三角地区的申请量占国内申请总量的31.98%，位居第一位，环渤海地区的申请量占国内申请总量的26.06%，珠三角地区的申请总量占国内申请总量的18.61%。在视频监控技术领域，国内各经济区域的申请量、发明专利申请量和授权量情况具体如表 4 所示。

表 4 国内主要经济区域的专利申请概况

经济区域	申请量	发明专利申请量	发明专利授权量	发明专利授权率
长三角地区	5 117	3 181	860	27.03%
环渤海地区	4 170	2 590	847	32.70%
珠三角地区	2 978	1 556	369	23.71%

国内专利申请主要分布在广东、北京、浙江、江苏、上海和天津等视频监控产业发展具有优势的省市，上述六省市的专利申请量合计占国内专利申请总量的 70.98%，形成长三角、珠三角、环渤海三大区域分布，产业发展聚集特征明显，行业集中度比较高，其中广东、北京、浙江三省市相对其他省市而言占有一定优势，而且上述省市也形成了一些视频监控龙头企业，包括浙江的海康威视、宇视和大华、北京的中星微、天津的亚安科技和天地伟业、广东的中兴等，它们的申请量均位于国内专利申请量的前列，已经基本形成视频监控几大家的稳定格局。

三、政策建议和应对措施

（一）加强数字安防产业布局

（1）突出视频监控产业和技术的核心创新地位。强化视频监控的产业主导地位，重视红外成像等高端应用，完善安防行业标准的组织实施，增强入侵检测、防盗报警等关联产业链的协同发展，围绕数字安防产业关键技术环节，加强系统化集成能力，面向智能化、网络化、高清化和集成化，突破先导型技术和共性支撑技术。

（2）加大安防产业链关键环节的技术研发创新。围绕数字安防产业信息传感的布控、采集、传输、解析和运用，紧抓产业价值链核心环节，构建融合物联网、云计算和大数据的安防产业发展新模式，通过技术创新、商业创新和应用创新推动国内安防产业向全球价值链高端转移。

（3）鼓励优势产业和龙头企业加快“走出去”。鼓励和引导有条件的安防企业“走出去”，通过跨国收购、联合经营等多种形式，在海外建立生产加工基地、营销网络、研发中心和经贸合作区，重点支持龙头企业开展对外投资，实现产业链的全球延展，提升产业国际化水平，强化安防优势产业在海外专利布局的力度。

（二）提升安防企业创新能力

（1）关注数字安防产业网络化和智能化的最新发展，努力寻求新技术突破口，培育产业新的增长点，拓展安防产业发展空间；特别是加强视频监控核心技术的研发和创新，重点在智能视频分析技术上实现突破，围绕目标特征识别、智能行为分析、视频图像处理等关键技术形成科研成果和专利布局，扩大企业知识产权优势。

（2）提升知识产权保护意识，提高知识产权运用能力，尽快加强海外市场尤其是欧美市场的安防关键技术专利布局。鼓励建立跨企业、跨行业的专利战略联盟，引导高等院校、科研机构入盟并提供核心专利，统筹入盟单位专利组合，协同产业关键领域知识产权运营，降低企业所面临的知识产权风险。

（3）积极参与和主导国际、国家及行业技术标准的制定修订工作，推动相关必要专利纳入产品和标准，开展数字安防领域通用的国际标准和国家标准的研究，进一步深化标准和专利的融合；对接国家重大战略部署，在“一带一路”等对外战略实施过程中，依靠专利乃至标准扩大全球市场优势。

静电成像领域调查研究报告* **

杨 婧 褚晓慧 张 蔚 王 策 姚宇鹓 崔 振 张 靳

一、静电成像技术绪论

（一）技术简介

静电成像技术又称为电照相技术，是最早研发的数字印刷技术。

本报告中所研究的技术领域对应的分类号包括 G03G13/00、G03G15/00、G03G21/00 及以下各小组。

静电成像技术涉及机械、光学、电路、化学多个技术领域的交叉，往往技术方案比较复杂，其研发和改进空间相对较大。

（二）产业现状

从全球市场来看，国外企业针对静电成像技术投入研发时间较早，如日本的佳能、理光、爱普生、美国的惠普。由于需要融合机械、化工、光学、自动控制、微电子、静电学、软件等多种学科与技术，使得该领域的进入壁垒非常高。

而现在，中国正突破重重困难，逐步成为全球第四个掌握静电成像核心技术的国家。国内企业正满怀信心，不断推出具有中国特色的创新产品，缩小与国际先进水平的差距。

（三）研究意义

本报告的研究目在于为我国静电成像领域重点企业提供专利信息支撑和有利的技术创新导向，提高国内企业专利保护的风险意

* 本文获第九届全国知识产权（专利）优秀调研报告暨优秀软科学研究成果三等奖。

** 本文为国家知识产权局专利局专利审查协作北京中心光电部部课题“静电成像领域调查研究报告”部分研究成果。

识，同时也为该领域专利审查员提供有价值的技术信息分享，全面提升审查员专业素养。

（四）研究方法

本报告针对静电成像技术分支庞杂，国外申请人专利文献数据量大的特点，采取粗筛与细筛相结合的方法进行统计分析。对全球主要国家的知名公司及中国重点企业近十年的申请专利文献进行检索，提取有效信息，对静电成像技术的国内外重点技术研发方向逐一整理。同时，针对该领域国内企业关注的重点技术进行细分，结合功效矩阵图表对该研发方向进行深入分析。最后对静电成像技术领域的重点申请人涉及的诉讼案例进行调研，通过分析具体案例，提供合理应对竞争对手发起的专利战的策略。

（五）相关约定

静电成像技术分为七个主要技术分支，表 1 列出了静电成像领域的各级技术分支及约定含义。

表 1　静电成像领域技术分解表

	主要分支	备注
静电成像	曝光单元	本报告中，曝光单元指通过多面旋转的反射镜来完成激光束横向扫描，依靠感光鼓的旋转实现纵向扫描
	感光单元	本报告中，感光单元包括：感光鼓、为感光鼓充电的充电单元、对感光鼓进行清洁的清洁单元、感光单元控制部件以及其他感光单元的辅助部件
	显影单元	本报告中，显影单元包括：显影辊、对显影辊进行清洁的清洁单元、显影剂、显影盒、显影单元控制部件
	转印单元	本报告中，转印单元包括：转印带、转印辊、转印单元控制部件
	定影单元	本报告中，定影单元包括：加热辊结构、加压辊结构、定影单元其他辅助部件、定影单元控制部件
	纸张传输	本报告中，纸张传输包括对纸张处理全过程涉及的部件
	处理盒	本报告中，处理盒为涉及硒鼓整体的兼容性和硒鼓的再生性

二、全球专利技术分析

（一）全球专利申请趋势分析

1. 全球专利申请趋势

静电成像技术专利的申请量从2000年开始，出现稳步增长趋势，到2005年达到申请量的顶峰，2009～2012年申请量出现平缓下滑趋势。感光单元、纸张处理单元和转印单元是打印机领域的重要的三大分支，从技术研究初期就受到各大企业和科研单位的关注，研究成果众多。

2. 各技术分支专利申请趋势

图1至图7是在全球各分支的申请趋势，可以看出各分支申请趋势与全球总趋势波动趋势基本一致。

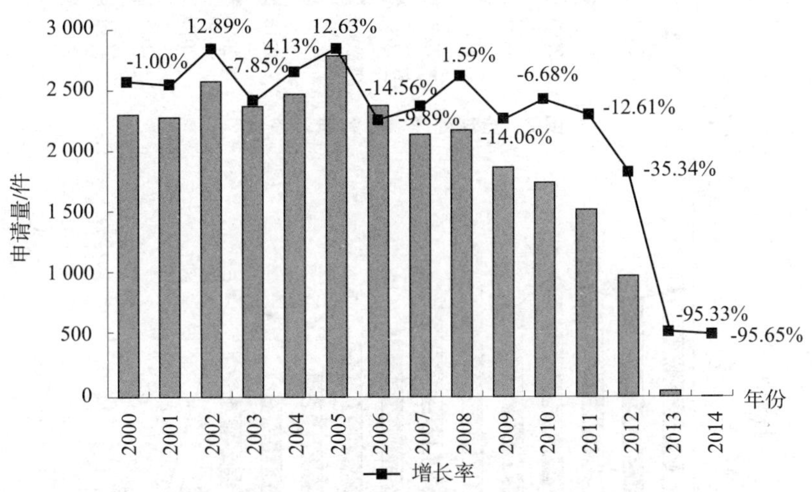

图1　全球感光单元专利申请趋势

（二）技术原创国分析

1. 全球专利申请技术原创国分布

在全球静电成像技术专利申请中，日本、美国、韩国、中国是静电成像技术的主要原创国，其中日本在该领域的专利申请量一枝独秀，占有绝对优势。值得注意的是，中国在该领域的专利申请量排名第四，这得益于其巨大的消费市场，促使国内企业加大了静电成像技术的研发投入，催生了天威飞马、珠海赛纳等国内知名企业。

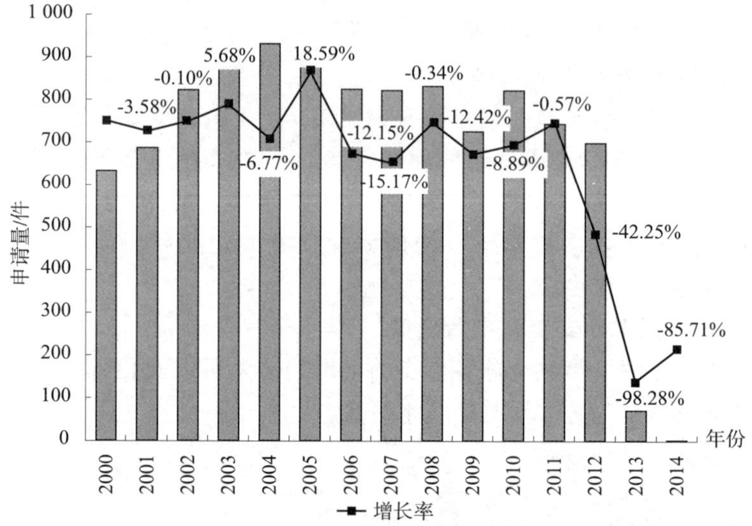

图 2　全球处理盒专利申请趋势

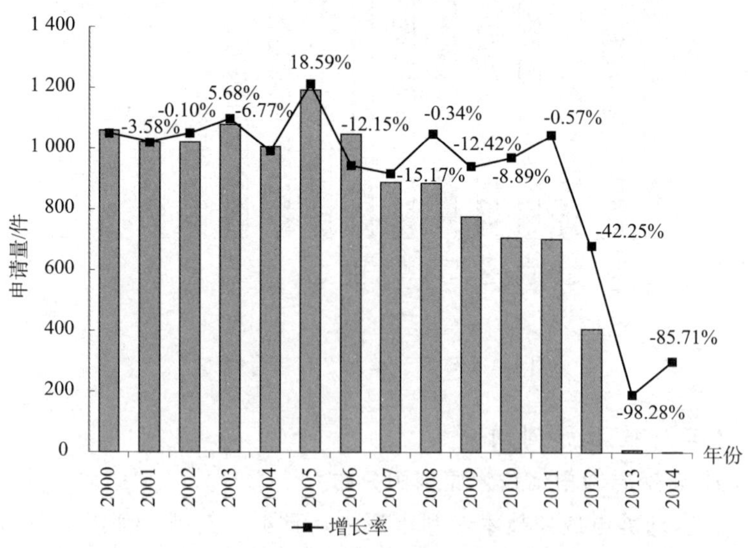

图 3　全球转印单元专利申请趋势

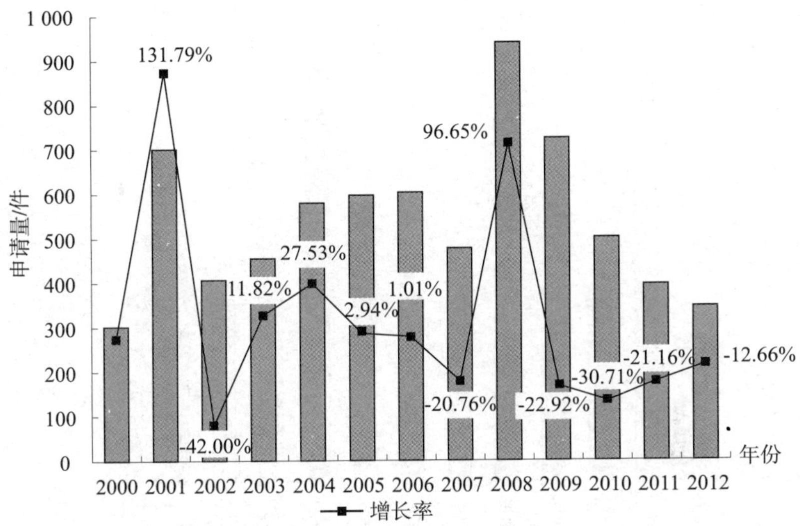

图 4　全球定影单元专利申请趋势

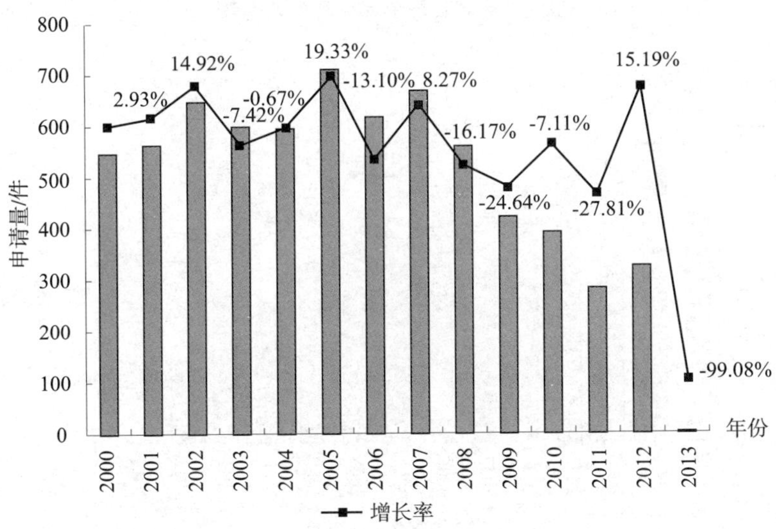

图 5　全球曝光单元专利申请趋势

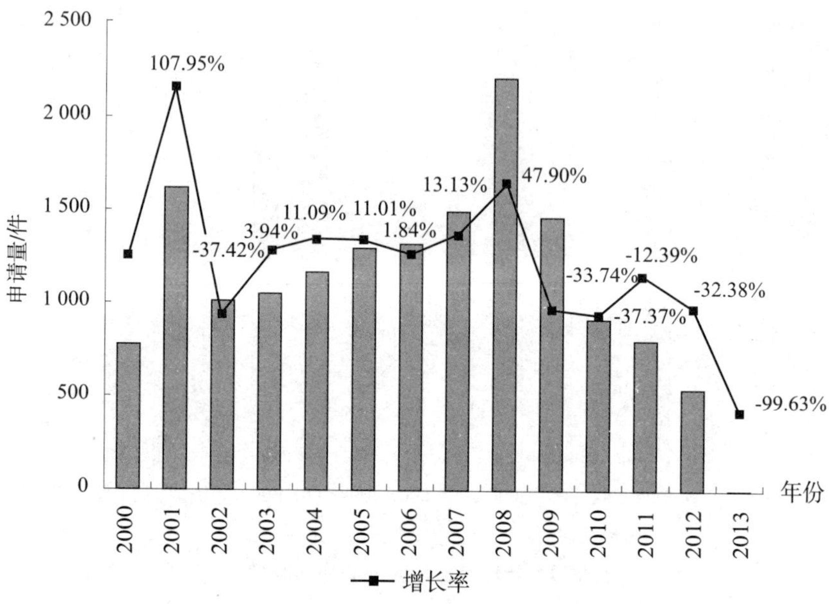

图 6　全球显影单元专利申请趋势

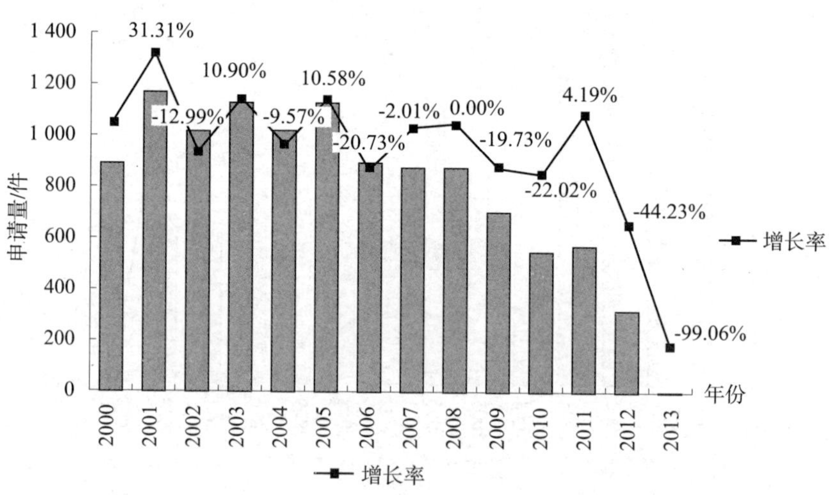

图 7　全球纸张处理单元专利申请趋势

2. 各分支专利申请技术原创国分布

与全球申请原创国分布基本一致，在各分支的专利申请占比中，日本均居于首位，美国屈居第二，韩国占据第三。中国企业研发重点集中在处理盒和显影单元。

总体来看，感光单元、显影单元、定影单元和转印单元是各国特别是发达国家各企业的研发重点。

（三）技术目标国分析

1. 全球专利申请技术目标国分布

全球静电成像技术专利申请的目标市场国分布比较集中，日本、美国、中国和欧洲地区成为该技术的主要目标市场国。中国作为全球人口最多的国家，静电成像打印机的消费量也非常巨大，成为静电成像技术的主要目标市场也顺理成章。

2. 各分支专利申请技术目标国分布

日本均居于首位，美国屈居第二，中国占据第三，欧洲位居第四，韩国居第五，这与全球静电成像技术领域的热门市场是完全符合的。

（四）重点申请人专利技术分析

1. 重点申请人排名

图 8 是静电成像技术领域总体重点申请人排名。佳能、理光和富士施乐三家日本公司，可以说具有一定的统治地位，总申请量上遥遥领先。

除了纸张输送单元外，在其他分支内，佳能、理光和富士施乐在申请量上均占据前三位，纸张输送单元分支，佳能和理光也排在前二。佳能在定影单元、感光单元、处理盒、纸张输送单元中以及理光在显影单元、曝光单元、转印单元中分别是申请量最多的公司。除以上三家公司之外，三星电子、柯尼卡美能达、京瓷、兄弟、精工爱普生、夏普以及东芝也都是各个分支内最重要的申请人。

2. 重点申请人专利申请趋势

图 8 至图 10 是静电成像技术领域重点申请人自 2000 年以来的申请趋势，其中 2013 年和 2014 年的数据因公开在后而不能准确反应实际情况。

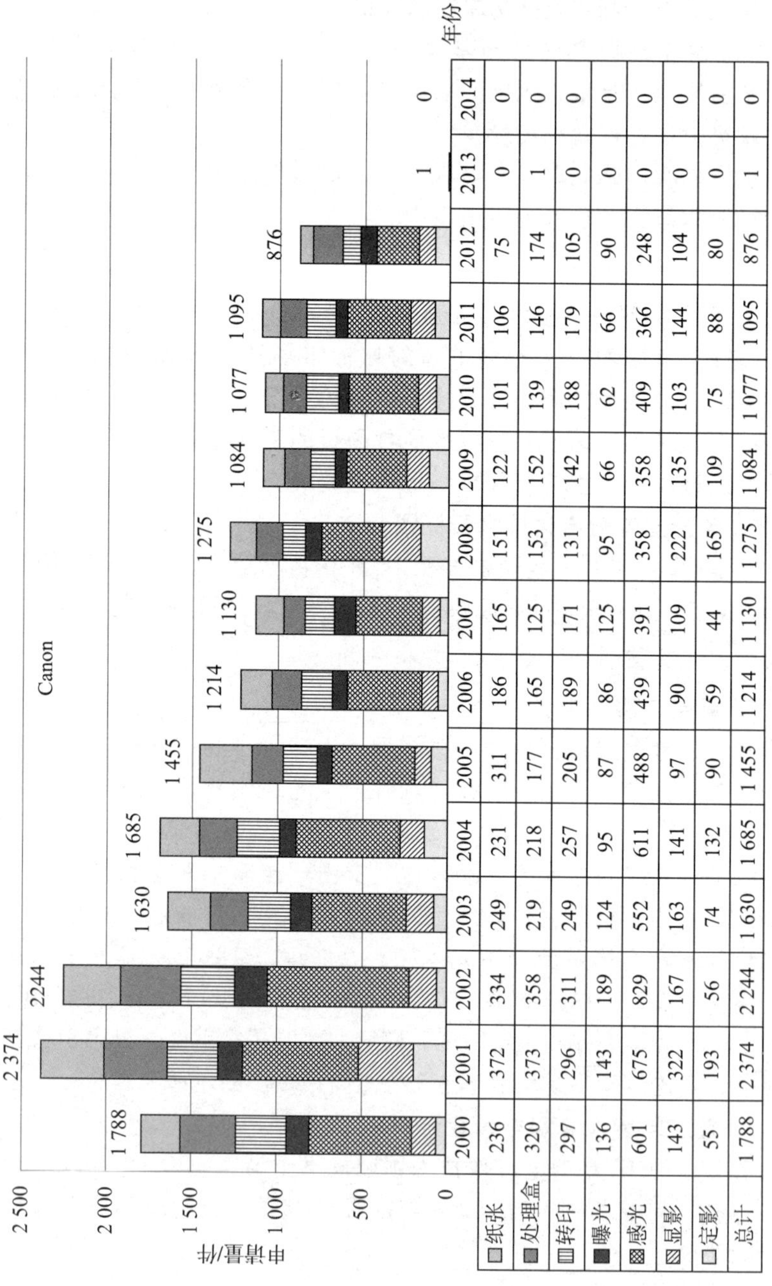

	2000	2001	2002	2003	2004	2005	2006	2007	2008	2009	2010	2011	2012	2013	2014
纸张	236	372	334	249	231	311	186	165	151	122	101	106	75	0	0
处理盒	320	373	358	219	218	177	165	125	153	152	139	146	174	1	0
转印	297	296	311	249	257	205	189	171	131	142	188	179	105	0	0
曝光	136	143	189	124	95	87	86	125	95	66	62	66	90	0	0
感光	601	675	829	552	611	488	439	391	358	358	409	366	248	0	0
显影	143	322	167	163	141	97	90	109	222	135	103	144	104	0	0
定影	55	193	56	74	132	90	59	44	165	109	75	88	80	0	0
总计	1 788	2 374	2 244	1 630	1 685	1 455	1 214	1 130	1 275	1 084	1 077	1 095	876	1	0

图8 佳能专利申请趋势

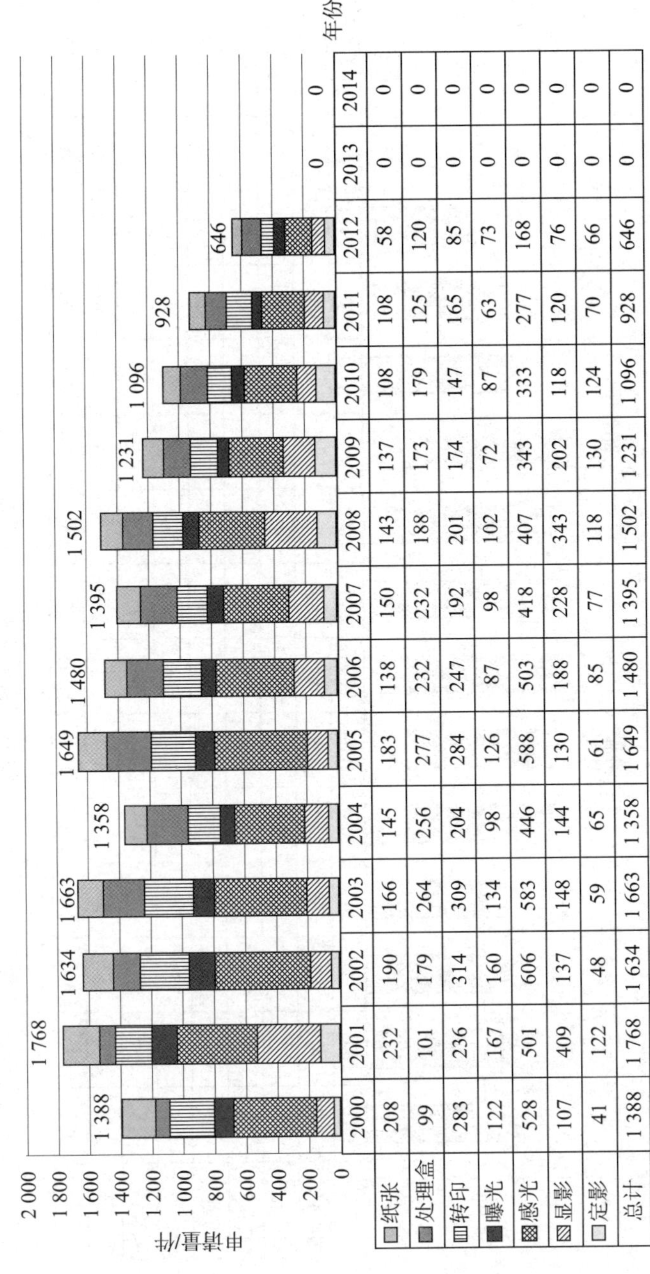

	2000	2001	2002	2003	2004	2005	2006	2007	2008	2009	2010	2011	2012	2013	2014
纸张	208	232	190	166	145	183	138	150	143	137	108	108	58	0	0
处理盒	99	101	179	264	256	277	232	232	188	173	179	125	120	0	0
转印	283	236	314	309	204	284	247	192	201	174	147	165	85	0	0
曝光	122	167	160	134	98	126	87	98	102	72	87	63	73	0	0
感光	528	501	606	583	446	588	503	418	407	343	333	277	168	0	0
显影	107	409	137	148	144	130	188	228	343	202	118	120	76	0	0
定影	41	122	48	59	65	61	85	77	118	130	124	70	66	0	0
总计	1 388	1 768	1 634	1 663	1 358	1 649	1 480	1 395	1 502	1 231	1 096	928	646	0	0

图 9 理光专利申请趋势

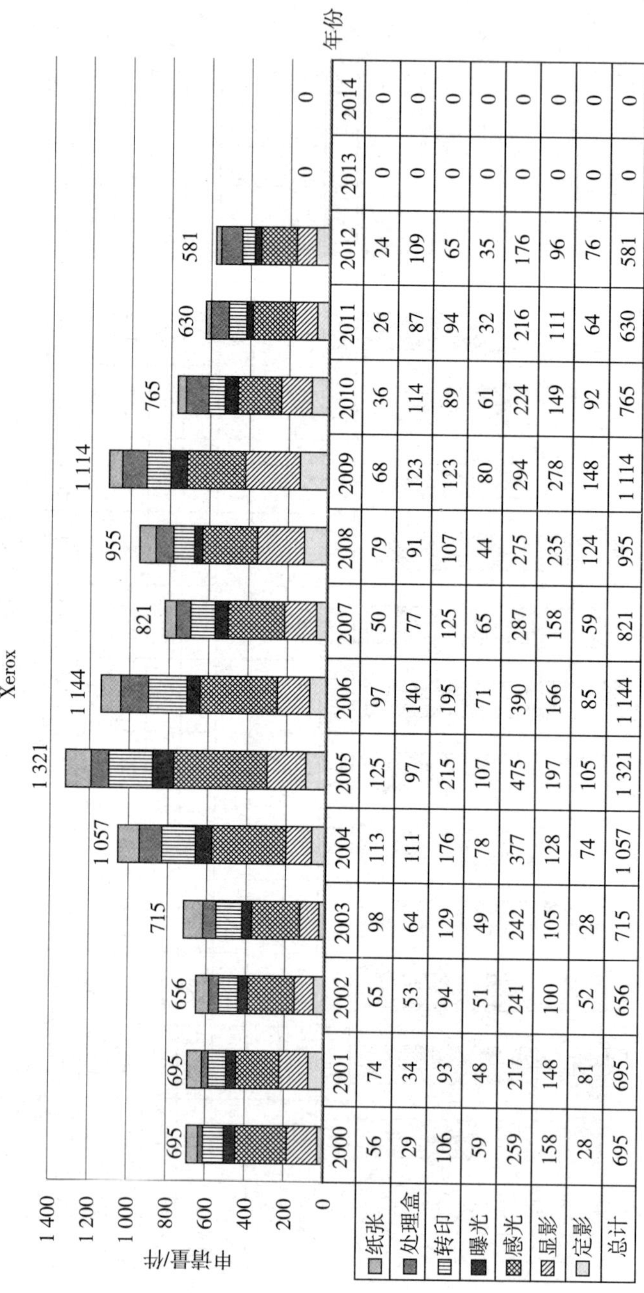

	2000	2001	2002	2003	2004	2005	2006	2007	2008	2009	2010	2011	2012	2013	2014
纸张	56	74	65	98	113	125	97	50	79	68	36	26	24	0	0
处理盒	29	34	53	64	111	97	140	77	91	123	114	87	109	0	0
转印	106	93	94	129	176	215	195	125	107	123	89	94	65	0	0
曝光	59	48	51	49	78	107	71	65	44	80	61	32	35	0	0
感光	259	217	241	242	377	475	390	287	275	294	224	216	176	0	0
显影	158	148	100	105	128	197	166	158	235	278	149	111	96	0	0
定影	28	81	52	28	74	105	85	59	124	148	92	64	76	0	0
总计	695	695	656	715	1 057	1 321	1 144	821	955	1 114	765	630	581	0	0

图 10 富士施乐专利申请趋势

佳能在 2001 年和 2002 年有一个申请的高峰，随后申请量总体趋势逐年下降。纸张输送单元在 2005 年、显影和定影单元在 2008 年、转印单元、感光单元在 2010 年，处理盒和曝光单元在 2012 年时申请量都较之前一年有明显增加。

总体趋势上，理光在 2001 年、2005 年和 2008 年都有不错的发展势头，而处理盒逐渐成为了理光公司产出比重高的分支。

作为静电成像技术领域中的一家后起之秀，富士施乐产出高峰时期明显滞后于佳能和理光。与理光公司类似，处理盒分支在富士施乐公司的地位也是逐渐变得重要。

3. 重点申请人技术分支分布

图 11 至图 13 是重点申请人 2000～2013 年总体技术分支的分布情况。

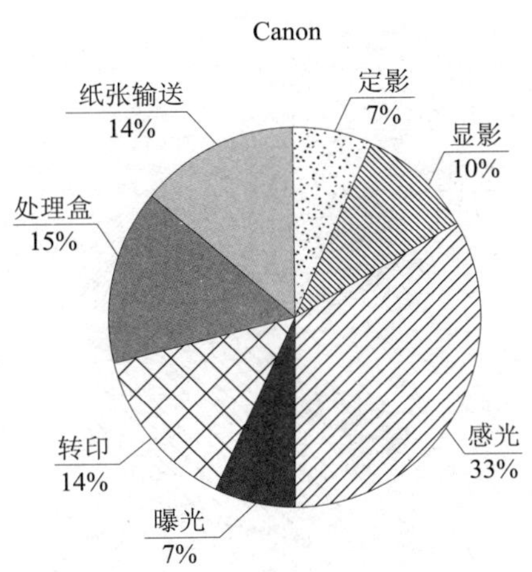

图 11　佳能技术分支分布

可以看出，感光单元在各重点申请人的专利申请中均占有极为重要的部分。佳能和理光公司可谓发展得比较全面；富士施乐更注重自身在显影单元上的布局。

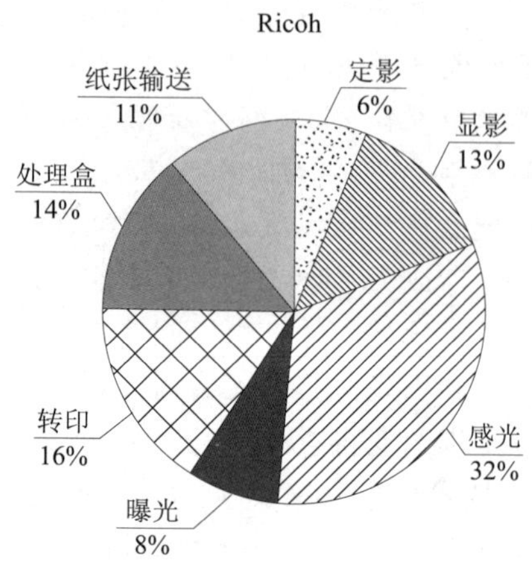

图 12　理光技术分支分布

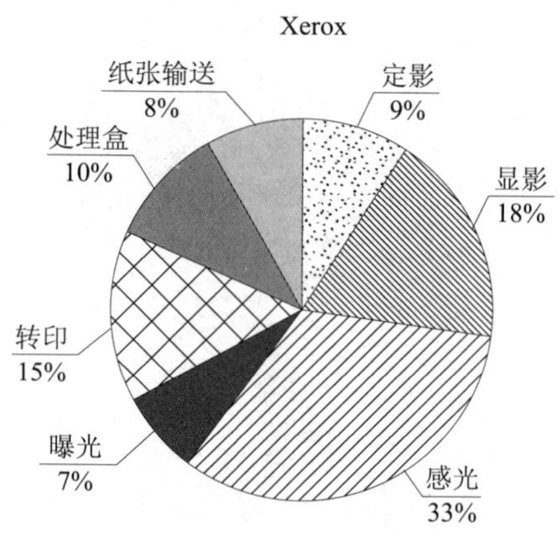

图 13　富士施乐技术分支分布

三、中国专利技术分析

（一）中国专利申请趋势分析

1. 中国专利申请趋势

如图 14 所示，在 2002 年以前，增长率出现了一个高峰，可能原因在于中国市场的巨大潜力被各个厂商所重视，在 2005 年达到第二个高峰，此后略有回落。从2010年开始，打印机逐渐被消费者所接受，申请量稳步增长，在2011年达到申请量的第三个高峰，增长率回落。中国申请量受全球市场的影响较大，伴随着外来先进技术的引入，也促进了中国本土打印机技术的发展。

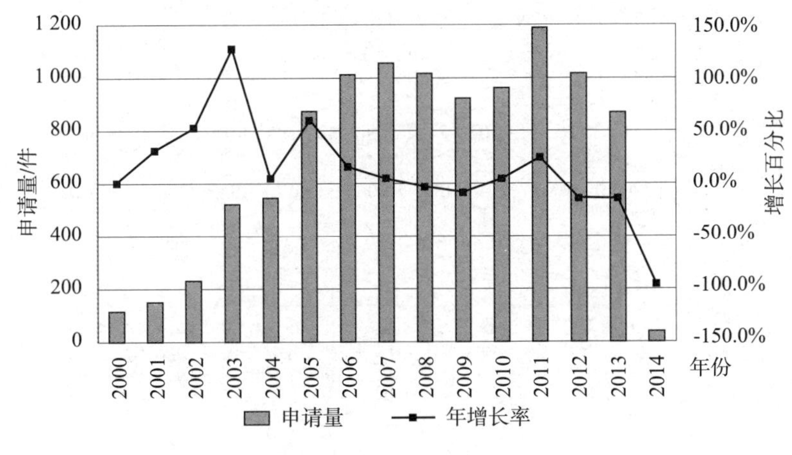

图14 中国专利申请趋势

2. 主要申请人专利技术布局

图15给出了主要申请人专利布局情况。日本公司佳能、富士施乐和理光仍位列申请量排名的前三名，处于第一集团。夏普、三星、兄弟工业、天威飞马和京瓷处于第二集团中，其中中国企业天威飞马，主要集中在显影单元和处理盒技术上，在两种技术排名均排在第二位，该公司在这两个技术中的研发处于世界领先水平。处于第三集团的公司为东芝、柯尼卡、珠海赛纳、精工爱普生，中国企业珠海赛纳在显影单元技术中投入大，在转印单元的改进中并不涉及。

3. 各分支专利申请的法律状态分布

图16至图22是七个技术分支的法律状态分布，处理盒、显影单元有效专利比例较高，而在审专利的比例较少，一方面反映出处理盒、显影技术正处于黄金期时期，但有回落趋势，可能在近几年的技术创新相对比例更小，本身技术已经趋于成熟，值得注意的

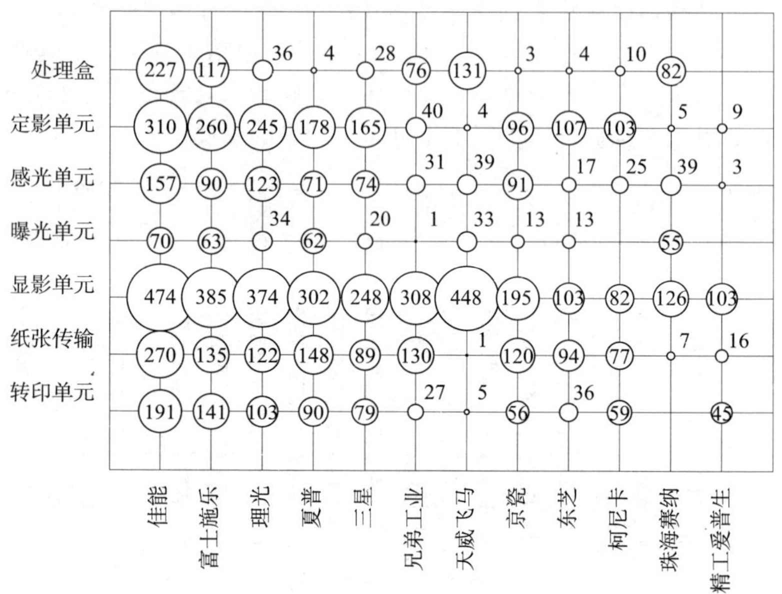

图 15　主要申请人专利布局

是，因届满而失效的专利不到 1%，说明还在繁荣发展阶段，很多基础专利在处于有效期限内，这些专利技术对于新进入的企业有一定障碍，需要新企业寻求新的发展方向。

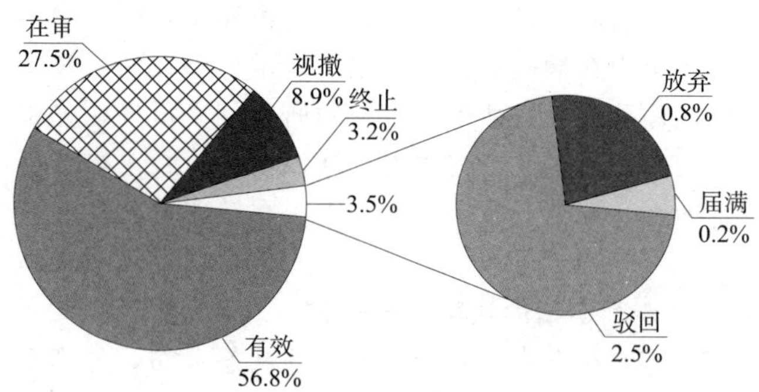

图 16　转印单元法律状态分布

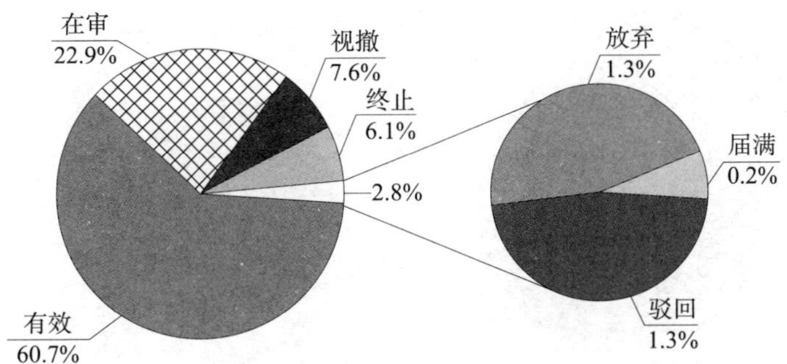

图 17　纸张传输法律状态分布

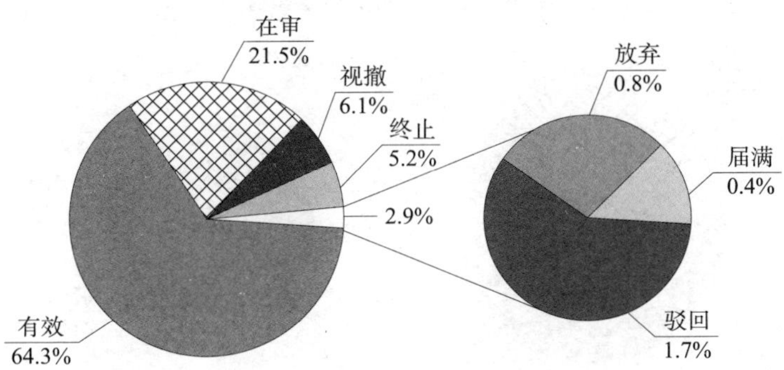

图 18　显影单元法律状态分布

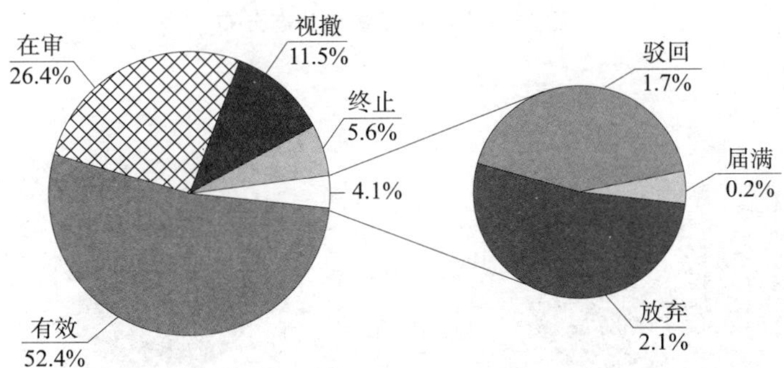

图 19　曝光单元法律状态分布

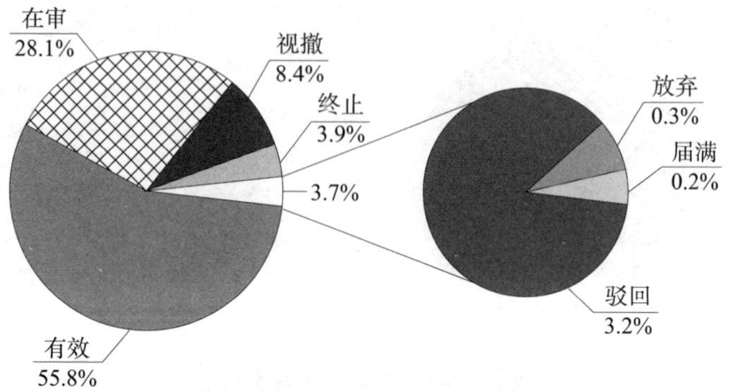

图 20　感光单元法律状态分布

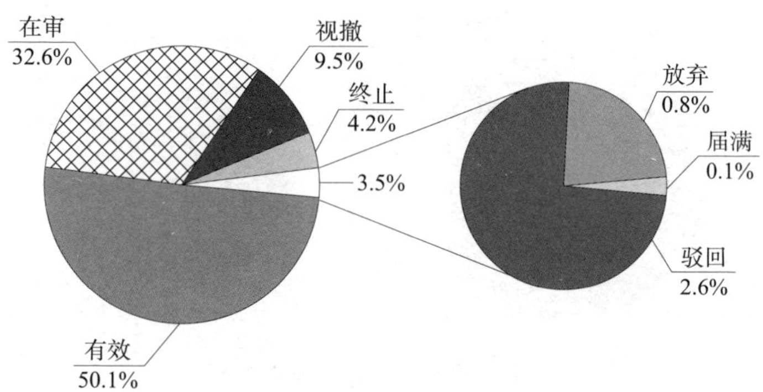

图 21　定影单元法律状态分布

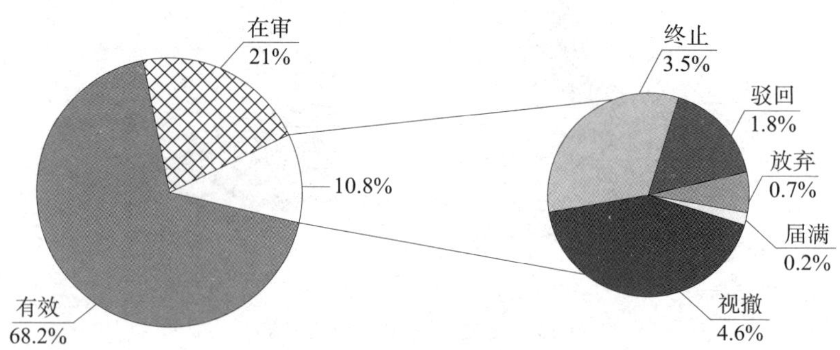

图 22　处理盒法律状态分布

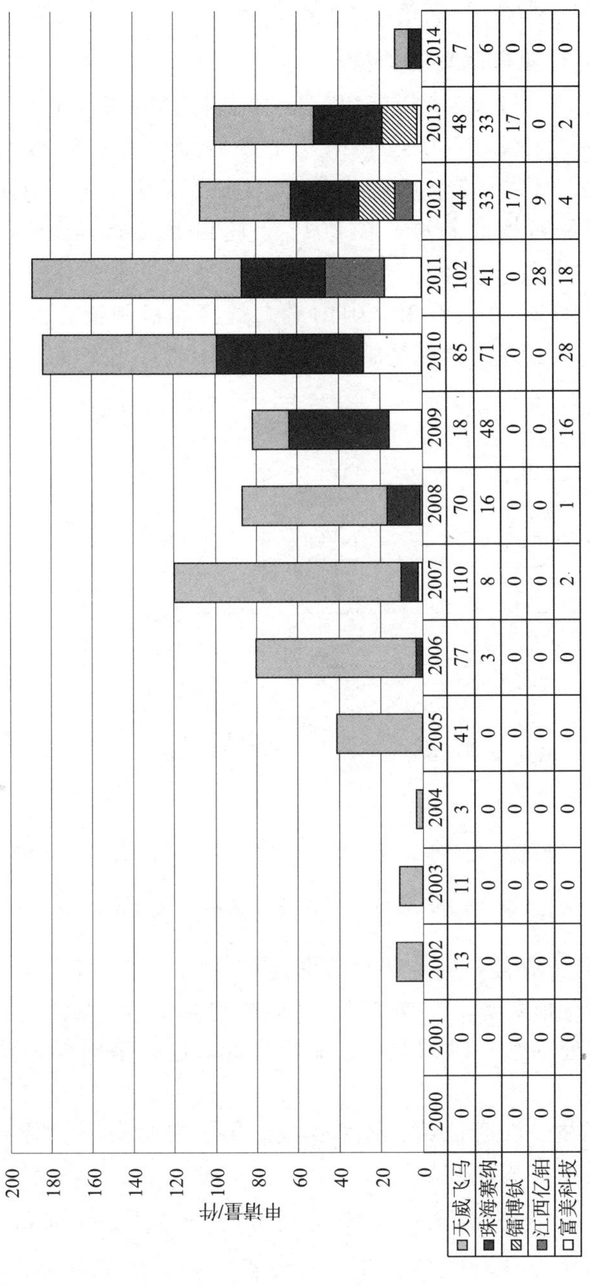

	2000	2001	2002	2003	2004	2005	2006	2007	2008	2009	2010	2011	2012	2013	2014
天威飞马	0	0	13	11	3	41	77	110	70	18	85	102	44	48	7
珠海赛纳	0	0	0	0	0	0	3	8	16	48	71	41	33	33	6
镭博钛	0	0	0	0	0	0	0	0	0	0	0	0	17	17	0
江西亿铂	0	0	0	0	0	0	0	0	0	0	0	28	9	0	0
富美科技	0	0	0	0	0	0	0	2	1	16	28	18	4	2	0

图 23　国内企业申请发展趋势

（二）国内企业申请量趋势分析

1. 国内企业申请发展趋势

如图 23 所示，2005 以前申请量少，从 2005 年开始出现第一次快速增长期，在 2007 年达到第一个小高峰，此后略有回落，从 2010 年开始，市场需求量逐步扩宽，加之受全球大环境的影响，申请又出现稳步增长趋势，在 2011 年达到第二个小高峰，2012～2013 年以后申请量回落。

此外从图 24 可以看出，国内最大的打印机制造企业天威飞马申请量最大。珠海赛纳也是国内的主要打印机产出企业。

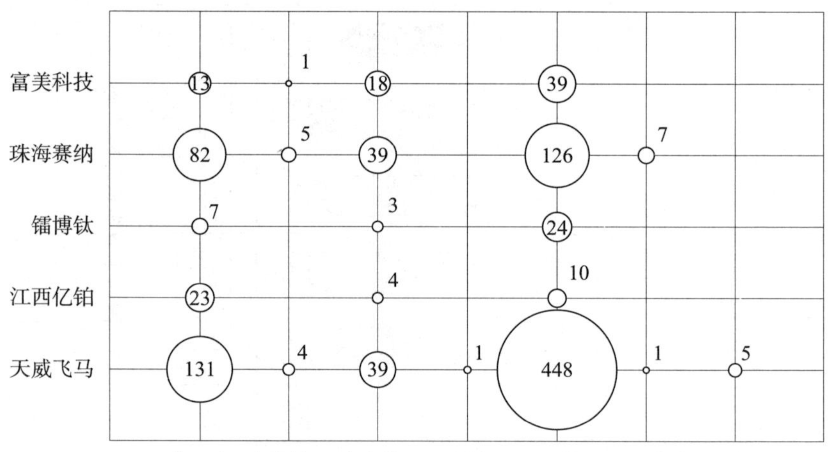

图 24　国内企业各技术分支申请量分布

2. 国内企业各分支专利申请量分布

从申请总量来看，天威飞马、珠海赛纳处于第一集团，两者注重的技术均为处理盒、感光单元、显影单元，这也是国外公司的研发重点。

富美科技、江西亿铂、镭博钛处于第二集团中，都属于新兴企业，核心技术积累时间较短。

（三）佳能在重点关注技术分支的专利技术布局分析

本章节主要针对中国企业的研发重点——显影单元和处理盒，

着重分析全球申请量排名第一的佳能公司的专利技术布局，供国内申请人借鉴。

1. 显影单元的专利技术布局分析

在显影单元技术分支，提升显影性是佳能的重点研究方向，而针对抑制损耗的研究，是最近几年刚刚开始投入研发的方向。在关键技术方面，佳能采用的多集中于控制/调节/校正、内部结构设置、增加功能性部件和整体结构改进四个方面。其中控制/调节/校正主要包括：对输送构件的时序控制，对成像浓度的调节，以及对显影偏压的修正。

表 2 示出了佳能公司显影单元公开专利中技术问题和技术手段聚类后的功效矩阵。

表 2　显影单元功效

手段＼问题	防止污染	防止显影剂泄漏	降低成本	精确检测余量	提高成像效率	提升显影性	稳定安装	稳定驱动	稳定输送显影剂	小型化	抑制损耗	总计
材料改进	1	0	1	0	0	54	0	0	0	0	1	57
改进层厚限制部件	1	2	1	0	0	6	1	0	0	0	0	11
改进辊结构	0	0	0	0	0	26	0	0	0	0	0	26
改进搅拌结构	0	0	2	0	0	3	0	0	5	0	0	10
控制/调节/校正	3	3	1	16	2	72	4	1	18	2	2	124
内部结构设置	3	8	2	6	1	13	8	3	27	5	1	77
增加功能性部件	3	25	1	3	0	9	10	2	14	3	1	71
整体结构改进	1	7	1	3	0	11	4	15	15	11	1	69
总计	12	45	9	28	3	194	27	21	79	21	6	445

从使用的技术手段来解决技术问题的角度分析，佳能公司最常用的是基于现有的部件设置，在控制/调节/校正方法上改进来着重解决提升显影性、稳定输送显影剂、精确检测显影剂余量的问题，尤其是在显隐性的提升方面。

从解决技术问题所使用的技术手段角度分析，佳能公司在如何提升显影性这一主要关注点上，除了在控制/调节/校正方法上进行改进外，材料的改进，尤其是显影辊材料的改进也是重要技术手段。

2. 处理盒的专利技术布局分析

在处理盒技术分支，佳能主要围绕如何提高处理盒的安装/拆卸/可操作性、稳定驱动力传递、维持部件之间的可靠接离，三个方面进行研究。在关键技术上，佳能采取的多集中于控制/调节方法、改进功能性部件、部件之间的配合三个方面。

表3　处理盒单元的功效

问题 手段	安装/拆卸/可操作性	尺寸减小	电接触稳定	防止部件磨损	防止调色剂泄露	精确定位	稳定驱动力传递	提高成像质量	维持部件之间的可靠接触或分离	再制造	总计
部件之间的配合	4	2	2	0	1	10	4	2	12	0	37
材料的改进	0	1	0	0	0	0	0	0	0	0	1
改进功能性部件	11	3	2	1	1	5	11	3	3	0	40
控制/调节方法	4	3	7	11	0	2	12	15	3	0	57
特定步骤的改进	1	0	0	0	0	0	0	0	0	1	2
增加功能性部件	10	1	9	9	2	5	0	3	9	1	49
整体步骤的改进	6	0	0	0	4	0	0	0	0	14	24
整体结构的改进	2	0	0	0	0	0	0	0	0	0	2
总计	38	10	20	21	8	22	27	23	27	16	212

表3示出了佳能公司在处理盒公开专利中技术问题和技术手段聚类后的功效矩阵。

从使用的技术手段来解决技术问题的角度分析，佳能公司最常用的是基于现有的部件结构和设置的基础上，在控制/调节方法方面进行改进，这与显影单元非常类似。

处理盒单元通常包括感光单元和显影单元，从这一角度，处理盒的结构通常要复杂于单纯的显影单元，其中包含的部件种类多，部件彼此之间的配合较为复杂。佳能在材料及整体结构方向已经趋于成熟。

3. 对国内企业的专利布局建议

在显影单元分支，佳能科研精力投入较多，拥有最多的专利申请。除材料的改进涉及化工领域外，内部结构设置、增加功能性部件均涉及机械领域，对国内企业来说，研发成本相对较低，可以借鉴佳能创新模式；材料的改进包括辊表面材料和显影剂材料的改进，在化工领域有优势的企业可根据佳能的研发思路作进一步的拓展研究。

在处理盒分支，佳能在安装/拆卸/可操作性、稳定驱动力的传递、维持部件之间的可靠接离等方面较为全面的技术布局。其中，控制/调节方法这一技术手段主要涉及电路控制，过程控制，接触力控制、转动角度控制、电荷极性调节等方面，改进空间较大，可以尝试作进一步突破。

四、相关领域知识产权风险

（一）国外企业热点专利战

本章节选取了两例静电成像领域知名公司的诉讼案例进行分析，在提升国内企业专利保护风险意识的同时，给出积极的应对策略。

1. 佳能公司的专利战争

（1）佳能公司风险专利状况。

佳能公司全球打印机领域的主要厂商之一，其专利布局多集中在日本、美国和欧洲市场，且布局时间早，范围广。为了限制竞争对手进入该行业，捍卫其霸主地位，佳能展开了多项专利诉讼请求，包括：2004年RA再生墨盒专利诉讼、2010年纳思达“337调查”以及与中国九星影像国际公司的诉讼、2012年NUKOTE纽约州南部地区法院的专利诉讼。其中最受关注的要属2004年RA再生墨盒专利诉讼案。

（2）RA再生墨盒专利诉讼案及借鉴意义。

诉讼背景：佳能公司生产销售BCI-3e喷墨墨盒。中国境内某企业于世界范围内收集这些墨水用尽的墨盒，将这些墨盒重新灌墨制成再生墨盒，并出口到日本的Recycle Assist公司（即RA公司）。Recycle Assist在海外加工回收墨盒，以低于正品价格的20%～30%在日本出售该再生墨盒。2004年4月，佳能以Recycle Assist进口、销售回收墨盒侵犯其专利权（JP3278410）为由提起诉讼，要求Recycle Assist停止进口和销售回收墨盒并废弃库存。

诉讼过程：

一审：东京地方法院于2004年12月一审判决，Recycle Assist对佳能墨盒的加工在修理范围内，Recycle Assist未侵犯其墨盒专利权，驳回了佳能的诉讼请求。

二审：2006年1月，日本知识产权高等法院二审判决，“Recycle Assist对佳能专利墨盒本质部分进行加工、替换，侵犯了佳能专利”。其判断专利侵权的标准为：（1）产品效用用尽后再使用；（2）产品的专利发明的本质部分构件被加工、替换。二审认为Recycle Assist的回收墨盒适用后者。

终审：2007年11月8日，日本最高法院第一法庭作出终审判决，Recycle Assist侵权成立，驳回其上诉请求，令其停止销售该回收墨盒，维持知识财产高等法院的二审判决。认定Recycle Assist进行了“新的生产”的判断要素为：（1）正品的属性——功能、结构、材质和用途；（2）正品专利技术内涵；（3）正品被加工情况（被加工时的状态、加工程度）；（4）再生品的销售情况。横尾审判长指出，佳能专利墨盒的特点为：一次使用、无充填墨粉用开口；用于渗墨的2块海绵紧密相连，以防止墨粉渗漏。Recycle Assist

为利用墨粉用尽的佳能墨盒，在回收墨盒上开孔，使墨盒外形改变，清洗、再灌墨，即为“佳能墨盒专利效能恢复”，Recycle Assist 回收、加工墨盒应被认定为“新的产品的生产”。

借鉴意义：

在佳能公司与 RA 公司关于专利侵权的这起案例中，凸显的问题不仅关系到该案件的双方当事人，同时涉及修理、再生行业以及与接口技术、兼容技术相关的大批企业。在“中国制造”日益普及的今天，中国企业制造的产品正在越来越多地受到国外企业的挑战，这需要中国企业提高专利保护意识，时刻做好应对专利战争的准备。

就该案而言，佳能公司的墨盒出售后，已经权利用尽，RA 公司使用的墨盒是合法受让而来，在此基础上重新加工、再生，再生品与纯正品之间存在明显标志及区分的情况下，不应当禁止他人再生使用。但是，从另一角度看，再生墨盒进入市场后对原专利权人的市场份额以及预期利益产生了角度影响。该案的最终判决是对专利权人是有利的，保护了其本国企业，对其整个国家也是有利的。但是从法律的执行效果看，该案的判决在一定程度上鼓励了垄断，影响了公平竞争，最终也会影响到消费者的利益。中国企业可以先在熟悉的本土环境进行合理的专利布局，待时机成熟可尝试海外低端市场的专利布局。

2. 爱普生公司的专利战争

（1）爱普生公司风险专利状况。

爱普生公司从 2000 年起至今专利申请数量为 3 379 件，授权比率接近 50%。虽然专利数量不及佳能公司，但其仍具有较强的知识产权保护意识。爱普生认为向外界发出公司非常重视知识产权及公平竞争的信息是非常重要的，有助于公司的良性发展。受国内关注度较大的是爱普生 2006 年发起的“337 调查”。

（2）“337 调查”案及借鉴意义。

诉讼背景：

2006 年 3 月，爱普生等三家公司向美国国际贸易委员会（ITC）提交申请，状告 24 家向美国出口并销售墨盒的公司侵犯其专利权，要求ITC开展“337调查”，一时成为美国历史上涉案专利和企业数量均最多的“337诉讼案”。其中，有16家中国通用耗材制造企业被调查，纳思达是其中之一。

诉讼过程：

爱普生提出调查申请后，中国只有纳思达一家应诉。爱普生状告纳思达11项侵权，并提出了167个需调查的问题，纳思达一一做了答复，并提交了没有侵权的事实依据。应爱普生的要求，纳思达还不得不提交公司最核心的资料，以表明纳思达没有侵权的事实。

据了解，爱普生在美国的许多专利保护申请到2007年就到了保护截止期限，而“337调查”的结案时间快，一般一年左右就能够结案。爱普生在此时利用“337条款”，在美国本土状告中国耗材企业，并申请使用普遍的永久排除令，显然是要抢在保护时间失效之前“封杀”更多的竞争对手，达到垄断市场的目的。

纳思达随后表示，爱普生的墨盒也侵犯了纳思达的一项专利，希望以此加大谈判筹码，并且也提出了针对爱普生部分专利（US6502917和US6550902）的无效请求。令人遗憾的是，2007年10月19日，ITC就此案件做了终审判决，判定涉案的爱普生专利有效，包括纳思达在内的24家被告侵犯爱普生墨盒专利的事实成立，侵害爱普生专利的涉案墨盒在美国市场均被禁止进口与销售。

借鉴意义：

所谓“337调查”，其最初来源于美国1930年《关税法》第337条款而得名。“337条款”是禁止一切不公平竞争行为或向美国出口产品中的一切不公平贸易行为，大部分涉及知识产权问题。根据这一条款，ITC可根据原告的投诉，决定对某些进口行为进行调查，并作出禁止进口、停止侵权行为、扣押、没收等裁决。

通用墨盒厂商可以吸取前车之鉴，重视知识产权，加强产品研发，正确认识和处理产品的专利问题，设计出拥有自主知识产权的新产品。同时，在进入市场之前要学习“游戏规则”，多研究国外及中国的知识产权法律知识，有针对性地进行研发和申请，使自有技术避开专利“冲突”。

（二）侵权风险应对策略

1. 专利权无效抗辩

专利权无效是专利侵权纠纷中被诉方采用的最有力的反诉手段。被诉方以涉诉专利不满足授予专利权的条件，提出专利权无效抗辩。

2. 规避设计

依据专利侵权判断的一般原则，对于发明专利和实用新型专利来说，只有在权利要求书中的独立权利要求的全部必要技术特征被覆盖的利用，并且该利用行为具有生产经营目的才构成侵权。对专利技术进行改型设计，避免侵犯专利权。同时，积极进行技术创新，主动规避专利风险，在涉及专利侵权诉讼时，主张被控侵权产品没有落入专利权的保护范围。

3. 提出反诉

如果被告提出反诉，该反诉将会迅速移交对同案有管辖权的地区法院审理。相对于 ITC 行政救济手段的“337 调查”，运用司法救济手段更有利于被诉人维护自己的利益。

4. 专利许可

合理利用专利许可制度，规避侵权风险。

此外，应建立长期专利预警机制，提前发现专利侵权风险，提升企业产业专利谈判诉讼与侵权防范分析能力。

五、结论与建议

（一）主要结论

（1）全球静电成像技术领域专利申请整体平稳回落。可以看出，随着技术的不断改进及创新，静电成像领域成像效果和打印效率不断被优化，居于霸主地位的日本、美国企业针对部分技术分支的研究相对成熟，也使得后续技术的创新难度加大，成本逐步提高。中国在近十年中申请量稳中有升，在显影单元和处理盒分支的申请量赶超日本企业。

（2）静电成像技术领域专利核心技术集中度比较高，主要集中在日本、美国和韩国。日本是该领域最主要的技术原创国，在该领域的专利申请量占有绝对优势，也从侧面反映了日本综合技术起步较早，有一定的科研前瞻性，在前期对静电成像技术的基础技术研发十分重视，投入了比较多的财力和物力。

（3）静电成像技术领域专利布局较为完善，日本、美国、中国和欧洲地区为该技术的主要目标市场国。在2002～2013年间，由于专利战争的日益激烈，日本和美国静电成像技术领域专利布局已经逐渐接近饱和，专利壁垒较高。而在中国专利市场还有很大的空间，中国有可能在今后相当长的时间内成为全球专利重点布局市场。

（4）静电成像技术领域国内企业专利申请具有中国特色。以珠海天威飞马、珠海赛纳为代表的国企业为支持国家可持续发展战略，研发重点主要集中在针对耗材，例如，显影单元和处理盒的兼容和再生性的改进上。国内企业虽然研发起步较晚，但是在2000～2014年，珠海天威飞马在显影单元分支、处理盒分支的申请量，均超过了日本行业内知名企业，发展势头迅猛。

（二）发展建议

1. 我国企业可针对耗材配件进行专利布局或生产

我国企业在全球市场占有量以及专利申请量等方面均很难与国外重点企业直接对抗，其主要原因在于我国针对静电成像技术研发起步较晚，发达国家专利市场已经相对成熟。因此，应当在密切关注国外重点企业在华专利布局的基础上，吸收借鉴国外先进技术与创新理念，针对内部结构设置、增加/改进功能性部件，控制/调节方法、部件之间的配合等方面进行优化，并针对显影单元和处理盒两大分支做好在国内的专利布局策略。同时，可考虑面向低端市场进行合理布局。还可留意国外企业已经失效的专利技术，做好静电成像装置配件的生产。

2. 提升风险意识，提高产品竞争力

面对静电成像技术领域专利布局紧密的现状，国内企业生产制造的产品正在越来越多地受到重视专利保护的国外企业的挑战。对

我国企业而言，应提升风险意识。创新是解决知识产权纠纷的根本途径，只有不断创新才能提高产品的竞争力，获得国内外企业的认可和尊重。同时，企业除了不断创新，提高产品的竞争力外，还应当充分了解各国的不同国情以及本地的相关法律，有利于解决目前的知识产权纠纷，避开潜在的风险。